"十一五"国家图书重大工程出版规划项目

Modern Landscape Planning and Design

# 现代景观规划设计

（第 4 版）

刘滨谊　著

东南大学出版社
SOUTHEAST UNIVERSITY PRESS

## 内容提要

本书是在第 3 版基础上修订而成,由现代景观规划设计、现代景观规划设计国际理论与实践、现代景观规划设计的学科专业背景三部分内容组成。本书以国内外现代景观规划设计代表性实例为素材线索,基于作者的实践与研究,深入浅出地探讨、阐述了城市广场、商业街景、公园旅游区、居住区环境、纪念性场所、湿地公园、城乡绿地绿道规划建设、城市景观设计等各类典型景观规划设计及其基本原理、方法步骤和基础理论要点;并就风景园林学科发展理论、从业注册、专业教育、景观规划设计原理教学等问题,向读者展示了景观规划设计领域在中国的发展前景。

本书可供景观规划设计、风景园林规划设计、旅游规划人员,城市规划、城市设计、建筑设计人员学习与参考,亦可作为正在兴起的景观规划设计类本科生与研究生专业的教材和相关专业师生阅读的书目。

**图书在版编目(CIP)数据**

现代景观规划设计 / 刘滨谊著. — 4 版. — 南京 :
东南大学出版社,2017.11(2023.8 重印)
  ISBN 978 - 7 - 5641 - 7498 - 9

  Ⅰ. ①现… Ⅱ. ①刘… Ⅲ. ①景观设计 Ⅳ.
①TU983

中国版本图书馆 CIP 数据核字(2017)第 292249 号


书　　名:现代景观规划设计(第 4 版)
著　　者:刘滨谊
责任编辑:孙惠玉　徐步政　　　　　　　　邮箱:894456253@qq.com

出版发行:东南大学出版社　　　　　　　　社址:南京市四牌楼 2 号(210096)
网　　址:http://www.seupress.com
出 版 人:江建中

印　　刷:南京新世纪联盟印务有限公司　　排版:南京南琳图文制作有限公司
开　　本:787 mm×1092 mm　1/12　　　　印张:33　字数:754 千字
版 印 次:2017 年 11 月第 4 版　　2023 年 8 月第 4 次印刷(总计 21 次印刷)
书　　号:ISBN 978 - 7 - 5641 - 7498 - 9　　定价:149.00 元

经　　销:全国各地新华书店　　　　　　　发行热线:025 - 83790519　83791830

# 第4版前言

从原始社会、农耕社会到工业社会、后工业社会,与各个社会文明发展阶段对应,围绕 Landscape(风景园林)的人类实践各有成就而前后传承延续。Landscape Architecture(现代风景园林学)正是伴随着工业革命而出现的学科专业的变革与扩展,源于社会发展为 Landscape(风景园林)带来的巨大需求和实践动力,其核心内容正是本书所要介绍、阐述、分析、讨论的现代景观规划设计(Modern Landscape Planning and Design)。

兼顾社会实践、学术研究、自身特色,一个能够覆盖并代表整个发展阶段的学科名称更为合适,据此,对于中国这一学科专业,历经 20 年争论而最终定名的"风景园林学"的学科名称名副其实。而对于以英美等国为代表的西方国家,该学科名称也应有同理的称呼认识。如此对位和换位思考,西方国家围绕着 Landscape、东方国家围绕"风景园林"都取得了辉煌的成就,Landscape(景观学)和 Landscape Architecture(景观建筑学)是英美等国普遍使用的学科专业名称;"风景园林学"则是以中国为代表的东方国家使用的名称,并在国务院学位办自 2011 年起所认定的一级学科名称中得到了进一步的认定。

尽管学科存在差异,但是回归规划设计的基础本源,从全球化的未来发展着眼,"殊途同归"已是大势所趋,这也正是本书定名《现代景观规划设计》的初衷。进而,本书从规划设计的本原出发,力求将"现代景观规划设计"与"现代风景园林规划设计"在内容上合二为一,合提并论,避免厚此薄彼。因此,常会出现"风景园林学/景观学""风景园林师/景观规划设计师""风景园林/景观"之类的术语和阐述。

本书分别于 1999 年、2005 年、2010 年出版 3 版,这 18 年的发展变化对于中国风景园林界是史无前例的。尤其在第 3 版之后的短短 7 年,跨越了国际国内学科行业发展重要的历史时间和重大事件:国际风景园林师联合会(IFLA)2010 年大会和 IFLA 亚太区 2012 年大会先后首次在中国大陆举办、2011 年中国风景园林成为一级学科、以习近平为首的新一届党中央提出两个文明建设的重大决策、中国城镇化人居环境建设进入新时期,等等。与之相对应,基于作者新的研究与实践,本书的内容也在不断修改、增加、完善。基于中国风景园林学科发展的大好形势和新的研究实践,特别是面向未来发展需要,从学科发展的目标愿景着眼,从规划设计的基础学习着手,以基础性、前沿性实践研究为案例,第 4 版增加了第 12 章、第 27—30 章,同时,对全书各章关于景观规划设计的基础性问题进行了梳理与增减,力求保持发挥本书作为学科专业启蒙入门教育作用的特色。

现代景观规划设计包括视觉景观形象、环境生态绿化、大众行为心理三方面内容,本书称之为现代景观规划设计三元素。纵览全球景观规划设计实例,任何一个具有时代风格和现代意识的成功之作,无不包含着这三个方面的刻意追求和深思熟虑,所不同的只是视具体规划设计情况,三元素所占的比例侧重不同而已。

视觉景观形象是大家所熟悉的。它主要是从人类视觉形象感受要求出发,根据美学规律,利用空间实体景物,研究如何创造赏心悦目的环境形象。这需要研究景观美学的理论。

环境生态绿化是随着现代环境意识运动的发展而注入景观规划设计的现代内容。它主要是从人类的生理感受要求出发,根据自然界生物学原理,利用阳光、气候、动植物、土壤、水体等自然和人工材料,研究如何创造令人舒适的良好的物理环境。这需要研究景观生态学的理论。

大众行为心理是随着人口增长、现代多种文化交流以及社会科学的发展而注入景观规划设计的现代内容。它主要是从人类的心理精神感受需求出发,根据人类在环境中的行为心理乃至精神活动的规律,利用心理、文化的引导,研究如何创造使人赏心悦目、浮想联翩、积极上进的精神环境。这需要研究景观社会行为学的理论。

视觉景观形象、环境生态绿化、大众行为心理三元素对于人们景观环境感受所起的作用是相辅相成、密不可分的。通过以视觉为主的感受通道,借助于物化了的景观环境形态,在人们的行为心理上引起反应,即所谓鸟语花香、心旷神怡、触景生情、心驰神往。一个优秀的景观环境为人们带来的感受,必定包含着三元素的共同作用。这也是中国古典园林中三境一体——物境、情境、意境的综合作用。现代景观规划设计同样包含着传统中国园林设计的基本原理和规律。

强调景观视觉形态首先需要的是鲜明的形象,强调环境生态首先要有足够的绿地和绿化,强调群体大众的使用首先要有足够的场地和为大多数人所用的空间设施。这三个看似简单的问题,恰恰是现代景观规划设计与传统风景园林的差异所在,也正是中国景观的风景园林环境建设和规划设计自始至终所面临的三大难题。考察现在中国的景观规划设计实践,只要能够把规划设计构思的着眼点首先放在解决这三方面的问题上来,就可以算是成功了一半。

当前中国景观规划设计在形象问题上,从南到北照搬、模仿古今中外景观园林作品的不在少数,效果千篇一律,缺乏思考,俗不可耐,以致很少有个性鲜明、耐人回味、境界高远、意味深长的景观规划设计作品。而且,其中的景观设计还常常被狭义地理解局限为独立的雕塑、单个的标志、建筑街景表面的装饰。实际上,现代景观构成是多层次、多方位、多媒体的,这里首先要注重的是景观环境,即人们可以深入其中的景观空间。

环境绿化问题。迄今,我国大多数的景观规划设计往往侧重于构成景观环境的"硬质景观",而忽视了绿地林荫一类的"软质景观"的规划设计。建设中,各类瓷砖缸砖、花岗岩、石料、不锈钢等"硬质景观"材料所占比例越来越多,相比之下,绿地草皮、林木花卉、河池水体则往往处于从属地位。回顾古今中外人类景观环境塑造的历史,硬质景观材料适合那些纪念性建筑和环境,如市政广场、纪念园、墓地、遗址等;软质景观材料适合当今大众所需要的生活性的景观环境,特别是在人口越来越为密集的城市,代表自然的软质景观越来越珍贵,甚至成为城市生活的奢侈品。试想,没有林木,哪来的鸟语花香? 而一个连鸟类都不愿意停留的地方,人类能健康地聚居生活吗?

公共场地问题,这是不难体会的。众多的人口,几十年对于户外环境空间建设的忽略,使得城市户外环境场地空间奇缺。习以为常之后,甚至就连景观环境的规划设计者们也丧失了"提供足够的公共活动场地"这一现代景观规划设计的基本意识和追求。对于居住,人们都知道建筑面积、人均居住面积的术语。可是,对于居住的景观环境,若要问一下,一个人起码应该有多少的户外活动场地才合适,甚至就连我们专业人员也缺少认真思考。对此,仅仅计算绿地面积、绿地率、绿化覆盖率之类的指标,已经不够。现代景观规划设计所强调的不仅仅是为人所"看",更不是为少数人所"鸟瞰",而是要为人所"用",为芸芸众生身临其境地而活动其中!面向未来全球气候变化,足够的景观使用场所还不能解决问题,新型景观规划设计需要考虑如何适应创造宜人的微小气候。

"景观立体化"包含四层含义:(1)为了在有限的基地上提供尽可能多的活动场地,如同多层造房占天不占地、变平地为起伏地、设置多层活动平台等立体化的景观环境;(2)为了提高绿化用地效率,在同一地块上,采用地被植物、灌木、乔木立体化的种植布局;(3)为了解决绿化和人们活动争地的矛盾,采用绿化与人们活动空间立体交叉的布局;(4)上下左右、四面八方,立体化、网络化地观看,这是人类视觉景观的内在需求,提升景观可视率是信息社会的必然趋势。简言之,"景观立体化"既是作者近年对国内许多景观规划设计工程实践的切身体会及经验总结,也是现代及未来国际景观规划设计的总体发展趋势。

与传统的私家园林设计不同,现代景观环境面临着公共性的、众多使用者的需要,景观环境与建筑、城市共同组成了人类居住、聚集、游历的人居环境。现代景观规划设计既是一种大众化的艺术,又是一种以空间规划设计为核心的工程技术,同时还是基于生态、动植物、地理、地质、环境、社会、心理、信息、计算机等多门学科交叉应用的科学。作为一名景观规划设计师,必须同时具备艺术、技术、科学这三方面的知识技能。国际上,这种专业及其人才的大学培养早在100多年前就已经开始,这就是始创于美国而如今遍及世界的景观学(Landscape Architecture)/风景园林学。今天,随着人们对于生活环境深化、细化、品质要求的不断提升,在人居环境规划设计领域,景观学/风景园林学与建筑学、城乡规划学已并列为三足鼎立、缺一不可的三大学科。在大众艺术领域,如同已故的国际风景园林师联合会荣誉主席杰弗瑞(G. Geoffrey)所说，作为景观规划设计学的核心，景观规划设计已成为一门最为综合的艺术。

不同于环境艺术设计，广义的景观规划设计不只是室外环境的美化装修，与"环境艺术设计"相比，它还需要规划的知识。仅仅擅长绘画雕塑、充满艺术想象远远不够，单单了解植物花卉名目、掌握生态知识也不够，只知唐诗宋词、山水游记还是不行，即使是学过建筑学、做过城市规划的人，对于现代如此专业化的景观规划设计也难以胜任。景观规划设计专业的知识结构要求至少同时具备这三方面的知识。不仅如此，与景观规划设计的三元素相对应，景观美学理论、景观生态学理论、景观社会行为学理论，也是现代景观规划设计的三大理论，三者相辅相成、缺一不可。

中国的景观规划设计，即现代风景园林规划设计尚处于起步阶段。鲜明的个性形象、良好的绿化环境、足够的活动场地，这是中国景观规划设计初级阶段的要求。与国际上领先一步的国家和地区相比，仅仅满足这三方面也许还远远不够，但这毕竟是中国景观规划设计的基础，对于21世纪中国景观环境建设的腾飞将起到至关重要的决定性作用。

景观规划设计学作为学科专业在国际上已有百年历史，然而在中国起步、发展不过30年。如何看待景观？如何理解全面的景观实践？这一学科专业的理论核心又是什么？这些都是值得景观规划设计师明确的基本问题。

目前中国风景园林学学科专业实践明显的现象包括两个方面：一方面是非常专业化的人士，而另一方面却又可以是非常非专业化的人士。然而给人以假象的是景观与风景园林规划设计的门槛如此之低，似乎什么相近相关专业都可以做，以致在项目评审会上什么人都可以指手画脚谈论景观与风景园林。这些外行对于城市规划、建筑学不敢随意发表意见，但对于景观与风景园林项目，似乎就像品家常菜一样，指指点点，甚至亲自下厨。诚然，现代景观规划设计是面向生活、贴近生活、大众化非常强的学科专业，但这并不意味着学科专业门槛的大众化、世俗化，恰恰相反，对于从事该学科专业的人员，要完成其学科专业的使命，需要的是综合的科学知识、深厚的生活体验以及感人的艺术想象。

深处这样错综复杂的学科背景中，作为专业人员，学科立场是关键。观念意识上，究竟是坚持现代意识的景观规划设计，还是传统意义上的风景园林(Scenery and Gardening)？如果所指的风景园林是面向当代社会需求的：从大地景观、国土开始，遍及自然保护区、风景名胜区、旅游度假地，以及城市景观、居住区景观，直到最小的绿地游园，那么这个"风景园林"就是"景观规划设计"，那就没有争议了。但问题并不在于文字含义之争，而在于体现在专业实践观念中，这种观念意识之差异极为明显：有相当一部分的实践作品所反映出的学科观念仍然停留在传统园林观念上，留恋着过去而难以适应时代发展需要的观念。这些观念在今后中国景观与风景园林实践中仍将占有相当的市场，这种落后的"风景园林"观将严重阻碍中国景观与风景园林面向时代的发展。

关于景观规划设计的学科概念观，可以从两个方面思考：跳出该学科专业，从圈外来看，从景观在人居环境学中的地位作用来认识(图0.1、图0.2)：聚居建设过程中包含景观，聚居活动也离不开景观，然而对于聚居的环境，作为人类生存环境背景的建设与保护，更是由景观专业为主来完成的。从学科专业圈内来看，作者认为始终要坚持的就是这个背景概念，对于 Landscape Architecture，可以直白地翻译为"景观建筑学"，但这样容易被误解为建筑学的一个方向，实质上这里的 Architecture 意味着景观的规划与设计。所以，作者现在主张将学科专业的英文翻译为"景观规划设计"。

| 1 聚居建设 | 1-1 建筑<br>Architecture | 1-2 城市<br>Urban | 1-3 景观<br>Landscape |
|---|---|---|---|
| 2 聚居活动 | 2-1 工作<br>Work | 2-2 居住<br>Settlement<br>(生产·生活·游憩) | 2-3 聚集<br>Gathering |
| 3 聚居背景 | 3-1 生活环境与资源<br>Environment for Living & Resources<br>住宅用地、商业用地、办公用地、工业用地、市政公共用地、道路交通用地 | 3-2 农林环境与资源<br>Agriculture and Forestry & Resources<br>农田、人工林地、果园、荒地、养殖湖地 | 3-3 自然环境与资源<br>Natural Environment Resources<br>山川湖泊、沼泽湿地、自然林与次生林、草原等 |

图0.1 作为人类聚居环境学科三元之一的景观

| 1 聚居建设中的景观 | 1-1 建筑 Architecture | 1-2 城市 Urban | 1-3 景观 Landscape |
|---|---|---|---|
| 2 聚居活动中的景观 | 2-1 工作 Work | 2-2 居住 Settlement | 2-3 聚集 Gathering |
| 3 聚居背景下的景观 | 3-1 生活环境与资源 Environment for Living & Resources | 3-2 农林环境与资源 Agriculture and Forestry & Resources | 3-3 自然环境与资源 Natural Environment Resources |

图 0.2　景观应用于人居环境建设的三元领域

关于专业的全面观,仅仅有"景观设计"(Landscape Design)是不够的。事实上,在大地景观的实践中,景观规划(Landscape Planning)的作用是景观设计无法替代的。所以,作者主张"景观规划＋景观设计",即景观规划设计,这也正是 1999 年出版本书时所确定的书名之初衷。景观规划设计,这是我们应当坚持的全面的专业观。

从学科的发展而论,21 世纪的景观规划设计正在扩展,多学科、多专业的介入,多方面、新领域的应用,致使传统意义上的 Landscape Architecture 已不再仅仅是景观的规划与设计。作者认为,以 Landscape Architecture 为基础,一个更为扩展全面、贴近现代的学科观念名称正在酝酿形成。因此,Landscape Studies 的中文译名为"景观学"。

什么是景观规划设计基础的基础?什么才是评价景观规划设计的基本标准?作为一名景观规划设计专业的教育者和工程项目的实践者,根据 30 多年的教学与实践,作者认为这个基础的基础应当包括五个方面:(1) 方位与朝向;(2) 规模与比例尺度;(3) 功能与布局;(4) 文化与内涵;(5) 品位与风格。

事实上,哪怕是再大再复杂的景观规划设计,从方案之初到完成实施的整个过程中无不包含着这五个方面的考虑。而对于一个景观规划设计的初学者而言,这五个方面正是迈向景观规划设计自由王国的钥匙;同时,这五个方面也是评价景观规划设计方案最为基本的标尺,作者将之称为景观规划设计的五要素。

(1) 方位与朝向主要旨在对于项目地形朝向、迎风日照的考虑,它对于以自然日照通风为主的大规模景观场地的考虑尤为重要。常有景观规划设计方案总图中只有指北针却没有风玫瑰图的现象,这显然缺乏"风水"的考虑,方案脱离环境。

(2) 规模与比例尺度旨在对于景观项目实际空间的关注。常遇景观专业学生的设计方案有这样一种现象,规划设计看起来"头头是道",图纸色彩丰富、线条优美,但是一旦涉及实际的尺寸如项目总占地面积、各个分区面积、地形起伏程度、道路的长度等,要么无言以对,要么是相差甚远。由于对于规模缺乏实际的感受,对于比例尺度缺乏敏锐的判断,常见通病是"大景小做"或"小景大做",方案脱离基地实际规模尺度。

(3) 功能与布局旨在针对项目具体需求所考虑的功能及其落实在基地内的空间位置范围。任何一个景观项目均应包含三个方面的功能与布局:人的使用、环境生态、景观视觉。对此,当今的景观规划设计往往是顾此失彼,不是忽视了人的使用,就是弱化了景观视觉组织,尤其是景观画面序列的规划设计。基于景观规划设计三元论,三位一体的功能与布局亟待强化。

(4) 文化与内涵旨在使任何一个景观规划设计项目都应当包含一定的文化、表达某些含义和创造某种意境。因为景观规划设计不仅是工程技术,更是文化艺术。所以,即使上述三个方面都已做到炉火纯青,还是远远不够。今天,景观被公认是最为综合的一门艺术,文化与内涵是使之具备艺术性的前提条件。凡是公认的景观规划设计精品无不叙述着历史、反映着文化、表达着思想、揭示着规律、启迪着心灵。这是任何景观规划设计,大至奥林匹克运动会和世界博览会的广场公园,小至宅前屋后的花园绿地,都必须是规划设计考虑的问题。

(5) 品位与风格是对景观规划设计更高层面的要求,但也是基本的无法回避的要素之一。任何景观规划设计,无论是有心还是无意,都呈现着品位与风格。问题并不在于阳春白雪和下里巴人的两者之争或多方之辩,而在于现代强调面向大众的公共性景观,如何将多方之争辩转化为在和谐统一基础上的丰富多彩,并有意识地引领大众的景观品位朝着理想化的景观方向发展。而且,更难的是如何通过规划设计的每一个细节,将这种品位与风格展现出来。

作为现代风景园林学学科的核心,景观规划设计是一项基于理性、依托感性、需要实践经验积累的创造性劳动。要提升尚处于起步阶段的中国景观规划设计的整体质量，无论是刚刚起步的初学者，还是初具业绩的公司院所的设计师，乃至颇有成就的景观界精英，都需要从头开始，从基础的基础做起，从景观规划设计的这五个要素起步。

总之，作为一个新兴的学科专业，中国的景观规划设计在迎来了历史性的大量工程实践发展机遇的同时，仍然处于学科专业创立时期。迷茫、误解、偏见、分歧、争论、是非曲直……盲目照搬西方不行，数典忘祖不行，止步于中国传统也不行，未来中国的景观规划设计究竟走向何处，这一方面需要依靠中国风景园林一级学科的体系化建设，另一方面需要景观规划设计师坚持不懈的实践努力。以生态文明、精神文明、人居文明三个文明建设为大背景，在未来 30 年中国人居环境将从单一的"人居建设"走向建筑、城乡规划、风景园林的三位一体、齐头并进。比较过往和未来 30 年东西方在学科积累、学科理论、学科实践、专业教育的发展与趋势，中国风景园林的优势日渐显现，中国现代景观规划设计的发展前景令人振奋。

刘滨谊
2017 年 1 月于上海

# 目录

# 第二部分　现代景观规划设计国际理论与实践

# 第三部分　现代景观规划设计的学科专业背景

# 第一部分

## 现代景观规划设计

# 1 现代景观规划设计概述

本章将通过具体的景观规划设计工程实例使读者对"什么是景观规划设计"与"什么是景观规划设计的理论和方法"有一个直观的了解。

## 1.1 现代景观与传统园林

对于规划设计师而言,说到"景观"(Landscape),就不能不想起"园林"(Garden)这两个字,那么"景观"和"园林"又是什么关系呢?总的来讲,景观最基本、最实质的内容还是没有离开园林的核心(图 1.1)。从人为规划设计与营造的角度追根寻源,园林在先,景观在后。从观察、感受、观赏的角度追溯,最先与人类会面互动的则是景观。景观的自然成分伴随着地球而产生演化,景观的人为成分伴随着人类的感知、欣赏、审美与人类进化同步,园林则是人类有意识的景观利用,这从园林的产生演进来看并不难理解。园林的演进可以用简单的几个字来概括,圃、囿、园、林。最初是圃和囿,作者的理解是圃在先。什么是圃?就是"菜地""蔬菜园"。囿,就是把一块地圈起来,里面的动物起初是野生的,后来逐渐驯化,变为家养,人们可以在囿中打猎。在这一基础之上,进一步人工加以取舍浓缩而成"园",保护培育而成"林"。从中不难看到"圃—囿—园—林"这样一个发展脉络。到了现代,又有了新的发展,有了规模更大的环境保护与营造,包括区域的、城市的、历史的和现代的,凡此种种,加在一起,资源保护、生态修复应运而生,不论是时空规模还是项目内容都大大超越了传统园林的范围,由此形成我们今天所关注的景观规划设计领域。

从景观与风景园林规划设计的专业角度来看,图 1.2 也是一种景观,园林的一些基本成分已尽在其中。景观的基本成分可以分为两大类:一类是软质的成分,如树木、水体、和风、细雨、阳光、天空以及动物;另一类是硬质的成分,如铺地、墙体、栏杆、景观构筑。软质的成分被称为软质景观,通常是自然的;硬质的成分被称为硬质景观,通常是人造的。当然也有例外,如山体就是硬质的,但它仍是自然的。

图 1.1 景观与园林组成的三要素(人、软质景观、硬质景观)

无论是景观、园林,还是风景园林,越过数十种概念的解释定义,理解其概念本质的最佳方式是行动。首先让我们看看现代景观规划设计师具体做些什么吧。

## 1.2 强调精神文化的现代景观设计

图1.3所示的是我们做的一个项目,基地为30 m×40 m,可以称之为街头小绿地或小游园。从材料、功能、形式等方面来看,这样一个项目中包含了景观与风景园林规划设计中最基本的原理。这是为1999年昆明世界博览会上海展区做的一个方案,题为"上海花园",中间是"好大一棵树",把树拿掉后可以看清平面布局(图1.4)。

另一个建成项目是上海同济大学校园一角——黑松林的改造。这也是一种比较典型的景观设计,基地范围不大,设计手笔不多,却包含了不少景观设计的原理与追求。概括地说,基本出发点是保护环境、保护已有的树木,尽管树木不是很大,但已经是经过十多年的培育,从一个垃圾山变成今天的样子(图1.5)。景观设计有一个很重要的特点,即它一定要有精神文化的东西在里头,与建筑和城市相比,景观对这方面的需要更为讲究。尽管建筑与城市也强调精神文化,但它们最基本的还是偏重于使用功能,偏重于技术,偏重于解决人类生存问题。景观与风景园林则要上一个层次,它要解决人类精神享受的问题。尤其是在这样一个小尺度的范围内,偏重于艺术性和精神活动,一切建造与布置都围绕着这一核心进行,透过这一片"欧化"的墙,看到的是一个"中国式"的"未完成"的亭,其寓意是:一片墙代表西方文化的框架,亭则代表东方文化的精髓。这一作品意在强调东西方文化的交流,寓意着同济大学这样一所高等学府,是东西方文化交流的场所,有意将亭设计成未完成的形式,寓意是让同学们在这

图1.2 欧洲园林景观(美国弗吉尼亚州翠泉国家历史名胜区)

图1.3 1999年昆明世界博览会上海展区"上海花园"设计方案模型

图1.4 拿掉树后的"上海花园"设计方案平面布局

图1.5 上海同济大学校园一角(黑松林的改造) [1997年建成]

样的环境中把知识学到手,再去把它补全(图1.6)。

图1.7是美国芝加哥的一个带状的河畔公园设计。芝加哥有一个很大的湖——密歇根湖,另外有一条南北向的河——芝加哥河穿城而过。公园基地位于芝加哥河南端沿河分布的一块空地处,此地原来是铁路站场,旁边有中国城,在基地的远景中可以看到西尔斯大厦。此外,公园基地中部上空被一高架交通桥所分割。在这一方案中,作者也强调东西方园林的交融,但要比这幅水彩画表现图复杂,它包括交通组织、人流排布、意义表达,而意义又是要通过形象来说话的,不能仅仅停留于言语表达。其特点是:以高架交通桥为界,将全园分为西方园和东方园两部分,以一条带状景观为"脉"——从东方的长城逐渐转换为罗马的大台阶,暗喻东方文化与西方文化的转换交流,而这也正好符合功能上的要求,城墙将铁路、中国城等划分在基地界外,一个颐和园式的长廊则实现了虚实对比。事实上,这个设计,在尚未动手之前、总平面还未成形之初,作者脑子里已有了那幅水彩画的景象。搞景观设计、园林设计需要这样"事先"的意念和意象,这与城市规划不大一样。城市规划在一个项目之初,最先关心的是经济情况、人口情况等;园林则不一样,园林最先关心的是"立意"。建筑也强调立意,但建筑或者是建筑群的艺术发挥跟景观的艺术发挥相比还是大受限制,工业建筑也好,商业建筑也好,哪怕是最具艺术性的大歌剧院,还是有功能要求的限制。悉尼歌剧院已经不错了,但它仍不如景观建筑来得自由。景观尤其是园林,应该当做艺术品来做,从这方面来讲,景观设计和其他艺术创作都是一脉相承的。这种景观设计方法就是有意识地组织主要的景色、景物、空间环境(图1.8),再通过脑子转换

图1.6 透过欧式拱墙看到的一个未完成的"中国亭"

图1.7 美国芝加哥中国城公园方案(一个带状的河畔公园设计)

图1.8 美国芝加哥中国城公园方案之园中一景

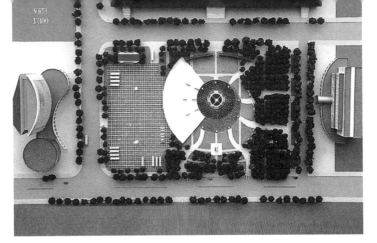

图1.9 江苏省盐城市解放南路广场设计

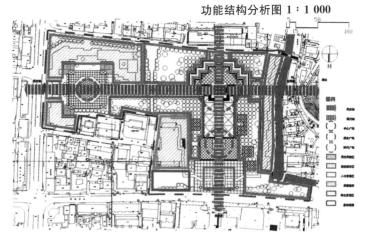

图1.10a 浙江省绍兴市市民广场设计功能结构分析图 〔总用地6 hm²〕

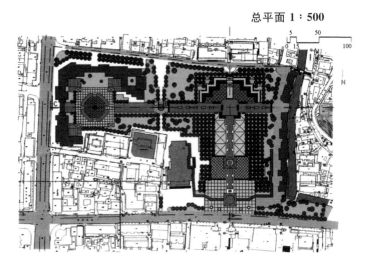

图1.10b 浙江省绍兴市市民广场设计总平面图

成平面、立面。为了获得这一景观,需要在这一地块的尽端设一个榭、一个厅堂,中间要设一座桥,近处要设一处观景点。

意象在先,布局在后,这是景观与风景园林设计的一个基本原理。

## 1.3 面向大众群体的现代景观规划设计

以上谈的和历史上的园林关系较为密切。然而,社会发展到今天,已发生了很大的变化,与以往相比,地球上的人口增加了许多,大众对于景观在数量和质量上的要求也增加了许多,因而,现在的景观设计强调面向群体的观念是自然而然、顺理成章的事。而古代的景观园林营造相对而言服务的人数不多,园林精品常常只为少数人所享用。面向大众群体,这正是现代景观最大的特点,由此引发了一系列规划设计上的变革,现代景观之所以有别于传统园林,也正是由此而生。

现代景观意味着要同时考虑很多人的需要,这种现代景观设计最典型的是广场设计。

当然有必要澄清一下广场设计的概念,它并不是目前中国大量房地产开发搞的所谓的广场——"没有场的广场"。我们讲的广场是 Square,英文指长方形或正方形的空间;或是 Plaza,中央有一喷泉的十字路口,作为由建筑围合的开敞空间。Plaza 规模一般不大,面积在 1—2 hm² 的居多,通常位于城市中心;而 Square 则占地规模较大,能同时容纳很多人,这就是群体的概念。图 1.9 是江苏省盐城市解放南路广场设计,总面积为 3 hm²。现代景观规划设计需要考虑的最基本的问题有三点:① 意义的问题,文化的问题、精神的问题,转化为图面即形象,这是狭义的景观。② 使用的问题,作为开放空间,它是公有的,不是私人领地,任何人都可以去玩,可以晒太阳,总统与扫大街的人在这里平起平坐,没有什么高低之分。③ 环境绿化生态的问题,一方面给人以优雅的环境,另一方面也给其他动物一个栖息的场所。如果说古代的囿、圃、园、林最终都浓缩于古典园林设计之中,那么,可以说现代景观设计最基本的东西都浓缩在广场设计当中了。作者近几年一直在做广场设计,从功能较简单的江苏省盐城市解放南路广场到方方面面牵涉较多的浙江省绍兴市市民广场(图 1.10)。绍兴市民广场不仅存在现代广场的风格问题,它还须与中国传统文化发生关系,这是一个现代出现的问题。因为,在古代,东方几乎没有广场,广场是一种生活,或者说是一种制度的产物,它不是一种简单的形态游戏,而是古希腊民主精神制度的产物。而中国顶多有阅兵场、市场,况且市场从形态上来讲基本上是线形带状的,很少有 Square 这样的形态。中国历史上延续下来的开放空间的传统是"街""市"的形式。常德市火车站站前广场则兼有停车、交通功能,解决立体交通是重点(图 1.11),而景观则自始至终贯穿于其中。

除了广场、街头绿地,现代景观设计还有很大一块内容——居住区环境设计。图 1.12 是福建省福州市鼓山苑小区的居住区环境设计。该规划意图一是要让每一户人家都能看到自然的山,组织视觉轴线;二是创造良好的自然环境和生态,组织通风的廊道和绿化带。现代景观规划设计不得不讲求自然环境生态,所谓自然环境生态,它所要考虑的方面即阳光、空气、植被、动物、水、土、气候等,这些现代已被各个学科专业分门别类、系统研究的科学,与中国古代地理学分支——堪舆,或"风水"有一定的联系。正是由于这方面的联系,哪怕是激进的现代景观规划设计师对于"风水"也并不陌生,从这个意义上来讲,现代景观规划设计也常常被人们理解为现代风水,这并不奇怪。风水的科学层面就在于它考虑了我们的环境生态,想一想,指北针和风玫瑰在现代景观规划设计中是多么的重要,对于现代景观规划设计与风水的这一关系就不难理解了。

## 1.4 作为城市设计重要组成部分的现代景观规划设计

除了居住区环境、城市广场、公园绿地之外,现代景观规划设计还有很重要的一块内容,这就是城市设计。目前,在中国城市设计尚处于兴起阶段,在这一领域,建筑、城市规划、风景园林三个专业都有一席之地。而在已有大量实践的美国,城市规划主要是由建筑师和风景园林/景观规划设计师来做,且风景园林/景观规划设计师占了大头。一方面,城市设计与整个城市的规划是紧密结合的;另一方面,它又必须要考虑一个个单体建筑。同时,在空间布局组织上,主要是由贯穿于整个城市开敞空间的景观来控制协调的。所以城市设计需要由懂建筑、城市规划、景观、视觉、文化、历史的人来做。可以说城市设计是从开敞空间(Open Space)入手开始做的,配合着这一空间再把建筑一个个放进去,然后考虑一些形象的问题。图 1.13 是上海徐家汇广场的景观环境规划设计。徐家汇广场由五条道路会合而成,其中有中国销售额最大的第六百货大楼等,尺度比较大,方向性不强,现状乱哄哄,缺少主体。作者接到这一任务之后,第一步就配合交通部门做了交通上的梳理。另外,最头痛的是有两个很大的地铁出风口,有四层楼那么高,现状是在其四周围做了一些广告牌。徐家汇广场的景观整治规划最后即归结为"怎样处理这两个出风口?怎样增加绿化?怎样协

图 1.11　湖南省常德市火车站站前广场设计　[占地 6 hm²]

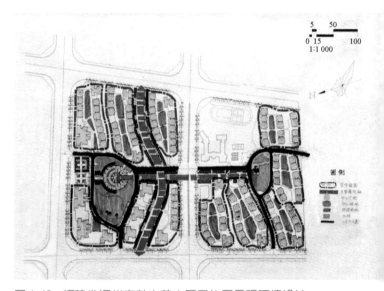

图 1.12　福建省福州市鼓山苑小区居住区景观环境设计
[总用地 16 hm²]

图 1.13　上海徐家汇广场景观环境规划设计方案 1

图 1.14　上海徐家汇广场景观环境规划设计方案 2

图 1.15　上海徐家汇广场景观环境规划设计方案 3

图 1.17　上海静安公园的改造

调周围建筑上的广告……"我们做了三个方案(图 1.13 至图 1.15),总的想法是想通过一个景观体使四周的建筑向中心收拢,所以这是一个景观上的"凝聚力"工程。在最后的选定方案(参见前图 1.13)中,建造了一座 40 m 多高、14 m 幅面的大型广告体,比纽约时代广场的大型广告体还大,图 1.16 中为 2000 年倒计时钟。

另外一个案例是静安公园的改造,它不只是一座地面上的公园,而且还是与地铁 2 号线的建设相结合的城市设计,方案采用与地铁车站相接的下沉广场,使人一跨出地铁车厢便能感受到阳光。在这一改造过程中,除了常规的公园问题,景观规划设计师主要考虑交通、景观、立体开发等方面的问题(图 1.17)。

对于"上海龙华旅游商业区规划"这一项目,我们仔细研究了现状,根据研究得出了现状建筑空间的形态结构,即两个格网交叠的形式(图 1.18a),我们就是根据这一结构布置新的建筑。与传统的城市规划不大一样,本规划以开敞空间(Open Space)为主进行总体布置,大大小小共布置了九个广场(图 1.18b)。同时组织地面地下立体车行和多层空中步行交通,以解决高密度的人车分流,扩展游览线路和商业空间的面积分布。所以这一规划已不仅仅是一个形态形象的问题。当然也不能忽略形象,结合龙华古塔和周围建筑的空间现状关系,这一方案强调"众星捧月"和视线的通透(图 1.19)。

再看看"湖南省常德市火车站站前地段控制性详细规划",主要考虑的是形

图 1.16　上海徐家汇广场景观环境规划设计

体和空间的问题,而较少单纯地考虑建筑立面。这就意味着考虑最多的是景观:通过几条景观轴线将各个地块连接起来(图1.20),以形成整体感。在上海陆家嘴滨江大道规划设计方案中(图1.21)体现了景观设计的一种现代潮流,如强调绿色、蓝色、棕色的综合,强调与城市的协调:将道路架起,使城市的生态绿道得以延续到江边。当时这一方案未能得到理解、接受,时间是1992年。但是仅仅时隔1年,1993年,在美国某地的同类规划设计中,其中标方案的基本思路却与此相似。同样,香港的艺术中心建在维多利亚港的海边,它就设了一个专

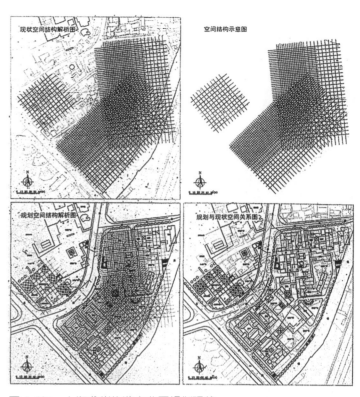

图 1.18a 上海龙华旅游商业区规划现状

图 1.18b 上海龙华旅游商业区规划图

图 1.19 上海龙华旅游商业区规划模型

图 1.20 湖南省常德市火车站站前地段控制性详细规划

图 1.19

图 1.20

图 1.18b

图 1.22

图 1.21

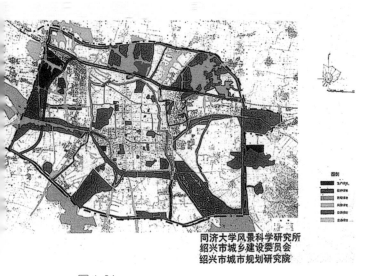

图 1.24

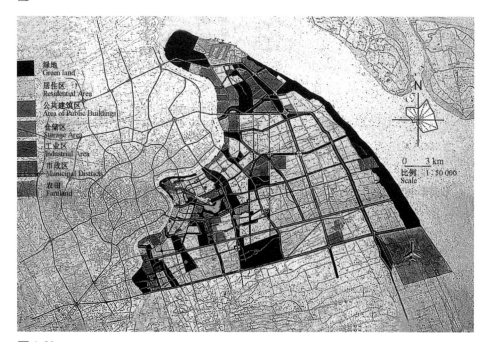

图 1.23

图 1.21 1992年上海陆家嘴滨江大道规划设计方案
图 1.22 被建筑"实体"充满的上海浦东新区
图 1.23 上海2050年绿化系统规划
图 1.24 浙江省绍兴市中心城区专项规划之绿化系统规划

门供人游览的二层平台,效果很好。所以,作者始终认为在浦东陆家嘴滨江大道一带应做一个立体化的景观处理,地面一层作为绿化与生态林地,地上二层或二层以上作为游览观光的观景带。

作为统领开敞空间的城市景观与城市设计的关系极为重要,这不仅仅是所谓的风貌规划,还需要从景观规划设计的角度,从景观开敞空间、绿地、生态着眼,首先为城市留有起码的"空地",如果像图1.22所示幻灯片中的模型那样,整个浦东几乎都被建筑"实体"充满,景观规划设计就无从谈起,最后只能是小打小闹。

图 1.26

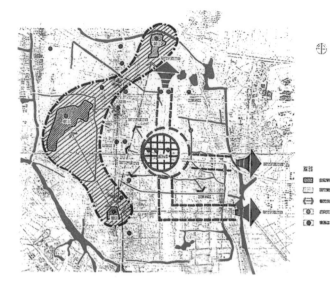

图 1.25

## 1.5　作为城市总体规划专项分支的现代景观规划设计

现代景观规划与城市总体规划也有紧密的联系,对城市的总体环境建设起着举足轻重的作用,这就是城市绿化系统规划。图 1.23、图 1.24 分别展示了"上海 2050 年绿化系统规划"和"浙江省绍兴市中心城区专项规划之绿化系统规划",它所考虑的景观元素更加接近现代景观设计理论,这些元素是更广义的,强调大环境、大生态,规划中具体考虑水系、水质、土壤、地质、大气、绿化、游憩空间等风景园林/景观规划要素。

历史文化名城保护从国际范围来看,也与风景园林/景观规划设计有关。在满足城市规划原则要求的前提下,需要运用风景园林历史文化遗产保护理论与方法来对待它(图 1.25)。

## 1.6　面向风景旅游区保护开发的现代景观规划设计

现代景观规划设计中还有很大的一个分支,即风景名胜区、旅游区规划设计(图 1.26)。风景名胜区、旅游区规划与城市规划相比,要更多地考虑自然、人文的因素,考虑山、水、植被、动物、气候气象、地形地貌、地质水文、历史文化、风土民情、民俗等,考虑诸如环境、生态、社会、文化、历史、经济等方面的内容(图 1.27)。

风景名胜区、旅游规划的范围通常较大,少则数十、多则成百数千平方千米(图 1.28),需要一些现代规划信息的收集和分析技术手段,如 3S[RS(遥感)、

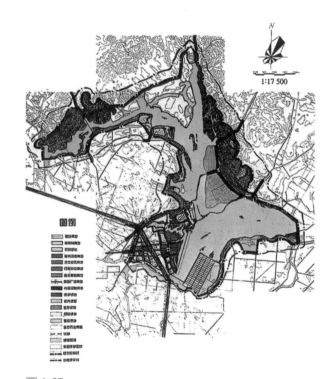

图 1.27

图 1.25　浙江省绍兴市历史文化名城保护规划
图 1.26　浙江省绍兴市会稽山旅游度假区规划
图 1.27　湖南省常德市柳叶湖旅游度假区规划

图 1.28　上海佘山旅游度假区项目策划

图 1.29　风景资源遥感

GPS(全球定位系统)、GIS(地理信息系统)〕、VR(虚拟现实)等技术。因为规模扩大以后,自然科学和客观理性的因素比重大大增加,需要很多的自然、人文的客观基础资料,配合这些基础资料的收集,就需要数字化、图形化的现代空间信息集取的高科技手段。这也是现代景观规划设计师需要掌握与了解的重要知识。

## 1.7　面向资源与环境保护的现代景观规划设计

现代景观规划设计中的另一大领域,已经超越于规划,不属于具体的景观规划,而是把风景园林/景观当作一种资源,就像对待森林、矿藏等自然、矿产资源一样,考虑的是如何加以有效保护、可持续利用。景观作为资源可分为三大类型:一是以风景名胜区、国家公园等为载体的自然与文化遗产资源;二是作为旅游资源;三是作为各类环境资源中的一种特殊的环境资源,即视觉环境资源。这三类景观资源保护的工作以前在国内不大提及,国外却有相当一批人以此为职业,主要是政府、环保组织在做。美国各州的州政府中都有这样一些人,这就是为什么美国的风景园林/景观专业研究生毕业以后有很大一批人在政府部门工作的缘由,他们用 GIS 管理这些景观资源,即城市以外的大片未开发地区的景观资源。中国其实是风景资源、旅游资源、视觉环境资源的大国,如何评价、保护、开发这三大类资源是一项重要的工作,这一工作涉及面较广,进一步扩大与人口、移民、寻求新的生存环境相联系,所以从广义的角度来看,这种评价、保护、开发的研究实践就与人居环境的研究实践联系在一起,非常综合,不仅仅是建筑、城市规划、景观三个专业方面的内容,还涉及包括社会学、哲学、地理、文化、生态等各方面的内容。说到景观资源的分析、评价,作者从 1984 年开始就以此为题,进行了一系列的国家自然科学基金课题研究,其中的一项研究就是利用计算机技术对景观资源进行定点、定位、定性,使人还未进入景区前就能在地图中精确地找到那一个美景景区、景点(图 1.29)。当时的研究还提出了基于现代遥感、计算机空间信息技术,数字量化调查评价景观资源,制定全国景观环境质量、全国景观资源分布的宏伟蓝图[1-8]。

**第 1 章参考文献**

[1] 加里·埃斯纳(Gary H. Eisner). 计算机与风景[J]. 刘滨谊,译;冯纪忠,校. 新建筑,1985 (2):69-71.

[2] 刘滨谊. 风景旷奥度——电子计算机、航测辅助风景规划设计[J]. 新建筑,1988(3):

　　53-63.

[3] 刘滨谊.视觉资源管理计划(编译)[J].城市规划汇刊,1989,62(4):40-43.

[4] 刘滨谊.遥感辅助的景观工程[J].建筑学报,1989(7):41-46.

[5] 刘滨谊.景观环境视觉质量评估[J].同济大学学报(自然科学版),1990,18(3):24-29.

[6] 刘滨谊.风景景观环境感受遥感信息[J].城市规划汇刊,1991,71(1):15-22.

[7] 刘滨谊.城市生态绿化系统规划初探——上海浦东新区环境绿地系统规划[J].城市规划
　　汇刊,1991,76(6):50-56.

[8] 冯纪忠,刘滨谊.理性化——风景资源普查方法研究[J].建筑学报,1991(5):38-43.

# 2 景观中的人类行为

人类的户外行为规律及其需求是景观规划设计的根本依据。一个景观规划设计的成败、水平的高低以及吸引人的程度，争论也好，分析也罢，归根结底就看它在多大程度上满足了人类户外环境活动的需要，是否符合人类的户外行为需求。至于景观的艺术品位，这是一个见仁见智、因人而异的话题，对于面向大众群体的现代景观，个人的景观喜好要让位于大多数人的景观追求。所以，对于规划设计师而言，考虑大众的思想、兼顾人类共有的行为应群体优先，这是现代景观规划设计的基本原则。当然，超越人本，自然至上，景观规划设计依据的根本是大自然。

## 2.1 从基本的行为开始

要满足群体的需求，最难的是如何满足其中的文化精神需求。如何使景观规划设计具有高深的文化品位，不能仅仅停留在文字的描述与解说上，不能光靠三寸不烂之舌，引经据典，写上几句诗词歌赋，而是要想方设法把那些精神文化的"虚无缥缈"转化到软质、硬质景观的物质形态中去。对此，作者称之为精神文化的景观物化。从最富诗情画意的主观感受落实到实实在在要建造出来的风景园林/景观物质空间形态上，这需要分成几个层次。从人类感受、活动、行为的角度来看，那些诗情画意、"虚无缥缈"的东西，其实都可以分解为诸如驻足、静观、行走、观赏、心神凝重、眉开眼笑等一些基本的人类行为。

我们研究景观中的人类行为，就不能不考虑与风景园林/景观相关的人类行为最基本的规律（表2.1）。马斯洛的人类行为需求理论只是一家之言，诸如此类的理论还很多。追根溯源，人类在世界上生存，所表现出的各种行为可归纳为三类最为基本的需求，即安全、刺激与认同。这三类需求是融合在一起的，先后次序存在多样组合，不能一概而论。大家不要看这些理论貌似简单，其实景观规划设计许多系统深奥的理论恰恰是从这些貌似简单的道理中引申出来的。对于这些简明的原理，我们若能将之应用到景观规划设计中去，已经难能可贵了。

**表 2.1 行为理论：人的基本需要**

| 罗伯特·阿德里 (Robert Ardrey) | 亚伯拉罕·马斯洛 (Abraham Maslow) | 亚历山大·赖敦 (Alexander Leighton) | 亨利·默里 (Henry Murray) | 佩吉·皮得森 (Peggy Peterson) |
|---|---|---|---|---|
| | | | 依赖 | 避免伤害性 |
| 安全 | 生理需要 | 性满足 | 尊敬 | 加入社会团体 |
| | | | | 教育 |
| | | 敌视情绪表达 | 权势 | 援助 |
| | | | | 安全 |
| | 安全保障需要 | 爱的表达 | 表现 | 地位 |
| | | 获得他人的爱情 | 避免伤害 | 行为参照 |
| | | | | 独处 |
| | | 创造性的表达 | 避免幼稚行为 | 自治 |
| | | | | 认同 |
| 刺激 | 爱与归属需要 | 获得社会认可 | 教养 | 表现 |
| | | | | 防卫 |
| | | 表现为个人地位的社会定向 | 地位 | 成就 |
| | | | | 威信 |
| | | | 拒绝 | 攻击 |
| | 尊重需要 | 作为群体一员的保证和保持 | 直觉 | 拒绝 |
| | | | | 尊敬 |
| | | | | 谦卑 |
| | | | | 玩耍 |
| 认同 | | 归属感 | 性 | 多样化 |
| | | | | 理解 |
| | 自我实现需要 | 物质保证性 | 救济 | 人的价值观 |
| | | | | 自我实现 |
| | | | 理解 | 美感 |

## 2.2 人类在景观中的三种基本活动行为

景观规划设计强调开放空间，所关注的行为亦是人在户外开放空间中的行为，诸如街道中、公园里、广场上、学校大门口的活动等。可以将这些活动归纳为三种类型：必要性活动、选择性活动和社交性活动。所谓必要性活动就是人类因为生存需要而必需的活动，比如等候公共汽车去上班就是一种必要性活动，必要性活动最大的特点就是基本上不受景观/风景园林环境品质的影响。选择性活动就是诸如早起健身、饭后散步、周末外出游玩等游憩类活动，可以有更好，但是没有也无妨。选择性活动与景观/风景园林环境的质量就有很密切的关系。好比同样两条路可供休闲散步，一条美观清静，另外一条坑坑洼洼、藏污纳垢，我们想大家还是比较愿意选择美观清静的那条道路吧。社交性活动，古代也有，现代则更加突出。公园里设一个露天舞台，三五人成组，数十人成群，于广场街头聚会、舞蹈、健身等，都可归属于社交性活动。社交性活动和景观/风景园林环境品质的好坏亦有相当大的关系，其重点在于如何便于人们之间的交流[1]。

　　总之，上述三种类型的活动行为都与景观/风景园林的环境因素有关。从表 2.2 中可以看出，选择性活动受环境品质的影响最大，社交性活动也受一些影响，必要性活动基本上不受影响。在本书第 1 版出版 18 年后，当今中国的景观规划设计正处于从保证必要性活动空间向促进选择性与社交性活动空间的品质提升转变。创造优良的景观/风景园林，努力提升其环境品质，中国未来的景观规划设计任重道远。

表 2.2　三类景观活动行为与场所空间环境质量的相关关系

| 行为类型 | 场所空间环境质量 | |
| --- | --- | --- |
| | 差 | 好 |
| 必要性活动 | ○ | ○ |
| 选择性活动 | ○ | ○ |
| 社交性活动 | ○ | ○ |

　　注：表中圆圈的大小表示与活动行为类型的相关程度，越大相关程度越高，越小相关程度越低。

## 2.3　规划设计面向交往的景观场所

　　在上述三类活动行为中，我们更为关心的是社交性活动。从规划设计的角度来看，研究社交性活动涉及交往强度的问题。具体地讲，就是要琢磨一个户外空间中可以容纳多少人，首先有一个数量的问题。面积大小等同的空间，一种能容纳 10 人，而另一种则能容纳 1 000 人，从这种数量的差别便可看出交往的强度差别。除与空间场地的规模相关，交往强度还与空间场地的质地、质量有关。就拿最典型的广场来说，在规模相同的前提下，一个广场 2/3 是硬地，另一个 1/3 或者 1/4 是硬地，显然前者的交往强度大于后者。现代景观设计从规模上决定了我们考虑安排的活动是公众性的、群体性的、大量性的，城市中大型的活动空间最核心的活动是社会交往，即人与人之间的交往。这个大方向一定要抓准，不能片面对待城市开敞空间场地，一味地强调结合自然而忽略了足够开敞的人群活动场地空间。把自然引入城市一点没错，但若远离了"以人为本"的主题，大方向就有问题了。

　　城市中的公共空间设计也有三个层次的问题：一是景观形象；二是生态绿化；三是群众使用。对于现代城市景观规划设计，特别是城市高密度中心区，群众使用是最为基本的层次。

　　讲到交往，可以分为高强度和低强度两类。亲密的朋友、亲人及说得上话的那种交流，属于高强度的交往。另外一类，诸如路人之间目光的交流、人看人之类的交流，就是低强度的交往。将这两种方式落实到空间场地中，比较狭小的空间适合高强度的交往，相对开敞的空间适合低强度的交往。所以我们要在景观/风景园林规划设计中有意识地强化这一方面的内容。人看人最典型的环境就是广场中的露天舞台。舞台上并不一定每天都有表演，但每一位站在舞台上或坐在观众席上的人都会有看与被看的感受，这就是人与人交往的一种方式。另外还有一种方式，即提供指示，如广场中有一块碑，刻了些字，叙述了一段故事，这也是一种交往、一种信息的转达，即用一些标识图案、雕塑等传达某种信息，诸如此类，这是以物为媒的人与人的交往。在强调信息交往的空间中，这些内容都应考虑进去。

## 2.4　景观行为的空间格局

　　对于上述观点，倘若大家能够认同，就可以进一步讨论与现代景观规划设计直接相关的景观行为构成的基本元素了（表 2.3）：

需求、容量、组群、性质、规模、感受及空间布局模式——格局。这里所讲的空间格局并非规划设计的物质性空间布局，而是规划设计主观性的人的行为空间格局。诸如：将社交性活动安排在哪里？选择性活动布置在哪里？哪些地方又是必要性活动所在？需求是使用者用户的需求，容量也是使用行为的容量，其中最主要的是人数问题，而容量又与行为活动的性质有关，一百人坐在那儿念经与一百人站在那儿跳舞相比，它们所需的空间大小显然是不一样的。组群里面还有一个文化的概念，实际上具体到某个规划设计，我们所要考虑的人已经不是笼统抽象和概念上的人，而是有着不同年龄、不同文化背景、不同性格、不同景观/风景园林品味的个人或群体。应该针对不同类型的组群群体，规划设计出不同类型的景观空间场所。性质是指行为活动的性质，这个空间中的行为是静态的，还是动态的？是内向聚集的，还是外向离散的？规模就是这种行为占据的空间场地大小以及花费时间的多少，规模包含时间与空间两个方面。所有这些貌似简单的单个因素，一经各种排列组合，就可以构成千变万化的景观行为空间格局，既令人眼花缭乱、难以琢磨，也为景观规划设计创意提供了无限的可能。

表2.3　景观行为构成的基本元素

| 景观行为 | 基本元素 |
| --- | --- |
| 意向 | 需求 |
| 强度 | 容量（人数） |
| 文化 | 组群（根据年龄、文化背景、性格等确定） |
| 动静 | 性质（内向聚焦、外向离散、静态、动态） |
| 环境 | 规模（占据空间与花费时间） |
| 欣赏 | 感受（好、中性、恶） |
| 分布 | 空间格局 |

## 2.5　空间、场所、领域：景观/风景园林感受的对象和载体

接下来谈谈景观空间构成与建筑空间构成的异同。这涉及空间、场所、领域三个概念。空间即Space，它是由三维空间数据限定出来的，建筑空间通常由上、下、前、后、左、右六个面限定而成，景观/风景园林空间通常由天、地、东、南、西、北六个面限定而成。场所即Place，不同于空间，通常其空间限定并非六个面。中国乡村的村头入口，作为一种典型的场所，其空间是由大槐树下那片历经多年沧桑、发生了多少故事的场地所限定的。此时的场地实质上是人类行为的标识，场所空间是由人的时空行为活动限定而成。领域即Domain，既不同于场所，更不同于空间。这个概念最初出现在动物界领地中。如一只老虎，一般活动出没的范围约为40 km²，这一范围内一般不会出现第二只老虎，这40 km²就是这只老虎的活动领域。领域由人类活动限定而成，通常物理空间界线难以明确界定。例如，同济大学本部校园及其周围有上百家规划设计公司、院所，由这些公司、院所的规划设计活动形成的这一区域，可以理解为一个领域。又如，风景名胜区的规划区加上其外围保护区亦可算作一个领域。

空间、场所和领域三者给人的感受深度是不同的。空间是通过生理感受限定的，立竿见影，即刻形成。场所则需要通过心理感受积淀而形成，需要体验、经历，逐渐成就。而领域则是基于文化精神的长期作用，需要理解、感悟，历经兴衰，日积月累而成。充分理解、掌握、调动基地景观空间、场所和领域的特性，三者作用兼备，这是优秀的景观/风景园林规划设计的成功之路。

## 2.6　五官与景观感受

下面谈一下与景观有关的人的感受问题，即感官、沟通与尺度。

感官构成了我们设计的尺度，人类感官有五类：视觉、听觉、嗅觉、触觉与味觉。我们将人类的感觉稍微展开介绍一下，人类的视觉、听觉最为重要，其摄取的信息占人类通过感官摄取的信息总量的90%以上。但是，若对人类的行为视而不见，听而不闻，缺少起码的感受行为，那视觉、听觉就是空谈。讲到人类的行为活动有这样一个结论：人处于直立状况下，他的器官感觉基本上是以向前及水平方向为主的。应用到我们的景观设计中，就需要对"前方"、对地面的处理格外仔细。景观设计与建筑设计还不太一样，建筑空

间六面围合,除了地面还可以有其他视觉吸引物。而对于景观空间,上面往往是空的,四周是树木,因而对铺地的感受量就比较大。这就是为什么景观设计中很重要的一点就是要做好铺装。另外如围墙,往往也是底部处理得比较细致。当然围墙的上部边界也要求处理得比较细致,这就是视觉心理学原理:人往往对边界、对轮廓比较关注。所以围墙顶部设计也要花心思。还有一个结论:人在直立状况下,可同时瞥见左右各90°范围内的事物,而人向上或向下看时,所见范围要比左右看的范围狭小。当人被引导步行时,为了要看清行走的路线及视轴的原因,其向上看的视野会减小,因此希望被察觉的事物发生在观看的前方偏下,并且几乎在同一个水平面上。这些原理也反映在所有景观环境观赏空间的设计要点上,例如剧场和礼堂,楼上的票价之所以比较低廉是因为坐在这些观众席上的观众无法以正确的方式去欣赏表演,同样也没有人愿意坐在比舞台低的座位上。

关于听觉,人的耳朵在7 m以内是相当灵敏的,超出这一范围人们就较难进行正确对话,人在35 m的距离内仍可听取演讲或建立一种问答式的谈话关系。这就有两个尺寸:7 m和35 m。7 m是开派对(Party)聊天的合适距离,35 m则是演讲的层次。一般大阶梯教室的长度不会超过35 m。而如果在1 km或更远的距离只能听到诸如大炮或喷气机那样的声音。

关于嗅觉,有这样一个基本尺寸,即人类的嗅觉通常在2—3 m的距离内发生作用。因此,要想令人领略"鸟语花香",小尺度的景观园林空间设计是必要的。依据人类五官感受的尺度,可以发现确定一些景观行为活动规划设计的门槛尺度。

## 2.7　景观空间感受的三大门槛

把视觉、听觉、嗅觉等因素综合在一起,再结合前面谈的社交空间就有以下一系列景观规划设计的基本尺寸,其中有三个基本尺寸将景观空间场所划分成了三种基本的类型,分别与空间、场所、领域一一对应,这就是作者提出的景观的三大门槛。

(1) 20—25 m见方的空间,人们感觉比较亲切,人们的交往是一种朋友、同志式的关系,大家可以比较自由地交流。这是因为一

超出这个范围,人们便很难辨出对方的脸部表情和声音。这是创造景观空间感的尺度。

(2) 通过对欧洲大量中世纪广场尺寸的调查和视觉的测试得出:距离一旦超出110 m,肉眼就认不出是谁,只能辨出大略的人形和大致的动作。这个尺寸就是我们所说的广场尺寸,即超过110 m之后才能产生广阔的感觉。这是形成景观场所感的尺度。

(3) 最后一个尺寸是390 m左右,超过这一尺寸,就是1.5的眼睛也看不清东西了,如果要创造一种很深远、宏伟的感觉,就可以运用这一尺寸。这是形成景观领域感的尺度。

另外0—0.45 m是一种比较亲昵的距离。当然各国与各民族心理、文化等方面的情况不同,这一距离亦有差别,所以只能提供一个幅度(在印度,人与人之间的这种距离比中国人短;而在美国,这一距离则比中国人长)。0.45—1.3 m为个人距离或私交距离,其中0.45—0.6 m一般出现在思想一致、感情融洽、热情交谈的情况之下,0.6—1.3 m是一种不自觉的感官感受逐渐减少的距离,这时两个人的手还可以碰到一起,但只有双方伸臂时才能做到。因而这一距离的下限就是社交活动中无所求的适当距离。3—3.75 m为社会距离,指和邻居、朋友、同事之间的一般性谈话的距离。3.75—8 m为公共距离。大于30 m为隔绝距离。这些尺寸在现代景观的分析、评价、规划、设计中都很有用。

## 2.8　景观行为构成设计与建筑空间构成设计的异同

如表2.4所示,景观行为构成需要考察、分析、理解人们日常千姿百态的活动、行为及其空间分布规律,以及成因。首先是人类行为分析,其次是人类行为的组织策划,最后才是赋予人类行为以一定空间范围的布局。在这一方面,作为一种建筑师化的训练,"空间构成"课是极为必要的。然而,纵观景观规划设计各个层面的实际工程,这毕竟不是景观/风景园林师的核心,除非是把景观规划设计限定在人工化较强、规模较小的空间尺度上。因为,广义的景观,由于尺度扩大化和材料的自然化,其空间性往往趋于淡化而难以明确限定。只要体会一下真实的自然山水空间,对于景观

空间的这种特性就不难理解。这也就是为什么除了"空间",我们还要考虑"场所",以至"领域"。事实上,分析景观行为的时间与空间比重,时间的作用更为重要,因此,与时间关系更为密切的"场所""领域",其作用胜过空间。从"空间"到"场所"再到"领域",从空间分析,是一个从明确实体的有形限定到非实体无形化的转换;但从时间分析,则是从时间的不明确限定到明确限定的转换。所以作者认为,从行为出发的景观规划设计,其核心不只是"空间构成",而且,甚至更为重要的是"时间构成"。

表 2.4　景观行为构成与建筑空间构成的异同

| 差别因素 | 建筑空间行为 | 景观环境行为 |
|---|---|---|
| 使用性质 | • 室内、空间为主<br>• 使用空间所限定的功能内容较确定<br>• 使用者活动内容较确定,空间易于限定<br>• 空间强化,场所淡化 | • 户外、场所为主<br>• 使用空间所限定的功能内容不确定<br>• 使用者活动内容变化较大,难以单一化,空间难以限定<br>• 空间淡化,场所强化 |
| 空间/环境平均规模幅度 | 数百平方米至数公顷 | • 数百平方米至数公顷<br>• 数平方千米至数十平方千米至数百平方千米 |
| 平均容纳人数规模 | 数十人至数千人 | • 数十人至数千人至数万人至数十万人至数百万人 |

## 2.9　与景观空间同等重要,甚至比景观空间更为重要的景观时间因素

除了景观感官、沟通、空间尺度以外,时间的因素更为重要。同样一个东西,你看了一分钟和盯着看了一小时的感受是不一样的,所以感受的时间是很重要的。景观感受是可以度量的,这就是景观感受量[2]。决定景观感受量的两个基本因素是感受空间和感受时间,显然,景观感受量与两者均成正比。中国园林本质上是强调感受的,"小中见大"的"大",应有两层含义:首先是在有限的小空间环境中获得的大感受量;其次是常规理解的空间感受的大。在体量、尺寸有限的情况下,有意识地增加停留的时间,第一个"小中见大"正是这样获得的。这就是中国园林能做到"小中见大"的秘诀所在。大,不仅在于空间的大,更在于停留的时间长,可以在园中不停地转来转去。感受的时间如此重要,运用得好就可成为景观设计的高手。人类游赏这种景观行为表面上是他自己做主的,实际上景观规划设计师可以通过规划设计的多种手段引导、控制他们的游览行为活动,并且使之在不知不觉、潜移默化的情况下去感受人为规划设计的景观。比如我们在某个地方多设计一些东西,人们自然而然就会在此停留下来,这就是我们往往在最主要的地方设置喷泉、动水的原因。

## 2.10　公共性中的私密性

最后谈一个很基本的问题,我们一再强调开放空间的特性,强调公共交往,别忘了,还有一个相辅相成的空间——私密空间,就是"如何在开放性的城市环境中提供一些私密空间"的问题。能够提供私密空间的就算得上有水平的方案,不能提供私密空间的就属于初学者的水平。所以不能强调了这一头,而忘了那一头。越是开放性的空间里越要有私密性的空间,私密性空间中也有个人距离的问题,即个人气泡。个人气泡的尺寸与形态是变化的,有如阿米巴一样。

把上述论点进一步理论化、科学化、系统化就形成以下的理论体系框架(表 2.5)。

表 2.5　景观感受基础理论体系框架

| 项目 | 分项 |
|---|---|
| 视觉及多种感觉 | • 视觉研究的发现<br>• 双目视差成像原理<br>• 其他感觉与环境体验 |

续表 2.5

| 项目 | 分项 |
|---|---|
| 景观感受基本结构 | • 景观感受空间:空间、场所、领域/生理空间、心理空间、灵魂空间<br>• 视觉空间:视线所及而形成的空间<br>• 景观感受基本结构模型:阿普尔顿(Appleton)的"瞭望—庇护"理论、卡普兰(Kaplan)的"空间信息"理论、刘滨谊的"三层次风景旷奥空间"理论及其空间球体模型[3] |
| 景观感受基本结构元素 | • 观赏主体:人(观赏点、观景点、视点)<br>• 观赏客体:景物(被视点)<br>• 观赏距离:观赏主体与观赏客体的物理空间距离、心理空间距离<br>• 观赏环境:景外、景内(景中)<br>• 观赏速度:静止、漫步、跑步、行车……<br>• 观赏方式:注视、凝视、浏览、顾盼、前瞻、回顾……<br>• 观赏密度:单位时间、空间中所观赏到的景观<br>• 观赏角度:生理角度(视觉等)、心理角度<br>• 观赏生理—心理修正系数:取决于各类特定的情况 |
| 景观感受基本结构元素定量化描述 | • 观赏主体:观赏者<br>• 观赏客体:景物、景色等[可理解为点阵 $P(X,Y,Z,C,N)$。其中,$X,Y,Z$ 为点的空间坐标;$C$ 代表色彩;$N$ 代表属性]<br>• 观赏距离:半径 $R$<br>• 观赏环境:空间介质与视距的关系<br>• 观赏速度:$V(m/s,km/h)$<br>• 观赏密度:$NP/V$(其中,$P$ 为点阵中的某点;$N$ 为点阵中的点的个数;$V$ 为观赏速度)<br>• 观赏角度:视线的方位角和水平角<br>• 观赏生理—心理修正系数:视各类特定条件而定<br># 几个经典格式塔视知觉的研究结论<br># 有待破解的谜:空间知觉错觉 |

**第 2 章参考文献**

[1] 扬·盖尔. 交往与空间[M]. 何人可,译. 北京:中国建筑工业出版社,2002.

[2] 冯纪忠. 组景刍议[J]. 同济大学学报,1979,7(4):1-5.

[3] 刘滨谊. 风景景观工程体系化[M]. 北京:中国建筑工业出版社,1990.

# 3 广场规划设计

本章讨论人流密度较高、聚集性较强、建筑密度较高、使用功能丰富、风貌形象突出、环境生态良好的城市公共开敞空间设计——广场。广场规划设计集中了现代城市景观规划设计中的一些基本问题,目标是解决高密度开放空间使用,然而要规划设计出一个多方面都令人满意的广场,需要全面而深入地考虑。

## 3.1 广场规划设计的三要素

高密度开放空间的规划设计需要考虑三部分内容:形象、功能、环境。形象对应着景观,广场的作用之一是创造城市形象。功能对应着使用,不同的使用需求需要由不同的功能来满足。讲功能、谈使用,核心问题离不开人,离不开广场中人的行为及其精神需求,所以讲功能就需要分析人的使用。环境对应着生态、绿化,生态绿化是任何一个现代景观规划设计的底线。这是我们拿到任何一个此类规划时都必须考虑的。对于公园绿地,为了保证足够的绿化量,国家标准规定了其中建筑占地量的上限,如公园中的建筑用地密度不得大于5%。而广场,尽管目前国家对其绿化覆盖面积所占比例并没有明确的规定,但是,足够的广场绿化覆盖率保证了广场夏季遮阳降温的小气候改善,特别是对于中国南方城市广场的夏季使用至关重要[1-4]。

## 3.2 公众群体聚集的大型场所

简要回顾广场的历史演进,首先应明确我们所谈的广场并不是房地产开发中的那种以建筑为主的没有场地的"概念广场",而是一块能够聚集众多市民的"空地"。广场的性质是公有的、公共的,谁都可以进入。关于场地的公共性,也许我们新社会的中国人在这方面的体会不深,因为每一寸土地都是国有的。国外就不一定了,尽管没有围墙,没有铁篱,那些属于私有的土地你可以看、可以观,却不能进入立足。但是,古今中外,广场通常都是可以使用的公共空间,并且，对于这种公共性空间的使用，人人具有同等的权利，总统和街道清洁工的在这里都平起平坐，广场空间是一座城市自由、民主的体现。照此定义，最早有记载的广场出现在古罗马，具体形态可以从西方古典油画上看到：一个呈水平向四面展开的面状空间，通常是论谈、演讲、交流、活动的场所。这也就是我们今天所谈的面状或点状的集中性高密度聚集空间，大多是方形或长方形的，长方形的两条边也不会差得很多，所以广场不是带状的。这种类型、功能的广场，在古代中国较为罕见。中国古代有市场，后来有阅兵场，只是到了近现代，有了天安门广场之后，为响应天安门广场的建造，各省会城市陆续都建造了一个广场，近年来很多城市也建造了广场。在此之前，中国密度较高的开放性空间就是街道，属带状聚集空间。寺庙前往往也会形成高密度聚集空间，但它不够广大，通常为 30 m 左右见方，仍不能称其为广场。广场要有一定的规模，即超出 110 m 的限度。几十米见方的空间是不够的，倘若把 1997 年改建后的同济大学校园主入口处算作一个广场，那就很勉强，而同济大学校园内毛主席像前面那一片场地倒可以算作一个小型广场。所以。按照这种规模、功能、形态的限定，我们很难找到古代中国广场的实例。今天，广场型的高密度空间规划设计在中国的确是一道新题目。也正因为如此，造成我们一谈广场风格，自然而然就是欧陆风格，却谈不出多少地方特色、中国风格，这不足为怪。

## 3.3　规划设计取向

形象、功能、环境是现代广场规划设计的基本内容。过去的广场，不要说古代了，就连天安门广场这三方面内容也是不健全的。天安门广场，可以说它有形象、有功能，但缺乏生态绿化环境。而古罗马广场呢？也一样，都是比较硬质的、实的铺地。盲目效仿这种大片硬质景观为主的西方传统，导致了目前国内广场普遍忽视广场环境因素，硬质铺地过大，绿化缺乏，即便是有绿地，绿化也往往为铺地型，缺乏草—乔搭配的立体型绿化。最典型的就是大连"星海广场"。近几年来大连在城市开放空间的处理上，在中国是领先的，被奉为典范，有许多先进经验值得学习与仿效，但是，它的绿化环境尚有不足，以"星海广场"为例，基本上是以草皮为主，倘若能够多种植一些大型乔木，发挥"二层"立体绿化的作用，那就更好了。当然大连有其客观条件限制，因为土层较浅，濒临强劲的海风，难以种植大型乔木，这情有可原。然而国内许多城市对之盲目模仿，也都只见草地不见森林，就实在不应该了，其实，它们的土壤足以栽种大型乔木，发展立体组合绿化。而且，广场绿化还存在着一个南北地域气候之差。作者始终在呼吁,就城市广场小气候而言,南方城市需要阴影,北方城市需要阳光。那么多的南方城市广场都以大片硬地、草地为主,如何满足大众庇荫遮阳的基本户外活动需求?再者,还有一个深层文化差异,除了地理区位之差,除了为地域气候所决定,现代欧美城市广场的大片草地可以找到其游牧民族、牧羊文化上景观偏爱的根源。相比之下,盲目照搬欧美,显然是有问题的。那么,我们景观偏爱的根又是什么呢?这是一个有待深入研究与实践探索的专业理论问题。

## 3.4 定性、定位、容量

以上所述是我们评价、规划设计广场时应该考虑的三大基本方面,下面谈谈我们在设计的过程中应当考虑的因素。首先是广场大小容量的确定,即定量,需要考虑范围与规模,广场的尺寸不同,规模不同,规划设计的侧重也不一样。其次是结合现状的定位。定位主要指我们设计的广场在城市或区域中所处的位置和发挥的作用:是面向全市的,还是面向一个街区的?细分定位,其与功能、形象、风格等都有一些关系。设计定位还包括一项内容即档次水准:是国际水准的,还是比较符合当地水准的?功能,主要从人的使用来考虑,从城市规划的角度来看,广场通常必须兼有停车、防灾疏散等功能。风格,包括是欧陆式的,还是比较传统的中国园林式的?是比较开敞空旷的,还是比较封闭幽静的?这些都应根据具体情况具体分析。容量指广场设计的密度,同样占地 10 hm² 的广场,设计方案可以有不同的选择,可以容纳 2 万人,也可以容纳 5 万人。所以容量的确定控制是甲方委托设计时,设计师马上就应该了解要讨论的问题。

## 3.5 几种典型

图 3.1 广场之一——停车场 [引自《寻找失落的空间——城市设计的理论》]

图 3.2 美国华盛顿国家植物园中一景 [设计:EDAW]

图 3.1 是一类广场——停车场,只是广场中的环境比较差。这是一种特殊的广场。

图 3.2 是柱廊围合的空间及其周围的区域,是一种高密度开放空间,这是EDAW(易道,国际景观规划设计事务所)设计的一个景观广场。其巧妙之处在于,将市区废弃仓库的柱子安插在这里,反倒有了历史纪念性,柱子只做广场空间限定与景观形象。假如在柱子上面加一个屋顶,哪怕是充气的棚,其广场性都将大大减弱,甚至都算不上开放空间,而是一座建筑了。广场设计应避免建筑化。

图 3.3 也是一种广场,广场不一定都是硬地铺满的,只要能够满足人们的使用需求即可。

图 3.3　美国旧金山某城市广场

图 3.4　1997 年美国纽约时代广场

图 3.5　1987 年美国纽约时代广场

图 3.3 中的这个广场已具有现代广场的一些特征,多次被研究开放空间的著作提及。它位于旧金山,是 20 世纪 50 年代规划的。前面我们谈到了空间、场所与领域,广场具有场所与领域的特征,它不像建筑能够"一步到位",建完即成,广场有一个"生长"的过程,这也是风景园林和景观的基本特征,花草树木需要成长,文化风俗需要积淀,形象风貌需要逐步深入人心。从花草树木到人类情感等所有具有生命的东西,将会生长繁衍、成长壮大。10 年前和 10 年后的景观肯定大不一样,这是景观作为一种生物的生长;另外,景观作为文化,还有文化的生长——文化积淀,这也随时间发展而逐渐走向丰富成熟。现在建成的一些建筑与广场之所以感觉没劲,除了形态、功能、环境方面的欠缺以外,就是缺少文化积淀。再看看图 3.3 中的这一广场,除了草坪和几株大树,什么也没有,连地面都没有硬质铺砌,但是仍然有那么多人愿意来这里,为什么? 因为这里有很多演出,很多艺人在这里表演,很多画家在这里作画,到处红红火火、热闹非凡,有生活、有文化。这才是广场规划设计的关键,即要有人的使用,生活的活动,艺术的吸引,要在广场中安排一些激动人心的活动,以吸引人、满足人;要有文化,以教育人、打动人、启迪人;要有人与人交往的机会,以得到知识的补充、思想的交流、精神的满足。人们到广场中来,不是为了看设计者的设计,而是要使用它。

另外,作为基本的技术功能条件,广场要能很好地解决人流、车流等交通问题。美国旧金山某城市广场其实是几条交通干道之间的缓冲区域,外围还有停车场,将其处理成城市中难得的绿地,难怪吸引了不少人前来。它和中国那种几条交通干道之间所设置的几十、几百平方米大小的绿岛不一样,这种绿岛除了太小,还存在更大的安全威胁,鸟都嫌烦,更不谈让人使用了。最后,在这个广场规划设计中,体现了一种"不为而为之"的设计手法:顺其自然发展,亦能收

图 3.7

图 3.6　上海静安公园的下沉广场 1
图 3.7　上海静安公园的下沉广场 2
图 3.8　美国某旅游商业区中的小广场　［设计者：SWA］

图 3.8

到良效。而我们的很多景观规划设计都是绞尽脑汁，恨不得把所有能想到的东西都"搬上银幕"，画蛇添足，弄巧成拙。

图 3.4 是 1997 年美国纽约的时代广场。说到广场，英文有两种翻译：一种是 Square，通常是由建筑围合的规模较大、形态比较规整的空间；另一种是 Plaza。时代广场对应的是 Plaza，意为中间有喷水的十字交叉口，从古罗马引申而来。因为古代围绕着水源，就会有很多路延伸过来，人们取水的时候，聊一聊天，休息休息，就在水源旁形成一种公共聚集空间。这也是 Plaza 式广场的最初意义。

如果将 1987 年的时代广场（图 3.5）与 1997 年的（参见前图 3.4）时代广场比较一下，可以发现变化是惊人的。时代广场最有名的即这一片广告体，每隔几十秒钟就会更换一下内容，纽约每年的圣诞大游行的终点就在这里。

## 3.6　面向游憩活动

广场规划设计不能就形态论形态。上海龙华旅游度假区广场是一种以塔为中心兼具疏散功能的广场，由庙前广场和旅游度假区中心广场两部分组成。考虑到人流量比较大，节假日需要容纳 1 万多人，且孙权为庆母寿所造龙华古塔是最主要的景观，四周种上树势必会阻挡视线，所以干脆就不种树，反而显得古朴，也不影响围绕着古塔进行的行游式演出活动。迂回穿插，从古至今，广场内总是有表演活动发生，始终存在着多数人看少数人的问题（参见前图 1.18、图 1.19）。

图 3.6、图 3.7 是上海静安公园中的下沉广场，虽号称广场，规模却不大，还做了一圆形舞台。

图 3.6

图 3.9　江苏省盐城市新区广场方案模型

　　图 3.8 是 SWA 设计的社区中的小广场,中间是一变幻的喷水池,呼应了历史传统,也就是 Plaza 的概念。中世纪欧洲的喷水池是很美观实用的,其利用高差,将高山上的水转化为喷泉,用它就是生活用水,不用它亦是一种景观。中国并不是没有 Plaza 之类的以水聚人的公共开放空间,中国的水井及其周围就是这样一种 Plaza,只是,那水是静的,只有随着人在取水时才发出声响,那水又是深的,只能用水桶探下去才知深浅。一"动"一"静",一"升"一"降",一"浮"一"沉",作者认为,深入思考这种差异,可以发展出东西方广场的特色设计。

## 3.7　解决多功能需求

　　江苏省盐城市新区广场的功能包括停车与市民使用两部分(图 3.9)。整个广场分成了三块:第一块偏重人的活动使用(图 3.10),中心是一舞台,圆形代表太阳,椭圆形形代表宇宙星河,采用曲线以打破周围街区规整的城市方格网;第二块是停车场(图 3.11);第三块偏重环境,种了很多树(图 3.12)。讲到景观风貌,需要强调的是:高密度开放空间的设计离不开城市设计,因为这样的空间往往在城市的中心地带,而它的视觉走廊、景观轴线往往是由周边建筑实体来界定的,也可以是虚体界定的,如街道、河道、交通干道等。另外广场还需要有自己的主题,这一广场的中心即圆形舞台上的构架,以此将人吸引到这里,这与英国石环那种围边式的处理手法正好相反。

　　交通是城市广场设计的基本方面。交通问题分为停车、道路以及内外部人流组织等,而停车又可化解为机动车停车与非机动车停车,且有一个量的设计问题,即打算让它停多少辆呢? 这是一个弹性很大的问题,没有规范可查。另外广场的出入口往往是各种交通的交织点,比较复杂,同时又有形象方面的

图 3.10　江苏省盐城市新区广场方案模型(第一块)

图 3.11 江苏省盐城市新区广场方案模型（第二块）

图 3.12 江苏省盐城市新区广场方案模型（第三块）

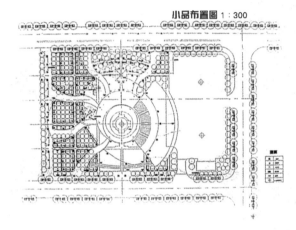

小品布置图 1:300

图 3.13 江苏省盐城市新区广场方案之小品布置图

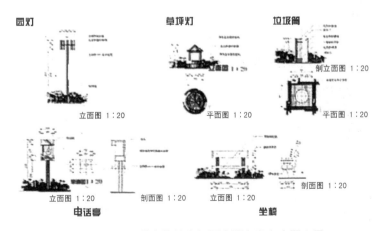

园灯 立面图 1:20

草坪灯 平面图 1:20

垃圾筒 剖立面图 1:20 平面图 1:20

电话亭 立面图 1:20 剖面图 1:20

坐椅 立面图 1:20 剖面图 1:20

图 3.14 江苏省盐城市新区广场方案之广场小品

要求,因而出入口有如乐章的序曲、文章的起头,非常重要。广场中的建筑、硬地及绿地的量到底该为多少,至今仍很有争议,国家亦没有规范。但它绝不能与城市公园那种中低密度的开放空间相提并论,要容纳较大数量的人流,就要有一定量的硬地。与此同时,绿化也不能少。这一矛盾如何解决? 说来也很简单,硬地中预留乔木树穴就可以解决,让树冠在"上空",人在林荫下行走活动,这不是很愉快的一件事吗! 所以满足各种容量需要我们去设想、设定、设计。甲方不知道,规范也帮不了我们,景观规划设计师的作用、专家的作用就在于此。

广场中的小品、照明都很重要,这也是现代高密度开放空间的特征之一,因为广场的使用频率很高,夜间往往也是开放的,需要创造夜间的形象。照明方面国家有一些规定,广场中的照明不应该等强度布置,中心区域可亮一些,休闲区域则一般照度即可。照明灯具通常分为三类:一类为高杆灯,用于主要的活动空间;第二类为庭园灯,用于休闲区域;第三类为草坪灯,用于园林草坪照明,可以自由布置,创造特殊意境,但不应放在游人容易接触到的地方,以防打碎,通常布置在草坪当中,创造星光点点、可望而不可即的效果。广场中的小品还包括现代通讯设施、雕塑、坐椅、饮水器、垃圾筒等(图3.13、图3.14)。

广场设计除了总体布局,还应有建筑类小品的详细设计。

广场中的厕所是必需的。首先,位置就比较难以确定,从使用上来讲,希望厕所离主要的活动空间近一些,但又有创造中心形象问题,所以往往会放得离中心区远一些。其次,厕所本身还有形象的问题,受传统意识的影响,希望不要太醒目,但是不醒目,游人就不容易找到。这些都是矛盾,需要设计人员去解决。厕所的风格对整个广场的风格有很大的影响,因为广场中的建筑不多,鹤立鸡群,厕所常常是唯一称得上建筑的实体,它对整个广场建筑风格的影响举足轻重。

现代景观设计需要现代技术的配合，通过景观模拟预测，可以完善我们的规划设计，提高科学预见性（参见前图3.10至图3.12）。

广场需要一些文化的痕迹。盐城市新区广场中设了八根图腾柱，上面刻了盐城市的古往今来。另外，结合中国国情，政府往往希望通过广场的开发与建设来带动周围地块的开发，有这样一种经济效益在里头。国外其实也是这样，通过提高开放空间的质量，带动周围的环境建设。

湖南省常德市火车站前广场设计也很具有代表性（图3.15）。它不仅要满足诸如停车、疏散等交通方面的要求，还要结合城市开发建设来满足城市形象的要求。因为按照常德市火车站的级别，高峰日游客量为1 400人，按照国家规范2 hm² 的用地足够了，而把它规划为6 hm²，这剩余的4 hm² 是作为城市的广场用地。这样一来，功能就更为复杂，特别是交通流线，同时，作为城市广场又有形象的问题。该广场设计仍然是中心聚集型、雄伟宏大型。与之相反，是否可以尝试创造一些诸如下沉广场等平易近人型的空间？空间序列即由低到高，游客一出常德市火车站，俯瞰全局，视线可延伸5 km（图3.16）。另外强调一下，开放空间一定要有一些带顶的构架，以创造小空间，用以遮阳避雨。所以广场中的廊很重要，它的设置并不只是为了好看。

## 3.8　寻求风格

图3.17为广东省茂名市的一个公园，其入口广场同时又是城市广场（图3.18），很典型，涉及不同性质空间的套合转换问题。这里主要谈谈风格问题。

图3.15　湖南省常德市火车站站前广场规划设计方案模型1

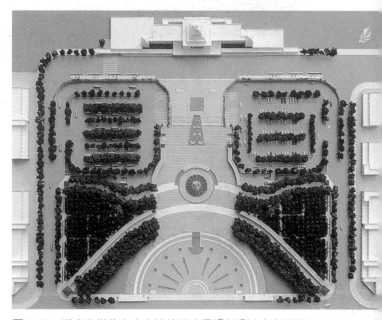

图3.16　湖南省常德市火车站站前广场规划设计方案模型2

图3.17　广东省茂名市城市广场设计

图 3.18  广东省茂名市城市广场设计

茂名市作为一个热带城市(图3.19),大王椰、棕榈、槟榔等热带树种枝干挺拔,列植起来就像柱廊,这不禁令作者想起了西班牙的阿尔罕布拉宫。阿尔罕布拉宫的特点是柱子特别多,而且柱子都特别细,一根细柱子承重不够,就两根并排。阿尔罕布拉宫还有一大特点:任何一个房间里都有水道,这些流动的水造就了古代的自然空调,此外,还有印度莫卧儿王朝的园林。水道都不宽,可能是怕蒸发,只有局部让它成面状流下来,形成景观,建筑入口往往会这样处理,因为入口往往是风口,利用大面积的水可以降低室外吹进来的风温。法国夏邦杰公司为上海万里居住小区做的环境概念设计方案中,就在1 000 m余的绿带里布置了30 cm宽的水渠,以表达这种古老的文化传统。针对茂名市作为热带城市气候炎热的特点,形成了作者设计的立足点:第一点是创造阴影。对于广场,由于是开放空间,带顶的东西难以过多,那就只能利用广场地面以及与地面相垂直的面。地面创造不了阴影,而四面若都是实墙,则挡风、不透气,因而想到了轻巧的柱廊,其次可以利用大王椰浓密的阴影,大王椰可密植,间距为2—3 m。第二点是利用水体降温。沿路布置喷泉,这种半旱喷泉20 cm深,热得受不了的时候,干脆就可以站进去冲凉。这就与阿尔罕布拉宫很像,而阿尔罕布拉宫的形成原因,很重要的一点就是气候。所以,作者认为讲求风格的创造,不能纯粹玩形式,尤其是景观设计,特别需要充分分析当地的气候、动植物、人文习俗和历史文化,在此基础之上的设计一定是具有风格的。就说入口柱廊,形式上是欧式的,但它不是简单地重复抄袭,因为像这样的双向拱结构,目前在世界上也是极少见的,不仅竖向是拱,平面也呈拱形。这就是借助现代高科技创造出来的景观。另外,不知为什么,在公园景观建设中,许多人特别不赞同堆山,担心堆山会破坏景观,作者认为现代景观强调的是立体化,要堆山,要将平地园变成立体园。堆山之后,上面照样搞绿化、种大型乔木,下面可以开发地下空间。在茂名市的这个广场公园设计中,堆了山(图3.20),我们在这座山上还设计了一个中式的亭,因为当地对西方风格比较推崇,茂名市曾经有过法国人登陆开发的痕迹。整个公园欧陆味很浓,那就"洋装虽然穿在身,依然中国心",最中心的地方是一个中式亭,这就是我们的追求。

图3.21是浙江省萧山市政府前广场,它有一特点:广场的中心是市政府大楼。广场突出绿化和外框的限定,因而设计了一个24 m高的拱。拱下面有市政府大楼、有国旗,很雄伟。

图3.22是浙江省绍兴市戴山广场,1.6 hm²,当时做得很细,扩初图全出来了,最后"选址不当,取消方案",所以在接到规划设计任务时,首先应当有"策划"的头脑,帮助甲方分析一下,其选址合不合适,之后再动手。这是缺少前期

图3.19 热带城市茂名(广东省)

图3.20 广东省茂名市公园广场中的堆山

图 3.21 浙江省萧山市政府前广场设计

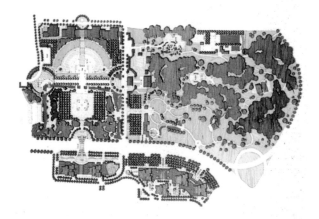

图 3.22 浙江省绍兴市蕺山广场设计

"策划"给"规划"带来的教训。

## 3.9 景观风貌的整治创造

一般的广场我们比较强调使用,而上海徐家汇广场则更注重风貌形象问题。重点是结合现状,设计之前,我们全面考察了四周 360°范围内的建筑形象。处理的难点:地铁出风口。要在整个环境中考虑,把这一个消极因素转化为积极因素,即把它设计为景观构筑物。两者之间拉一个顶篷,下面是圆形的剧场,而这两个出风口就成了支架,有点像中国的双阙,这不就有意思了吗(参见前图 1.13,图 3.23)!现代景观设计强调中心,要有主有次。在本次设计之前,徐家汇是英国石环式的格局,感觉很凌乱,失去了方向感与主要景观,这是现代空间设计的一大忌讳。我们自然而然想到了设计一个标志物,以吸引所有人的视线,并且得有一定的高度,这就是我们的巨型广告体,有点类似纽约时代广场,但近期不做商业广告,而是作为 2000 年的倒计时钟,借以发挥其精神文明的作用。

现代景观中水是很重要的,可以产生动感、创造氛围,但说服甲方采用水却是很困难的。他们不是强调市民素质不高而难以管理,就是声明要做也要做得少一些。而作者认为在上海这样的现代化都市中应该多运用水,多创造有动感的水景,以突出现代气息。上海浦东彩虹广场设计中,采用了大尺度的水道喷泉就是基于这样一种追求(图 3.24、图 3.25)。

图 3.23 上海徐家汇广场景观整治

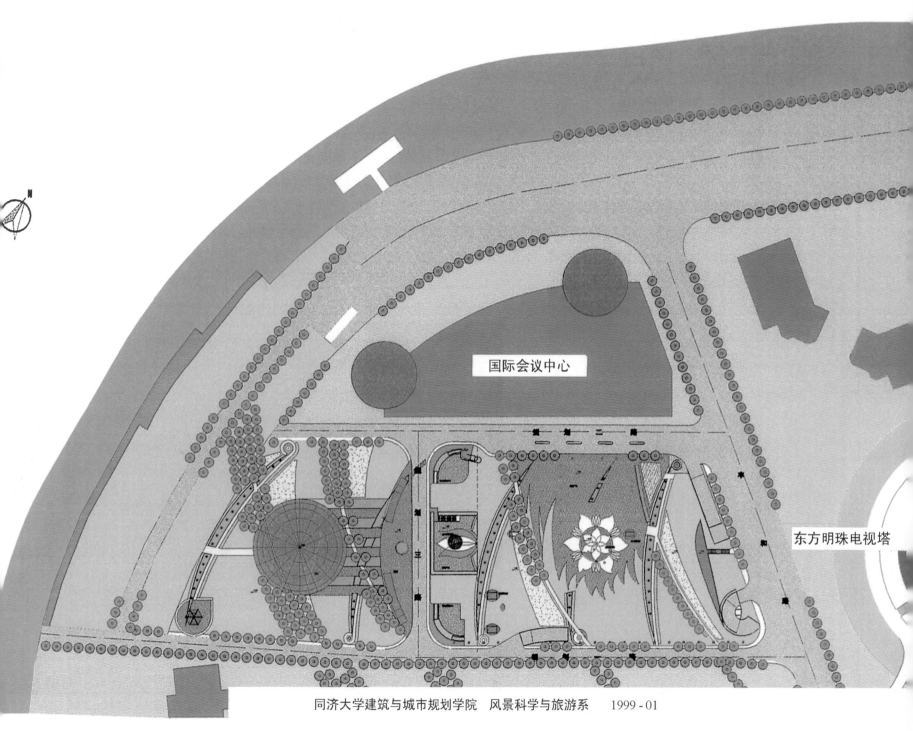

国际会议中心

东方明珠电视塔

同济大学建筑与城市规划学院　风景科学与旅游系　　1999-01

图 3.24　上海浦东彩虹广场平面详细设计(1：500)

图 3.25　上海浦东彩虹广场设计

图 3.26　重庆市人民广场的游人分布状况

图 3.27　重庆市人民广场的铺装

## 3.10　基本出发点

图 3.26 为重庆市人民广场,从图中可以看到游人的分布状况,类似树荫下的坐椅应该多做,以方便使用。另外重庆市人民广场的铺装材料选择是一错误。选用坚硬耐久的花岗岩材料是对的,但不该抛光。室外环境室内化的处理要仔细斟酌,对症下药。否则,像抛了光的花岗岩,遇水就打滑,人行其上战战兢兢,这就是花了大钱而没把事办好,不值得(图 3.27)。

总之,对于中国目前和今后的城市建设,高密度人流的广场规划设计已经开始成为中国现代景观规划设计的热点,五花八门、形态各异的广场设计到处可见。作为一名中国现代景观规划设计师,大众群体休闲活动的需求和现实可行的条件,是设计广场最关键的准则和最基本的出发点(图 3.28)。

图 3.28　浙江省杭州市湖滨路晨景

**第3章参考文献**

[1] 刘滨谊.形象、环境、群体——中国现代景观设计的基本出发点[J].走向世界,1998,59(2):16-18.

[2] 刘滨谊.景观规划设计三元论——寻求中国景观规划设计发展创新的基点[J].新建筑,2001(5):1-3.

[3] 刘滨谊.现代风景旅游规划设计三元论[J].规划师,2001,17(6):64-65,85.

[4] 刘滨谊,鲍鲁泉.城市高密度公共性景观[J].时代建筑,2002(1):10-13.

# 4 带状空间场所规划设计

带状空间场所包括街道、滨水带、机动车交通道路、视觉走廊及生态走廊，见表4.1，绿道则是一个更为综合的概念，绿道可以说是这几类景观带状空间场所的集合。街道可细分为步行街与人车混行街，滨水带可细分为江岸、河岸与湖岸，机动车交通道路可细分为高速公路、国道和一般性道路；其规划设计所要考虑的内容包括功能活动、景观形态及环境生态三大方面[1-2]。

表 4.1　各类城市带状景观规划设计

| 类型 | 功能活动类型 | 景观形态 | 环境生态组成 |
| --- | --- | --- | --- |
| 街道：<br>步行街<br>人车混行街 | 购物、娱乐、休闲、观演、通行、交通 | 带状狭长空间，围合性强、视域有限，景观人工因素变化丰富多彩 | 人、建筑店面、人行道、绿化、道路 |
| 滨水带：<br>江岸<br>河岸<br>湖岸 | 娱乐、休闲、观演、购物、通行、旅游 | 带状空间，围合性弱、视域宽广，兼具人工因素与自然因素 | 水体、堤岸、植物、人行道、车道、建筑 |
| 机动车交通道路：<br>高速公路<br>国道<br>一般性道路 | 交通、景观 | 带状空间，围合性弱、视域宽广，动态景观特征显著 | 道路及沿路两侧绿化、田野或城镇 |
| 视觉走廊 | 风景观赏 | 带状空间，围合性有强有弱、视域或宽广或有限，有明显的景观标志 | 湖泊河流、田野、林带 |
| 生态走廊 | 旅游观光、体育健身、环境保护 | 带状空间，围合性弱、视域宽广 | 森林、湿地、水域、山地、动植物 |

## 4.1　概念原理

步行街的功能活动主要是商业、文化娱乐及节假日休闲。广场往往作为步行街的节点、高潮所在。景观形态与文化特征呢？步行街的尺度往往不大，小巧玲珑,有一些骑楼、门楼、匾牌、幌子、电话亭、广告书亭等街道景观小品和绿化、喷泉等,文化特征就是透过这些景观形态反映出来的。街道环境生态组成主要有人、建筑店面、人行道、树木等[2]。

人车混行街的功能活动比较繁杂,有商业、交通、办公等,尺度比较大。环境生态组成主要也有人、店面、人行道及道路。

江岸、河岸的功能最主要的是防洪,其次兼具休闲、娱乐,通常要修筑人工堤岸,以满足技术及功能性的要求。景观形态特征往往是抬高人工堤岸,堤岸之外是时有涨落的江面,堤岸之内有树木、城市道路,大型江岸防洪堤通常还要用作防洪救灾时的机动车通行道路。环境生态组成主要有水体、堤岸、陆生与水生动植物。

湖体池塘岸边一般不设防洪功能,其岸一般也处理得比较自然、生态——自然的草坡直接延伸进水中。环境生态组成主要有水体、植物、人行道。

机动车交通道路的首要功能是交通,其次是视觉景观形象问题。高速公路比较简洁,除了路面只有当中的分隔带和道路两侧一定宽度的绿化带,通常每一侧各 30 m 以上;国道两旁往往需要配置非机动车道和行道树绿化;而城市中的一般性道路除了机动车道路、非机动车道路、行道树绿化,还需要有人行道,如今还需要配置慢跑、自行车等健身"绿道"。交通道路要注意绿化与美化,但有的道路两边绿化做得太过火了,做得很细,效果并不好,为什么? 问题在于没有景观观赏速度这个基本概念。对于交通性道路的景观欣赏,人们或是坐在飞驰的车里看出去,或是在运动行进中观赏。这种现代快速观赏,要求具备大尺度的景观。第 2 章讨论的景观三大门槛是一种静态景观行为的数值,但是一旦结合了动态,尺寸尺度就会发生变化。例如,25 m 见方的静态景观空间单元转换为 60 km/h 的动态景观单元,其尺寸相应地要扩大为 50—80 m 见方。

"视觉走廊"也是现代景观规划设计中的一个基本概念,国内不大涉及,国外却已研究得很深,它由多种多样的景物组成,非常生动,非常丰富,涉及的方面很多。

"生态走廊"是为野生动植物预留的一定宽度的带状通道。比如,城市中的楔形绿地就是一种人为规划的生态走廊,其环境生态组成主要有动植物、水体、农田等。在城市中,它常常与高压走廊重合。

## 4.2 方法要点

带状空间场所规划设计的方法要点基本与城市规划一样,包括现状分析、目标确定、原则、构思、空间形态布局、空间结构分析、道路交通分析、绿化景观分析等。

（1）规划设计范围的确定。这个范围不仅指基地红线之内的范围，还包括超越了红线，从空间、景观、视线"借景"得到的景观范围。此外，不能仅仅是一层大地的"表皮"，要有一定的"厚度"，例如做街道规划设计要了解、分析街道两侧的实体建筑及周边道路分支的情况等。要跳出基地范围，研究景观范围的事物。景观范围的划定则主要靠我们视具体情况来划分。

（2）现状资料的搜集与分析。现状资料可分为三类：① 景观文化类，包括传统、历史、文化、现状景观照片、录像、遥感图像等；② 功能类，包括土地利用现状、交通、建筑、空间活动等；③ 环境生态类，包括绿化、气候、水质、大气等。

（3）定位定性与确定目标。它包括发达程度、现代化程度、发展潜力及在城市中的地位。目标的确定一方面要根据领导及意向，另一方面要根据发展潜力。目标具体化，则有人与建筑的容量问题，资金周转、回报问题，景观特色的创造问题。根据具体目标，进一步要确定的是规划原则。

（4）空间构思。它包括景观、功能、生态环境三方面的空间布局构思，最初可用草图的形式画出来。

## 4.3 大都市市区景观大道

上海浦东新区的世纪大道，从陆家嘴一直延伸到中央公园，全长为 4.2 km，道路红线宽度为 100 m，估计建设投资为 20 多亿元。这是 20 世纪末全球规模最大的景观大道建设，其规模超过了美国首都华盛顿林荫景观大道和法国巴黎香榭丽舍景观大道。

巴黎香榭丽舍大街的红线宽度为 60 m（图 4.1）。世纪大道是集城市交通、市民休闲、环境绿化、沿路房地产开发、城市景观形象多种功能于一体的综合性景观工程。方案设计采用了国际招标。

图 4.2 为当年的国际景观规划设计事务所易道（EDAW）的方案，其最大的特点是在 4.2 km 长的世纪大道上穿插了一些斜线，这些斜线源于陆家嘴地区现有的道路交通结构，方案通过绿化强化了这一结构。同时，它将 4.2 km 长的大道通过中心广场划分为两段：一段代表上海的过去，另一段代表上海的未来。中心广场则是现代与传统的撞击点。通过两个广场的套合来表现：一个是现代广场，另一个是传统广场。其上布置喷泉、雕塑等（图 4.3）。

对于带状景观空间规划设计，其剖面设计很重要，EDAW 的方案采用了道路中轴线左右对称布局（图 4.4、图 4.5）。

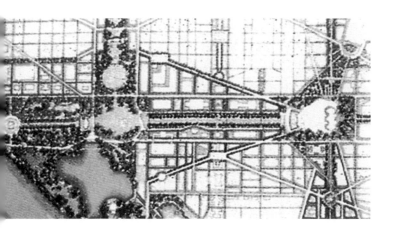

图 4.1 美国华盛顿林荫景观大道和法国巴黎香榭丽舍景观大道 ［为上海浦东新区世纪大道的榜样］

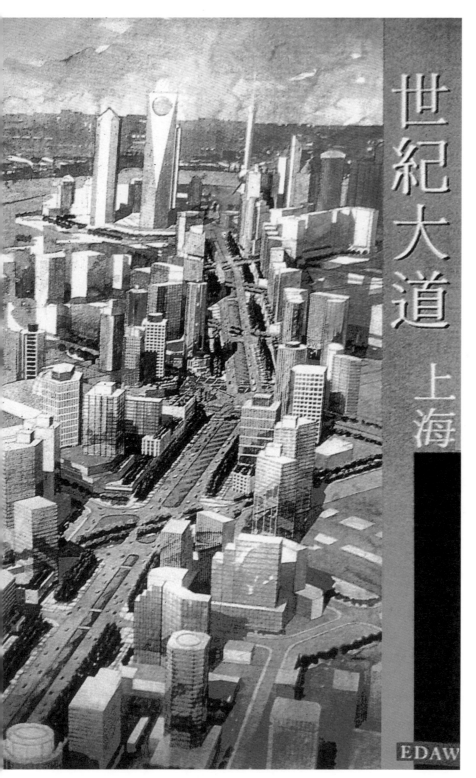

世纪大道 上海

EDAW

图 4.2 国际景观规划设计事务所 EDAW 的方案

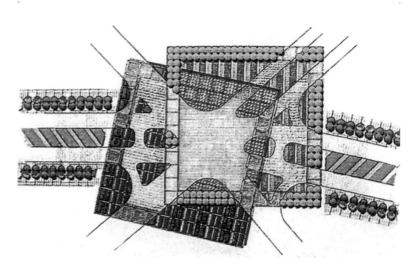

图 4.3 EDAW 的叠合广场构思方案

图 4.4 采用对称布局方案的世纪大道两侧

世紀大道 上海

Century Boulevard, Shanghai

CENTURY BLVD A ROOF GARDENS

图 4.5　对称式大道景观

图 4.6 为水体设计，是大规模人流日常活动、节日庆典活动等的场所。

法国 ARTE＋EPAD 事务所的方案（图 4.7 至图 4.9），其最大的特色是大道两侧不对称的绿化带布局，东西走向的大道南侧阴影区绿带窄一些（20 m 宽），大道北侧受阳区绿带宽一些（40 m 宽）。配合城市空间现状，将 4.2 km 长的大道分成三段：① 中段，主要布置一些新型使用设施。② 林荫道，做景观不对称处理。③ 中华植物园（图 4.10、图 4.11）。

图 4.6　水体设计

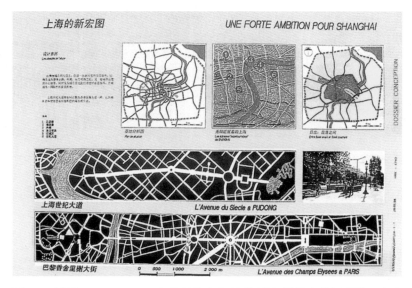

图 4.7　法国 ARTE＋EPAD 事务所的方案（上海浦东世纪大道与香榭丽舍大街的比较）

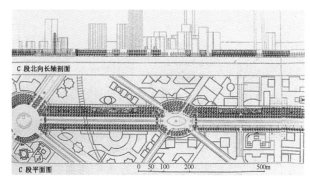

图 4.8　法国 ARTE＋EPAD 事务所的方案（局部平面立面）

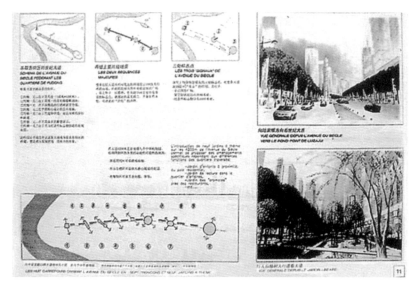

图 4.10　法国 ARTE＋EPAD 事务所的方案（沿街小游园）

图 4.9　法国 ARTE＋EPAD 事务所的方案（透视景观图）

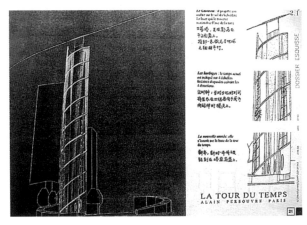

图 4.12 法国 ARTE + EPAD 事务所的方案（大道高潮——日晷塔广场）

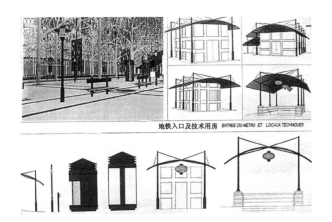

图 4.13 候车亭、电话亭、广告报亭小品系列设计

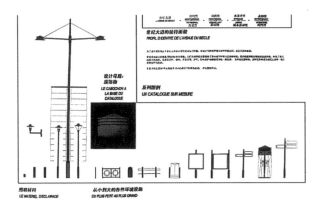

图 4.14 灯具设计

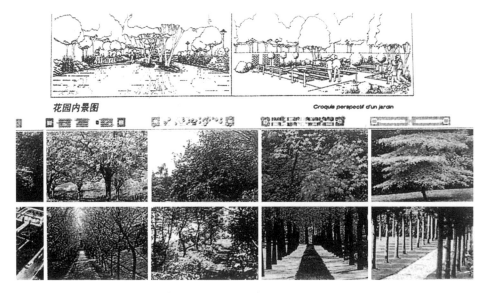

图 4.11 法国 ARTE + EPAD 事务所的方案（中华植物园）

图 4.12 为大道高潮——日晷塔广场。

图 4.13、图 4.14 为候车亭、电话亭、广告报亭小品系列设计和灯具设计。

图 4.15 为分期规划三阶段的不断生长的概念。

## 4.4 中小城市街道景观整治

图 4.16 至图 4.18 分别是作者团队负责的浙江省绍兴市五横三纵城市主街街道景观规划设计（表 4.2）。规划设计范围包括贯穿于绍兴市中心城区的五条东西向街道和三条南北向街道，即胜利路、人民路、东街、鲁迅路、延安路与解放路、新建路、中兴路。规划街道全长约为 23 000 m，规划范围平均宽度约为 100 m，总面积约为 230 hm² 。绍兴市中心城区商业繁荣、经济发达。解放路与人民路为主要的商业金融街，延安路与胜利路为市县行政机构所在地，这四条街道的人工构筑物、街道格局等已基本成型，属现代城市景观。中兴路打通工程于 1997 年完成。当时尚没有形成成熟的街道景观，除几处节点有一些新建筑外，其余地段均为旧住宅，有待改造。新建路现状较窄，两边是低矮、高密度的民房，是鲁迅笔下中下层市民生活的地方，并有土谷祠、骑楼等特色构筑物。东街拓宽改造为有地方特色的商业街。鲁迅路为传统的一河一路一房格局，以居住为主，并集中了较多的历史文化古迹。总的来说，经过几十年的城市建设，中心城区的古城风貌已很不完整，现代国际式建筑与传统老建筑共存。高度超过 70 m

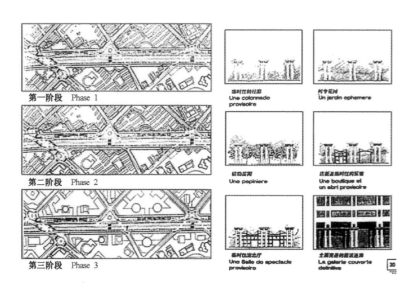

图 4.15　分期规划三阶段

图 4.16　浙江省绍兴市城市主街街道景观规划设计（沿街景观功能规划）

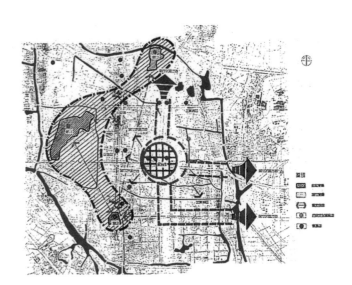

图 4.17　浙江省绍兴市城市主街街道景观规划设计（城市总体景观控制）

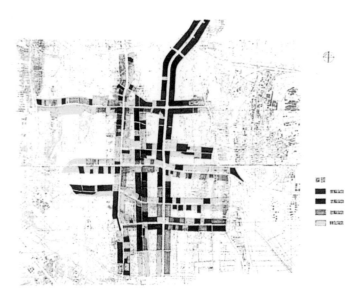

图 4.18　浙江省绍兴市城市主街街道景观规划设计（沿街地块开发潜力分析）

**表 4.2 主要街道规划设计概况**

| 序号 | 道路名称 | 起讫点 | 长度(m) | 道路断面宽度(m) | | | | | 面积(m²) | 断面形式 |
| --- | --- | --- | --- | --- | --- | --- | --- | --- | --- | --- |
| | | | | 机动车道 | 非机动车道 | 人行道 | 分隔带 | 总宽 | | |
| 1 | 人民路 | 环城南路—环城东路 | 2 600 | 12.0 | 4.0×2.0 | 5.0×2.0 | — | 30 | 78 000 | 一块板 |
| 2 | 解放路 | 火车路—越南路 | 5 000 | 11.0 | 4.5×2.0 | 6.0×2.0 | — | 32 | 160 000 | 一块板 |
| 3 | 中兴路 | 越北路—越南路 | 6 400 | 16.0 | 6.0×2.0 | 5.5×2.0 | 1.5 | 40.5 | 268 800 | 三块板 |
| 4 | 延安路 | 解放路—环城东路 | 1 550 | 12.0 | 4.0×2.0 | 5.0×2.0 | — | 30 | 46 500 | 一块板 |
| 5 | 胜利东路 | 环城东路—解放路 | 1 150 | 12.0 | 4.0×2.0 | 4.0×2.0 | — | 28 | 32 200 | 一块板 |
| 6 | 胜利西路 | 解放路—环城南路 | | — | 8.0 | 3.5×2.0 | 4.5×2.0 | 24 | — | 一块板 |
| 7 | 新建路 | 胜利路—环城南路 | | | | | | | | 一块板 |
| 8 | 鲁迅路 | 环城西路—环城东路 | | | | | | | | 一块板 |
| 9 | 东街 | 解放路—环城东路 | | | | | | | | 一块板 |

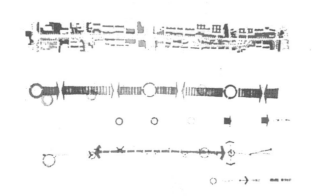

图 4.19 浙江省绍兴市城市主街街道景观规划设计

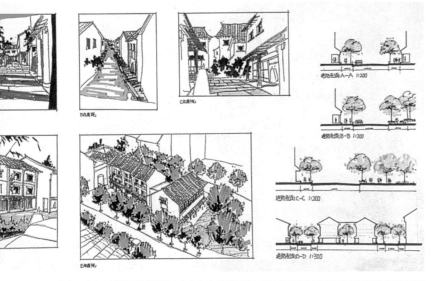

图 4.20 浙江省绍兴市城市主街街道景观规划设计(东街街道景观规划设计)

的高层建筑已有 5—6 幢,而高度超过 50 m 的高层建筑已达 10 多幢。

五横三纵城市主街街道景观规划与建设目标的制定,一方面遵循绍兴市城市总体规划对本规划区职能、性质、规模的定位,同时面向 21 世纪的社会经济发展战略与目标,创造与社会经济发展相适应且能满足人们日益增长的物质与文化需要、具有鲜明地方特色的城市街道公共空间和生态环境,以促使绍兴市建成以历史文化和山水风光为特色的国际旅游城市。

规划原则:① 现代与传统相结合的原则;② 社会效益、经济效益、生态效益相结合的原则;③ 现代与未来相结合的原则;④ "以人为本"的原则。

规划构思:(1) 街道的功能。包括交通、街面、景观。(2) 沿街地块开发。根据现状建筑质量、城市发展方向及城市规划要求,将八条街道的所有地块分为保留地块与改造地段两大类。保留地块约占规划总面积的 30%,约合 69 hm²;改造地块约占规划总面积的 70%,约合 161 hm²。改造地块可分为全面开发改造地块、正在建设地块、局部改造地块三类。对其中的建筑立面进行局部装饰调整,从而增强街道景观的统一性与艺术性。(3) 城市景观风貌控制。结合城区现状,绍兴市中心城区宜发展新旧两元相互辉映的景观格局,即以三山(府山、蕺山、塔山)及越都城作为古城区历史文化与自然环境大背景(一元);以中兴路与人民路交会区为现代都市景观中心,向四周逐级跌落扩展

（二元）。背景区结合历史街区改造，严格控制高层的出现，遵循历史文化脉络，布置能充分体现绍兴吴越古城、水乡特色的人工建筑物，并在府山、蕺山、塔山及大善塔四者之间保留出视线走廊，使之相互呼应，形成一定规模的历史文化景观网络区域，在现代城市景观群中保留历史文化景观应有的位置。现代景观区不宜采用对待大都市的处理手法来处理绍兴市水乡城镇的空间，同时考虑到房地产开发的经济效益及景观要求，今后开发的建筑高度均不宜超过 70 m，且不宜遍地开花。高层相对集中，逐级跌落形成投石于水的涟漪景观，并使中心突出。(4) 街廊设计。① 将街廊空间分为滞留空间与穿越空间两类。大型商业金融、文教体育娱乐附近为滞留空间，应为行人的停留安排休闲、宜人且安全的环境，布置坐椅、花坛、饮水器等设施。而联系行政办公、居住用地的出入口及道路交叉口为穿越空间，不为行人设置可供停留的设施，界面简洁扼要，以防人流聚集滞留而妨碍交通。② 空间界面分为硬质界面与软质界面两类，为了创造亲切宜人的都市景观，除了与胜利路、人民路及延安路的交叉口根据使用功能要求布置硬质界面以外，其余均为由绿化等构成的软质界面。③ 变异点，以长度 390 m 为最大景观单元，长度 25—28 m 为基本景观单元，在中兴路两侧布置景观变异点，适时地创造兴奋点，以防止单调冗长的街廊形象（图 4.19 至图 4.23）。

图 4.21　浙江省绍兴市城市主街街道景观规划设计（新建路街道景观规划设计）

## 4.5　交通道路景观规划

交通道路景观通常应当具备三个方面的功能：交通功能、环境生态功能、景观形象功能。其中，首先要满足道路的交通功能；其次结合道路两侧及其周边地带的环境绿化和水土保护来发挥道路的环境生态作用。在满足这两方面的基础上，才有可能创造出良好的景观形象。此外，从行车驾驶人员的视觉景观安全考虑，交通道路景观应当满足驾驶员视觉感知与感受安全的基本要求。景观道路中的"景观"不仅仅只是考虑视觉的狭义景观，也不仅仅是美学观赏的景观，而是连带驾驶安全、交通、环保、周边土地开发建设、经济发展、历史文脉、旅游、资源等因素的广义景观。诚然，狭义景观给人们的感受是最为直接的，特别是对于以车行为主的道路景观观赏，走马观花，主要是视觉在起作用。广义景观是景观道路环境建设之"本"，狭义景观是景观道路环境建设之"表"。要做到表里如一，本表同治。

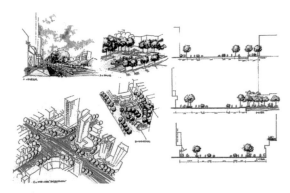

图 4.22　浙江省绍兴市城市主街街道景观规划设计（中兴路街道景观规划设计）

欧美诸国，第二次世界大战后至 20 世纪 70 年代期间有过类似的大规模环境建设、道路建设，其中，不乏诸如蓝岭公路（Blue Ridge Parkway）等交通道路

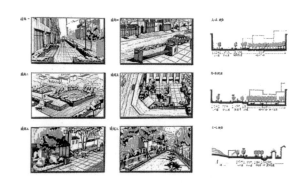

图 4.23　浙江省绍兴市城市主街街道景观规划设计（解放路街道景观规划设计）

景观环境建设的佳作,值得我国借鉴。然而,在国情、地域、风土、历史、时空上,国内与国外存在着很大差异,不能照搬照抄。比如美国穿越郊县的快速道路沿线,因地域广阔,其林带、田野划分可以很宽阔;又因纯以汽车为主,故其不考虑自行车等慢速交通及其景观观赏;因"地广人稀",其各类建筑不容许临路太近,这也是不难做到的;因传统习惯,其沿路要么是成片密植的林带,要么是视野广阔的原野,而很少见到沿路栽种单行行道树等。

图4.24至图4.28是作者团队负责的上海南汇县沪南公路延伸段(南芦公路)道路景观规划设计,其道路长度为26.6 km,功能性质为郊区型公路,车流多、步行人流少,车行速度为80 km/h左右。规划目标是城乡环境美化、道路绿化、交通景观,主要内容包括沿路园林绿化、景观绿化照明、广告布局设计、道路交叉点规划、沿路乡村建筑景观规划。

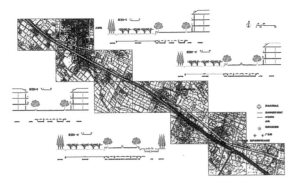

图4.24 上海南汇县沪南公路延伸段-南芦公路(道路景观规划设计总平面)

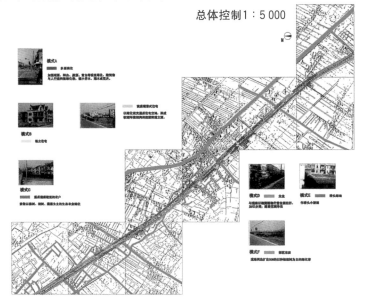

图4.25 上海南汇县南芦公路道路景观规划设计(泥城镇域道路景观规划设计总体控制)

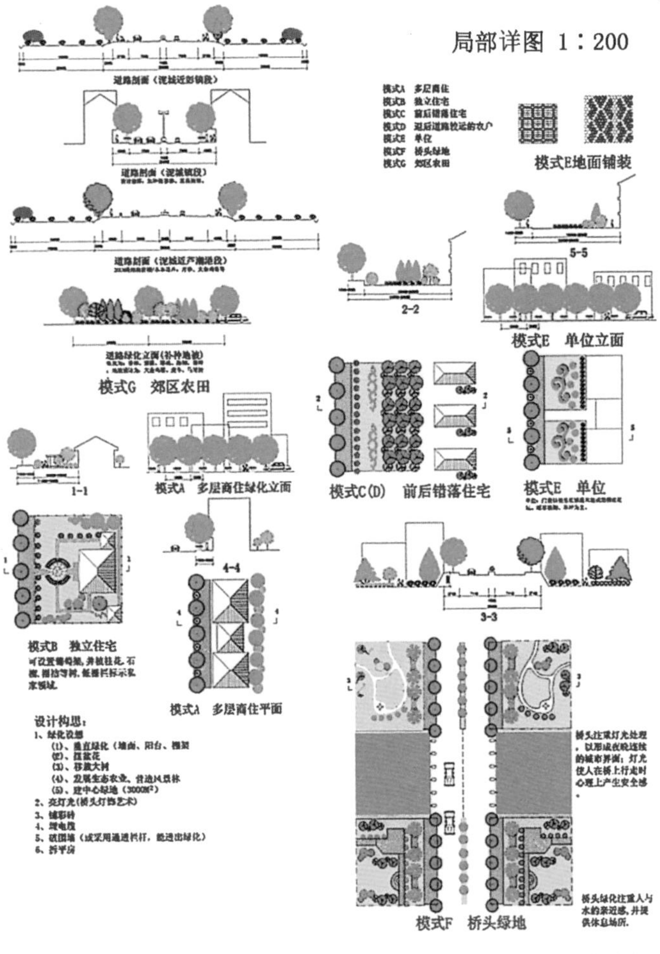

图4.26 上海南汇县南芦公路道路景观规划设计(泥城镇域道路景观规划设计局部详图)

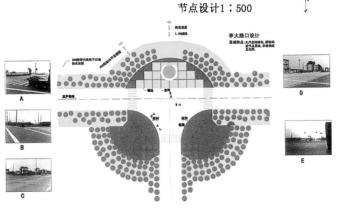

图4.27 上海南芦公路道路景观规划设计(节点设计)

## 4.6 景观轴线的重要作用

在构成景观空间"点""线/带""面"的三要素中，从景观环境背景空间划分、景观活动的空间使用观赏到景观营造的地形、水体、植物、构筑、道路等要素的组织，景观轴线发挥着支撑与统领的作用。特别在大规模大尺度的景观规划设计中，景观轴线更是必不可少。优秀的景观作品无一例外，都充分发挥了景观轴线的功能作用。对于任何一块场地、一处花园、一片风景园林，景观轴线不仅提供了最具时空效率的可观的景象、可活动的场地、可生长的环境，而且为建立这片场地、花园、景观的秩序性、思想性、纪念性提供了必要的前提[3-4]。理论分析，景观轴线对于景观的"三观""三动""三生"的最大化发挥了首屈一指的作用。景观轴线在景观/风景园林规划设计中的应用比比皆是，从中国唐长安到故宫紫禁城，从法国凡尔赛花园到美国首都华盛顿（图4.29至图4.32，也可参见后图16.58、图16.59），从巴西利亚到澳大利亚堪培拉国会山（参见后图16.61，图18.11、图18.12）[3-7]。

图4.28　上海南汇县南芦公路道路景观规划设计（景观模拟预测）

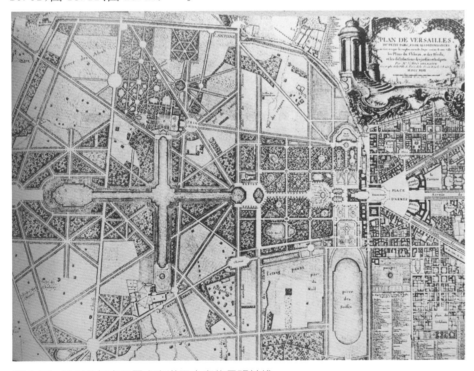

图4.29　法国凡尔赛花园中充满了丰富的景观轴线

图4.30　法国凡尔赛花园中的主景观轴线

图4.31　美国华盛顿景观轴线的视觉作用1 ［突出加强某一景观，使全区范围内的景观时间秩序化、明晰化］

图4.32　美国华盛顿景观轴线的视觉作用2

### 4.6.1　景观轴线与"三观"激发建立的想象力和秩序感

中国字"观"的繁体"觀"，其本意是大鹏之见，可见中国古代就已对"观"的意义有所觉悟。"观"（View）比"看"（Look）更为全面，比"望"（Prospect）更接近现实，"观"有环绕覆盖之意，其作为视觉感受的浓缩，是立体化、空间化、时间化的。对于当代人类，"观"的作用体现在以下三个层面：

（1）一观——人类生理必需的"观"。如同狗需要不停地"嗅"，经长期进化而养成的习惯养成了人类需要不断地"观看、观察"的天性[5]。没有或缺乏足够的、令人悦目的、在长期进化中习惯了的观看空间，人类从生理到心理都会出现问题，引发景观缺乏症。这也正是现代城市人回归自然欲求的根源，因为与亲近了数十万、数百万年的地球自然景观相比，仅仅出现了100多年的脱离自然的现代城市景观对于人类实在是过于陌生。

（2）二观——人类"瞭望—庇护"心理需要的"观"。既可以视察周围的一切，又可以不受外界的侵扰。没有或缺少符合这种"瞭望—庇护"模式的空间景观，其空间观看的心理感受就会缺乏秩序感而显得杂乱无章，其景观将令人不安、紧张烦躁，进而引发景观注意紧张、警惕和恐惧症，以及一系列有害身心健康的结果。反之，符合"瞭望—庇护""黄金分割"等经长期积淀而成的景观观赏习惯的"观"，其景观令人悦目赏心、放松平静，进而引发景观吸引的舒适、愉悦和美感，以及一系列有益身心健康的结果[6-7]。

（3）三观——人类探索精神之源泉动力的"观"。生理感受、心理认知、精神领悟，从五官感受到思索探究，这是一个循序渐进、连续运转的过程。人类发现、发明、创造的原始动力正是源于人类五官之于外部世界的感受体察，首当其冲的是空间立体时间序列化的视觉感受，这种基于个体的视觉感受对于想象创造力的培养形成有着至今仍未被深入研究理解的决定性作用，尽管当代人们在这一方面的能力仍在继续退化。

总之，能够提供满足"三观"之需的景观，可以充满观赏的时间空间，有助于激发想象力和建立秩序感[3-4,6]。

### 4.6.2　从"三动"引发丰富的创造力和思想性

景观的作用不仅仅在于"观"，对于人类生存，景观还因提供着必要的户外空间场地而对于引发制约人类户外活动发挥着至关重要的作用。景观推动人类户外活动的积极作用至少表现在三个方面的活动：（1）休闲运动活动；（2）聚集娱乐活动；（3）参与交往活动。

景观的这三方面的"活动"同样是人类的天性之需,其作用在风景园林中尤为显著:使人们得以不受拘束、自由交往,对话在这里发生,思想在这里碰撞,想象力受到大自然与人文环境的启迪。作为"三动"的发生地,优美理想的风景园林环境,特别是以自然为主的风景环境,少有那些人工的痕迹和人为的限制,提供了身心无拘无束的空间,所引发的思想智慧创造作用远远胜过恶劣、污染并充满危险的环境。目光所及、行动所致如果能够超越六面体的限制,思想肯定更易自由驰骋。人类个体原本就是在大自然的环境中感受、认知、思考,景观的基本作用正是在于还原回归了这一人类的本源,对于解放思想的束缚、释放想象的潜力,景观风景园林的作用不可小视。

### 4.6.3 从"三生"孕育培养的生命力和纪念性

景观的本底是自然生态环境,它与地球同时产生,是人类赖以生存进化了上百万年的物质基础和精神来源。离开自然,景观的"三观"和"三动"都无从谈起。因山清水秀而地灵人杰,中国人早就意识到了生态环境之于思想智慧的本源作用。细分景观本源的本底,有生命、生态、生产"三生"之分。景观的主要构成元素,如山、水、林、田、动植物、气候等都是有生命的,景观的时空存在呈现着多样性及相互依存的生态性,景观又因生命繁衍而具有了生产性。人类与景观"三生"有着千丝万缕的联系而密不可分。尤以大学校园为典型,古今中外,作为人类智慧文明的理想之地,全世界所有的大学无一例外、无不极度重视大学校园生态环境的建设。不断繁衍、生生不息、经久不衰,景观生命力因时间的长久和空间的庞大而产生的纪念性真正获得了永恒。作为大学生活和记忆的载体,较之一幢幢校园建筑,以林木和场地环境为主体,统领校园的景观更具长久时间和庞大空间的标志性和纪念性。随着数百上千年的时光流逝,单体建筑将迟早物是人非,但是,伴随着枝繁叶茂的参天古树和那些生意盎然的绿地广场,大学校园景观则青春永驻而令人记忆犹新。

## 4.7 大学校园景观规划设计的三条途径

2000—2004 年期间,作者先后主持完成了若干大学校园规划及校园景观规划设计,包括安徽省合肥市合肥大学城总体策划(13 km²)(图 4.33、图 4.34)及其中心湖区翡翠湖详细规划与方案及施工图设计(1.5 km²)(2001—2003 年)(已建成)、吉林省长春市吉林大学新校园景观环境规划设计(2 km²)(2001—2002 年)(其中中轴景观已建成)(图 4.35)、陕西省西安市西北农林科

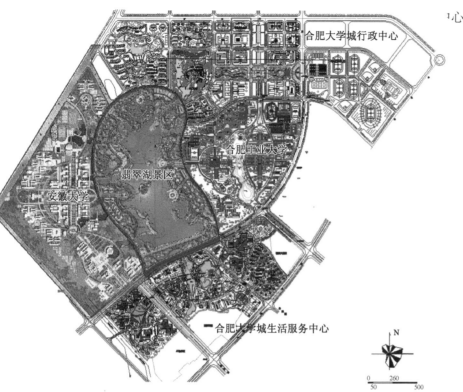

图4.33　安徽省合肥市合肥大学城总体规划(2001—2002年)

心区景观设计(15 hm²)(2002年)

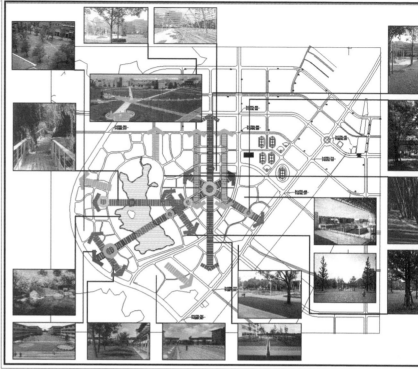

图4.34　安徽省合肥市合肥大学城景观轴线规划

图4.35　吉林省长春市吉林大学新校园景观环境规划设计(总平面渲染图)

(图4.36)、湖南省常德市常德文理学院新校区总体规划设计(1 km²)(2002—2003年)(图4.37)(已建成)。

　　大学是现代人类文明的发祥地,大学校园景观建设的成功与否直接关系着大学人才培养的质量。大学校园景观应当成为培育想象力、创造力、生命力的场所,应当具备秩序性、思想性、纪念性。它必须具备三个载体:可观的景象、可活动的场地、可生长的环境。

　　基于上述思考,以吉林大学南校区景观规划设计为例,其创意追求有以下三条途径和九个要点。

　　(1)"三观"设计:① 对景观轴线增加数量、扩充尺度营造尽可能多的观看空间;② 组织规则性景观轴线,创造景观空间秩序感;③ 强化中轴的纵向长度和宽度,点缀景观雕塑于其中,提供一条"极目远望"的"希望之轴"。

　　(2)"三动"设计:① 规划自行车和步行道路系统;② 中轴通道空间可以举办各类展示活动;③ 中轴各节点广场设计可以举办各类演义聚会活动。

　　(3)"三生"设计:① 校园景观建设以绿化为主,广场通道等硬质景观建设为辅;② 绿化立足百年时间尺度的长远建设,以大型乔木为主;③ 景观中轴意在构建行列式大型乔木及廊道景观为主,再串着多个活动广场的纪念性校园景观。

**第 4 章参考文献**

[1] 刘滨谊. 城市道路景观规划设计[M]. 南京:东南大学出版社,2002.

[2] 刘滨谊,余畅,刘悦来. 高密度城市中心区街道绿地景观规划设计——以上海陆家嘴中心区道路绿化调整规划设计为例[J]. 城市规划汇刊,2002(1):60 - 62.

[3] 刘滨谊,等. 纪念性景观与旅游规划设计[M]. 南京:东南大学出版社,2005.

[4] 刘滨谊,姜珊. 纪念性景观的视觉特征解析[J]. 中国园林,2012,28(3):22 - 30.

[5] 帕特里克·米勒. 从视觉偏好研究:一种理解景观感知的方法[J]. 刘滨谊,唐真,译. 中国园林,2013(5):22 - 26.

[6] 刘滨谊,范榕. 景观空间视觉吸引要素及其机制研究[J]. 中国园林,2013(5):5 - 10.

[7] 刘滨谊,范榕. 景观空间视觉吸引机制实验与解析[J]. 中国园林,2014(9):33 - 36.

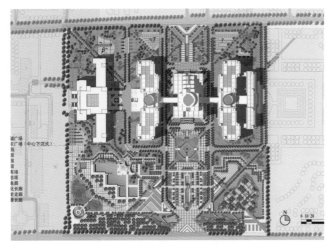

图 4.36　陕西省西安市西北农林科技大学中心区景观设计

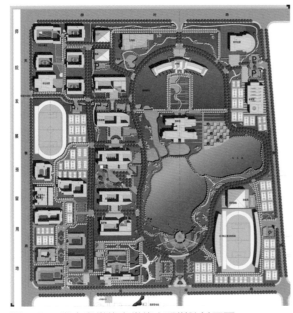

图 4.37　湖南省常德市常德文理学院总平面

# 5 滨水带规划设计

滨水带的规划设计在整个景观规划设计中属于比较复杂的一类,国际上专业同行进行比较,往往就是看这一类项目的设计水准。为什么说它比较具有挑战性? 因为它所涉及的内容很多,不仅有陆地上的,还有水里的,更有水陆交接地带的,从生态学的角度分析,有水、有湿地,生物多样性更为丰富。此外,在城市中,滨水带往往都是最具人气、商气、城气的地方,从城市水利防洪到城市生态绿化、从公共空间到城市交通、从城市历史文化到景观风貌,景观规划设计面临的问题错综复杂。犹如建筑学的核心课程是空间构成,城乡规划学的核心课程是土地利用与道路交通(从物质形态角度来讲),景观建筑学的核心课程一门是场地规划,另一门就是景观生态。滨水带的规划设计包含了这两大方面的主要内容[1]。

## 5.1 内在持久的吸引力

根据人居环境学,从人类生存的角度分析滨水带的重要性。感应地理学和景观偏爱理论研究表明,滨水带对于人类有着一种内在而持久的吸引力。在大自然中,有几类最吸引人类的聚居环境:第一类就是海滨,正因为人都喜欢往海滨集聚,才造成了目前中国沿海地区比较发达的状况;第二类是河川谷地,杭州就处于这样的自然环境中,中国有很多城市都位于此类环境;第三类是平原,总之,除了和尚、道士,深山老林并非人类居住的长久之地。以上这三类聚居环境基本上都是生存型的。另外还有一类聚居环境,即岛屿,其更多地属于精神型。中国台湾、美国夏威夷等都是岛屿,岛屿较之以上三类聚居环境,对人类的生存吸引力要小一些,但它往往具有精神意义,如典型的蓬莱三岛(安徽黄山),代表了我们祖先心目中的理想之境。以上四类是对人最具吸引力的聚居环境,这是人类在漫长的人居生存进化演变中所形成的对于环境的偏爱,究其原因,已有大量的研究证实。滨海,推而广之,即所讨论的滨水带,凡是有名的城市往往都与滨水带相关,都有一条称之为城市母亲的河流,如巴黎的塞纳河,上海的黄浦江、苏州河,后者尽管曾经受到污染,但是正在逐渐好转,仍然是上海城市的象征。

图 5.1　海滨的动人景观：澳大利亚布里斯班的黄金海滩（Golden Beach）

根据生态学,从自然环境生态的角度来看,滨水带的重要性也很明显。因为滨水带能够产生湿地沼泽,有水,有土,有林,有阳光空气,从生态学上讲是孕育万物的地方。从风景园林学的角度来看,滨水带是最富变化的地带。变化可以从很多方面去看,其中之一就是水位的涨落起伏所造成的变化,还有野生动植物所带来的勃勃生机,以及动态水体所带来的流动灵活。

## 5.2  现代人类向往的聚居胜境

图5.1中海滨的景观确实美丽动人,这是澳大利亚布里斯班的黄金海岸(Golden Beach),这里不仅有阳光、大海、沙滩,更有四季温暖的适宜温度,因而全年游客不断。我国可以与它媲美的是海南三亚的亚龙湾。这些地方都是人类向往的聚居地(图5.2)。

图5.3描述的是新西兰的自然水体,像染过色似的。一方面是保护得好;另一方面是由于其地质形成时期,水里的矿物质比较多,湖水中硫酸铜的含量很高,故呈天蓝色。又由于湖水多来自冰山雪水,水温很低,水中几乎没有鱼类。新西兰是一个岛国,与陆地分隔较远的岛屿特征制约了动植物的多样性,最初连动物都很少,据说它是一个人造大园林,岛上所有的动物都是人工由国

图5.3  新西兰的自然水体

图5.4  花园国家新西兰

图5.2  人类向往的聚居环境:澳大利亚布里斯班的黄金海滩(Golden Beach)

外引入的。有兔子，但没有狼，后来由于兔子太多了，又引入了狐狸，以制约其过度繁衍。目前新西兰最多的是羊，每年周转3 000万头羊，而本国人口却只有400万人。据此联想，中国并不是没有这样的景观，3 000年前、5 000年前的中国想必也是这样一派仙境景象，所以要想追溯、再现中国过去的自然山水，不妨到新西兰去看一看吧(图5.4)！

## 5.3 滨水景观特征

图5.5显示的是园林中的水岸处理。园林，尤其是东方园林，离开水几乎就不存在了。图5.6显示的是美国华盛顿中央公园，其不仅仅有绿带，更有大片的水面。图5.7显示的是中国浙江绍兴三味书屋前的水滨处理，这是城市中水岸处理的典型。图5.8显示的是河边的滩涂，丰水期被淹没，枯水期就露出来。滨水带规划设计分为几个层次，其中一个层次就是对环境的治理，很大一部分的工作量就在这一会儿被淹、一会儿露出来的边界处理上。这种处理涉及多学科专业，其中，需要水力的知识，需要自然沼泽生态系统的知识，还需要自然与人工湿地的知识和技术。

图5.5 园林中的水岸处理:中国首都北京颐和园

图5.6 园林中的水岸处理:美国首都华盛顿中央公园

图5.7 古城中的水岸处理:浙江绍兴三味书屋前的水滨处理

图5.8 河边的滩涂

图 5.9 偏重于自然形态的滨水绿带处理:美国芝加哥滨水绿带

图 5.10 美国芝加哥滨水绿带

图 5.11 需要造地形的滨水带规划:美国芝加哥滨水绿带

## 5.4 跨越世纪的远见

对于城市滨水带,将之作为城市开敞公共活动空间而不被高楼大厦所侵占通常是很难做到的。往往因为滨水带比较吸引人,房地产、土地价格都会很高,历史上除了买卖地皮造房的房地产行为,对于城市滨水带公共空间建设的投入往往是忽视的,对于滨水带自然生态环境的保护更是罕见。

将城市滨水带留作城市生态空间和公共地带,美国芝加哥的滨水绿带规划建设是具有开创性的。国际现代风景园林学的创始人奥姆斯特德与美国规划师之父丹纽·伯曼,在 1872 年芝加哥大火之后,规划了平均宽度为 1 000 m 左右的芝加哥段的密歇根滨湖绿带,并于 1900 年至 1910 年之间建造,绿带中除了芝加哥自然博物馆等几个公共建筑之外绝对禁止任何私有房地产的开发(图 5.9)。

图 5.10 为芝加哥滨水绿带,翻过这座小山岗就是密歇根湖(图 5.11)。滨水带规划也需要造地形,特别是这么长的一段滨水带,全都沿湖走未免太单调,有的地方需要有小山遮一遮,有的地方需要有大片的湖面。图 5.12 显示的是规划过的自然驳岸处理。

图 5.12 规划过的自然驳岸处理:美国芝加哥滨水绿带

## 5.5 为滨水景观生态留下一席之地

城市在发展,湖滨地区该怎么做? 为了尊重生态自然,最基本的一个想法就是维持陆地、水域及城市中生物链的连续,不要被滨水道路、堤坝等人工构筑物截然隔断。一条路对于人类来说并不是什么障碍,但是,对于动植物,特别是微生物来说,却是很大的障碍,所以迫不得已必须要修建交通道路时,也要留出生物走廊,这样哺乳动物就不必冒着危险穿越马路去饮水。基于以上基本原理,通过架空人工构筑物,尽量保留、创造生态湿地(图5.13)。有了生态湿地就有了微生物、鸟、虫等,也就有了生气。

城市中的滨水带还有一类人工痕迹比较多的,如澳大利亚悉尼歌剧院滨水岸,连建筑都往滨水地带凑,硬质景观比较多。大家会问,为什么不做绿化? 作者认为可能是因为海水都是咸的,树木难以成活。这跟中国上海的外滩不一样,外滩旁边是黄浦江,可以长树。另外,在这一片硬质景观以外也还有堆山和树木。紧临悉尼歌剧院的海堤做得外面高、里面低,主要是为了防海潮;我们的外滩也是这样,主要是为了满足千年一遇的防洪标准。但是,同样的目的还是有不同的做法,外滩是将堤岸紧靠江水就结束了;而悉尼歌剧院滨水岸呢,则是用两重平台的立体结构解决了这一问题(图5.14)。后来,结合上海世界博览会,2010年外滩堤岸改造也算是采用了两重平台的空间结构。

1997年的浙江绍兴缺乏滨水带,光秃秃,干巴巴,有的地方干脆连绿化都没有(图5.15)。尽管有历史传统,但这种缺乏生态绿化的传统并不值得继承与倡导。

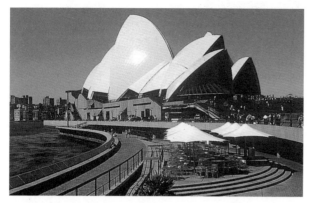

图5.14 澳大利亚悉尼歌剧院滨水岸立体处理

图5.15 缺乏绿化生态的滨水带:浙江绍兴

图5.16 美国的"苏州水乡"居住区

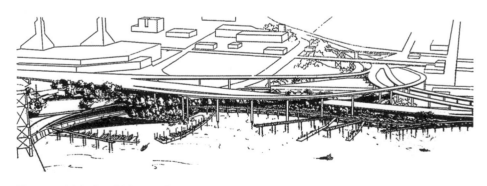

图5.13 城市滨江带生态化规划

图 5.18 美国"苏州水乡"居住区的小区沿湖道路与湖岸的生态化处理

图 5.19 江苏省的扬州园林

图 5.20 云南省的昆明民族园

图 5.17 美国"苏州水乡"居住区的溪水驳岸

# 5.6 生态化滨水驳岸

还有一类即"苏州水乡类"。不过不是在中国苏州,而是在美国加利福尼亚(图 5.16),完全是为了创造一种临水而居的人间仙境。水边堆着两块石头,这完全是中国园林的做法(图 5.17)。小区沿湖道路与湖岸进行了生态化处理(图 5.18)。

图 5.19 为江苏省的扬州园林。这是不好的例子,中国园林的驳岸往往采用硬质的太湖石、黄石,但都会有一些空隙,螃蟹可以在其中爬来爬去。而如图 5.19 所示,其将水与陆地截然隔开,不仅水体得不到营养,土地也得不到滋润,这是很糟糕的一种情况。中国园林中的规划设计最应该反映生存与自然的生态因素。

图 5.20 所示的驳岸更糟,前面的例子至少形态还可以,而这几乎就像是小孩捏出来的橡皮泥驳岸,看了就让人难受、纠结。

前图 1.21 是作者 1992 年为上海浦东陆家嘴滨江大道所做的一个规划设计方案,整条道路是架起来的,绿色一直延伸到江边。规划设想架起的道路近期作为滨江交通道路,远期可改作二层观光平台。

# 5.7 滨水带规划设计要点

滨水带设计类型有自然生态型、防洪技术型、城市空间型,这三种类型前面都已涉及。另外,近年来又发展了一种旅游公园,如杭州西湖,防洪功能几乎等于零,其主要面临的是城市公共空间及旅游的问题,同时也考虑了生态的问题。城市中的滨水带主要有以上四种类型,具体到各个项目,则也可能是不同比例的组合。从物质空间构成、符号化的规划设计来讲,滨水带有三大要素:蓝色,主要指水体与天空;绿色,主要指动植物,有陆地动植物,也有水生动植物;可变色,通常情况主要指人工性的混凝土——灰色,也可以是自然的土地——棕色,或者是表现性很强、适合旅游的景观构筑——橙色。现实世界中形形色色的滨水带规划设计都可以概括为三大元素的有机结合。滨水带规划设计需要以下资料:① 水利水文资料,包括最高水位、最低水位、防潮水位等。② 防洪墙的技术处理问题。③ 城市规划方面的资料,主要涉及交通、沿岸建筑、市政管线。滨水绿化带与滨水漫步道路是一对矛盾体,我们以前往往是沿湖建路,路的这一边放几张椅子,为的是面水而观,但这又会让步行人流在观者面前来回穿流行走。应该在漫步道路与湖之间留一条至少数米宽的绿带,这些都与规划有关。沿岸建筑涉及建筑的使用与外观问题。④ 旅游活动资料,旅游活动不仅涉及可变色设计,还应考虑蓝色设计:天热了,人们往往需要亲水、近水。

## 5.8　由上海外滩改造想到的

上海外滩的设计,防洪等技术方面是基本满足的,但在驳岸的处理上,从城市规划、旅游、生态等方面考虑就大有文章可做了。假如重新规划设计,遵循生态的原则,是不是得保留那些生长了30多年的大型乔木?而水利防汛部门规范规定防洪堤坝上不得种植大型乔木,理由是其根系将会松散、瓦解、破坏防洪堤坝。但是,这只是一个笼统的概念,我们完全可以通过现代的技术来解决这一问题。只要做一个空间箱体,里面填上土,树既可以照常生长,又不会影响防洪堤坝的牢固性。由此引申出这样一个问题:在实际工作中要动脑筋想一想标准规范制定的初衷,再想一想有没有两全其美或是多者兼顾的方法与途径。防洪标准是对的,必须严格遵守,但景观规划的生态也不能缺,所谓的专家,所谓的景观规划设计师,其作用就是要创造性地解决这样一类尚属矛盾纠结的问题。图5.21为20世纪80年代上海外滩的航空摄影图片,显示了外滩改造之前的大片乔木绿化。

另外也有人提出,防洪堤坝上种植树木会影响外滩的建筑景观。试问,一幢楼前是光秃秃的没有一些遮掩好看,还是有一些树木遮掩、陪衬好看?光秃秃的建筑,没有一点环境,那是百年前外滩建设初期不考虑风景园林、缺乏环境生态观念的状况。现在,有了国内外百年来的经验教训,我们应当更加明白,建筑与树木应该相得益彰。另外,还有一个文化的因素,30多年来外人对外滩长期的印象是殖民地时期的建筑、堤岸和大片的梧桐树,夏季的使用率尤其高,树荫下行人、游人熙熙攘攘,感觉好不热闹。现在的外滩,并不是没有人,但是,尤其是到了夏季,人们在其中的感受一定不如从前,酷热难耐,就跟晒鱼干似的。

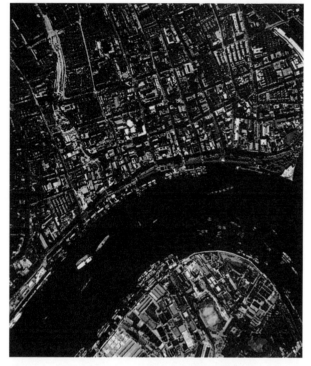

图5.21　20世纪80年代上海外滩的航空摄影图片　[图中红色代表绿化]

图5.22　上海苏州河滨水绿带设计

图 5.24　江西省上高县防洪墙改造

所以,将来有可能改造的话,防洪堤上应该种植一些大型乔木。另外,再看看防洪堤下面这一片绿地,与曾经的同济大学校门隔着四平路—彰武路东北角的邮电局门前的那块绿地一样。该邮电局门前每天人来人往都挤得要死,却非要留一块绿地,地面有一些草,上面稀稀疏疏有一些灌木,每天受汽车尾气污染,长也长不好,却占了很大一块地。合理的改进设计应当把它去掉,做成硬地,种上大型乔木,树长其上,人行其下,各得其所,何乐而不为呢? 以此类推,外滩也应该这样做。道理其实很浅显,却因为盲目追求绿地率而使人类的活动受损[2-6]。

## 5.9　实例

图 5.22 为 1997 年 1 月结合房地产开发做的上海苏州河滨水绿带设计,300 m 长,河滨绿带设计的特点是剖面比较多。

图 5.23 为苏州河滨水绿带局部放宽地块。

图 5.24 为江西省上高县防洪墙改造,总长为 1.5 km,现状保留了一定的绿带。重点地段为城区段,规划将 9—20 m 宽的绿带扩展成 30 m 宽;非城市化地带,则在绿带边缘留了一大块生态湿地。

图 5.25 为江苏省南京夫子庙滨水带处理,做了二层平台,每一层上都能看到水。

图 5.23　上海苏州河滨水绿带局部放宽地块

图 5.25　江苏省南京夫子庙滨水带处理

图 5.26 为南京夫子庙滨水带夜晚。

图 5.27 为河北省石家庄市滹沱河综合整治工程生态景观规划设计（2008—2009 年），河道长 10 km，河道宽 1 000 m，南北两岸宽各 1 700 m。

图 5.28 为山东省潍坊市白浪河北辰绿洲景观规划设计（2011—2013 年），河道长 8 km，河道宽 200—1 500 m，南北两岸宽各 100—500 m 不等[7]。

图 5.29 为白浪河北辰绿洲段河道整治前后。

图 5.30 为白浪河北辰绿洲段两岸种植设计。

图 5.31 为白浪河北辰绿洲段在扩宽后的河堤与河道之间营造 1 200 m 长、500 m 宽的"大地景观"。

图 5.26 江苏省南京夫子庙滨水带夜晚

**Hutuo River in Shijiazhuang City**

Ecological Landscape Planning and Design of the Comprehensive
Improvement Program of Hutuo River in Shijiazhuang City | 石家庄市滹沱河综合整治工程生态景观规划设计

图 5.27  河北省石家庄市滹沱河综合整治工程生态景观规划设计（2008—2009 年）

"Beichen Oasis"
of Bailang River
in Weifang City

山东潍坊白浪河北辰绿洲景观规划设计
Landscape Planning and Design of the
"Beichen Oasis" of Bailang River in Weifang
City, Shandong Province

图 5.28　山东省潍坊市白浪河北辰绿洲景观规划设计(2011—2013 年)

图 5.29　山东省潍坊市白浪河北辰绿洲段河道整治前后

图 5.30　山东省潍坊市白浪河北辰绿洲段两岸种植设计

图 5.31　山东省潍坊市白浪河北辰绿洲段扩宽后的"大地景观"

**第 5 章参考文献**

[1] 刘滨谊,等.城市滨水区景观规划设计[M].南京:东南大学出版社,2006.

[2] 刘滨谊,张琰轶.景观规划设计中的城市湖泊保护[J].中国园林,2003,19(6):63-64,68.

[3] 刘滨谊,温全平.石家庄市滹沱河生态防洪规划的启示[J].中国园林,2003,19(10):66-70.

[4] 刘滨谊,周江.论景观水系整治中的护岸规划设计[J].中国园林,2004,20(3):49-52.

[5] 刘滨谊,钟华.马鞍山市江心洲湿地保护与利用[J].湿地科学与管理,2006,12(1):36-39.

[6] 刘滨谊.城市滨水区发展的景观化思路与实践[J].建筑学报,2007(7):11-14.

[7] 刘滨谊.自然与生态的回归——城市滨水区风景园林低成本营造之路[J].中国园林,2013(8):13-18.

# 6 面状景观规划设计：商业区·公园·自然场所

本章讨论的商业区特指近年来出现的商业旅游区，偏重于人工景观，人流密度较高；公园则正好与之相对；自然场所，则是随着对于城市宏观环境生态的重视而出现的新的景观类型，比如城市郊野公园。这三类景观的规划设计可以划归为面状景观规划设计。

## 6.1 城市景观环境的两极

商业区的功能活动主要有购物、餐饮、观演、娱乐、交流等。如上海的豫园商业区，人们在其中逗留的时间跨度较大，有长有短，一般为大半天。总的来讲，传统商业区强调人与商品的交流，人们的主要活动是购物，结合购物延伸出以上旅游项目，现代商业区随着人类闲暇时间的增加，除了保持传统功能外，还出现了人与人的交流——居家餐饮、喝茶聊天、交朋会友等新的活动。公园的功能活动最基本的是游憩娱乐，包括娱乐、观演、餐饮、人与人的交流、人与自然的交流。近年来，随着全民环境健康意识需求的提升，运动健身、康养保健等活动日益丰富。此外，城市公园还具有一些特殊功能——城市防灾。例如，地震发生后，人们往往可以往公园疏散。总的来讲，公园偏重人与自然的交流。

商业区的景观形态特征是以商业街道、广场、建筑为主，兼以大量人流，景观五光十色。由人群、室外空间场所、商业建筑、娱乐设施、广告、绿化、交通等组成。总体景观比较人工化、城市化、动态化。最典型的是国外的步行商业区（Moore），进去之后，一天也逛不完、玩不够。

公园的景观形态特征是以树木、草地、花卉、湖池水体为主，兼以人工构筑的起伏地形、人造假山、景观构筑等景观。由动物、植物、水体、地形、游乐设施、园林建筑、园路、人群组成，比较偏重于自然，尤其是在大城市。商业区的环境生态组成其实比较淡化，至多有点绿化，水体也做得比较人工化。在城市里，阳光、风等不如自然的乡村，主要是由于商业区建筑布局一般都是比较紧凑的，自然的东西受到很大的限制。与之相对的公园则不一样，尤其在城市当中，其生态作用十分明显。若把城市中的生态分分层次，第一层是大的绿地系统，第二层是城市公园，第三层是街头小游园绿地、居住区和单位绿化。所以公园处于城市生态的中间层次，其生态作用较之居住区、单位绿化要大；它的规模一般也应该比较大，在我国为几公顷到几十公顷。到了国外，像美国纽约的中央公园是 3.41 km²，在这样的规模上，里面的阳光、风、动植物、水体等都能发挥很大的作用。

作为人类城市景观活动的主要组成部分，商业区代表了一类人流密度高、人工因素强的景观活动，与之相对，公园代表了一类人流密度低、自然因素强的景观，两者构成人类城市景观活动的两极[1-2]。

## 6.2 最初的公共户外活动场所

公园的发展主要有三个阶段。追根寻源，最早在公元前 9 世纪到公元前 5 世纪，希腊人将荷马时期产生的蔬果园加以改造，栽培花木而建成装饰性园庭。另外，古希腊人特别喜好体育运动，在城内修建了大量的体育场，四周建以美丽的园庭加以装饰，这就是公园（Park）的雏形——结合体育运动的活动场所。所以，在西方各国，即使发展到了今天，其公园哪怕是最简陋的，也少不了一块运动场地。我们从柏拉图的谈话录中也找到了希腊民主制度下的公共花园，其建设的目的是为市民提供树荫、泉水和精致的小路及坐椅，供人们进行散步、游憩、谈心等活动。柏拉图还把自己的学园与园林结合起来，创造了柏拉图学园。学生和老师都住在学园里；教学的方式是边散步边交谈，有时也会在草地上坐下来，以谈话的方式教学；学园中有建筑、运动场、花园，宛如优美的大公园。此后的哲学家们纷纷效仿，伊壁鸠鲁、苏格拉底、亚里士多德等人也都是这样做的。

以上谈的都是公园的形态，公园的基本性质也是最大的特征——公共的，即很多人共同拥有的，它跟花园（Garden）不一样，花园的起源是私家园地。公园还有一个起源是文艺复兴时期很多私家花园定期向公众开放，由此逐步形成了习惯，发展到后来，这个定期开放变成了永久性地向公众开放，私家花园也就变成了公共公园（Public Park）。这种典型的公园是 17 世纪、18 世纪的英国公园，如白金汉公园。

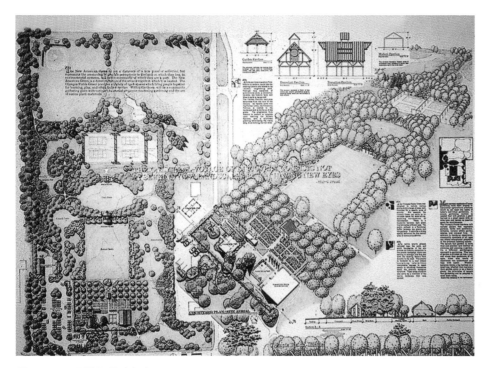

图6.1　公园规划设计方案

图6.2　小城镇公园游戏场:1992年美国伊利诺伊州乌苯娜——香槟城市公园

图6.3　小城镇公园:1992年从街道看美国伊利诺伊州乌苯娜——香槟城市公园

图6.4　校园公园:1994年美国弗吉尼亚理工学院与州立大学校园鸭子湖公园

图6.1所示的是国际风景园林师联合会在1992年大会期间举办的学生竞赛获奖作品——古典式公园。公园形态有古典式、浪漫式两大类,比较规整,几何化的称之为古典式。公园,尤其是在英语国家,里面的内容并不复杂,主要是树木、草地及儿童活动游戏场(图6.2),几乎没有更多的设施,并且不带围墙。不过,哪怕再简单,也少不了鲜花(图6.3),少不了野趣(图6.4)。公园的起源,最基本的就是一大片草地,供人们休闲、娱乐、晒太阳、运动等(图6.5)。晒太阳这种活动在中国不太多见,在美国等西方国家几乎是一种生活必需,包括美国纽约中央公园,身临其境之后,人们有的晒太阳(图6.6),有的避太阳(图6.7)。作者受美国芝加哥公管局委托于1993年完成的芝加哥中国城公园设计(图6.8),以桥为界,一头为西方园,另一头为东方园。在该设计中,作者切身体会到了西方人建公园一定少不了运动场地,讲究一点的还要有健身房、体育馆。

图6.6 公园大草坪:1994年美国纽约中央公园

图6.7 1994年美国纽约中央公园

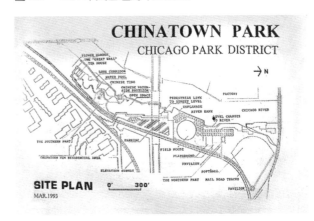

图6.8 1993年美国芝加哥中国城公园设计

图6.5 校园大草坪:美国伊利诺伊大学乌苯娜——香槟校园图书馆前大草坪

## 6.3 城市中大自然的宝库

现代公园的典范是美国纽约中央公园(图6.9),占地341 hm²。它具有几个划时代的意义:

(1)结合城市规划,它有某种远见。1858年,在奥姆斯特德与他的助手合作的公园设计通过之时,就标志着这一公园的产生;从这个时候开始,这个公园的规划设计就有一个很重要的想法,即预计到150年之后这个公园的伟大作用,即"总有一天,这个公园周围会被4层楼高的建筑所环绕"。在这样的情况下,就更能使人们体会到公园的乡村风貌,为未来的城市居民保留一块人与自然交融的地块。而要创造人与自然充分交融的氛围,就要有一定的规模,这是中央公园规划设计主要的想法。

(2)在这样的思想指导下,公园里面的布置强调自然式布置。湖面有近1 km²,运动场有两个足球场那么大。最初的设计中有湖面、旧有的水库、练兵场、角塔、树木园和新水库。公园基本的组成内容都在里面了。

美国纽约中央公园,大型的乔木比较多,草地只占全园总面积的1/5—1/4;而中国有一种非专业化的导向:公园就是草地。这一问题应注意。

纽约中央公园里的人流密度在西方已经是比较高的,但跟中国相比,则根

图 6.9　美国纽约中央公园鸟瞰

图 6.10 美国纽约中央公园

图 6.11 美国越战纪念园 1

本不算什么,这就有一个密度控制的问题:做得太密,公园的气氛就丧失了,反而成了街头绿地(图 6.10)。

## 6.4 化平地园为立体园

19 世纪末 20 世纪初,欧洲出现了一次园林改造运动,也可以称之为公园发展的第四阶段,主要是结合城市设计,将比较单调的平面式公园改造成起伏的地形,进行景观层次的立体划分,丰富种植设计。这种思想潮流带动着城市公园的规划设计,孕育出了许多现代公园规划设计的佳作,也代表着未来的发展趋势,法国拉·维莱特公园就是其中的一例。

图 6.11 和图 6.12 为美国越战纪念园,大片草皮上有一定的大型乔木。该纪念园的特色是可以反射方尖碑影像的墙,墙上刻了所有在越战中牺牲的有名有姓的士兵的名字,做得比较大气,是当时大学三年级的一位美籍华人林璎设计的。图 6.13 为新落成的美国朝鲜战争纪念园,与越战纪念园不一样。越战纪念园是大尺度的、线形面状的,而这个纪念园可能是用地的限制,游线不太通畅,整个气氛比较忙乱、压抑,也许是为了表明"在不明确的时间、不明确的地点打了一场不明确的战争"这一思想。

图 6.14 为美国旧金山某城市公园。它利用山坡地的地形,地下建有 4 层停车等建筑空间,地面作为公园。

图 6.12 美国越战纪念园 2

## 6.5　中国现代城市公园规划设计的新趋势

对于公园用地,我国住房和城乡建设部有一明确规定,如《公园规划编制办法》中规定,公园的建筑占地不得高于5%,一般控制在3%—5%。这一规定,就把公园主要的成分、风格、形态控制住了,同时也反映了公园设计最突出的矛盾——绿化与人争空间。图6.15为浙江省的杭州太子湾公园。中国的国情是人比较多,在这样的情况下,首先要控制游人容量,能做得低则尽量做得低一些,而不要受旅游规划的影响,将容量提得很高。既然是公园,人到这里主要是为了休闲,而不是被赚钱的,要赚钱或花钱就到商业区去。

中国的人口比较多,公园设计的规范在20世纪50年代却受苏联影响较重,而苏联则是以地广人稀的欧美为范本。在城市中,我们总是希望可以容纳尽可能多的人,同时也希望公园可以保持尽可能多的自然环境。将公园与商业区做进一步的对比发现,还有一个动静的问题。商业区越热闹越好,而公园最高的目标是要创造静,使人到了公园之后,心绪得以稳定,气氛得以平静。要实现这点,最基本的要求是人要少。这样矛盾就来了,既要容纳一定量的人,又要创造宁静的氛围,而宁静氛围主要是通过大片的绿化和大片自然材料的布置来创造,这是最基本的问题。更进一步,公园设计在中国还有一个问题,即经济效益问题。与欧美公园运作管理经费来自税收不同,中国目前还不是,通常靠公园管理部门自身来解决。为了维护公园的运作,公园往往要设围墙、收门票。这就与国外开敞式的公园不同,因为它是一项公益事业,其运作全靠政府的拨款。

拆除围墙,还公园本意,经过近20年的改革尝试,城市公园免费入园已是中国公园建设管理的大势所趋。由此,也将引出新的公园规划设计。

## 6.6　上海静安公园的改造

上海静安公园改造,范围为4 hm²,主要有以下几方面的尝试(图6.16至图6.18):

(1) 去围墙,变封闭式为开敞式。由于围墙在中国还不能完全去掉,设计中还是有低矮的墙,必要的时候还是能封住,但是门票是不收了。

(2) 变平地园为立体园,通过堆土开发地下空间。

(3) 公园与城市设计相结合,即与地铁站的规划设计相结合。

图6.13　美国朝鲜战争纪念园

图6.14　美国旧金山某城市公园设计

图6.15　中国现代城市公园:杭州太子湾公园

图 6.16　中国现代城市公园:上海静安公园周围城市环境设计

设计构思:① 保留并创造生态绿地。② 变封闭式绿地为开敞式绿地。③ 强调文化科技为本、教学为本,以体育锻炼激励市民,这些都是公园最基本的功能。人们可以在里面休憩,身体得到放松,精神得到焕发。④ 强调文化、环境、经济综合并举,实际上是一个经济问题。

静安公园改造具体的做法有三点:① 建立了一个中心广场,把广场的功能引进来;② 堆山,组织绿化;③ 地下开发。

## 6.7　上海浦东中央公园的启示

上海浦东中央公园的规划设计(图 6.19),一期属于欧美传统式。不过,设计者还是动了不少脑筋,使之具有东方特色,例如,沿湖布置了不少大尺寸的"太湖石"。总的感觉,内容不是很多,有一些起伏的地形、游步道、坐椅及一两个亭子。欧美的公园就是这样,里面东西很少,走进去会感觉很平淡,特别是县镇一级的小公园,看上去简直就是一块绿地。但是再简单,都会有一个烧烤区,放一些露天的坐椅、烧烤炉。中国公园设计的难点是如何将公园设计得很简单,一方面甲方不同意,另一方面中国人使用需求也得不到满足。中国人在使用方面要求是很高的,尤其是文化方面。国外公园基本上是一块绿地,谈不上

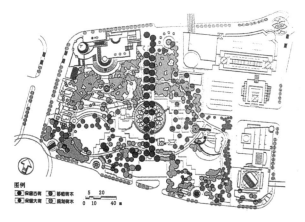

图 6.17a　上海静安公园改扩建规划设计方案:绿化种植分析图

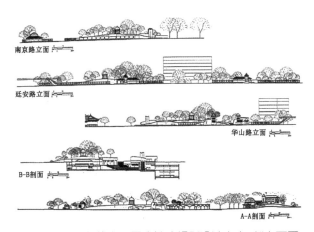

图 6.17b　上海静安公园改扩建规划设计方案:剖立面图

图 6.17c　上海静安公园方案模型鸟瞰

什么文化,而我们凡是公园,总会要求有文化与寓意。另外,讲到绿化,现代与传统在概念上亦有所不同。传统绿化讲求线、形、色等视觉上的效果;现代绿化则是生态绿化的概念,研究植物与植物之间的相互作用,处理乔、灌、草三者之间的群落关系,另外还要考虑各类动物栖息和增加物种多样性的问题。

浦东中央公园看上去全盘西化,缺少东方文化的痕迹。总的感觉绿化还少了一些,硬地太多,且缺少绿荫。设计概念上,浦东中央公园内的大水面是4.2 km长的世纪大道的收尾,然而方案在此却没有任何收尾的东西。水也缺少层次,驳岸处理欠自然化。另外,公园里的人流分布不均匀,应该有可同时容纳2万—3万人的大空间与大尺度的公园相适应,方案中的空间显然太小。而大空间需要大背景做映衬,公园里显然没有这样的背景,太碎、太局促了。方案设计对于这些问题考虑不够,只是按照西方传统的方式布置场地,规划流线。需知道西方传统的方法源自人口稀疏的西方,而中国是一个人口大国,浦东中央公园是在上海,公园里势必会云集很多的人,既要容纳很多的人,又要维持公园的基本气氛——平静、安宁,怎么办?就要在现有的空间内进行划分,不能平均分配人流。把个别地方相对集中起来,其他地方就得以相对疏松,这也是形态艺术设计的基本原则。密度该高的地方就高,该低的地方就低,有起伏才有变化,这种园林才称得上艺术。

浦东中央公园中的法国园虽然也学凡尔赛,讲求几何对称,有轴线,但现场感觉下来,味道不足。凡尔赛轴线有两三千米长,而我们只有七八百米,就没有它那种气势了。

历史传统与文化积淀是中国城市公园设计无法回避的内容,如何在设计中体现历史和文化? 如何使人们在领略城市公园自然的同时,体会到城市公园的文化? 在满足基本使用功能和生态环境要求的基础之上富有历史传统和文化内涵,这一部分的规划设计是最具挑战性的[3-4]。

# 6.8 一种创建城市公园的新方式

主题园是在公园的基础上结合旅游,结合现代的一些高科技、新要求出现的一种新的公园形式,是那种有一个比较突出主题内容的公园。一般性的公园往往是一大片草皮上有一些树木,再点缀一些休憩场所,没什么主题,也没什么思想性。而主题园则增加了一些专业性内容,如国际园林节,内容比较专一,往往季节性比较强。国际园林节通常举办6个月,6个月之后留下的公园则为当地居民所使用。

图 6.18 上海静安公园方案模型沿南京路景观

图 6.19 中国现代城市公园:上海浦东中央公园

## 6.9　以景观环境带动商业旅游

商业区规划设计主要的问题是交通与容量。容量是指要在有限的地块内尽量安排密度比较高的商业、娱乐建筑,安排尽量大的户外活动空间,这是物质方面的容量。另外还要容纳尽可能多的人。人、建筑、外部空间三者其实是交织在一起的。制约容量的因素首先是经济效益问题,经济效益与商品销售量、娱乐项目、环境质量有关。而这三者又与商业区吸引的游人数量直接有关,有的时候这三者也是矛盾的。比如为了提高环境质量,需要减少建筑量;而建筑量减少,店面就有可能减少;店面减少后,商家效益就要降低,开发的积极性也就受到影响。所以从实际开发来讲,总归希望商业区的建筑数量越多越好,这也没错,但是如果建筑量过大,户外景观环境差了,人到这里停留的时间就会减少,就像到了一般的百货公司买完东西就走一样,这也会使经营效益受损。因为商业区内很大一部分购物并不是顾客事先想好的,而是看到了觉得不错买下来的,与旅游购物有所类似,属选择性购物范畴,与环境、人的停留时间有很大关系。所以建筑量要多,环境更要好。要想环境好,主要靠景观规划设计。从外部空间展开来讲,在国外,特别是在购物中心(Mall)里面,它是在室内的,是室内偏重于公共的那一部分,所以外部空间并不是一定不带顶,例如欧美的大型购物中心(Shopping Mall)其实都是实体的建筑组成的街区,街区上面罩玻璃顶。

我们做的上海龙华旅游商业区其实也是商业区,占地 8 km² (参见前图 1.18a),白色网格是现状建筑形成的空间结构,新的规划就依据这一网格来布置建筑、道路、广场等。这是商业区的景观空间。另外,跟环境、景观相结合,应尽量增加活动内容、娱乐设施,再进一步来讲,则要增加文化方面的内容。龙华旅游商业区则是结合了龙华古寺,有一些大型观演项目,所以现代商业区规划跟

旅游几乎是分不开的,往往连起来提"商业旅游区",旅游促商业,商业促旅游,两者相辅相成。

## 6.10　以人流交通为纲

另外,商业区规划设计还有交通组织这一大问题。尤其是在商业区这样一个高密度的场所,人流、车流的交通组织比较重要。现在,私家车发展很快,停车场绝不能少,但对于中国来说,自行车停车也很重要。以上是外部交通,内部交通也很重要,广场基本上是一个面状的空间场所,而到了商业区,则是由线交织组成的环境。在有限的地块内,增加线的长度,意味着增加了商店的面积和游人数量。如何增加线的长度,解决环境与建筑量的矛盾?立体化是很好的方法之一。停车转入地下,步行交通搬到二楼以上,有限的地面主要用作景观、观演及商业活动。

当然,商业区规划设计也讲求景观视觉问题,即运用各种类型的景观视线。龙华旅游商业区,则是以高耸的塔为中心,形成几条视线通道,呈中心向外放射的形式。商业区内的景观问题似乎并不特别重要,因为商业区内的建筑、空间比较丰富,不愁没有景观。相比之下,各类交通极为重要,交通是纲,纲举目张。

**第 6 章参考文献**

[1] 刘滨谊,李京生. 高容量中寻特色——上海龙华旅游区规划方案构思 [J]. 城市规划,1997,121(3):46-47.

[2] 刘滨谊,鲍鲁泉,裴江. 城市街头绿地的新发展及规划设计对策——以安庆市纱帽公园规划设计为例[J]. 规划师,2001,17(1):76-79.

[3] 刘滨谊,陈万蓉. 风景旅游历史文化的时空物化——梁祝文化村策划规划构思[J]. 中国园林,2001,17(4):45-48.

[4] 刘滨谊,等. 历史文化景观与旅游策划规划设计:南京玄武湖[M]. 北京:中国建筑工业出版社,2003.

# 7 住区景观环境规划设计

通过景观规划设计不仅提高社会、环境效益，而且在经济效益方面也得到可观的升值，这种直接的景观作用在城市居住小区建设上尤为显著。在中国，在基本解决了居住面积之后，人们已不再满足于个人家庭内部的装修点缀，透过户外景观和环境，人们开始关注居住大环境的质量，关注与自身健康息息相关的住区环境健康。近年来的开发建设实践证明，真正能够脱颖而出的住宅小区，并不仅仅是多植一些花草树木，而是要以全面的景观环境规划设计标准来衡量。全面的住区景观环境规划设计至少需要考虑景观形象、日常户外使用、环境绿化生态这三大方面的内容。这也就是住区景观环境规划设计的三项基本工作[1-4]。

## 7.1 住区景观环境的价值

形态、使用、绿化，与住区景观环境三大方面内容相对应，住区景观环境的价值也体现在这三个方面。对于住户，住宅区景观环境首先是一处可供使用活动的公共空间场所。这种公共空间场所既可以向住户提供开放的公共活动场地，也可以满足住户个人的适当的私密空间需求。住区公共场所不仅可以通过明媚的阳光、新鲜的空气、鸟语花香的绿化环境、户外健身设施等吸引住户走出居室，为住户提供与自然交往的空间，还可以就近为住户提供面积充足、设施齐备的软质和硬质活动场地，使之加入公共活动的行列，提供住户之间人与人的交往场所，进而从精神上创造和谐融洽的邻里社区氛围。

住区景观环境设计，不仅讲究绿化的形态，讲究植物质感与色彩的配置，还要讲究植物群落的生态化布局。不是简单的环境绿化，而是讲究生态的绿化。即便如此，这还不够，还要包括对整体

环境的布局、地形处理、硬软质场地的划分、水体设计、活动设施的选择、景观建筑物的营造、照明设计、室外家具与小品设计等，即使一块地砖、一块缘石的选择和细部处理，都要经过规划设计师和开发商们的深思熟虑，以求整体环境的最优化。

景观形态方面，城市住宅小区景观环境在城市景观形态点、线、面构成中，属于量大面广的"景观面"，其景观环境建设对于城市整体景观环境质量至关重要。与现代城市人居活动的工作、生活、娱乐三元素一一对应，住宅小区以其特有的自然、宁静的景观环境而成为那些钢筋水泥的金融办公环境的缓冲器。亲近、宜人的居住环境是城市人内在的需求。毕竟，城市人一半甚至是三分之二的时间花费在住区之中，住区景观环境质量直接影响着人们的生理、心理以及精神生活的身心健康。

我国的居住区建设始于1957年，参考了当时苏联居住小区模式，景观环境建设仅仅是"居住区绿化"而已，相对简单地种上乔木、铺上草皮，一圈住宅群中央设一块小区中心绿地……。至20世纪90年代，经过30多年的重复建设，这似乎已成为僵化的模式。这种模式显然缺乏对于景观环境三方面的全面考虑。

在住房制度改革后，大量的住宅都是个人自筹资金购买，对于多数购房者而言，这笔资金数目不小，必须经过审慎研究、比较，以确认自己购买的不动产能够保值。随着人类对环境问题的日益重视，良好的社区内外环境已成为房产市场中的有利因素。因为景观是活的，景观随时间而生长、扩大、美化，与建筑不同，景观从来都随时间推移而增值的。一家一户还不明显，而对一些成批购房的集体、企业而言，为确保在今后长期的换房及房产转让中居于有利地位，就不能不在房屋购置时考虑景观环境因素。经济杠杆使人们切身体验到了住区景观环境的潜在价值。

## 7.2 住区景观环境三要素规划设计

不同于以往的小区园林绿化设计，与住区城市规划和住区建筑单体设计并重，把住区景观环境规划设计单独立项、予以委托，这是规划设计高质量住区景观环境的前提。

第一要素是绿化生态。住区景观环境绿化生态规划设计不仅

仅是绿化的问题。从创造生态环境考虑,需要对以下的因素进行规划:① 分析住区朝向和风向,开辟组织住区风道与生态走廊;② 考虑建筑单体、群体、园林绿化对于阳光与阴影的影响,规划阳光区和阴影区,争取充足的日照和必要的阴影;③ 最大限度地利用住区地面作为景观环境用地,甚至可将住宅底层架空,使之用作景观场地;④ 发挥住区周围环境背景的有利因素,或是借景远山,或是引水入区,创造看得见山、望得见水的自然住区。要创造青山绿水中的风水宝地,首先就需要这种大手笔的景观环境规划构思。

第二要素是活动空间。住区景观环境规划设计要提供充足丰富的户外活动场地。为此,需要考虑以下四点。① 动态性娱乐活动与静态性休憩活动的结合搭配。② 公共开放性场所与个体私密性场地并重。③ 开敞空间与半开敞空间并重。④ 立体化的空间处理。例如,底层架空,用作公共活动场所,以提供充足的户外公共活动场地。住区活动场所要满足不同年龄、不同兴趣爱好的居民的多种需要。因此,在社区建设中适当地辅以娱乐活动设施有其特定意义。较为小型的活动设施可分散布置,并使其景观化;规模较大的娱乐项目,适于集中建设,再设置景观缓冲带予以隐蔽;对于公共活动空间的景观设计,既要保证有适量的硬质场地和美观适用的室外家具,也需要保留一定私密感的安静场所。

第三要素是景观形态。对于住区景观环境规划设计中的视觉形态问题,设计者需要将自己置于住户的位置,在满足日照、通风等条件下,最大限度地为其争取良好的视觉景观,或在住户无景可观时,适时适地地造景或组景;此外,还要善于利用住区外部景色,将基地外的风景"借入"社区之中。这种手法在中国古典园林设计中应用很多,在今后仍有很高的借鉴意义。总之,对于住区景观的规划设计需要考虑以下四点:① 借景:争取每户有可以观望到住区之外的景色。② 绿满全景:在住区内,利用绿化、地形、建筑、景观小品,尽量组织通透深远、层次丰富的景观视觉空间。③ 以"曲"代"直":在住区环境空间布局形态上避免横平竖直的城市化形态,代之以自由曲线形的布局,还住区自然园林空间的本来面目。④ 与众不同:创造出其他住区所没有的景观特色形象。

# 7.3　发挥每一个景观环境要素的积极作用

有了先进的总体构思,进一步就需要寻找与创造价值有关的小区景观环境要素。对应于小区景观环境的建设和运行过程,开发商和规划设计者都需对支出数额的各项细目有所了解。通过具体分析,尽可能地发挥景观环境要素的积极作用。其内容可参照表 7.1 和表 7.2,并根据开发项目的自身特点进行删减、增补和微调。

**表 7.1　建设/运行期支出表**

| 环境设施 | 建设支出 | 运行支出 |
|---|---|---|
| 通道景观 | | |
| 停车场景观 | | |
| 额外停车 | | |
| 植物(环境生态类植物、景观标志性植物、小花园) | | |
| 标志物 | | |
| 水体 | | |
| 入口(小区、住宅、住户)与道路 | | |
| 地形(如地形测量) | | |
| 小区家具 | | |
| 广场 | | |
| 硬质景观 | | |
| 环境设施 | | |
| 组团模式(如额外改建) | | |
| 环境特征 | | |
| 照明(装饰/安全) | | |
| 室内中庭 | | |
| 特殊植栽(花木) | | |
| 主动式休闲: | | |
| 　慢跑道 | | |
| 　高尔夫 | | |
| 　网球 | | |
| 其他 | | |
| 其他特征(列表) | | |
| 总计 | | |

**表 7.2　价值判断表**

| | 更便宜的出租销售价格 | 租户和居民更高的满意度 | 租户和居民更高的持有率 | 更低的占有水平 | 更低的周转率 | 长期平衡 | 更高的每平方米的售价 | 更多的零售业和更方便的交通 | 更快的审批速度 |
|---|---|---|---|---|---|---|---|---|---|
| 街景 | | | | | | | | | |
| 停车场景观设计 | | | | | | | | | |
| 额外停车 | | | | | | | | | |
| 标志物 | | | | | | | | | |
| 植物(基础标志性植株花园) | | | | | | | | | |
| 水体 | | | | | | | | | |
| 人口道路 | | | | | | | | | |
| 土地工程(如地形测量) | | | | | | | | | |
| 街道家具 | | | | | | | | | |
| 广场 | | | | | | | | | |
| 街道模式(如额外改建) | | | | | | | | | |
| 环境特征 | | | | | | | | | |
| 照明(装饰/安全) | | | | | | | | | |
| 室内中庭 | | | | | | | | | |
| 特殊植栽(花木) | | | | | | | | | |
| 硬质特征 | | | | | | | | | |
| 主动式休闲: | | | | | | | | | |
| 　慢跑道 | | | | | | | | | |
| 　网球 | | | | | | | | | |
| 　高尔夫 | | | | | | | | | |
| 其他(列表) | | | | | | | | | |

# 7.4　创造宁静与特色

住区景观环境最理想的氛围是"宁静",绿化也好,环境场地也好,包括景现形态,其空间布局、材料选取,一切都应以创造宁静为准。林荫密布、鸟语花香可以"静",幽深曲折、层峦叠嶂可以"静",风和日丽、小溪潺潺可以"静",水中望月、灯光闪烁也可以"静"……总之,要发挥想象,调动一切景观规划设计的手段去创造住区宁静的景观环境。

除了"宁静"这一每个住区都应具有的共性之外,对于每一个具体的住区,最为重要的一点就是要具有可识别性,俗称特色。社区的标志特征有助于形成住区自身的形象特色,使居民产生家园的归属感,而那种单调乏味,或是盲目抄袭模仿他人的作品则很难有持续的生命力。这种特色的创造,就如同园林艺术创作,所遵循的不外乎常规的艺术创作规律。然而,在这儿又非一两句话能说清楚。

# 7.5　设计师、开发商、业主三结合的景观规划设计

景观规划设计过程中不仅需要了解市场动向,也需为开发商着想,尽量采用最为经济可行、最有实效的设计手法以达成设计师与开发商的共识;此外,还需掌握居民业主及社会需求,关注人们所需的各项设施(包括基础设施)的配置,最大限度地满足从物质到精神的需要,因为景观规划设计最终是服务于人,人的活动将是住区中最为生动、最有意义的一种景观。现代景观规划设计者应从自身职责、经济利益、社会需求等多角度进行综合平衡,也就需要从业人员具有丰富的专业技巧、充足的市场信息和跨学科的知识。

# 7.6　景观师、规划师、建筑师三结合是创造高质量住区景观环境的前提

过去的居住小区规划往往是规划师先做小区总体布局,安排主次道路,布置住宅单体;随后,建筑师进行住宅单体设计,常常是

到了最后，甚至要等到住宅单体封顶之后，才邀请园林绿化师出场，见缝插绿，稀稀拉拉种上三年五载还不一定能成形见效的树木。这种小区规划设计步骤与作者所提倡的住区景观环境规划设计大相径庭。

基于三要素的住区景观环境规划设计要求，景观、规划、建筑三者从一开始就同时介入。要实现前面提及的景观三要素的各类规划，景观就需要与规划、建筑随时交流、反复协调。对此，作者在项目实践中深有体会。从景观的角度，绿化的考虑和户外活动的需求考虑，本应可以形成更为理想的总体布局，可是，此时小区总体已经定局，道路已经在建，建筑也难以移位，景观规划师英雄无用武之地，只能是螺蛳壳里做道场，小打小闹。在近年作者承接的不少住区景观环境规划设计项目中，常常面临这种遗憾的局面。

住区景观环境规划不仅需要风景园林师的掌握，更需要得到建筑师、规划师的理解。景观规划设计师、城市规划师、建筑师三师结合并同时介入是创造良好住区景观环境的前提。

## 7.7 施展景观规划设计的大手笔

在福建省福州市鼓山苑小区的建设部住宅试点小区建设中，在制订方案阶段，景观环境规划设计与总体规划、建筑设计受到了同等重视，这使作者得以施展景观环境规划设计的大手笔，进行了以下三方面的尝试。（1）环境生态方面，创造青山绿水中的风水宝地：① 开辟小区自然风道与生态走廊；② 阳光与阴影；③ 底层架空使清气上升、浊气下降；④ 发挥背景鼓山与园中河水的优势，借景远山，使用近水，创造山水小区。（2）户外活动方面，提供充足丰富的户外活动场地：① 底层架空，用作公共活动场所，提供了充足的户外公共活动场地；② "动态"娱乐与"静态"休憩的结合；③ 公共场地与私密场地并重；④ 开敞空间与半开敞空间并重。（3）景观形态方面，展现优美独特的现代都市田园景色：① 远山近水，争取每户都有鼓山景色，突出贯穿小区的滨河带；② 绿满全景，底层架空，视线进深多在 50 m 以上；③ 以曲代直，还自然园林空间本来面目。小区规划用地 17 hm²，总建筑面积 20.3 万 m²，建筑密度 25%，绿地率大于 40%（图 7.1、图 7.2，也可参见前图 1.12）。

从景观环境的角度对住区总体规划进行必要调整，以最大限度地发挥住区景观绿化的作用。作者同样将这种做法用在了"苏州佳盛花园景观绿化设计"中。图 7.3 为江苏省苏州市佳盛花园的景观绿化设计（总平面），图 7.4 为佳盛花园的景观绿化设计（中心区鸟瞰），图 7.5 则为佳盛花园的景观绿化设计（别

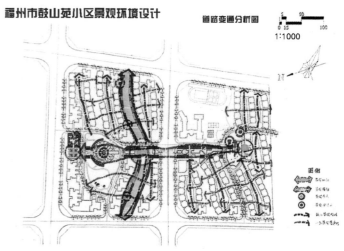

图 7.1 福建省福州市鼓山苑住宅小区景观分析

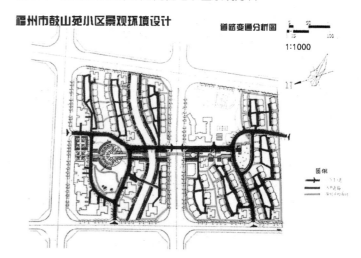

图 7.2 福建省福州市鼓山苑住宅小区各类廊道策划

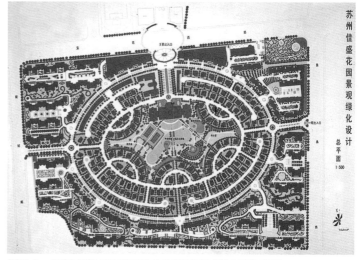

图 7.3 江苏省苏州市佳盛花园景观绿化设计（总平面）

图 7.4　江苏省苏州市佳盛花园景观绿化设计（中心区鸟瞰）

墅庭院绿化方案）。

## 7.8 创造优美的景观绿化环境

图 7.6 至图 7.8 是作者组织完成的"上海万里小区景观环境绿化规划"，规划用地范围 28 hm²，绿地率大于 42%。其中图 7.6 为万里小区的景观环境绿化规划总图，图 7.7 为万里小区的景观环境绿化规划设计（典型组团平面图），

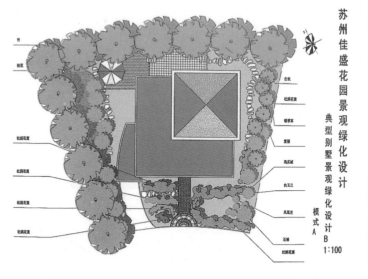

图 7.5　江苏省苏州市佳盛花园景观绿化设计（别墅庭院绿化方案）

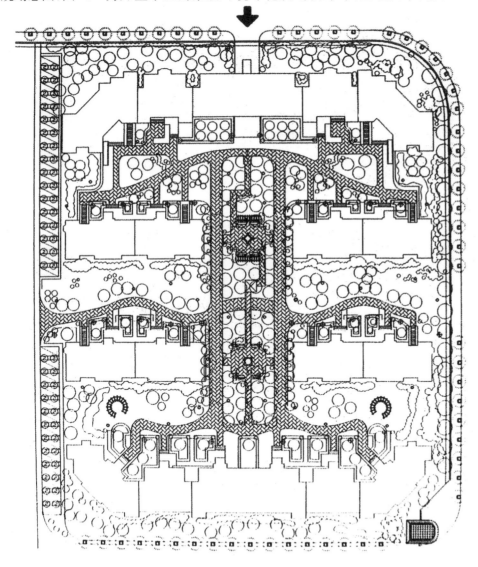

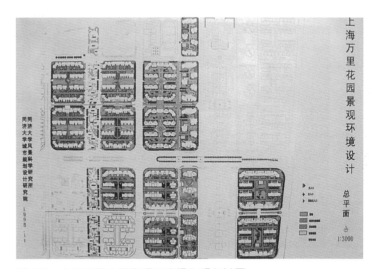

图 7.6　上海万里小区景观环境绿化规划总图

图 7.7　上海万里小区景观环境绿化规划设计（典型组团平面图）

图 7.8　上海万里小区景观环境绿化规划设计(典型组团模型鸟瞰图)

图 7.8 为万里小区的景观环境绿化规划设计(典型组团模型鸟瞰图),图 7.9 为万里小区的景观环境绿化规划设计(典型组团模型透视图),图 7.10 为万里小区的景观环境绿化规划设计(小区入口设计),图 7.11 为万里小区景观环境绿化规划设计(变电站景观美化设计透视图)。其指导思想原则包括:① 以生态学理论为指导,以再现自然、改善和维护小区生态平衡为宗旨,以人与自然共存为目标,达到生态效益、社会效益高度统一。② 软质景观(即草木花卉、水体、阳光、和风、地形)造景为主,硬质景观(即园林构筑、硬地铺装、环境雕塑等)造景为辅。充分发挥植物的景观功能、游憩功能、保健功能、防护功能和文化功能等,结合各街坊建筑空间地形变化,形成各具特征的植物景观。③ 以园林绿化的系统性、生物发展的多样性、植物造景的主题性为手法,规划佳盛花园环境绿地系统,达到平面上的系统性、空间上的层次性、时间上的序列性。④ 坚持建筑、规划空间布局与景观环境绿化空间布局的相互制约及相互协调。一方面,尽量配合已有的建筑规划格局;另一方面,本着建筑局部服从景观环境总体的原则,必要时,在不影响建筑面积的前提下,对总体建筑规划格局进行景观环境绿化调整。其功能分区规划包括五个方面。

(1) 公用景观绿地。① 组团集中景观绿地:以组团为受益对象,即在每一个组团内适中的位置,规划 1—2 个集中整块绿地,使其兼有晨练、交往、小型集

图 7.9　上海万里小区景观环境绿化规划设计(典型组团模型透视图)

会场所和游憩的功能,特别是借此保证提供老人、儿童休闲、游憩的基本场地。布置形式有:孤植树、疏林草地、树石草地、色叶树丛草地等。② 中央花园景观绿地:中央花园景观绿地是本花园居民经常往来的地方,结合会所等服务设施,布置景观有特色、方便交往的绿地空间。

(2) 防护景观绿地。① 道路防护景观绿地:街坊内行道树沿着车行道形成道路防护绿带,并将街坊、组团有机地联系起来。人行游步道绿化与周边绿地结合考虑,或灌木,或草地,或标志栽植等。② 设施防护景观绿地:小区类各种要求"闲人莫进"的日常生活设施,如变电站、水泵房等,根据体量大小,设立乔木防护绿地,或用蔓木隐蔽,以保证居民安全和工作需要。③ 停车场防护景观绿地:停车场是现代人生活的需要,同时也是居住小区空气污染和噪音超标的主要地方。因此,采用枝叶密集的灌木构成防护隔离带,其中间植大树冠落叶乔木,扩大绿阴面积,减少场内车辆的酷热。④ 临街防护景观绿地:为了隔离小区境外交通污染,临近街路段规划复层结构的植物墙,中层灌木选用带刺种类,以具有隔离、防盗双重功能。

(3) 形象景观绿地。它是居住区绿化必需的功能要求,也是人们感悟自然的视觉焦点。① 点状景观绿地:规划在交叉路口、回车道、视线汇集点,布置质量较高、季相变化明显的景观植物,以强化、突出其景观效果。② 条状、带状景观绿地:规划在主要出入口、住宅出入口布置条状景观绿地,形成规则整齐的季相景观。

(4) 休闲、游憩景观绿地。饭后散步、周末休闲是居民们就近休息的主要方式。为方便享用绿色环境,规划将组团绿地定位为休闲、游憩绿地,包括宅旁较大的绿地。主要布置形式有:活泼、自由的球形灌木绿地;简洁、规整的稀树绿地;季相明显的主题绿地;山墙蔓趣绿地等。

(5) 生态景观绿地。利用组团与组团之间及组团边缘绿地,布置叶面积系数大、释放有益离子强的人工植物群落。如:有益身心健康的保健植物群落,包括松柏林、银杏林、香樟林、枇杷林、柑橘林、榆树林等;有益消除疲劳的香花植物群落,包括栀子树丛、月季灌丛,松、竹、梅三友林群落,银杏—桂花群落,丁香树丛等;有益招引鸟类的鸟语林植物群落,包括海棠群落、火棘群落、油橄榄树丛等。

## 7.9　创造特色景观环境

选址:金叶苑为一占地 4 hm² 的小别墅区,位于安徽省蚌埠市东南部,北临东海大道,东近龙湖风景区,交通便利,环境优美,其区位和自然条件良好,适于

图 7.10　上海万里小区景观环境绿化规划(小区入口设计)

图 7.11　上海万里小区景观环境绿化规划(变电站景观美化设计透视图)

高档次的居住小区建设。因东海大道为城市主要干道,为减少道路噪音干扰,将基地界线后退道路红线10 m,从而留出一道步行绿化缓冲带,同时也为别墅区北侧的商娱中心创造较好的外部环境,以增强中心对外来人员的吸引力。为与总体规划的道路网相协调,将基地划为东西向长235 m,南北向宽170 m的矩形区域。

环境场地处理:充分发挥小区紧临龙湖风景区的景观优势,为使大多数别墅均能面水而居,在原有地形西北高、东南低的基础上,进一步填高基地北部,使整个别墅区形成由西北向东南层层跌落的趋势,既有利于每幢别墅凭坡眺水、减少宅间景观视线遮挡和近距离视线干扰,又有助于产生有特色的坡地建筑形式。

总体布局:整个地块分为公建区、入口区和别墅区三部分。公建区为基地北侧宽20 m的带状地段,配备管理、服务、娱乐休闲等硬件设施,从网球场、保龄球房、KTV、健身房、韵律中心到适合孩童的才艺教室等,以形成多功能的内需型社区。由于此处靠近东海大道,一方面可借助便利的交通对外营业,另一方面可利用此建筑带作为内部别墅区的第二道屏障。基地东北角的入口区因面临城市的交通要道,是展现别墅区形象的重要结点。因此,西侧的公建带到此向内弯成圆弧形,并拓展为一广场。入口广场兼为别墅区、公建区和东部龙湖风景区的入口,故有"龙首"之说。

别墅区的布局摆脱国内别墅区的常规做法,不是将小别墅成行成列逐个排队,而是利用独立式小住宅的特点使其错落有致地灵活布置,既保证每幢别墅都"有景可对",又能充分满足住宅的朝向要求,且在夏季能接纳由湖面而至的东南风。每幢别墅划有面积不一的私人庭院或露天平台,克服了传统设计中将单体建筑周围大片地块笼统平分然而使用率很低的做法,既保证了个人空间的私密性,又扩展了户间交往的公共场地。这种灵活的布局方式还使得别墅区的道路形态蜿蜒起伏,颇具"龙身"的意向。

方案设计建立于对传统空间的理解基础之上,而非盲目抄袭、模仿欧美样式。在学习前人作品的同时,还从中国传统聚落形态及中国古典园林空间的分析中,寓古于今,从而形成有独特风貌的园林式小住宅区(图7.12)。

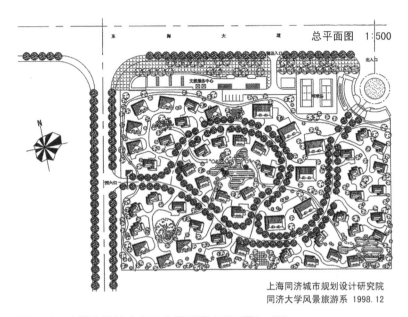

上海同济城市规划设计研究院
同济大学风景旅游系 1998.12

图7.12 安徽省蚌埠市金叶苑规划设计平面图(一期)

利用道路、绿化及广场将别墅区内部分成5个小组团,每个小组团的建筑单体有机结合,形成较大的室外共享空间。其结果:一方面产生了独户私人庭院不可能获取的开敞景观,创造了园林化的居住环境;另一方面又有利于塑造一种共同分享的社区意识,通过公共空间的营建来诱导居民的行为互助,以形成融洽的邻里关系,促成别墅区的自然环境与生活功能的融合,大大提高了别墅区的可居性。

道路与景观:鉴于别墅区的规模,将别墅区内道路宽度定为主要道路6 m,次要道路3 m,住户驱车可直抵家门。曲线形的道路促使车辆减速行驶,以保证别墅区内行车安全,同时又可获得自然优美的视觉效果。另有步行道路连接别墅区内部各块绿地,并在别墅区东侧和西侧设次要出入口,沿龙湖风景区和林荫道设步行道路,与别墅区内西侧和北侧的步行道组成环路。内、外步行道构成别墅区的步行网络,有助于扩大住户的室外活动空间,同时也增强了风景区与别墅区的联系。另外,除公共停车以外,每户还各设停车库及停车位,其中,露天停车位使用草坪砖,植乔灌木作适当遮蔽,以保证别墅区的整体环境不受影响。

建筑单体构思:小别墅设计手法上,采用了与别墅区环境相适应的坡地建筑底部架空的建筑形式。配合别墅区的地形处理，单体建筑或全架空，或半架空，以利于底层空间的生态化发展，而上层空间则可设观景平台。这种处理方法，使别墅建筑不拘一格，特色分明。别墅的层数为 2—3 层，选用坡屋顶，面积从 160 m² 到 250 m² 不等。每户带有封闭式或敞开式汽车库，庭院布置灵活，面积 30—60 m²，因户而异。建筑单体的造型具前瞻性，结合小区东部经济开发区的建设，产生 21 世纪当地住宅形式的新诠释。

# 7.10　住区景观规划设计的四大基本问题

当今中国的住区景观受市场推动导向，报刊和广告媒体是铺天盖地，包装之后看似美不胜收，就连景观规划设计师们也眼花缭乱。为此，需要透过现象看本质，审视明确一些基本问题。

任何类型的景观规划设计首先都要明确目标，住区景观规划设计也不例外。目标问题是住区景观规划设计的第一大基本问题，而解决这一问题的关键是一切以住户的景观需求为目标出发点。与其他类型景观规划设计相比，什么是住区景观规划设计的基本目标？我们认为应当是面向生活、面向家庭社区的生活。当今时代，人类生存都离不开家庭、离不开社区中的家庭生活、离不开与之相应的住区景观环境。问题是现代人类需求怎样的住区景观环境？我考虑这种需求大致可以归纳为三方面：一是安全的，在这种住区景观环境中，人们不必担心各类来自外部的或内部的侵扰，住区景观环境应当是最安全的；二是安静的，人们一天 24 小时，一年 365 天，主要靠回到住区、回到家里的时间来享受安宁，没人希望住区整天敲锣打鼓、鞭炮声声，住区景观应当是最安静的；三是安心的。有了安全，有了安静，心平气和了，离开了喧嚣繁杂的公共景观场所、脱离了紧张忙碌的工作、暂停了尘世间的竞争，回到住区就会身心放松，就会安心，住区景观应当是最安心的。

安全的住区景观可以带来家园感：安静的住区景观可以造就花园感；安心的住区景观可以创造归属感。景观专业理论证明，安全的家园感对应着人类生存环境偏爱的"瞭望—庇护"理论中的庇护，住区景观是人类生存庇护所的极致所在；安静的花园感对应着人类理想中的生活环境，住区景观是人类理想中的伊甸乐园；安心

的归属感则对应着人类关于生活本源的寻找追求，只有在这样的景观中，他(她)才会感到回归自然、回归原始、回归人性本真。家园感、花园感、归属感这"三感"是住区景观规划设计的基本目标。

安全的住区景观源于住区居民人身安全、住区环境卫生安全、住区环境生态安全，涉及日照、通风、绿化、除尘等一系列基本的保证居民生理健康的需求。在整个景观规划设计中，最静态、最安静的景观应该是住区景观。居民在其中可以休息、闭目养神甚至瞌睡。安静的住区景观指的是没有人为的噪音，但这个安静不排除鸟鸣，不排除自然的流水、瀑布之声，自然之声不仅不是噪音，而且还能强化住区安静的氛围。在这个世界上所有的噪音都是人类制造的，除此之外，都是自然之声。创造安静的住区景观需要自然之声，成都某小区景观环境就充分运用了这一原理。利用流水之声，身临其境所感受最深的不是好看不好看，而是流水的处理，整个小区利用自然地形高差制造出不同的流水——瀑布、叠水、涌泉、滴水，其水声有大有小，有静有动，静谧异常。

安心、归属又是一种什么样的景观呢？我认为应该是原始性的景观，那么原始性的景观又是什么？我以为像《自然原始景观与旅游规划设计》一书中的新疆喀纳斯湖就属于这样一类景观，当然除此之外还包括许多，这类景观与上海的"新天地"正好相反。所以，现在一些小区做得五花八门，有好的导向，也有不好的导向，这就如同烹饪、用膳，住区景观环境这道菜该怎么做？不应是大鱼大肉、猴头燕窝之类，住区景观所需要的是大量性的、日常性的、生活性的、质朴的，即所说的原始性的菜谱。

确定评价标准以及指标，借以判断衡量什么是好的住区景观？什么是不好的住区景观？什么又是人们向往追求的住区景观？这是住区景观规划设计的第二大基本问题。从满足住区景观使用要求出发，我们认为应该有三条基本的标准：一是安全。住区景观环境要安全，起码不能让小偷、坏人大摇大摆地出入，围墙肯定要有，篱障也不可少，视线也应当收放有秩、遮挡与展示引导有序。二是实用。什么是实用？绿化、安静、采光、通风、活动场地，等等，凡是住区景观环境中所需的功能都属于实用的范畴。三是好看。其实好看的大众说法也是"美观"，住区景观的美观包含着很多内容，诗情画意、文化内涵、艺术性等。

图 7.13 上海莘庄世纪名门住宅区景观规划

就住区景观规划设计的评价而论,与景观规划设计三元论一一对应,也有三条基本的标准:第一条标准是关于住区景观环境空间形态形象的问题,其中,视觉景观较为重要,涉及绿视率、空间美学等问题;第二条标准是关于环境绿化生态的问题,住区景观环境绿地率、绿化覆盖率、生物多样性等指标都是这条标准的具体体现;第三条标准是关于住户行为活动的问题,一个住区,早晚散步无路可走,做操打拳无地盘可用,邻里交往无公共场地可聚,在这样的住区景观中住户的活动就大受限制而成问题了。这就引出了"硬地率"的概念,在作者主编的《住区景观环境规划设计导则》中已提出,但还有待推广。住区景观环境中究竟设多少硬地率为好? 根据研究,我们建议以15%—30%为好。此外,在《导则》中作者课题组还提出了一个指标,叫做"景观空间密度",至于景观空间密度怎么算,目前尚处于研究阶段,暂无定论。我们理解空间密度是要把这三个方面加在一起。总之,住区景观规划设计评价是保证住区景观质量的关键环节,除了这些基本标准指标,还可以制定更多的细化标准和指标。标准可以各式各样,评分可以有高有低,但总的应以鼓励实用性、多样性、美观性为优先,应以"三性"优先为原则。

如何在方案阶段把握住区景观规划设计? 这是住区景观规划设计的第三大基本问题,而解决这一问题的关键是在住区规划设计之初建筑师、城市规划师、景观师的三师同时介入。以此为前提,住区景观规划设计应当围绕着这三方面进行展开:视觉形态、环境绿化、行为活动(图7.13至图7.16)。

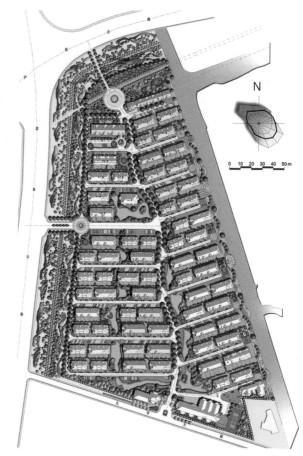

图7.14a 上海九亭英国会龙珠花园别墅区景观平面图

图7.14b 上海九亭英国会龙珠花园别墅区英式建筑及水体景观1

图7.14c 上海九亭英国会龙珠花园别墅区英式建筑及道路景观2

图 7.15a　上海九亭英国会龙珠花园别墅区景观鸟瞰图

图 7.15b　上海九亭英国会龙珠花园别墅区入口景观效果图

图 7.16a　上海九亭英国会龙珠花园别墅区水景建成照片

图 7.16b　上海九亭英国会龙珠花园别墅区水景建成实景 1

图 7.16c　上海九亭英国会龙珠花园别墅区水
景建成实景 2

图 7.16d　上海九亭英国会龙珠花园别墅区水景建成实景 3

视觉形态方面，首先，住区景观视觉最重要的特点是从内往外看，要考虑从每家每户住宅看出去的视觉景观效果。其次，就外环境，要领是要多做廊道，包括视觉通廊、环境走廊，这些通廊在住区里面通常是结合道路、自然的河流或者集中性的带状绿地而布局的。在住区景观环境总体布局中，对于住宅建筑希望不要呈板状布局，像围墙一样把风水、日照和视线景观都挡掉了，最好是组织若干条视线的、景观的通廊。此外，考虑从住宅看出去的效果，也很重要。

环境绿化生态方面是要多种大树，就目前的住区景观而论，多数还是绿树太少，但不应是"大树进城"的概念，而应该是多种乔木，多提供绿荫，多做立体化的绿化，最主要的是营造这样一种环境，即进入一个小区就林荫密布，从而实现住区环境静谧安宁目标。住区静态的特征主要是靠林荫密布的环境得来的，空旷的草地多了、林荫少了，就很难静下来。还包括通风的、通道的处理，阳光的、日照的、朝向的处理以及地形的处理等等，这一切都与降噪吸尘、产氧等环境感受有关。

行为活动方面应多配活动场地，多配各种类型的活动场地。比如面向老年人、青年人、中年人、儿童等等；面向散步的、跑步的、扎堆玩耍的、聚会聊天的等等，好的住区景观规划设计这些方面都考虑得很细致。场地不一定非要硬质，也可以是软质的；场地也不仅局限于地面层，也可以立体架空，一层不够两层，两层不够还可以三层、四层，还不够的话也可以到屋顶上去。绿化也一样，需要立体化，屋顶花园、垂直绿化都是值得考虑的。现在住区景观环境规划设计在立体化方面还很不够，有很多潜力可以发掘。当然，在提高这种场地、绿化景观密度的同时，要注意让同一时刻住区景观环境中的人群看上去不要太多，不要太密，即在住区景观中景观人群活动的密度不希望太高，人流的密度不希望太高，所以硬质景观也好、绿化景观也好应当是分散布局的。

整体布局的关键是以上的几个概念要考虑好，当然还要同时兼顾城市规划和建筑的布局。在整个住区规划设计过程中，与规划师、建筑师们相比，景观师的强项是什么呢？我们认为是懂风、懂水、懂地形、懂植物、懂得户外活动，这是景观师在三师合作中要发挥的专长。

住区景观规划设计方案通常可以分为三个阶段：第一阶段是总体环境布局；第二阶段是关于硬质景观的规划设计；第三个阶段是绿化等软质景观规划设计。三个阶段中第一个阶段最为重要，是大的骨架，而且主要是在第一阶段中景观师要与规划师、建筑师反复地交流。在第一阶段，首先要了解住区的开发强度，要清楚容积率是多少，建筑密度、层数是多少，等等。容积率是5还是0.5，在景观的做法上会差很多。其次要考虑景观的建设强度，考虑道路交通、地形、朝向，以及红线之外那些不属于规划范围内的周围环境的情况。要考虑周围的景观，该借景的就借，该对景的就对，该挡景的就挡。我们要挡掉不好的景观，比如后面有个锅炉房呀，大烟囱呀，可能是很不好的。

接下来就是硬质景观设计，包括地形。地形在前面第一阶段要做，第二阶段也要做。并且，在硬质景观中，建筑的外立面也属于景观考虑的对象。住区景观规划设计不仅仅是地面这一层，垂直的面也要考虑。第三个阶段就是软质景观了，绿化、水体这些做完之后，还要把鸟类、鱼类放进去，这些都是软质景观。

如何提高住区景观艺术性，借以提升住区景观环境的品位和档次？这是住区景观规划设计的第四大基本问题，而景观艺术性的关键是特色个性。我们认为所谓的艺术性最终还是要回归到生活，回到住区景观的第三个目标。在此，举一别墅区景观环境规划设计的实例（图7.17至图7.23）。这是由作者主持的项目，在

Good Villa View Environment Design Of Joyous Garden

图7.17 上海项目中的法国普罗旺斯风情

嘉怡园别墅位于嘉定新成路街道东路,属新成路街道 B3、B6 号地块。规划范围北起塔成东路,南至仓场路,西靠园茹水路,东临澄城路,一条规划保留河道——钱封浜从基地北侧穿过。整个基地呈长方形,南北向长为 700 m 左右,东西宽为 320 m 左右。规划区总用地 237 655 m²,规划基地现已拆迁平整完毕,区位交通便利、地势平坦,临近嘉定区中心,具备建设住宅别墅的良好条件。基础内地势较为平坦,现状主要为农田、农舍等,另有多条天然的沟渠、河流。

Good happy villa lie in Jiading district become way street east step newly, Is it become way street B3. massit, No of B6. newly to belong to. The planned range starts from the east road of Tacheng in the north, reath the field way of the storehouse in the south, borders on in the west and eats the waterway, bordering on the road of Chengcheng in the east, a planning keeps the river ... The money seals Bang to wear in the north of the base. Whole base present rectangle, north and south to 700 about, things about 320 meters, 237 655 square meters in the total are of planning district, have planned to already pull down and finish levelling now on the base, along eat waterway for one primary school and kindergarten, storehouse field way eat ink crossing there are such commercial auxiliary facilities as food market, supermarket, etc, in the west, the position to plan the good happy villa is easily accessible the terrain is smooth, close to the centre of Jiading district, possess the good condition of building villa of main residence. The inland tendency of base is comparatively smooth, the current situation is mainly farmland, farm house, etc, there are many natural irrigation canals and ditches, rivers besides.

图 7.18　普罗旺斯风情项目概况

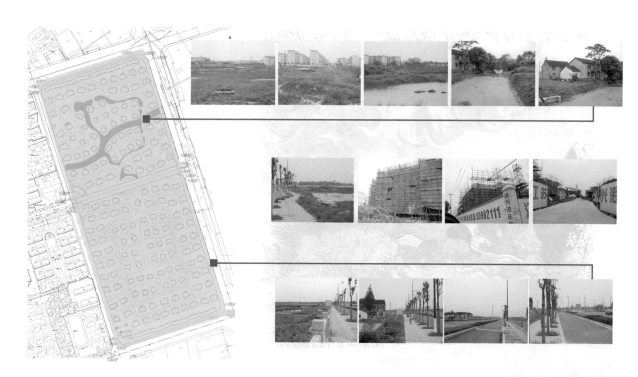

图 7.19　普罗旺斯风情现状分析

普罗旺斯位于法国南部,从地中海沿岸延伸到内陆的丘陵地区,你很难找到什么地方像普罗斯一样,将过去与现在如此完美的融合。你可以坐在罗马时代的圆形露天剧场看戏,也可以坐在咖啡厅里消磨一个下午,那令人沉醉的景致,与一个世纪前凡·高所画的几乎没有差别。

Provence lies in the south of France, extend from the Mediterranean to the areas of hills of the inland along the bank. It is very difficult for you not to find nowhere can be as Provence, with the pertect integration now in the past. Go to the theater at the round open air theater where you can sit at Roman age; Can sit in the coffee shop wearing down one afternoon too, the view that then makes the person get drunk, almost have no difference with what Van Gogh draws one century ago.

**打造嘉定的普罗旺斯……**

她是画家保尔·塞尚的故乡,是赋予凡·高和毕加索,还有帕尼奥尔、雷诺阿和菲茨杰拉德等人创作灵感的地方,是许多伟大作品的诞生地。

It is painter Paul Cezan's homeland, the inspiration to Van Gogh and Picasso, as well as for Paniol, Renoir and Fitzgerald. And it is the birthplace of a lot of great works.

图 7.20　普罗旺斯风情总体定位

普罗旺斯是薰衣草之乡,鲁伯隆山区号称全国最美丽的山谷之一。山上有一大片的薰衣草花田地,阳光撒在薰衣草花束上,是一种泛蓝紫的金色光彩。当夏季来临,整个普罗旺斯好像穿上了紫色的外套,香味扑鼻的薰衣草在风中摇曳,紫色花田,无边无际地蔓延。

Provence smoke township, clothing of grass, uncle Lu grand mountain area know as the whole France most beautiful mountain valley one of. Mountain one a targe stretch of one smoke clothing grass spend field, have with to smoke the clothing grass. The sunshine is spread in smoking clothing grass flowers, is that one kind is suffused with blue purple golden splendor. Come in summer, seem to put on the purple overcoat in the whole Provence, whom fragrant smell assail the nostrils smoke clothing grass ficker among wind, purple one spend field, spread boundless.

打造高定的普罗旺斯……

个性化的家居风格

普罗旺斯的葡萄酒产区也是法国最古老的葡萄酒产区,优质的葡萄酒享誉世界,因此,葡萄架也就成为普罗旺斯的又一道亮丽的风景线。

The grape wine producing region of Provence is the oldest grape wine producing region of France too, the high-quality graps wine enjoys great prestige in the world, so, the grape trellis becomes Provence and a beautiful scenery.

图 7.21 普罗旺斯风情总体定位

运用西方的视觉形象表达中国的意境,实现欧洲普罗旺斯风情……

Use the western vision image to express the artistic conception of China, realize the conditions and customs of Provence.

色彩鲜明夺目却不过分浓艳,构图曲折生动却不凌乱无序。吸取凡·高风格的精髓,构成小区的总体布局,配以待定的景观绿化丰富小区的整体色彩。

In bright gay color and brilliant but not too rich and gandy, the composition twists are vivid but not confused and disordered. Draw all marrows with Van Gogh style, form the total arrangement of the district, mix and enrich the whole color of the district with specific landscape planting.

透视米罗的雕塑,运用其中的曲美形态来表达景观构筑。

Perspect Miro's sculpture, use the American shape of song among them to express the view to construct.

高迪把曲线完美地结合在建筑设计里,从而使建筑从外观上不再显得简单与单一。

Gao Di is it in architectural design, make building seem simple and single curve perfect combination no longer from the appearance to guide.

嘉定的汇龙潭自古有五龙抢珠之称,汇龙潭因此而得名,公园内景点错落有致异常精巧。

Gathering together the dragon's pool of Jiading. Five dragons rob claiming, gathers together the dragon's pool and gains the name because of this, the beauty sport is in picturesque disorder and unusually exquisite in the park of the peart from ancient times.

图 7.22 普罗旺斯风情形象定位

该项目中,20 hm² 地,差不多一幢别墅一亩地,为了提升品位档次,我们就想到了运用艺术。其中,策划了普罗旺斯文化,普罗旺斯是法国一处盛产葡萄酒的地方,是法国一个很有历史文化的地方,这种文化主要是乡土文化,就是前面提到的回归原始。设想是把华贵的别墅、自然的环境和浪漫的生活跟原始质朴的葡萄酒联系起来;其次,将这种生活进一步提升,跟艺术联系起来,跟西方"现代艺术三杰"联系起来,画家有毕加索,雕刻家有米罗,建筑师

有高迪。借以体现现代人类的生活追求,因为现代艺术的本质是现代人类生活的体现。规划的构思就是通过一个普罗旺斯的地方再加上三位大师来创造这么一种氛围。所规划设计的景观风格有高迪的建筑,有现代派的雕塑、绘画。但是,这并非意味"全盘西化"。这一住区景观的核心还是中国江南水乡、苏州园林式。为什么要这样处理? 这就涉及当今中国规划设计界普遍存在的"我是谁"的问题。千篇一律、照搬西方、崇洋媚外也成为当前住区景观

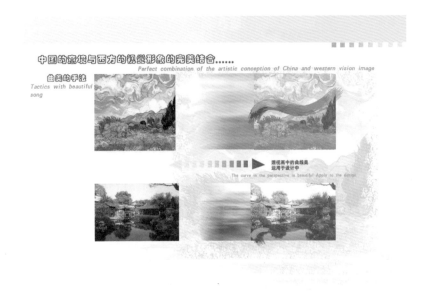

图 7.23 普罗旺斯风情设计手法

环境规划设计的一大弊病。不少住区景观简直就是把国外的东西照搬过来,其实,那不适合中国人的生活。住区景观好比衣食住行,既然绝大多数中国人吃的还是中餐,那么,所希望的住区景观环境应该是有中国人习惯的;既然要突出住区景观的艺术性,就应当有自己的个性特色。嘉定是江南的水乡,这是该项目基本的景观空间环境骨架,葡萄酒文化也好,"艺术三杰"也好,这是一种外来的引进,但是最终要追求达到的还是一种以自身特色为主的多元综合,至少应当是"洋装穿在身,依然中国心。"其实,这种特色化、个性化还是源自住区的需求,住区景观规划设计因住户之需而个性化,每一住户需求不同,其景观环境也就应不一样。因此,在本项目中,每一户景观都有特定的园林风格,有东方的,也有西式的。但是大的景观骨架、格局是东方的、中国的。

本章住区景观环境规划设计,所要转达给读者的还是一些最基本的东西,是基于大众化、群体化的。但是,最好的景观环境设计应该是人性化的,当今和未来人性化应该是个性化的,这一个性就是一家一户的业主,每一家喜欢什么样的景观,景观规划设计师就去做什么样的景观,这也是最理想的。嘉怡园别墅住区景观实例也是想朝这个方向走的,但是其中前面提到的最基本的标准原则还是要满足的。在满足最基本的目标、标准、骨架、框架之后,再想办法去创造具有个性化的、艺术化的景观,这就是我们关于住区景观规划设计实践的体会与追求。

研究现代住区景观规划设计要把握基本点、原始点。现在住区景观规划设计变化飞速,五花八门,但是很多新想法来源于基本点,而且最核心的是如何回归到人的基本需求中。如何满足人的需要,这既是住区景观规划设计的出发点,也是其追求的终极目标。

**第 7 章参考文献**

[1] 刘滨谊,姚雪艳. 以景观创造价值——住宅区开发中的景观规划设计[J]. 建筑学报,1999(9):16 - 20.

[2] 刘滨谊,姚雪艳. 以环境创造价值——居住小区景观环境规划设计研究[M]//吴世明. 城市科学与管理——'99 上海跨世纪发展战略国际研讨会论文集. 北京:中国建筑工业出版社,1999:119 - 120.

[3] 刘滨谊. 住区景观规划设计的四大基本问题[J]. 景观设计,2005(6):2 - 5.

[4] 刘滨谊,等. 居住区景观规划设计导则(2006 版)[Z]. 上海:同济大学风景科学与旅游系.

# 8 高科技与新理论

在现代景观规划设计领域,以景观的数字化为引领,高科技的应用与现代规划设计理论相辅相成,尤其是现代景观规划中的区域规划,经过40多年的发展,已成为景观高科技应用的前沿。

## 8.1 以规划设计创造明天

图8.1是作者1993年年初应邀访问美国威斯康星—麦德森大学风景园林学科时,与菲力普·路易斯教授(Philip H. Lewis, Jr.)的合影。路易斯教授是景观区域规划的先锋,经过40多年的区域规划实践积累,他于1996年出版了《设计成就明天——面向可持续性的区域设计方法步骤》(Tomorrow by Design: A Regional Design Process for Sustainability)一书[1]。这本书中包含了城市规划、建筑设计的内容,但核心理论基础与着眼发力点是环境与生态。1993年的照片背景中是他们持续了40年的威斯康星州规划设计模型(图8.2)

景观规划中的区域规划与城市规划中的区域规划不大一样。城市规划中的区域规划主要考虑城市的发展、经济的运行及人口的布局,景观规划中的区域规划主要是从自然角度来谈的,并不是不谈人工的东西,因为尺度放大后,人类对于自然、对于整个地球的改造能力相对来讲是弱化的。景观规划中的区域规划范围都是数千平方千米、数百平方千米,其范围界限常常以自然因素为依据,比如以自然流域作为某个考察对象。而城市,多因行政划分,有的界线甚至是以政治需要为准的。如果景观用行政和政治来划分,往往会与自然生成的环境形态发生冲突,由此进行的环境建设常常会打断自然的生物链,破坏生态环境。

图8.3是《设计结合自然》(Design with Nature)[2]一书中的插图,这是典型的景观区域规划思想的图式。1969年出版的这本书,在整个国际景观规划设计界具有划时代的意义:将传统的风景园林实践扩展到了现代区域规划的范围。在美国,区域规划涉及的行业部门很多,参与者来自不同学科专业背景,具备更

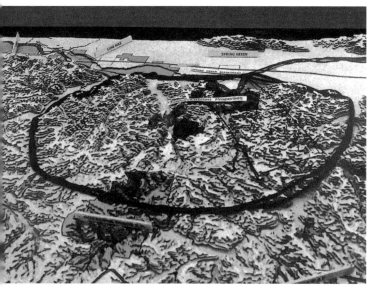

图8.1 美国威斯康星—麦德森大学菲力普·路易斯教授 (Philip H. Lewis, Jr.)与作者合影

图8.2 持续了40年的美国威斯康星州规划设计模型

图 8.3　《设计结合自然》一书中的插图　[典型的景观区域规划思想图式]　　　　图 8.4　大地景观（区域环境绿化）　[美国弗吉尼亚州,1992 年]

为综合的知识经验。尽管学科专业背景相差较大,但是他们都有一个共同的目标追求,这就是自然生态的思想和区域景观规划的理念。这本书偏重于大范围的自然规划思想,研究被称为人类聚居环境背景的区域景观。将建筑、城市以及城市以外的更大的区域合在一起统称为人居环境,区域规划的景观风景园林就是人居环境的大背景。

图 8.4 向我们展示了经过区域景观规划后的成果。时间,1992 年;地点,美国弗吉尼亚州上空;景观,大片的森林地带,当中穿插一些道路、城镇。这是美国大半个世纪景观规划建设的成果,在此之前,也有一定程度的破坏。在 20 世纪初有一次大的森林砍伐,在 30 年代经济萧条期间,罗斯福总统带领部队、国民进行植树造林,而六七十年代,这一带又进行了详细的大气、水、土、植被等景观元素的区域规划,经过几十年的努力才有了今天的景观。若身临其境,我们可以从弗吉尼亚理工学院及州立大学校园景观切身感受一下那种绿草如茵、森林环绕的景象(图 8.5)。

区域规划离不开环境与生态,二者既有联系,又有区别。环境考虑更多的是水质、大气、噪声等物理要素,生态考虑的是诸如物种繁衍、生物链等生命要素,包括动、植物、人类等,生态是一个动态发展、不断变化的过程(图 8.6),其追求的目标是生态的平衡运转。区域规划中环境与生态是基础。生态里面的基础则是森林、湿地,这是生命的源头(图 8.7)。

图 8.5　大地景观化　［美国弗吉尼亚理工学院及州立大学，1992 年］

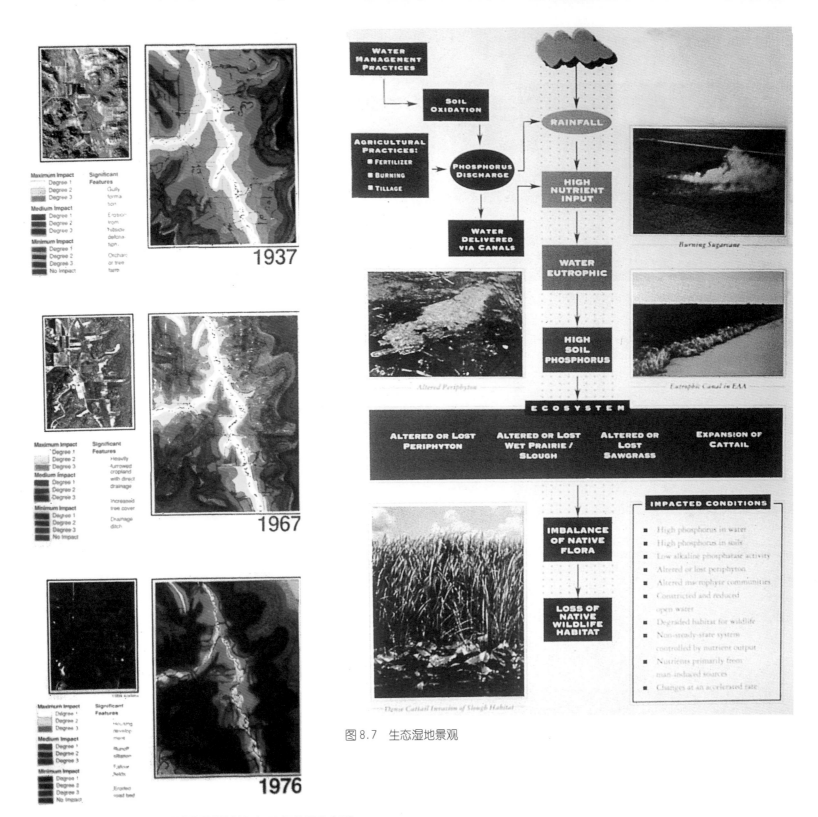

图 8.7 生态湿地景观

图 8.6 美国威斯康星州区域景观规划（考虑 40 年的影响变迁）

图 8.9 中国汉代的家居

图 8.10 江西省上饶市的三清山

图 8.11 三清山的卫星照片 ［覆盖的范围是 2 600 km²］

## 8.2 山水的规划

图 8.8 是中国的地形地势模型。作为现代中国风景园林与景观规划设计师,我们脑中应当存有这幅立体图,平面的中国地图不够。当人们提到四川,我们脑子里应该有青城山、峨眉山、贡嘎山等风景名胜区的立体景观,以此类推。中国确实是一个山水大国,在全世界的地形图上查看一下,中国的地形地貌最为丰富,从高原山地到丘陵平原,从沿海流域到内陆沙漠,一应俱全。对应风景的边际效应,陆地与海洋的交接、平原与山地的交接等等,中国同样是风景资源的大国。四川为什么有那么多的风景资源?因为除了本身极富特色的四川盆地,其周围一圈都是交接地带,具有多种边界效应。拿这幅地图与美国的相比,中国的区域规划要比美国复杂得多。美国大多数的区域只需在大平原上打一些网格,做一些分析;而中国呢,单单地形一项我们就比他们复杂得多,更何况我们还有五千年的历史文化!

图 8.9 向我们展示了中国汉代的家居,多么简洁,多么端庄? 不知底细,会误以为是德国建筑师格罗皮乌斯指导学生设计的现代家具。看来简洁是文明逐渐进化之前的基础,简洁并非文明发展的唯一趋向。

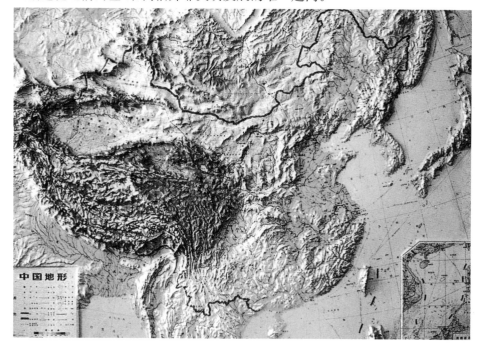

图 8.8 中国的地形地势模型图

图 8.10 是江西省上饶市的三清山,距离黄山 300 km,风景优美,可与黄山媲美,有的地方甚至比黄山还要美,其自然程度比黄山高,黄山人太多了。作者于 1984—1989 年结合《三清山国家级风景名胜区总体规划》,开展了系列研究[3]。图 8.11 是作者于 1988 年研究合成的三清山遥感卫星照片(LANDSAT 6,TM),覆盖的范围是 2 600 km²,大约有上海的 1/3 那么大,其中三清山景区当时开发的范围约为 200 km²。

风景名胜区规划是山水的规划,一方面是纵向时间历史文化的规划,另一方面是横向空间土地风俗的规划。此时,获取两方面的信息变得至关重要。现代卫星航天遥感终于实现了古人欲作鲲鹏俯瞰山水的梦想,更为现代景观的科学规划、精准规划提供了必要的保障。

# 8.3 借助高科技遥感预测景观

遥感分为航空遥感、航天遥感。航空遥感由飞机完成,航天遥感以卫星实现。图 8.12a 和图 8.12b,这两张图包含卫星遥感的信息、航空摄影的信息以及景观表面不同材料的信息。这是从景区某处看三清山主峰的立体景观。形成这种立体景观的原理方法是:通过航空摄影照片找出任意一点的 X、Y、Z 值,然后恢复成一个由山体地形组成的模型,再在这一立体模型上覆盖上景区表面的信息。图 8.13 是由航空摄影照片产生的数字地形模型。这里有一个立体成像原理,就是用双镜头拍摄同一物体,从而得到一对影像,用立体镜一看就能得到立体图像,即双目视差形成立体景象的原理。所谓表面信息,指源自卫星遥感的数据,对由地面物体反射天光而发出的波,用传感器以一系列数字的形式记录在磁带光盘上,这就是所谓的卫星遥感数据。卫星遥感的数据与地面物体一一对应,就具有了含义,如红色代表大地上的植被,白色代表裸露的山岩,蓝色代表水体。这是景观遥感技术的基本原理。最后还有一动态监测问题,卫星始终是在天上转的,一定的周期过后又会重复经过某一点,又有了一组新数据,与原有数据相比较即有了动态变化的结果。所以搞大范围的城市规划、区域规划,对于获取此类大数据,用这种方法提取现状资料及其变化是节时省力的。

卫星影像运用的是补色原理,蓝色的补色为橘黄,红色的补色为绿色,照片中红色说明有大片的田野等,从中可以看出现状。有了基础数据以后,就可以根据需要,加工得出专业上需要的数据。另外提一句,遥感分类并不是百分之百的准确,因为信息提取的原理是根据地物反射光波长短的不同转化为一系列数据,诸如 79、38、24 等。在遥感分类测试时,具体看一块数据为"79"的用地,

图 8.12a 卫星遥感信息与航空摄影信息合成产生的立体透视景观(三清山一个主峰景观)

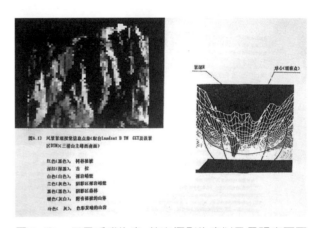

图 8.12b 卫星遥感信息、航空摄影信息以及景观表面不同材料信息

图 8.13 由航空摄影照片产生的数字地形模型

图 8.15　上海外滩地区城市街区模型

图 8.16　景观模拟预测

图 8.17a　景观美丽度预测（三清山）1

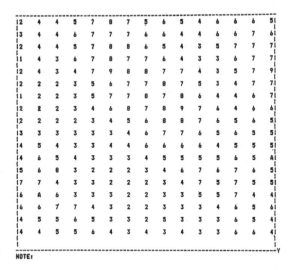

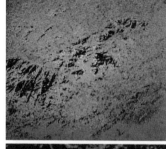

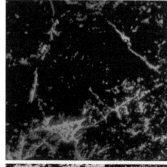

图 8.14　三清山景区植被、水体
空间分布图

一看是水体，则依此类推，其余数据为"79"的用地都被认作为水体，原理很简单，全世界却有一大帮人在做研究和应用。信息时代的规划设计，1/3 的时间或者更多的时间是用来处理信息，对于一项规划，基础信息资料集取准确、全面意味着成功了一半。随着时代发展，越发如此。

图 8.14 是 1988 年作者采用卫星遥感 TM CCT 数据，运用遥感图像处理技术，使用中国科学院遥感所设备，提取的三清山景区植被、水体等空间分布图。

图 8.15 是 1992 年作者运用自编的软件，将外滩地区转化为数据立体模型，是不是很形象的城市山林?!

图 8.16 是在修路筑坝之前，作者对景观进行模拟预测。

## 8.4　把景观美感数量化

有了基础数据以后，要对它进行数据评价，然后才能建立预测模型，用电脑模拟人们的景观审美，帮助我们计算景观的美学价值。这也就是所谓的把景观美感数量化。

这里划分出三个层次的模型：一个是物理空间模型，用这一模型可以分析景区内任意一观察点的视觉区域，通常站在某一点并不能看到 360°范围内的所有东西，例如一张视域图就代表一个物理空间。进一步还有一个心理空间，某个空间并不一定看得到，却能通过联想、猜测而感觉到。在这两个空间基础之上，还有一个空间即意境空间。意境空间比较玄，在这里用"旷""奥"来描述它，在其他地方，则可以有其他的衡量标准。

"旷""空旷"是风景的一种基本感受，开敞、宏伟、壮观，将人的思绪引导到一永恒的境界，产生一种高瞻远瞩的感觉，面向远方，令人遐想；"奥""奥秘"则通常引发你去追古思源，引人深思，令人冥想。空旷的空间一般在山顶、平原等，奥秘的空间一般在溪谷、山谷中。据作者理解，两者的共同点在于所谓的"永恒世界"。这样就有人类景观活动、风景园林欣赏的三个层次：（1）物质生活的生理世界；（2）精神生活的心理世界；（3）文化生活的心灵世界。

并非所有的人、所有的时候都能生活在灵魂世界之中。风景园林的"意境"之所以是难中之难,正因为其对应的是一种精神灵魂的世界。这是风景园林学科一个值得深入发掘研究的领域。

景观美丽度的概念主要是源自对景区的资源进行预测(图 8.17)。为什么要做这件事? 这也是事出有因,因为,为了进行三清山风景名胜区规划,最初作者现场踏勘景区,发现很多地方在筑路架桥之前无法抵达,猜想估计景色是不错的。当时就萌生出这一念头:建立数字景区模型,以计算机模拟人之观赏,在计算机中"踏勘"。采用的数据即地形、地势、植被等数据,通过计算机处理,景观评价预测计分结果与现况大致吻合,结果数值高的现场景色比较美,数值低的现场景色通常比较凌乱[4]。1993—1994 年,作者作为美国弗吉尼亚理工学院及州立大学信息系统支持实验室的博士后,从事景观与环境规划研究,在此期间完成了一个美国历史名胜地的前期评价与资源规划。图 8.18 是这个规划中夏乐兹菲尔翠泉地区的景观美丽度预测评价结果分布图。图 8.19 位于弗吉尼亚州夏乐兹菲尔的评价基地,从华盛顿开车一个半小时可到达该基地,美国前三任总统年轻时都在这里成长。弗吉尼亚是美国最有历史的州,而这块地则是弗吉尼亚最重历史的地方,所以是美国的国家历史名胜地。

图 8.20,通过现场写生感受到的基地。

图 8.21,基地内 1872 年建立的庄园,在美国已算很有历史的建筑。

图 8.17b　景观美丽度预测(三清山)2

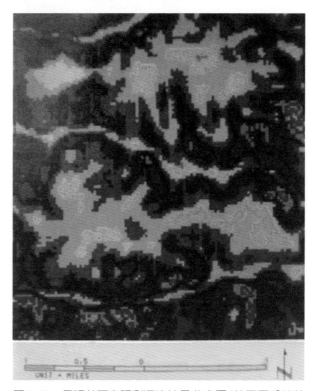

图 8.18　景观美丽度预测评价结果分布图(美国夏乐兹菲尔翠泉地区)

图 8.19　评价基地(美国弗吉尼亚夏乐兹菲尔翠泉国家历史名胜)

图 8.20　通过现场写生感受到的基地

图 8.21　1872 年建立的庄园　[在美国已算很有历史的建筑]

## 8.5　城市绿地系统规划

以上高科技除了可应用于风景名胜区资源调查与规划,还可应用于城市绿地系统的规划。图 8.22,这是作者 1990 年开始为上海做的 2050 年绿地系统规划[5],面积 6 300 km²,前期工作为基础数据的集取,遥感数据覆盖面积 30 000 km²。绿地系统规划中也有大的城市区域规划的概念,所需的信息城市规划一般也都需要:土地利用现状、地形、地貌、道路交通、大气、水质状况等。图 8.23、图 8.24 是 1992 年作者负责完成的"上海浦东新区绿地系统规划"。

进行如此大范围的规划,除了需要借助遥感集取基础数据资料,还要运用现代空间信息管理技术,这就是地理信息系统原理及其技术(GIS)。GIS 的原理最初出现在《设计结合自然》一书中,其最基本的原理是叠置技术。叠置技术的作用是对多种类型的空间数据同时进行各种相关运算,实现系统化的分析评价。

这种新技术应用主要包括三个步骤:第一阶段为基础数据的收集,主要依靠遥感技术;第二阶段为分析评价,主要依据 GIS 原理及其技术支持;第三阶段则为模拟预测,主要借助于计算机、多媒体、模型窥镜、虚拟现实等技术。这三个阶段早在 20 世纪 80—90 年代就成为景观规划与城市规划最为前沿的研究与应用领域。其中基础资料收集很重要,在景观规划中,尤其是大型区域景观规划,基础资料的工作量几乎占整个规划工作的 1/3—1/2。所以,了解掌握以上新技术的实际作用和深远意义是不言而喻的。GIS 技术有一个精度限制问题,由于早期遥感数据精度尚不够高,GIS 难以将城市空间形态误差控制在 1 m 以内,因而难以应用于小范围、精度要求较高的规划设计工作,但是过去 40 多年航天遥感技术的发展已经证明了作者当初的预测:技术必将突飞猛进,精度将不是问题。目前有了航天遥感的动态信息,加上 GIS 动态的分析、模拟,再加上动态的规划,已经可以实现传统规划方法的性质创新。这也就是我们学习、运用高科技的目的和意义所在。

图 8.25 为上海浦东新区绿地系统规划,分别对地形、地质、地貌、水体、植被、土壤污染、水质污染、大气污染等影响绿化的因素进行分析,并予以叠置评价。图 8.26 为大气污染资料。图 8.27 为水域状况,需要算出河流的长度和宽度,为下一步规划(图 8.28)提供依据。1998 年作者负责完成的"浙江省绍兴市中心城区专项规划之绿化系统规划",面积达 40 km²(参见前图 1.24)[5]。

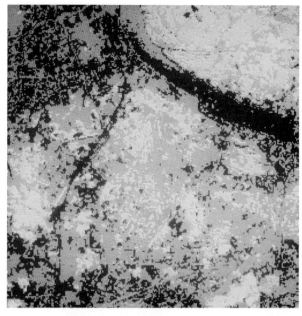

图 8.22　城市意象　[运用遥感处理技术获取城市形态信息]

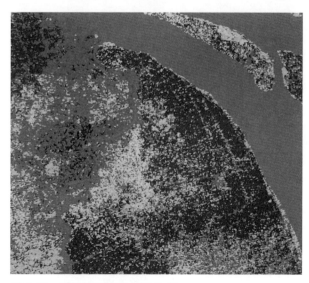

图 8.23　遥感集取城市绿地信息　[上海浦东新区绿地系统规划,土地利用现状图]

# URBAN FORESTRY

URBAN FORESTRY SYSTEMATIC PLANNING OF
METROPOLITAN SHANGHAI FOR THE YEAR OF 2050

URBAN FORESTRY SYSTEMATIC PLANNING
FOR THE DEPARTMENT ZONE OF PUDONG SHANGHAI

SATELLITE IMAGE OF METROPOLITAN SHANGHAI MADE FROM LANDSAT 5 TM CCT (150 KM*200 KM)

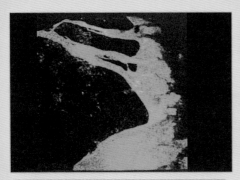

LANDSAT 5 TM CCT IMAGE OF SHANGHAI 10/31/1989 ( BAND 5 ) (150 KM * 200 KM) 1990

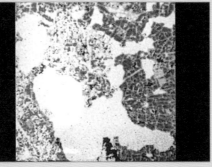

CLASSIFICATION OF THE SURBURB AREA OF SHANGHAI ( RED–FORESTRY,
YELLOW–VILLAGE, GREEN–FARM LAND 1, BLUE–FARM LAND 2, WHITE–WATER)

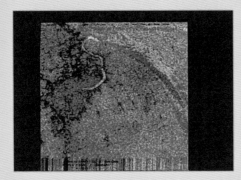

WATER POLLUSION IN SHANGHAI FROM CLASSIFICATION OF TM CCT DATA

ATMOSPHERE POLLUSION IN SHANGHAI FROM CLASSIFICATION OF TM CCT DATA
(RED COLOR – CONTORL POINT OF GREEN LAND)

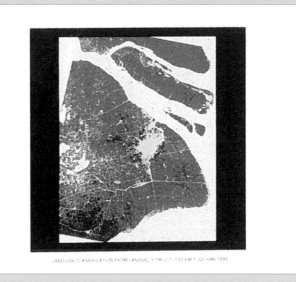

LAND USE CLASSIFICATION FROM LANDSAT 5 TM CCT (150 KM * 200 KM) 1992

图 8.24　城市绿地系统规划　［上海 2050 年绿地系统规划，面积为 6 300 km²，图中遥感数据覆盖面积 34 225 km²］

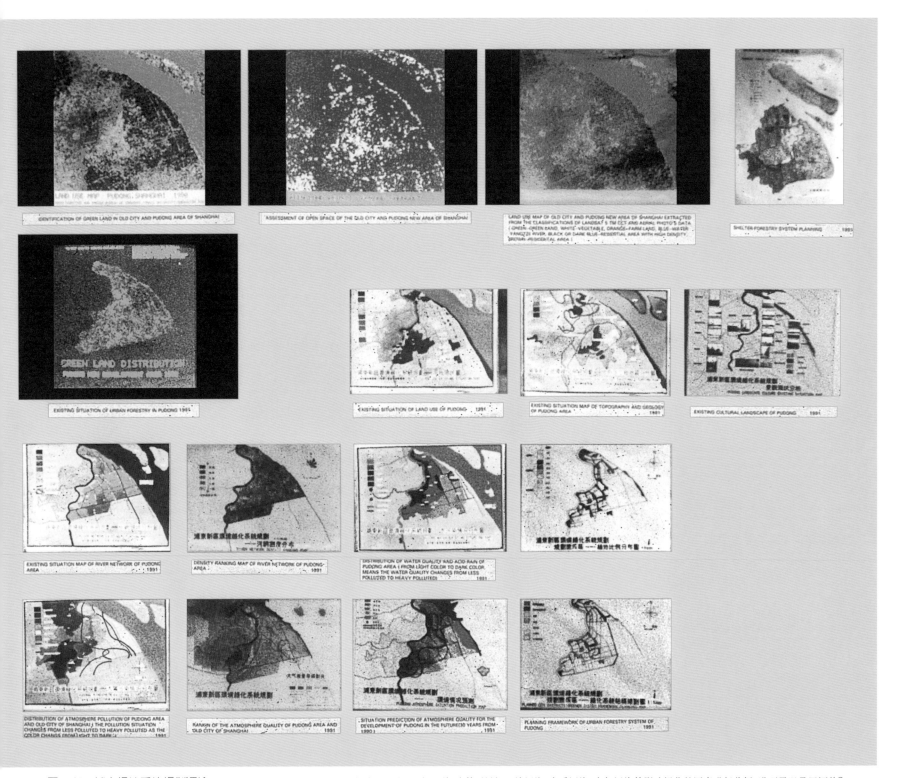

图 8.25　城市绿地系统规划评价　[上海浦东新区绿地系统规划,分别对地形、地质、地貌、水体、植被、土壤污染、水质污染、大气污染等影响绿化的因素进行分析,进而予以叠置评价]

图 8.26　大气污染资料（上海浦东新区绿地系统规划）

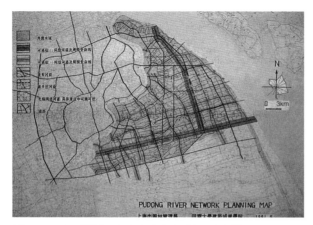

图 8.27　水域状况（上海浦东新区绿地系统规划）

图 8.29　同一基地的两种处理方式　［这两种处理方式反映了两类截然不同的规划思想方法：可持续发展与不可持续发展］

图 8.28　水域规划（上海浦东新区绿地系统规划）

## 8.6　以可持续发展为导向

图 8.29 为同一基地的两种处理方式，反映了两类截然不同的规划思想方法，争论分歧的焦点就是可持续发展与不可持续发展的问题。可持续发展的思想落实到建筑规划界，其基本思想即景观规划设计的思想。具体就是要运用规划设计的手段，如何结合自然环境，如何将规划设计对环境的破坏性影响降低到最小，并且对环境和生态起到强化作用，同时还能够充分利用自然可再生能源，节约不可再生资源。一左一右，哪个方案应得高分，并值得提倡？

左边的规划方案对环境破坏较少，景观的创造也比较丰富，社会经济效益较好。首先，减少了道路面积，管线也少了。另外，左边这个是步行系统。右边这个则是车行系统，单一用途的布局，这是上一个时代的规划方法，过时了。我们不能重蹈覆辙。

图 8.30 为我国海南省三亚市鹿回头某小区，有好有坏。好呢？留了一大片绿地。坏呢？看这一片别墅，的确也是紧凑布局，但是太紧凑了，开敞空间（Open Space）太少了，实体空间与开敞空间的平衡失调了，环境受损，房地产开发效益也要受损。

图 8.30　海南省三亚市鹿回头某别墅小区

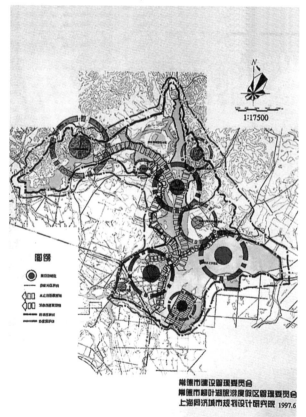

图 8.31　"虽由人做,宛自天开"　［美国佛罗里达迪斯尼游乐园中"荷兰村"的环境处理］

　　从形态上看,作为与城市的对比,景观规划的一大特色是以曲代直(参见前图 1.26)。实质上,景观规划特别注意强调与大自然山形水体的结合呼应,一切都要顺乎自然,这也是中国造园名言"虽由人做,宛自天开"的真谛(图 8.31)。

　　图 8.32 为湖南省常德市柳叶湖旅游度假区总体规划,面积约 40 km² ,开发建设相对集中。第一期集中在 2 km² 的范围内拆除堤坝,引水入田,扩大水面;恢复古代留存的生态沼泽地,恢复"鹤鸣山"的意境,这些都是以可持续发展为导向所作的规划尝试。图 8.33 显

图 8.33　核心区内的开发　［第一期集中在 2 km² 的核心区内,开发相对集中］

示上述度假区核心区内的开发也是相对集中的。图 8.34 为福建省福州市鼓山苑住宅小区规划图,强调视线走廊、生态走廊与风道。

图 8.32　开发建设相对集中　［湖南省常德市柳叶湖旅游度假区总体规划,功能结构图,40 km²］

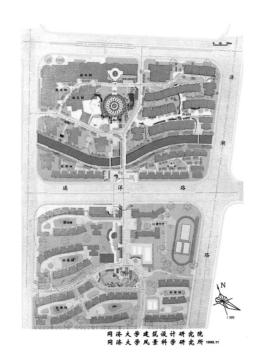

图 8.34 面向可持续发展的居住小区景观规划 〔福建省福州市鼓山苑住宅小区景观环境规划平面图,用地 14 hm²〕

从形象出发、以景观形态为导向的城市规划时代已经过去。上海浦东大道的第二轮国际评审,会上用了 2/3 时间谈论先天不足的决策问题,抱怨不该开一条与该地区城市格网不相吻合的"凡尔赛大道",结果带来了很多问题。此大道的规划缘起是为了创造一个意念形式,是为了创造一条景观大道,而事实上它是一条最简捷的交通大道。不让车行,似有矛盾;每隔 500 m 设一个交叉路口,不仅隔断机动交通,也使步行交通受阻,矛盾更大。看来,在多元化、信息化的 21 世纪,那种传统的单一灭点式轴线景观已经难以满足时代的客观发展需要。

## 8.7 从静态景观走向动态景观

图 8.35 为法国凡尔赛园林轴线大道景观。虽然这种传统景观放在现代城市中貌似已不大适宜、且难以实现,可是,这种源自久远、源自传统风景园林景观轴线的激动人心的景观,同样是现代景观规划设计所要追求的一种基本景观。

图 8.35 传统优秀景观的价值 〔法国凡尔赛园林轴线大道景观——追求一种典型的古典静态景观〕

不过，这还远远不够。传统古典园林景观空间及其观赏的构成基本特征是静态的，与之大相径庭，作为现代景观规划设计，其形态创新上的最大特点是动态变化。1999年作者负责完成的上海浦东彩虹广场设计就属于这种动态景观的追求：软硬景观图案均采用弧形/弓形划分，对于同一景观的两大面，创造出排斥（正力）与吸引（负力）两大景观视觉感应动力，从而一反传统景观造园的静态非动力格局；模拟植物生长动态过程，广场设计了从含苞待放到花开绽放的系列白玉兰硬质景观图案（参见前图3.24）。这种动态景观的源头一方面来自对于大自然的崇尚和人类心灵深处的潜意识，另一方面则来自近年来对于景观生态的认识，源自生命群体及其相互联系的生态，其本身就是随时而变的、动态的，动态景观遍布现代景观规划设计的各个领域，尺度无论大小，无论是城市广场还是自然风景区的规划（图8.36）。

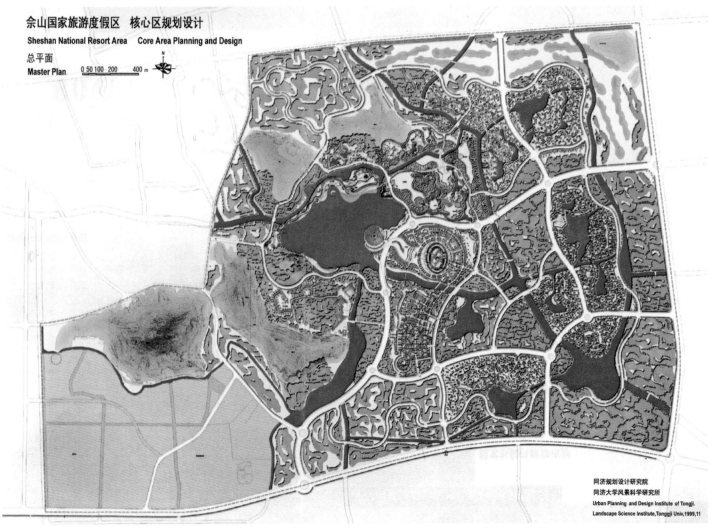

图 8.36　上海佘山国家旅游度假区核心区规划设计

# 8.8  以区域生态分析为基础的景观规划途径

### 1) 生态科学的时空导向与区域尺度

生态学的一个基本原则是：每一个要素都与其他的任何一个要素相互关联，对应于地球表层的景观，体现在空间维度上就是大范围、区域化的空间尺度。

景观中时间维度上长期性的大尺度的因子往往对短期的因子具有决定性的影响。例如：区域的气候和地质特征可以帮助我们理解其中一个具体特定地方的土壤和水系；而土壤和水系又决定了在该地区会出现和生存的动植物景观。景观规划师必须学会在时间维度和空间维度上同时思考问题，这种思考必须是宏观的，例如，在一个特定的规划区域辖区内，地质事件的发生很可能是由数千米外的板块相互作用造成的[6]，任何一个简单因子都有可能与系统内外任何一个因子发生互动。

以江苏省江阴市国家湿地公园规划设计为例[7]，就其水体而言，如果仅仅就其所在的 68 km² 的范围来讨论问题是不科学的，因为整个水体是与周边水体相连的，其水质的恶化也不仅仅是由于其自身范围内的鱼塘养殖所引起，事实上更多来自于周边各类工厂所排放的污水（图 8.37）。正如理查德·福曼

图 8.37　湿地水体受周边各种因素的影响

(Richard Forman)所倡导的那样,我们应该"从全球范围思考,从区域范围规划,在地方范围实施"(1995年)。因此从一开始,这就决定要将资源调查的对象从地方尺度上升到区域尺度,即扩展到江阴市整个南部六镇地区,而非局限在一个单一的湿地公园。

在区域的尺度上(图8.38),即江苏省江阴市南部六镇地区(400 km²)的范围内来进行确定湿地公园在整个生态系统中所处的位置,要讨论以下问题:

· 湿地公园处在何样的一个格局中?这个格局是如何变化的?

· 这个格局对湿地公园产生了何样的影响?将会产生何样的影响?

· 如何从改变区域格局的角度来改变整个湿地公园的生态环境?

(1)内容的完善:还原生态分析的全过程

一旦规划的对象确定为区域尺度后,首要的问题是要决定景观生态分析的内容。事实上,景观分析的过程就是认识景观的过程(弗雷德里克·斯坦纳,1999年),景观分析与评价是景观规划设计的前提,是景观生态规划设计成功与否的前提。

根据景观生态学中强调的内容,应当研究景观的三大特征(Forman and Godron,1986年):① 结构——不同生态系统或景观单元的空间关系;② 功能——景观单元之间的相互作用;③ 动态——斑块镶嵌结构与功能随时间的变化。因此,从景观生态学的基本理论出发,来看待规划中这一分析过程,就意味着一种对于景观环境生态全过程的还原,即要了解且识别出景观生态学所研究的三大特征,包括景观的格局与过程。

在规划过程中,应当以景观生态学的基本理论为出发点,建立起"景观的整体性分析评价体系"。因此,这一分析评价的体系包括景观空间格局的分析、景观时间过程的研究,并要求在上述两者的基础上建立景观演化规律的考察(图8.39)。

(2)现实的困境:整体生态环境资料本底调查的缺失

以生态为导向的景观规划中,搜集完整且关键的生态因素资料是整个规划

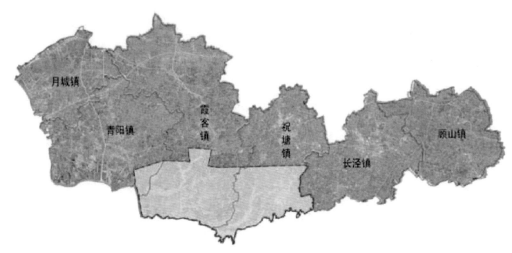

图8.38 江阴国家湿地公园所在的区域(江苏省江阴市南部六镇地区)

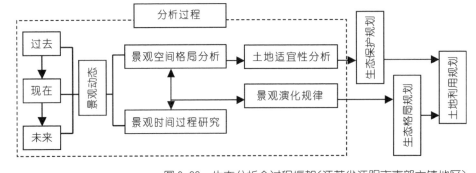

图8.39 生态分析全过程框架(江苏省江阴市南部六镇地区)

的基础。然而就中国的现状而言,每一个参加过综合规划的工作人员都深有体会,要想掌握地区完整的生态环境资料几乎是不可能的。原因既来自于技术的限制,更源于制度的障碍。在进行江阴市国家湿地公园规划工作中,尽管项目组拥有包括生物学家、植物学家等多学科组成的梯队,也设计了极其详尽的现场资料调查表,但生态环境资料本底调查分类的缺失仍然给我们的工作带来很多困难,甚至导致项目一度停滞不前。

面对这种缺失的事实,我们提出并采用了"主导生态因子修正分析法"。

### 2) 景观空间格局的主导生态因子修正分析法

（1）主导生态因子修正分析法的提出

这里所提出的"主导生态因子修正分析法"（Analysis Model of Dominant Eco-factors and Modified Eco-factors）,是一种继承了由麦克哈格创立并系统化的因子叠合法的基本思想,并结合现实可获得的有限资料,以矩阵分析为基础的一种生态状况分析方法。

在整个区域范围内,必定有一个或几个生态因子（Eco-factor）是起主导作用的,它们的存在是长期的、基本稳定的,并能影响区域内其他各种因子的状态,而且这种影响是不可忽略的,那么称这些因子为生态主导因子（Dominant Eco-factors）。通过对生态主导因子的分析可以基本确定整个区域的生态格局。而其他一些因子,它们的存在往往是短期的、不稳定的或者是在很小的范围中存在,对周边的其他因子基本不产生重大影响,因此对于这些生态因子的分析更多是对于整体模型的一种修正,得到修正模型,故可称为修正性生态因子（Modified Eco-factors）（图 8.40）。

（2）区域生态因子的识别

通过对江阴市南部六镇生态现状调查,可以确定共有 9 大生态因子组成了区域整体环境:

· 气候:区域总体温度、湿度、风向、降水、霜降等,主要考虑小气候条件。

· 水体:区域内主要的水体形式包括鱼塘、湿地、河流。

· 居住:包括小城镇和自然村落。

· 工业:区域范围内的所有工厂。

· 植物:包括乔木、灌木、农作物。

· 动物:主要包括家禽、家畜,特别考虑野生鸟类的存在。

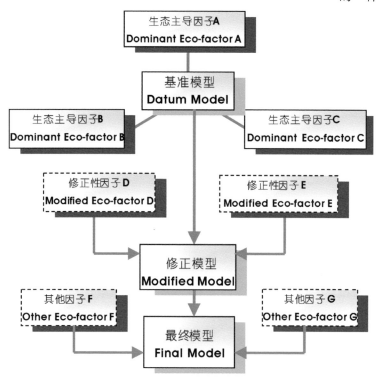

图 8.40　主导生态因子修正分析法示意图

- 土壤：主要考虑土壤类型、组成等。
- 地形：包括山体、洼地。
- 人工设施：主要考虑道路。

（3）生态因子相关性分析

通过对各因子之间相关性的分析，可以识别出影响当地生态环境的主导因子，建立分析框架，进行后续的环境等级评价。

相关性分析分析方法简述：

对上述识别出来的生态因子进行相关性分析，在江阴市南部六镇范围内，若两因子之间相关则以√代表，若不相关则以×标示，如表8.1所示。

表 8.1 生态因子相关性分析

|  | 气候 | 水体 | 居住 | 工业 | 植物 | 动物 | 土壤 | 地形 | 人工设施 |
|---|---|---|---|---|---|---|---|---|---|
| 气候 |  | √ | √ | √ | √ | × | × | × | × |
| 水体 | √ |  | √ | √ | √ | × | √ | √ | √ |
| 居住 | √ | √ |  | √ | × | √ | × | √ | √ |
| 工业 | √ | × | √ |  | √ | √ | × | √ | √ |
| 植物 | √ | √ | × | √ |  | × | √ | √ | × |
| 动物 | × | √ | √ | √ | × |  | × | × | × |
| 土壤 | × | × | × | × | √ | × |  | × | × |
| 地形 | × | √ | √ | √ | √ | × | √ |  | √ |
| 人工设施 | × | √ | √ | √ | × | × | × | √ |  |

分析结论通过以上表格的分析，发现其中工业、居住以及水体与其他因子的关联度最大，均超过65%。因此，把这三个因子作为整个区域环境的主导生态因子，通过建立矩正模型，分别分析它们各自对环境的影响。

分析框架：

分析方法说明进一步分析三大主导生态因子：一方面，工业、居住对环境的影响主要通过生产污染与生活污染实现，对环境呈现负影响。由于江阴南部地区基本处于乡村与小城镇状态，基础设施比较薄弱，尤其是自然村落中生活污水的排放基本不受控制，工厂的各种污染物也缺乏严格的治理，因此可以定性地认为，居住越密集的区域或者工厂越多的区域所承受的环境压力越大。另一方面，水体（包括湿地、鱼塘、河流等）对周边环境起到积极作用，能创造小气候，局部改善环境，水体越密集对环境产生的正影响越大。通过依次对三大主导生态因子的影响进行分级，对整体环境分级，形成基准模型。

当然，区域中的另外一些因素也是不能被忽略的，比如气候中风向的作用，

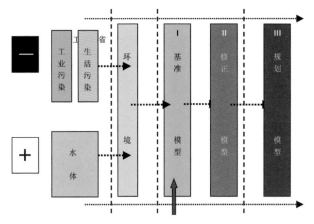

图 8.41 主导生态因子修正分析框架

生态果园或生态农业的存在,地形因素的影响、人工设施道路的影响等。虽然这些修正性因素对环境的影响是局部的,但在模型中必须考虑,得到生态修正模型(图8.41)。

在此基础上,识别主要生态格局,提出生态规划初步构想。

指标与标准的确定以及各生态因子矩阵分析结果:确定矩阵分析的尺度是整个分析过程的前提。在江阴市南部六镇区域范围内,综合考虑水体自净、工业污染扩散等具体问题,将矩正单元的尺度定义为500 m,即在500 m的矩正单元网格上建立分析。具体分析中,首先确定的是各主导生态因子:水体、工业、居住评价的指标和标准:

工业评价指标:排放污染物类型、数量以及单元内工业密度。

工业分级标准:按照工业企业污染排放类型来确定工业类型,并计算单元内的工业密度来划分不同级别的工业污染区:微度工业污染区、轻度工业污染区、中度工业污染区、重度工业污染区(图8.42、图8.43)。

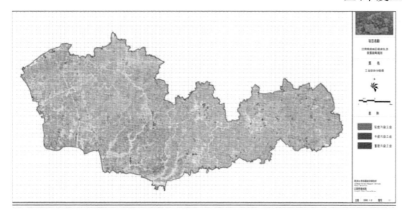

图8.42 工业现状分级图

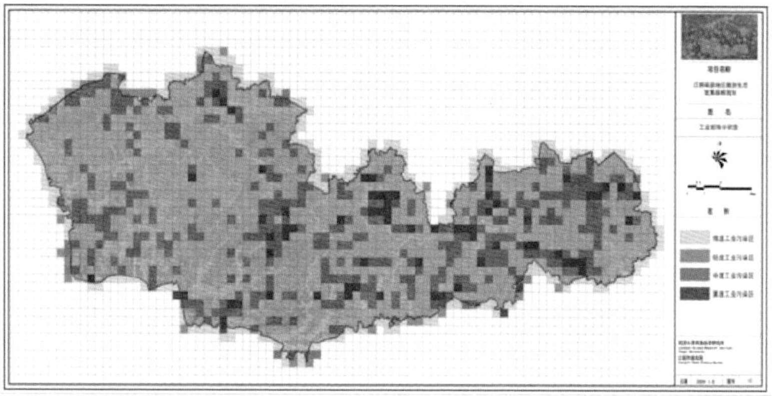

图8.43 工业矩阵分析图

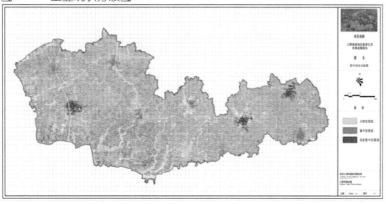

图8.44 居住现状分级图

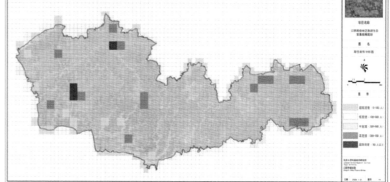

图8.45 居住矩阵分析图

居住评价指标:居住类型、居住密度。

居住分级标准:通过计算矩阵单元内的建筑密度与人口密度,来确定标准,分为:超低密度(0—100 人)、低密度(100—300 人)、中密度(300—500 人)、高密度(500—700 人)、超高密度(700 人以上)(图 8.44、图 8.45)。

水体评价指标:水质、密度。

水体分级标准:根据现状水质以五类为主,局部有四类水。因此确定三个级别,低于五类水、五类水、五类以上水。水密度方面,由于总体密度较高,将其定义为四级:水网密度低(0—25%),水网中密度(25%—50%),水网高密度(50%—75%),水网超高密度(>75%)(图 8.46、图 8.47)。

(4) 基准模型与修正模型的确立

通过以上各主导生态因子的矩阵分析,运用麦克哈格因子叠加的方法,将它们叠合,形成一个基准模型(图 8.48)。此后通过植被、风向、道路、山体等修正生态因子的逐一修正,得到修正模型(图 8.49)。

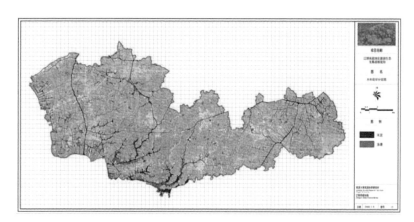

图 8.46 居住现状分级图

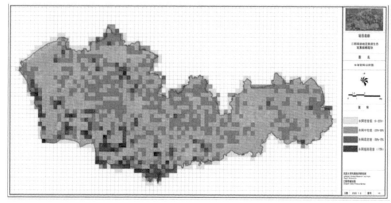

图 8.47 居住矩阵分析图

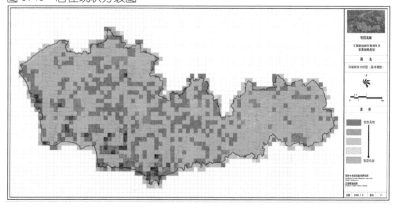

图 8.48 区域生态矩阵分析图(基准模型)

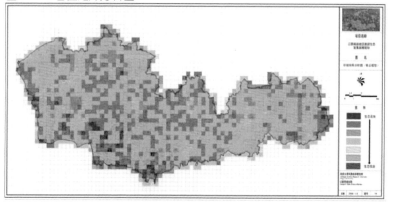

图 8.49a 区域生态矩阵分析图(修正模型)

图 8.49b　区域生态矩阵分析图（最终模型）

（5）最终模型与生态分析结论

进一步叠加区域原有的各种信息，如城镇、道路、水体、地形等，得到最终模型（图 8.50）。最终模型用以更好的观察区域生态空间格局的特征。

① 区域景观生态总体特征

从景观生态学"斑块、基质、廊道"的空间格局看，整个区域最突出的特点是：

- 水体斑块的破碎度过高，使斑块的稳定性、抗干扰性下降；
- 农田基质与自然乡村斑块大量耦合，且缺乏治理，促使生态状况下降；
- 城镇斑块有扩张趋势，对整体生态状况不利。

② 生态高地与生态低谷的识别

通过最终模型的分析，可以发现南部六镇中大多属于生态高地与生态低谷之间的中间区段，从整体而言，生态高地要少于生态低谷的面积。

其中生态高地基本位于霞客镇的南部地区——即江阴市国家湿地公园的范围、青阳镇的东部地区以及祝塘镇的西部地区。而生态低谷基本位于长泾镇的大部分地区，以及整个顾山镇的西部地区，另外，霞客镇的北部地区以及青阳镇的中部地区也有少量分布。

③ 生态高地与低谷、河流、交通廊道的关系

通过最终模型的分析发现：南部六镇生态高地与生态低谷的分布与区域内河流廊道与交通廊道在空间上具有一定的吻合度。例如：霞客镇南部地区的生态高地——即江阴市国家湿地公园，与该处的河流廊道密切吻合。霞客镇北部地区以及青阳镇中部地区的生态低谷，它与该处的交通廊道——京沪高速公

路,具有相当的吻合性。然而,在长泾镇与顾山镇这种吻合性就表现得并不明显。在空间上生态低谷地区并没有与当地的交通形成良好的结合,过分分散,从而导致该处整体生态环境不佳。

### 3) 景观时间过程的分析

对于整个区域景观时间过程的考察集中在水体因子的研究上。通过分析清朝与民国时期该地区的水体状况(图 8.50、图 8.51),并与现状的水体进行对比,可以发现一直以来该地区的水系不断地被分流,水体的破碎度逐步升高。根据过程分析,一方面可以指导规划如何恢复、沟通部分水体,还水体自然的原貌;另一方面,在可以识别出原有区域中较为重要的河流,在生态规划规划中可以成为保护改善的重点。

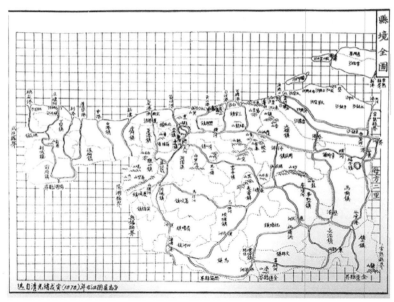

图 8.50　清朝时期江阴市水系图

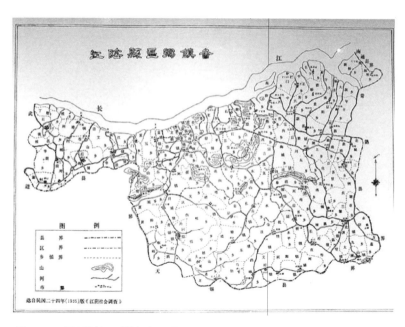

图 8.51　民国时期江阴市水系图

### 4) 面向进一步规划的区域景观生态战略

(1)"点、线、面一体化"的区域生态格局

经过以上一系列的景观生态分析与结论,发现要保护改善好江阴市国家湿地公园的生态环境,必须从区域层面进行控制,并提出构筑"点、线、面一体化"的区域生态格局(图 8.52)。

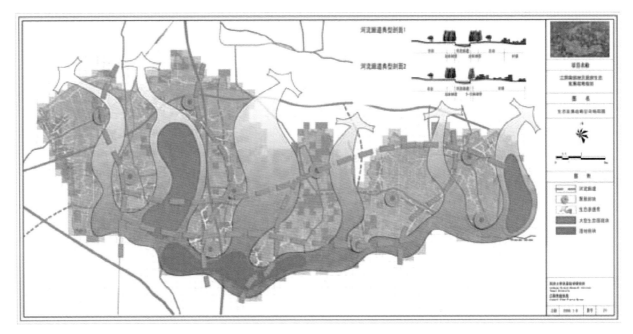

图 8.52　江苏省江阴市南部六镇生态格局规划图

图 8.53　江苏省江阴市南部六镇生态保护规划图

- 点构筑——聚居点集中。规划 10 个集中的聚居点,使空间设施的利用更加经济。同时通过生态绿带渗透,阻止这些聚居点的无限扩张。

- 线构筑——河流廊道构筑。选取"四纵两横六条"主要干流作为规划的生态廊道,负责承载区域内生物流的流通。并规划两种典型河流剖面:一是远离村镇聚居点的情况下,河流两侧规划 30 m 林带,然后接壤广袤的农田地块至村镇用地;另一种是河流廊道与村镇紧挨的情况,此情况下远离侧仍然保留 30 m 林带,紧靠侧则根据实际情况规划 5—10 m 林带,再接村镇用地。

面构筑——生态绿化渗透带。以霍华德的"田园城市"作为理论依据,结合江阴市的实际,连接并贯通根据环境矩阵分析得到的现状生态高地,成为生态绿带,使其渗透到集中的村镇间,成为阻止村镇规模扩大的外部环境。

(2)作为土地利用规划基础的区域生态环境保护强度分级

根据以上所制定的生态战略格局,进行整个区域的生态环境保护规划,这里所设定六大不同的保护强度与进一步规划中的土地利用直接相关,从而达到保护整体生态环境的效果(图 8.53)。六大保护强度包括:一级保护区(湿地斑块)、二级保护区(河流廊道)、三级保护区(大型生态园斑块)、四级保护区(农田基质)、改造区(聚居斑块)以及开发区(聚居斑块)。该规划也成为江阴市国家湿地公园总体规划的基础。

# 8.9 景观的数字量化为引领

数字量化的含义并非仅仅是电子计算机、3S、3R 等现代技术,亦非现代新旧三论的产物。相反,数字量化的思想古已有之,至少从结绳记事开始,数字量化的思想就已引领着人类的好奇心一路走来。从旧三论(控制论、信息论、系统论)到新三论(突变论、耗散论、协同论),从电子计算机、3S 技术(全球卫星定位系统、遥感、地理信息系统)到 3R(VR,AR,MR)(虚拟现实、增强现实、混合现实)技术实现,当诸如图像信息的模拟信号转变为数字信号,所有客观或主观事物事件都可以用数字模拟表示的时候,数字量化已变得如虎添翼而极具前瞻了。哈佛大学教授卡尔·斯坦尼兹

(Carl Steinitz)于 1964 年制作出了第一幅计算机辅助的景观规划设计图,威斯康星大学的几位风景园林的硕士毕业生开启了地理信息系统之门,遥感带来了地球的全新视野,麦克哈格(McHarg)的"千层饼叠图"得以数字化的实现,自此,一幅"计算机与风景"相互交织的数字化时空场景展现在风景园林人的面前[8-9],在所要研究的对象问题和预期的规律、方法、技术成果之间,数字量化首先是一种媒介、手段,借以对研究对象、研究过程、实验、成果予以表述。其次,数字量化是自然科学研究与客观理性思维的强大工具,风景园林那些仅凭"三寸不烂之舌"的主观臆断,那些似是而非、模棱两可、说不清、道不明的主观感受,那些貌似合理却又缺乏科学依据的理论原理,在数字量化面前将被一一破解。以量化作为思考分析的线索途径,以量化的数字作为反映标准的指标,分析好坏优劣,评价水平质量的高低,最终发现用"数量"为标志描述的自然客观规律,甚至,不仅是将客观物质世界数字量化,而且还可以将主观感受世界数字量化,尽管这一争论早在德谟克利特和苏格拉底时代就已发生。为此,在作者亲身经历的诸项中国国家自然科学基金课题研究中,无一例外都是以数字量化技术为引领的。其中,从风景旷奥度[4,10-11]、景观信息遥感[3,12-14]与风景景观信息系统的建立[15-17]到风景资源普查[12,18];从创立景观空间美感量化模型[10,16-17]到发现景观世界元素周期表[19-20],从人聚环境资源评价普查方法[21]、风景旅游资源时空筹划理论与方法到风景旅游规划 AVC 评价研究[22],从视觉感受的景观空间序列组织[23]、旷奥感受模型应用[24]、视觉规划设计时空转换的诗境量化[25]到景观视觉吸引机制研究[26-28],再到近年来开展的城市风景园林小气候适应性设计方法研究[29],数字量化成为所有研究的基础和主要的组成部分。

从认知外部世界、现状资料收集到思维判断、逻辑推理,数字量化是客观理性的必要手段,离开数字量化的规律、规则,科学的客观理性无从谈起。再者,对于风景园林科学领域的各个分支研究,即使是心理感受评价方面的研究,即使充满着主观的不确定性,就过去 50 年的研究来看,同样也需要借助数字量化手段的分析与综合,以得出自然、科学客观、理性的评价结果。对于风景园林因受制于数十年成百上千平方千米的时空限制,传统常规技术

难以实现"1∶1"的模型试验和人工现场资料收集,现代数字量化则不仅提供了解决这些难题的可能,更为重要的是为基于精准化、大数据化的学科理论发现与技术发明提供了强有力的武器。对于风景园林自然科学基金课题,数字量化在极具挑战性的同时,蕴含着风景园林科学发现、技术发明的巨大潜力。

总之,对于风景园林学科专业,坚持自然科学性是学科哲学观的问题,发挥客观理性是学科方法论的问题,利用数字量化则是学科技术手段问题。三个立足点三足鼎立、相互联系、互为因果、缺一不可。坚持自然科学性离不开客观理性的操作方法,实现客观理性则需要数字量化技术手段。至于数字量化技术手段,基于对于风景园林自然科学领域的客观认知,从选题到研究成果,从问题分析到规律公式发现发明,当一项复杂的科学研究课题,自始至终能用一系列数字予以描述表达之时,其自然科学的客观理性也就不言而喻、水到渠成了。

## 第8章参考文献

[1] Philip H Lewis. Tomorrow by Design:A Regional Design Process for Sustainability[M]. New York:John Wiley & Sons,INc,1996.

[2] Ian L McHarg. Design with Nature[M]. New York:Nature History Press,1969.

[3] 刘滨谊. 遥感辅助的景观工程[J]. 建筑学报,1989(7):41-46.

[4] 刘滨谊. 风景旷奥度——电子计算机航测辅助风景规划设计[J]. 新建筑,1988(3):53-63.

[5] 刘滨谊. 城市生态绿化系统规划初探——上海浦东新区环境绿地系统规划[J]. 城市规划汇刊,1991,76(6):50-56.

[6] Thompson G F,Steiner F R. Ecological Design and Planning[M]. New York:John Wiley & Sons,INc,1997.

[7] 刘滨谊,魏怡. 国家湿地公园规划设计的关键问题及对策——以江阴市国家湿地公园概念规划为例[J]. 风景园林,2006(4):8-13.

[8] 加里·埃斯纳(Gary H. Eisner). 计算机与风景[J]. 刘滨谊,译;冯纪忠,校. 新建筑,1985(2):69-71.

[9] 刘滨谊. 从30年演进看数字景观的未来[M]//成玉宁,杨锐. 数字景观——中国首届数字景观国际论坛. 南京:东南大学出版社,2013:24-28.

[10] 冯纪忠. 组景刍议[J]. 同济大学学报,1979,7(4):1-5.

[11] 刘滨谊. 风景景观工程体系化[M]. 北京:中国建筑工业出版社,1990.

[12] 刘滨谊. 风景景观环境感受信息遥感[J]. 城市规划汇刊,1991,71(1):15-22.

[13] Binyi Liu. Time-Space Simulation of Field Landscape Information[R]. Wuhan:International Workshop on the Application of Remote Sensing & GIS to Urban Rural Planning and Manage-ment,etc,1991.

[14] Binyi Liu. Systematic Technology for Remote Sensing and Information Practicing in the Method Research on Planning Business of Modern Urban Rural[R]. Washington DC:International Archives of Photogrammetry and Remote Sensing,1992:409-414.

[15] Binyi Liu. Remote Sensing Aided Landscape Engineering[R]. The Netherland:International Symposium:Operation-Aligation of Remote Sensing,1993.

[16] Binyi Liu. Digitize the sense of beauty:Landscape aesthetic information extraction from digital images [C]//ISPRS Commission Ⅲ, International Archives of Photogrammetry and Remote Sensing, Proceedings of the Symposium Progress in Data Analysis,Wuhan:Wuhan Technical University of Surveying and Mapping,1990.

[17] 刘滨谊. 风景园林主观感受的客观表现——风景园林视觉感受量化评价的客观信息转译原理[J]. 中国园林,2015,31(7):6-9.

[18] 冯纪忠,刘滨谊. 理性化——风景资源普查方法研究[J]. 建筑学报,1991(5):38-43.

[19] Binyi Liu. Towards the Perceptional World :Find a Periodic Table of Landscape World[M]. Shanghai :Tongji University Press,1992:1-8.

[20] Binyi Liu. Towards the perception world:A modeling framework for transforming physical environmental digital data into perceptional digital data [C]//ISPRS Commission Ⅲ, International Archives of Photogrammetric and Remote Sensing. Vol. XXIX Part B3. [S. l.]:ISPRS Commission Ⅲ,1992:279-286.

[21] 刘滨谊. 人聚环境资源评价普查理论与技术研究方法论[J]. 城市规划汇刊,1997,108(2):51-54,66.

[22] 刘滨谊. 旅游规划AVC三力理论实践——以厦门鼓浪屿发展概念规划国际咨询为例[J]. 理想空间,2005(9):43-48.

[23] 刘滨谊,张亭. 基于视觉感受的景观空间序列组织[J]. 中国园林,2010,

26(11):31 - 35.

[24] 刘滨谊,郭佳希.基于风景旷奥理论的视觉感受模型研究——以城市湿地公园为例[J].南方建筑,2014(3):4 - 9.

[25] 戴睿,刘滨谊.景观视觉规划设计时空转换的诗境量化[J].中国园林,2013(5):11 - 16.

[26] 刘滨谊,范榕.景观空间视觉吸引要素及其机制研究[J].中国园林,2013(5):5 - 10.

[27] 刘滨谊,范榕.景观空间视觉吸引机制实验与解析[J].中国园林,2014(9):33 - 36.

[28] 刘滨谊,范榕.景观空间视觉吸引要素量化分析[J].南京林业大学学报(自然科学版),2014,38(4):149 - 152.

[29] 刘滨谊,匡纬.城市风景园林小气候适应性数字化设计方法[M]//成玉宁,杨锐.数字景观——中国首届数字景观国际论坛.南京:东南大学出版社,2013:151 - 156.

# 9 旅游哲学观与规划方法论:旅游·旅游资源·旅游规划

居住、聚集、游历概括了人居活动的三大基本内容。旅游属于游历活动范畴,旅游作为人类与生俱来的游历需求,古已有之,只是随着中国经济的发展与国民生活水平的提升,在满足了居住、聚集需求的同时而后来居上,日渐重要而不可或缺了。旅游在21世纪中国的发展中起着越来越重要的作用。根据世界旅游组织预测,到2020年中国将成为第一旅游目的地大国。发展旅游需要规划,旅游产业、旅游产品、旅游活动三位一体,构成了当今的旅游规划,这也正是风景园林与景观规划设计必须直面而无法回避的新型规划设计领域。本章针对当前旅游规划领域面临的思想理论问题,围绕旅游、旅游资源、旅游规划三方面探讨了旅游的起源、动因、作用、演化趋势、理论基础,阐述了旅游与旅游吸引力"时空异化"和"时空强化"的两大特性,以及以闲暇游憩学为引论的旅游理论;论述了旅游资源与风景资源的区别和联系,指出了旅游资源及其生命力"无中生有"和"不断变化"的两大特性;阐述了旅游规划的根本原则,旅游规划与风景规划、城市规划的差别,介绍了以旅游吸引力(Attraction)、生命力(Validity)和承载力(Capacity)简称(AVC)为核心的AVC旅游规划理论与评判标准。

## 9.1 如何看待理解旅游

中国是山水大国,是世界上最早产生山水诗、山水画的国家,从文人骚客到庶民百姓,游山玩水的传统由来已久。图9.1是同济大学风景科学与旅游系十几年来在全国所接景观与旅游规划项目的分布图。本书提出观念、见解、主张、结论,一方面基于理论研究,更多的则是基于这些项目实践。其中,有的已总结成书,例如

《风景景观工程体系化》(刘滨谊著,1990年)(以江西三青山为例)、《自然原始景观与旅游规划设计——新疆喀纳斯湖》(刘滨谊等著,2002年)、《人造生态景观与旅游规划设计——安徽南艳湖》(刘滨谊等著,2002年)、《历史文化景观与旅游规划设计——南京玄武湖》(刘滨谊等著,2003年)等。更多的则是实例,比如,广西阳朔的月亮山—大榕树、新疆的那拉提大草原、内蒙古的成吉思汗陵、甘肃的贵青山、安徽的池州、福建厦门的鼓浪屿—万石山风景名胜区、山东青岛的石老人国家级旅游度假区、辽宁的葫芦岛滨海带等。正是基于这些实践以及从中研究出的理论,对于当前中国旅游规划领域,我们深切体会到旅游、旅游资源、旅游规划这是三个关键的问题。由此展开,将涉及许多旅游规划相关的观念认识、价值标准、操作规范等问题。本章将围绕这三个方面的问题,做一个综合性的论述[1-6]。

图9.1 1984—2016年刘滨谊团队景观·风景·园林·旅游·规划设计主要项目全国分布图

旅游作为一门学科专业,至少包含三个方面的专业内容:产业业态、开发建设、经营管理,其中贯穿着旅游活动行为、资源开发利用、产业经济三条主线。脍炙人口的旅游的六要素(吃、住、行、游、购、娱)集中体现了内容和主线。旅游是一门非常综合的学问,特别是在中国旅游大潮势不可挡的今天,随着旅游作用的扩大,旅游学科的地位亟待全面提升。为此,首先对于旅游的理解就需要有

一个观念上的改变、深化和扩展,其中关键要澄清的是:旅游的起源、动因、作用、演化趋势、理论基础。

从人类生存的角度观察旅游,旅游与人类生存密不可分。人类在地球上的生存活动形式可分解成三类:一类是在一个地方固定下来,称之为"定居";另一类,流动游荡于各地,此一时,彼一时,称之为"游历";还有一类介于两类之间的活动,称为"聚集"。游历活动的表现形式是旅游,旅游的本性是人类生存活动不可或缺的一部分,作为三大人居活动之一,与居住、聚集活动相比游历甚至是人类为求生存而最早存在发生的活动。游历,这种人类进化中从未间断的活动深深地注入了人类的基因,人类社会发展至今,旅游之所以能够成为一大产业,深层原因就在于此。

游历作为旅游的源头,源自于人居生存的需要:从觅食与择居的基本需求到找寻理想栖息之地的努力。当原始人类漫游于森林莽原之中,"探索"的欲求长期积淀于行为心理中,寻求不同于已有的生存环境,对已有的生存环境予以理想化的改造,这种"时空异化"和"时空强化"正是人类旅游的基因和最为深层的动因。所谓旅游资源、旅游开发要有与众不同、独具特色,其原因就在于此。

一处旅游胜地为什么会吸引人?众所周知的缘由是因为优美的风景、神秘的传说、神奇的感受,各种千变万化的景观,各类丰富多彩的活动。然而这些只是表象,其本原实质的吸引力就是所说的时间和空间上的异化。空间上的异化意味着从原来习惯了的环境换了一个新的环境,这个环境不同于平常习惯的那个空间环境,这是空间的异化。时间上的异化,指时间感觉的差异化,今天的旅行,一下到了另外一个国度,一下有了6个小时或一天的时差,等等,这些还只是生理上的。时间异化,更重要的是因历史文化而产生的时间感受差异。比如,在新疆的喀纳斯湖,当作者置身其境,耳濡目染,感受着人类农耕文明之前的游牧文明时,仿佛一下回到了4 000年前,这就是时间上的极大异化。对于旅游者,这种时间和空间异化的跨度差异越大,吸引力也就越大。而且,这种因时空异化所产生的吸引力,最终还会以某种精神综合作用于人类,这就是超越时空的、精神的异化。

除了时空精神异化,对于似曾相识的环境精神,如果它比我们原来习惯了的更为美好,同样具有旅游吸引力,这就是所谓的时空

精神强化。弯弯的小河,静静的山冈,依偎着小村庄,在那里歌唱,在那里成长,怎能不叫人向往……故乡总是令人向往的。同样,如果某一景点旅游地,其情形就如故乡,似曾相识,却美不胜收、更胜一筹,这种感受就是一种时空与精神的强化。

除了时空精神的异化和强化,还存在着一种超越时空难以名状的旅游吸引力,姑且称之为人类永无止境的好奇心和探索精神,这种吸引力不受时空精神的限制,潜移默化在每个人的心灵之中,偶然也会以梦幻、意境般的形式闪现。这属于人类旅游的心灵世界,虽有所研究(刘滨谊等,2002年,2003年),但其神秘的面纱尚未揭开,大千世界,冥冥之中,人人都有自己的永无终极的旅游目的地,人类的心灵永远在游历。

一处旅游地吸引力的大小,就在于这种"异化""强化""精神""心灵"的强度。"时空异化"的原动力是"变化","时空强化"的原动力是"改进","精神"的原动力则是历史、文化、习俗、血缘等多方面的"积淀"。这种异化基因、强化基因和精神基因所产生的结果集中体现在旅游所独具特有的作用上。其具体体现有三个方面:(1)生态环境提升作用;(2)精神文明促进作用;(3)闲暇活动加强作用。

生态环境提升作用。农耕文明之前,原始人类一直进行着迁徙以寻找美好、适合生存的环境。农业出现后,尽管产生了家园的概念,然而定居的人类仍然向往山清水秀、地灵人杰的那种更适于聚居的生态环境,以求更好地从事各种活动,开展各种事业。现代人类更是如此,在高度现代化的同时,谁不向往一处风景优美、一尘不染的世外桃源?旅游总是以寻求创造新鲜美好、新奇独特、充满生机的生态环境为前提作用的。

精神文明促进作用。旅游在古代就已成为人类文明进步的重要途径,行万里路和读万卷书同样重要、异曲同工。仗剑远游是中世纪骚人韵士、剑客武侠共同的爱好。专为休闲度假、娱心怡情的游山玩水与为追求功名利禄而闯荡世界、远游他乡以及派生出的离情别恨、羁旅乡愁自然成了唐诗宋词感人的题材,成为引发人类千古绝唱的源泉。一首"月落乌啼霜满天……",至今仍令人引起无限伤感与怀旧之情。除了与大自然的对话,旅游精神文明作用体现旅游者与当地居民的文化沟通和交流,正是这种沟通交流,使

双方在文化文明上都有进化。所以,对于那些原始落后的地域,旅游是文明的火种,旅游是进化的动力,旅游是未来的希望。

闲暇活动强化作用。闲暇是旅游的重要前提,尤其在现代,除了前两个层面,旅游对于闲暇的作用更是与日俱增。闲暇并非经济高度发达的产物,古已有之。然而,正是因为有了旅游,在闲暇时间不断增加的现代,人们才有可能获得高质量的闲暇活动。反之,闲暇时间的富裕充足,也进一步促使以闲暇利用为导向的现代旅游业的兴起,并成为当今世界旅游的主流,甚至正在成为世界第三产业中的第一大产业。闲暇包括离开定居地的旅游和在定居地娱乐休闲两部分,对于当今人类,旅游在闲暇中所占的比重日益增加,以至于旅游几乎成了闲暇的代名词[7-9]。

## 9.2 旅游在中国的基本作用

对于一位游客,旅游最基本的作用有三个:第一就是消费,这是最低层面的,有闲暇有了钱就要消费;第二是修身养性,通过旅游放松精神,强身健体,陶冶情操。人们因为久居一个地方,思想观念就如同环境一样,往往会形成定式。借助旅游与大自然对话、通过旅游交友两大交流形式,与现代文明、传统文化对话,来提高精神文明水平;第三是大众化的休闲娱乐,尽管中国旅游起步较晚,但是,中国旅游的特点是大众化的,这是我们最终的目标追求。

对于城市等人居环境的发展,旅游的作用不容忽视。浙江杭州的城市建设为什么越来越好,因为杭州从宋代就开始搞旅游了,而且还由形象大使马可·波罗(Marco Polo)把它宣传到了欧洲。马可·波罗在他的游记里把杭州那个时代描写得绘声绘色,宜人非常,简直就是世界之最。把旅游与人类聚居环境建设相结合,这是当今旅游发展的一大趋势,中国有那么多的"美如苏杭"的山水城市,以旅游为导向的城市发展,可以借助外来的资源、外来的需求带动促进城市多行业的发展。

随着社会的进步、时代的发展,旅游的三大作用正与日俱增。尤其在当今全球化与知识经济化时代,无论从经济效益、社会文化效益,还是生态环境效益看,旅游业已成为人类发展最为重要的手段。值得注意的是,对于旅游这种积极正面的作用,人们往往认识不足,而对于旅游的负面作用,也是常常忽略。除了经济、环境的负面作用,其中文化的负面影响更是一个被遗忘的角落。什么是文化的负面影响?就是以那些所谓的现代城市化文明把地方的传统优秀文化的改变了。经常听说,某某地方没开发之前民风是多么的淳朴,可如今旅游热了,老百姓却一天到晚跟着你后面推销东西,开始模仿一些城里人的陋习,而不想保持自己原有文化中的精良……这就是所谓的负面影响。当然,旅游对于地方的作用总体上是利大于弊。

## 9.3 旅游基础理论

什么是旅游学科的理论基础?谁是旅游理论的龙头?作者认为这要以旅游的基本目标而定。不错,旅游要有市场营销,旅游可以带动各种经济产业,可是,难道旅游的目标就是赚钱吗?显然,把经济作为旅游学科的龙头是不妥的,旅游的首要目标和最终结果都不是经济问题。从旅游的起源、动因、作用、演化趋势而论,现代闲暇游憩理论理应成为旅游学科理论发展的龙头。

为什么旅游在我们这个时代,尤其在中国的作用如此之大?地位日益重要?正是因为旅游能创造、牵动社会、环境、经济的综合效益。何以创造、牵动?按照闲暇游憩学的理论,就是1/3和2/3的原因。现代人类一天的活动,大体上是三三三制,即按24小时的一天计,1/3为8小时工作,1/3为8小时睡眠,1/3为8小时活动,旅游至少涵盖了1/3的时段。如果将中国的旅游概念广义化,与国际接轨对应的就是闲暇游憩(Leisure and Recreation)。这是一个很大的学科,核心内容专门研究如何满足人类闲暇时间的活动,国际上有300多所大学设此专业,所培养的人才绝大多数从事社会管理。在美国,不少市镇的市长领导均为此专业背景出身,因为管理一个地方最重要的是管人,而管人主要是管8小时工作以外的那些时间,由此可见闲暇活动的管理安排对于社会是多么的重要,而其中核心的内容对应于中国的现状就是旅游与休闲。毫无疑问,国际上闲暇游憩学长期积累、广泛深入的研究成果是提升中国旅游学科与旅游规划的理论基础。

# 9.4　旅游资源与风景资源

在世界范围内论旅游资源，中国真可谓自然资源丰富、历史文化悠久、首屈一指。首先，其自然的地形地貌已决定了中国天生就是一个山水大国，虽然国土面积与美国差不多，但是我们的山要比他们的多，山多河流就多，水就多，动植物也就多。作为景观元素中最为引人的元素是水，水多景就美，景美自然就值得旅游。而且中国地处亚洲，在地球的几大洲中，亚洲是最适宜人类及其他生物聚居生存的地方，气候、资源、物种等条件都位居第一。仅动植物，亚洲是世界上所有物种最为集中而丰富的大洲，其所生息的物种占全世界物种的 90% 以上。正因为拥有这么富足的资源物种，千万年来亚洲才养活着占世界绝大部分的人口。按照地域决定论，这首先不是因为东方民族的生活文化习俗，而是其客观根源：在于适宜的气候、丰富的资源、多样的物种，及其历史上的天作人和的可持续发展方式。

中国传统上总是把风景与旅游、风景资源与旅游资源相提并论。把风景与旅游紧密地结合起来，这是值得继承发扬的中国旅游的特色。但是，不能简单地把旅游资源等同于风景资源。有风景资源的地方如果无法为旅游所利用，其旅游资源就等于零，这就是作者所说的"有"中变"无"。而缺乏风景资源的地方，利用现代发达的科技，通过人造，添加景点，可供旅游，其旅游资源开发出来，就可以是"无"中生"有"。所以，按照现代观念，作者始终坚信，缺乏甚至没有风景资源的地方照样可以通过人为来创造旅游资源。比如，上海，虽然自然山水风景资源缺乏，可是它有旅游资源。什么是旅游资源？可以从几个方面理解：第一，风景资源可以被游客利用起来，我们说它是旅游资源，如果不被利用起来，它可以始终放在那，比如边远地带，原始森林、景色虽然优美，游客却难以抵达，我们说它有风景资源但不具备旅游资源。第二，风景资源的评价是有绝对标准的，它不因某个人的喜爱程度而转移，自然生态环境良好、文化传统历史悠久，它就是高品位的风景资源。但是旅游资源不一样，它此时为大众喜欢，引来大量游客，它是高含量的旅游资源；但是，时过境迁，一旦失宠，不再为旅游者所青睐，它就含

量骤减，甚至算不上旅游资源了。旅游资源的评价标准是相对的、动态的，随旅游市场而变动的。所以风景资源与旅游资源两者在概念上存在有相当的不同，前者不依赖游客的意志为转移，后者则完全取决于游客的喜怒哀乐。第三，旅游资源品位的高低与游客的喜爱程度紧密相关，它不像风景资源不管游客的偏爱程度而自有自身的高下。当然旅游资源与风景资源也有关联，尤其对于山水，中国风景资源往往是旅游资源的开发基础和背景前提，风景资源通过积极的旅游开发保护利用得好，风景和旅游两者可以相辅相成、相得益彰。那些山清水秀、地灵人杰的风景旅游胜地之所以具备持久的旅游生命力，原因就在于此。第四，风景资源往往以环境实体和历史遗存为载体，而旅游资源不仅如此，旅游资源可以是各种节庆活动，是时时刻刻发生着的充满生命力的人类活动。

总之，在旅游资源具备吸引力的前提下，旅游资源的生命力问题至关重要。旅游资源是旅游生命力的根本。一个旅游地只有具备了源源不断的旅游资源，才具备生命力，而且资源越充足，生命力也就越持久。

因此，为了扩大强化旅游资源，使之具备强大而持久的生命力，针对中国传统上风景旅游资源开发的不利，面向全球化的旅游未来，首先，要着力于各类动态型旅游活动的策划，中国古代都有赶集庙会，现代为什么不能有节庆狂欢？其次，对于中国丰富的自然与人文风景资源，一方面，需要竭尽可能地保护，深入地整理发掘，予以利用，避免"有中变无"；另一方面，在那些缺少自然与人文风景资源的地带，尤其是城市地带，要发挥人造旅游资源的潜力，力争"无中生有"，尤其要通过旅游项目策划，创造现实世界难以寻觅而在人类理想中又是梦寐以求的伊甸天堂，歌舞升平。

"无中生有"和"不断变化"是旅游资源区别于风景资源的两大特性。只有发挥这两大特性，才能使旅游资源源源不断。也正是由于这两大特性，一方面，为旅游项目策划提供了无尽的遐想创造空间；另一方面，也令旅游规划从定性定位到操作实施变得弹性极大而难以把握。

## 9.5　旅游规划

中国的旅游规划正处于成长初期,高校院所主张各异,各有招数,莫衷一是。翻开各类旅游规划文本,有以经济产业规划为导向的,有以项目活动策划为导向的,有以形象营造为导向的,有以空间布局为导向的,也有以资源开发利用、产业结构调整、管理政策实施、市场经济运作等为导向的。旅游规划内容几乎要包罗万象,然而仍不解甲方之渴;旅游规划人员多学科合作,兢兢业业,尽心尽力,然而仍然难以满足甲方日益高涨的胃口。虽有《旅游规划通则》可依,但是,难免存在"一语多解"的不足之处,操作中往往是五花八门。一项旅游规划从头至尾,方案一改再改,常常是方案的变动还跟不上市场的变动,更到不了实施建造。这既是旅游规划者共同的苦衷困惑,也是旅游规划首要从根本上解决的问题。为此,需要澄清这样一些问题:旅游规划的目标、原则是什么? 旅游规划与风景规划、城市规划的差别何在? 旅游规划的评判标准、理论基础又是什么? 这些是旅游规划的基本"游戏规则",不明确这些规则,旅游规划就无法摆脱困境。

关于旅游规划的目标、原则? 作者深刻体会到"为什么人的问题是一个根本的问题,原则的问题"这一伟人语录的精辟。我们做旅游规划时,时常发现这样的问题,甲方领导积极性非常高,充满热情,可是他们想出来的很多点子是从其自己地方的角度出发的。这个区域应该如何规划,如何开发,哪些景点应该怎样控制……其问题在于旅游的使用对象,旅游主要不是为了当地市民,旅游景点不是为了在当地长期生活的居民而定,更不应以地方领导的喜好为依据。相反,旅游的主要对象是以外来者为特征的游客,而外来者跟本地人对同一样东西的认识上往往不一样,甚至大相径庭。虽然最终目的是发展地方经济、促进地方社会文明、改善地方生态环境,但是,从资源分析评价到项目策划,从景点设施到环境空间布局,旅游规划始终要以外来者游客的意志为转移。通过"以外养内",吸纳资金人才、改善生态环境、加速文明进程。所以旅游在项目策划上,项目的喜爱评价上,我们是以外来游客为第一位的,是

以外来者的价值判断力为准的,那这个就是好的。一切对外,一切面向游客,才有吸引力,这是旅游规划的根本原则。这与以自然人文风景资源与环境保护为主的风景名胜规划不同,与面对当地居民的城市规划更不一样。

旅游规划与风景规划、城市规划等其他类与空间相关的规划有很大的不同。除了对象、目标,旅游规划最大的不同是其所面对的变化因素和不确定因素太多。之所以变化不定,是因为与城市居住活动的必要性特征相比,旅游活动是选择性活动,旅游产品产业也是选择性产品产业。作为一种以人类选择性活动为产品的旅游产业,因为一切随人的生理、心理、文化选择性需求变化而变化,有选择就有淘汰竞争,所以要不断地变化以求迎合不断变化着的需求。其次,旅游产业较为综合,之所以有可能发作为带动产业,原因是牵制影响的行业领域较多。第三,"无中生有"的特性在提供广阔施展空间的同时,也产生了变化莫测飘忽不定的困难弊端。所以,市场客源、经济回报,从调查分析到规划预测,所谓精确的计算,准确的数字,这些理论高调落实在实践中都难以成为旅游规划的最终依据。

因此,旅游规划具有相对性、动态性、弹性三大特性。这就要求规划应当是相对的、控制大方向的。旅游规划应当具备自身的思想理论、规划依据与评判体系,而不应"人云亦云"地参考城市规划章法、仿照风景区规划条例。

## 9.6　旅游规划 AVC 理论

在曾提出的旅游规划三元论的基础上(刘滨谊于 2001 年)[7],作者提出了以 AVC 三力提升为目标作用的旅游规划理论、依据与评判体系,即"AVC 三力理论"。三力指一个旅游地的吸引力(Attraction)、生命力(Vitality)和承载力(Capacity),简称 AVC。AVC 三力理论首次由作者于 2002 年 1 月在"厦门鼓浪屿发展概念规划"国际咨询项目实践中提出(图 9.2),进而在相关规划实践中得到应用扩展。为此,开展了一个系列的研究[10-14]。

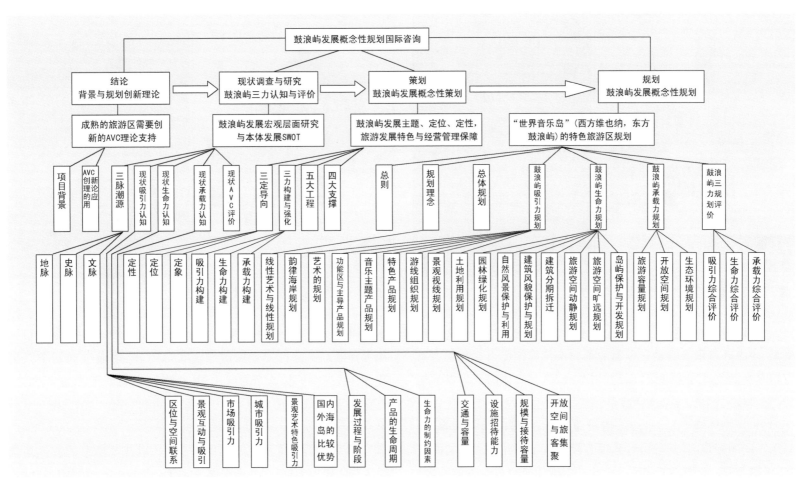

图 9.2　福建省厦门市鼓浪屿发展概念性规划

旅游吸引力以磁体及其发出的磁场对磁性物的吸引力作比，旅游目的地好比磁体和磁场，游客好比磁性物，其相互间的作用借助于旅游磁场。旅游目的地只有成为一个强大的磁体并释放出巨大的磁场，才有可能对游客产生强大的吸引力。吸引力可细分为三种：旅游地对于游客、开发商和人才的吸引力，旅游地对于生物种的吸引力以及旅游地对于资金物流的吸引力。吸引力的提升正是通过诸多因素指标的全面提升来实现。旅游规划中，吸引力不仅仅取决于客观因素，取决于主观以及主客观相结合的因素，更需要事在人为(图 9.3)。

生命力指旅游地在经济、社会、环境三方面生存延续成长壮大的能力。与之相对应，旅游资源是生命力的前提保障，除此之外，生命力表现在三个主要方面：一是旅游地与旅游产业具有永续发展的后劲；二是旅游地与旅游活动具有生动活泼、丰富多彩的品质；三是旅游地生态环境发展趋向平衡。三者都是生命旺盛的表现：一是与时俱进、因时而变的不断创新；二是参与性、互动性的强化；三是生态环境的良性化趋向。旅游规划中，生命力不仅仅取决于客观因素，更取决于主观以及主客观相结合的因素，更需要旅游管理发挥作用(图 9.4)。

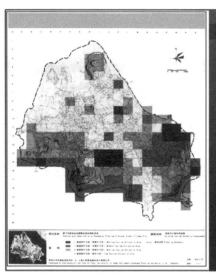

图9.3 旅游吸引力现状分析图

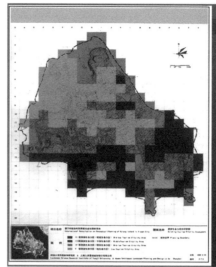

图9.4 旅游生命力现状分析图

承载力指旅游地的经济投入产出量、游客居民与社会文化容纳量、生态环境承受容量三方面的承载接待容纳能力。承载力不仅仅是纯的物理或生理量,而且包含心理量。具体细分为以下几种:经济投入容量、社会文化容量、游客居民生理容量、游客居民心理容量、生态环境容量、景点旅游设施容量、物理时间空间容量。对于不同的景观区与旅游地,各项容量值阈不尽相同。其共同点是:承载力是一个客观存在,并且有一个最佳的与时俱进的点,过大过小、错过时机都不可取。旅游规划的任务就是寻找到这一最佳点。承载力是要严格定量的,对旅游区设施系统有牵一发而动全身的意义。对于承载力的计量,有公式可循的物理量、生理量、生态量比较容易定,而各种心理量与社会量很难确定,需通过大量问卷调查方可得出。其中,不同的游客和不同的当地人在生理上的差别是有限的,但心理差别则可能性极大,甚至相互矛盾。只有具体问题具体分析,才可能恰到好处(图9.5)。

如果以 AVC 三力为理论、依据、标准,那么,旅游规划的目标和所有努力就是将一个旅游地现状 AVC 三力通过规划予以提升、强化、扩大。从这个意义上讲,作者提出的旅游规划 AVC 三力理论,其主线就是 AVC 三力的调查、分析、评价、规划(图9.6至图9.8)。

AVC 三力评价量化的案例研究——以江苏南京的玄武湖景观区总体规划为例(图 9.9 至图 9.12)。澄清旅游的模糊观念,才能树立正确的旅游观,旅游规划方案才有可能具有价值和吸引力;旅游规划师只有具备全面深刻的旅游价值观,了解掌握旅游资源的特性,才能慧眼识金,手到病除,发掘创造出具有生命力的旅游资源;只有一切面向游客,将 AVC 三者统筹兼顾、时空布局,才有可能将旅游资源源源不断地予以开发利用。这些,也就是我们所倡导的旅游规划哲学观与方法论。

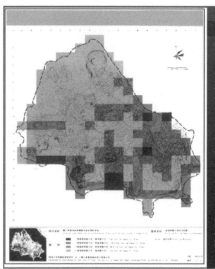

现状三力综合评价

承载力综合评价

选取活动容量、生态容量和景观容量作为旅游承载力的评价因子,对鼓浪屿的旅游承载力现状进行考察、分析,结果为:

(1)鼓浪屿与旅游承载力现状总体上偏低,这与鼓浪屿的旅游资源特征有关,也与现有的旅游活动项目特征有关。

(2)分布规律大致为:经过精心的旅游开发经营的地区,旅游承载力相对较高,较同类旅游资源高。

(3)Ⅰ级(高)和Ⅱ级(较高)旅游承载力区主要包括:日光岩地区、郑成功像、商业购物街以及南部若干海滨广场、休闲院所。

图9.5 旅游承载力现状分析图

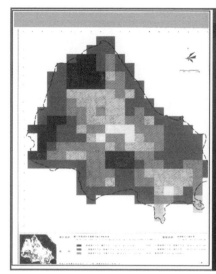

规划AVC综合评价

吸引力规划评

选取可达性、舒适性、完整度、奇特度和知名度作为旅游吸引力的评价因子,对规划后的鼓浪屿旅游吸引力进行分析。经规划吸引力等级得到全面提升。

吸引力的构建,点、面有机结合,结构总体上趋于平衡。

全面提高鼓浪屿原有旅游资源的旅游可达性和舒适度,同时规划结合鼓浪屿的特色,推出若干特色和主题旅游新产品。

图9.6 规划AVC综合评价

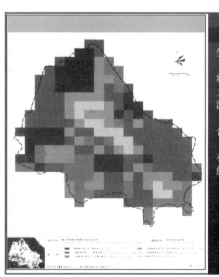

规划AVC综合评价

生命力规划评价

选取奇特性、不可替代性、游客状况和经营管理水平作为旅游吸引力的评价因子,对规划后的鼓浪屿旅游吸引力进行分析。

生命力的构建,点、线、面有机结合,结构总体上趋于平衡。

通过提高管理经营水平,提高原有高质量旅游资源的生命力,新增的旅游特色产品和主题产品强调质量。

图9.7 旅游生命力规划图

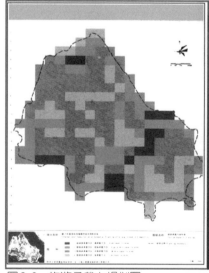

规划AVC综合评价

承载力规划评价

选取活动容量、生态容量和景观容量作为旅游承载力的评价因子,对规划后的鼓浪屿旅游承载力进行考察、分析。

通过优化目前的旅游结构,局部提高旅游承载力同时,提高旅游污染物的管理水平,是全面提升鼓浪屿旅游承载力的重要途径。

承载力的构建,点、线、面有机结合,结构总体上趋于平衡。

图9.8 旅游承载力规划图

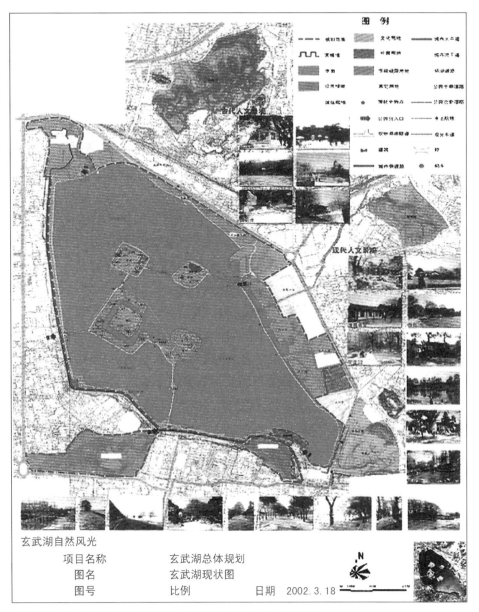

玄武湖自然风光

项目名称　　　　玄武湖总体规划

图名　　　　　　玄武湖现状图

图号　　　　比例　　　　日期　2002.3.18

从总体来看,江苏南京的玄武湖景观区发展中存在的主要问题:

(1) 文化的消减

(2) 旅游的冷淡

A 玄武湖旅游地位与其资源价值不相称

B 玄武湖游客结构单一

C 玄武湖游人量居低,资源利用不充分

(3) 面积的萎缩

图9.10　景观区现状总平面图

图9.9a 玄武湖全景

图9.9b 台城段全貌鸟瞰　　　　图9.9b 从紫金山鸟瞰玄武湖

图9.9　景观区现状

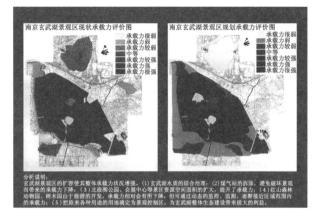

南京玄武湖景观区现状承载力评价图　　南京玄武湖景观区规划承载力评价图

分析说明:

图9.11　承载力现状与规划后量化评价

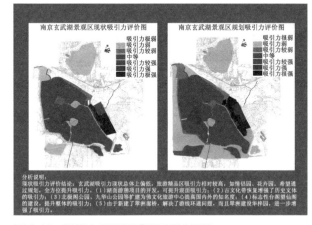

南京玄武湖景观区现状吸引力评价图　　南京玄武湖景观区规划吸引力评价图

分析说明:

图9.12　吸引力现状与规划后量化评价

# 9.7 旅游规划 3S＋3L 理论

3S 指 Slow(慢节奏)、Small(小型化)、Sustainable(可持续),是旅游发展的总体目标;3L 则指 Low Cost(低耗费)、Long Term(长远期)、Logical Development(理性开发),是旅游发展与运营理念(图 9.13)。

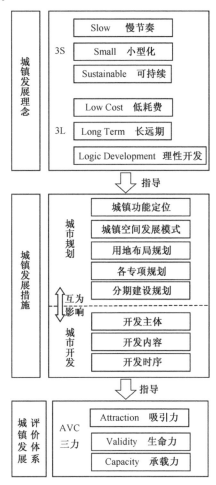

图 9.13 风景地旅游小城镇发展框架

## 9.7.1 Slow(慢节奏)

针对当今全球城市生活节奏的日益加快,早在 1999 年,意大利四城市(Orvieto, Greve-in-Chianti, Bra, Positano)就发起了慢

节奏城市(Slow City/Cittaslow)运动[3]。该运动到目前为止提出了 54 项守则,其中对风景地区旅游小城镇发展具有借鉴意义的核心内容包括:

- 人口规模不大于 5 万①。
- 保护环境。包括治理空气、提高水质,使用可替代能源,交通和工业中鼓励再生循环、减少污染。
- 提高城市质量。保护历史传统,提供公共绿地、舒适的人行环境和与周围环境相协调的建筑风格。
- 提倡环境友好型技术,保护地方传统商品生产,从而有利于保持地区的文化历史,对抗全球化趋势。
- 发扬友好待客的精神,推动旅游业发展,并以标语、宣传册等方式把慢节奏生活的信息传播给世界其他地方。

"慢节奏城市"不仅仅是倡导节奏快速的城市放慢步伐,其引申的意义作用旨在营造一个良好的符合自然更替演化节奏的人类生活节奏,以抵御现代社会争分夺秒、因破坏自然时间节奏而使自然给人类带来的天灾人祸。

慢节奏的城市与小型城镇是相对应的,只有小城镇才最有可能恢复或发展为慢节奏城市,慢节奏城市运动的目标之一是将小城镇的慢节奏生活氛围变成当地的旅游吸引力,因此慢节奏城市也成为旅游小城镇的特质。

## 9.7.2 Small(小型化)

最直观地理解,以"小型化"作为规划目标就意味着控制人口规模和城市规模。规划要确定合适的常住人口与旅游流动人口规模,并控制土地开发量,提倡发展紧凑的与自然充分结合的有机城镇形态。

随着旅游者和当地居民的增加,整个城镇的规模空间展开后,应利用生态廊道将人工化的城镇空间化整为零,营造能与自然对话,并被独自感受的城镇组团空间,而非摊大饼式的城镇连绵发展。除了城镇整体空间规模和空间结构外,小型化城镇还包括小尺度的街道、广场空间以及建筑单体等。

---

① 欧洲与中国国情、社会特征不同,笔者认为在中国慢节奏城市的人口规模可以按照中国的小城镇标准(20 万人)界定。

空间形态映射着城镇社会文化本质,小型化城镇空间能为旅游者和城镇居民提供熟人社会①的亲切感,步行化的轻松感受,以及能与自然生态环境更好交融的人居环境。

### 9.7.3 Sustainable(可持续)

这里的可持续是针对小城镇的发展方向而提出的基本原则。具体包括:

- 城市社会经济发展可持续。经济增长能切实给当地居民带来长期稳定的收益。保护当地历史、文化传统、社区结构。
- 生态环境可持续。生态资源使用适度、高效、公平。鼓励小城镇发挥环境生态资源优势,开发对生态环境影响低的项目。
- 城市空间形态有机,与生态环境契合度好。
- 技术可持续。城市建设、设施使用高技术、低耗费,节约能源。
- 鼓励市民和旅游者参与到城镇建设与旅游区建设中。

### 9.7.4 Low Cost(低耗费)

低耗费理念与国家倡导建设和谐社会、节约型社会的目标一致。核心是建设的低耗费、资源利用低消耗、能源低消耗。

旅游小城镇是一种资源依托型的城镇模式,资源节约不仅仅是简单地控制资源或者能源的数量和规模,而且要遵循因地制宜的发展模式,对资源进行有效合理地配置。避免如旅游房产这般导致土地资源、生态资源、旅游资源低效利用的开发行为。

城镇规模小、慢节奏生活方式、结合自然的城市空间都属于低耗费的城镇形态。低耗费的技术措施还包括:采用低能耗交通方式、绿色照明、节能建筑等。另外还要唤起游客、市民的节约意识。

### 9.7.5 Long Term(长远期)

城镇建设是一个长期的过程,对于依靠外来资金作为城市发展契机,同时又依赖旅游市场的小城镇而言,一定要具备高瞻远瞩的发展眼光。

- 不能盯着眼前的既得利益,要为城镇的后续发展预留空间。经济增长与财政收入的提高要靠产业发展而不是资源消耗。

- 调整产业结构,减轻小城镇对旅游的依赖性,使城镇发展更具生命力。
- 合理安排城镇开发时序以及资金的高效利用。

### 9.7.6 Logic Development(理性开发)

"理性开发"要求开发建设以可持续发展理念为指导,符合市场需求,根据当地资源特点,扬长避短,合理地规划设计与开发建设。城镇空间结构与布局理性、开发方式与内容理性,做适合风景地区旅游小城镇的规划和建设。

地方政府官员的任期效应及其对政绩形象的追求会导致政府行为的非理性,同样开发商对利润的追求也会导致其开发行为的非理性。陕西省华阴市尝试以政府、企业联合的运营模式——PPP(Public Privet Partnership)模式搭建政府、投资商共同开发建设的平台,希望能够结合两者的优势,并且通过相互监督与牵制,尽量避免两者非理性行为。

### 9.7.7 以华阴市风景旅游小城镇建设为例

#### 1) 风景地区旅游小城镇的界定②

风景地区旅游小镇具有以下几个特征:

(1) 城镇建设规模小,人口在 20 万以下③;

(2) 小城镇与风景地区相邻,城镇发展与风景地区的旅游发展休戚相关,共享风景地区的生态、旅游、景观、气候等资源优势;

(3) 小城镇产业结构中,旅游产业比重高,它是城镇的支柱产业。

华山风景区是中国第一批(1982 年)被审定的国家级风景名胜区之一。华阴市位于华山风景名胜区北侧,与风景区边界直接相邻,是陕西省的县级市(图 9.14)。2006 年年底,城市中心区人口约

---

① 在《乡土中国》一书中,费孝通先生这样定义"熟人社会":"在一个熟悉的社会中,我们会得到从心所欲而不逾规矩的自由。……换一句话说,社会和个人在这里通了家。"熟人社会还意味着人与环境关系的熟悉。自然与社会环境变动缓慢,生活方式相对静止。

② 信息来源:http://www.cin.gov.cn,中华人民共和国住房和城乡建设部网站。

③ 新版《城市规划法》并未对城市规模分类作出界定,因此这里对小城镇的定义沿用了原《城市规划法》的分类标准,人口规模小于 20 万的城市称为小城市。

11万,建成区面积为 10.3 km²。华阴市社会旅游总收入占全市GDP的比重近24%,旅游业已成为华阴市支柱产业①,因此将华阴市界定为风景地区旅游小城镇。笔者对 1982 年第一批 44 个国家级风景名胜区及相邻城镇做了简单统计,发现其中 29 个与风景名胜区直接相邻的城市也是县城、镇等小城镇。因此对华阴市的研究探讨具有典型意义和代表性。

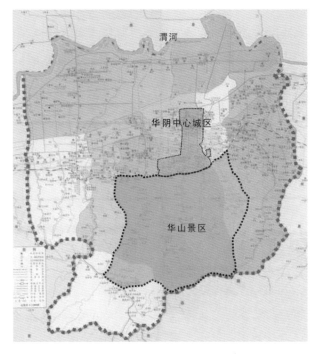

图 9.14　陕西省华阴市中心城区与华山风景区的空间关系

### 2) 风景地区旅游小城镇的发展困境

华阴市目前的发展问题在于未能从华山旅游业的发展中获得更多的利益。目前华山与国内很多名山景区一样面临着景区内部人满为患、生态环境压力巨大的问题,与此同时,华山脚下华阴市却发展缓慢,缺少旅游开发与城市建设的资金。在中国现行的行政管理体制中,地级市以下的小城镇一般不具有国家级风景名胜区管理权②。如果当地旅游发展限定在景区范围内,旅游收入将只有很少部分进入当地政府的财政收入中。例如在华阴市,华山景区的旅游收入主要有两部分组成:景区门票与索道收入。2007 年以前,只有华山门票收入中 10%和索道乘车票的 20%归华阴市。

所以,风景地区旅游小城镇不能完全依赖风景地区的旅游发展。风景地区是小城镇可以利用的资源条件,但城镇必须拥有自身的旅游产业及相关产业。

然而缺少资金,地方城市政府就无法进行城市建设以及旅游开发。根据对华山游客的问卷调查统计③,55%的游客认为来华山交通不方便,多数人认为缺少有特色的旅游设施。对华阴市市民的问卷调查显示,96%的市民对城市环境不满意,79%的市民认为华阴市目前的城市档次较低;大多数市民认为缺乏娱乐场所等公共设施。可以看到,华阴整个城市建设落后,形象不佳,缺少公共服务设施,从而使得华山旅游得不到华阴市的有利支撑,华阴城市本身的旅游也无法得到发展。城市得不到发展,居民收入也无法提高。2006 年,华阴市城镇居民可支配收入都只有全国平均水平一半左右④。

可以看到,华阴的城市发展陷入了一个恶性循环:城市发展缺少资本——无法进行城市建设、环境改善,以及旅游和相关产业开发——政府财政收入未能提高,于是城市发展依然缺少资本。在这种情况下,城市发展只有依靠外来资本。

### 3) 风景地区旅游小城镇的发展机遇与发展危机

全球化趋势对地方社会经济影响主要是来自于资本的流动,剩余资本在世界范围内寻找新的投资价值[1],这对于拥有旅游发展潜力的风景地区旅游小城镇而言是重要的发展机遇。事实上,华阴市政府自 2005 年开始就与外地投资商探讨共同开发华阴的相关问题,并共同成立了陕西西岳华山城市建设投资开发有限公司。

然而如何利用外来资金? 选择什么开发项目? 开发时序又该

---

① 本文中华阴市的所有数据与说明均来自于《华阴市城市发展战略规划研究》(2007 年)、《华阴市华麓区概念规划》(2007 年)与《华阴市温泉小镇概念规划》(2008 年),项目负责人:刘滨谊教授。主要参与人员:王玲、余露、陈真、曹吟吟等。

② 华山风景名胜区管理局原直接归陕西省旅游局管理.现将其管理权交接至渭南市。

③ 项目组于 2006 年年底对华阴市市民与华山游客做了 550 份问卷调查,有效问卷 442 份。

④ 信息来源:http://www.stats.gov.cn/tisj,中华人民共和国国家统计局统计数据库。

怎样安排？近年来国内房地产开发如火如荼,投资商与开发商当然不会忽视风景区这样重要的景观生态资源。很多风景名胜区的周边,甚至内部都开发了大量的"旅游房产"①。然而旅游地产开发普遍导致了以下危机：

· 土地资源大量浪费。绝大多数房产开发都是低密度、低容积率的别墅产业,土地的空间利用率与时间利用率都很低。

· 风景地区的生态景观资源得不到高效和公平利用。原本属于公共资源的生态、景观资源为少数私人享有。由于收入水平低,地方居民大都被排斥在该类房产之外。

· 大量的旅游房产充斥于风景地区旅游小城镇中,正在使城镇失去地方社会文化与空间环境特征。

· 最严重的是城镇经济得不到永续发展。土地批租带来的财政收入是一次性的,施工性就业也是短期的。城镇居民没有获得长期利益,而城镇与它的居民却必须承受诸多永久性的负面影响,包括：旅游旺季道路和公共空间拥挤;基础设施负荷峰谷差值巨大;房产开发导致地方消费价格抬升,而居民收入却没有提高等。

作者认为,房地产业绝非风景旅游地小城镇的可持续发展之道。华阴市目前面临外来资本进入,而发展方向待定的临界点,地方政府需要谨慎设定城镇发展方向和制定相关发展政策。如果设定的发展方向是错误的,即便能帮助管理者获得短期的成功,城镇按这个方向发展下去,也将会付出惨重而长久的代价。作为政府决策的重要参考,城市规划肩负重责。旅游小城镇发展需要明确的核心问题有三个。(1)发展理念：要建设什么样的风景地区旅游小城镇？(2)规划与开发建设措施：如何进行城市规划和开发建设？(3)评价体系：怎样评价旅游小城镇的发展？

### 4) 风景地区旅游小城镇发展的"3S+3L+AVC 三力"理论框架

华阴市项目规划中提出了"3S+3L+AVC 三力"理论框架[3](见前图 9.13),以探讨风景地区旅游小城镇的发展之路。

对于风景地区旅游城镇而言,AVC 三力具有其特定的意义。不仅要看该小城镇作为旅游地的 AVC 三力水平,也要看其作为城市的 AVC 水平;不仅要针对旅游者,也要针对城市居民进行评价。这是评价旅游小城镇与评价一般城镇或风景旅游地的最大

区别。

吸引力是针对环境与资源而言,指地区价值对人(旅游者、开发投资商、外来居民)、生态物种以及资金物流三方面的吸引程度。旅游小城镇的吸引力表现为以下几方面：

· 对居民而言的宜居性。包括城镇生态环境条件、居住条件、交通便利性、公共设施、长期充足的就业机会、社会稳定性、政府管理水平。

· 对旅游者而言的旅游吸引力。包括交通可达性、旅游设施的地区比较优势、旅游区位与吸引点、旅游接待设施、城镇景观与旅游项目独特性与艺术价值、城镇居民友好程度。

· 对投资商而言的地区投资价值。包括城镇发展潜力、政府诚信度、社会开放性与稳定性。

· 对生态物种而言的生态平衡。包括城镇发展为生态物种的生存、活动、迁徙等预留自然空间与生态廊道,生态环境受到保护或可恢复。

生命力是针对地区内的活动和运行方式而言,指地区在单位时空内的经济、社会、环境三方面生存成长、发展壮大的能力。对于旅游城镇而言,城市特色和旅游资源是其生命力的前提保障。旅游城镇的生命力表现在三个方面：

· 城镇经济发展生命力,即产业经济结构合理,具有永续发展的后劲,城镇主要产业生命周期长,拥有能支撑城镇发展的人才储备,居民能从城镇发展中长期获利。

· 城镇社会发展生命力,即城镇历史文化特色受保护,社会和谐且结构稳定,居民在此有归属感与自豪感,社会活动与旅游活动具有生动活泼、丰富多彩的品质,旅游者满意度高。

· 生态环境生命力,即城镇建设与社会、旅游活动对自然生态环境的影响小或破坏可恢复,提倡绿色生态旅游,人工环境与自然环境协调共处,发展趋向平衡。

承载力针对规划建设而言,指评价对象的环境、经济、社会容量以及对外来干扰的承受能力。承载力不仅是物理或生理承载

---

① 所谓"旅游房产"即"第二住所",称之为旅游房产：一方面是因为在旅游地开发建设,另一方面是因为这样的房产是作为"旅游度假"住所。

量,也包含了心理承载量。对风景地区旅游小城镇的承载力评价要注意以下四点:

城镇规模。作为旅游城镇,其用地规模不能简单地以"国家标准×城镇人口数"来计算,城镇规模要能同时容纳当地居民与外来旅游者。

社会经济容量。城镇要能提供居民足够的就业岗位,反而言之,城镇不能因为旅游者的增加而一味增加投资开发;城镇社会经济规模要符合小城镇特征,根据就业量,城镇居民数与游客量存在一个适当的比例。

设施容量。包括居住设施容量、道路及交通设施容量、市政基础设施容量、旅游接待设施容量等,是同时针对居民与旅游者的容量。旅游小城镇的旅游活动组织应该能使旅游量季节变化不大,缩小设施负荷的峰谷差值,设施使用效率更高。

居民心理容量。相同的城镇空间,居民对游客量的心理感受也是不同的。公平社会、高质量生活水平与城镇设施、良好的生态环境能提高居民的心理容量,居民对旅游者更具包容性。

### 5)"3S+3L+AVC 三力"理论在华阴市发展战略规划中的应用

华阴市规划分为三个层次:华阴市发展战略规划—核心发展区概念规划—示范区详细设计。其中战略规划提出了旅游小城镇的空间发展模式与发展策略;核心发展区概念规划将规划理论与具体土地利用规划与专项规划结合起来。

(1) 城镇空间发展模式

规划保留华阴市重要的自然廊道(河流、绿廊、风廊等)和自然生态环境,将华阴市城镇空间划分为数个分散在自然空间中的功能组团,并通过高效便捷的交通相联系;每个组团都存在一个组团的中心与发展极核;而穿梭其间的农田和绿带构成了生态基底,确保了自然的生态体系(图 9.15)。

各个功能组团依托极核的辐射效应进行发展。极核作为主动发展与先期开发地块,集中布置如公共绿化、公共服务设施、交通集散点以及旅游吸引点等,并以此作为辐射点,以重要道路线和绿化带为主要辐射线,提高周边地块价值(图 9.16)。城市开发可以通过网络状的"链式反应"向外扩展。通过发展核心与连接网络,

形成城市骨架,提高城市空间、社会经济要素的凝聚力。

旅游小城镇的极核是城镇经济增长中心、居民就业中心与旅游者活动中心,也是城镇景观与形象展示中心。"极核+网络"的开发模式,可以使有限的开发启动资金得到集中而有序的运用,以提高生态环境品质与公共服务设施环境品质来提高周边地块的开发价值。

(2) 城镇用地布局规划

由于风景区边界的限定与风景区的地形影响,风景地区旅游小城镇的空间形态往往是沿着风景区边界线方向展开。根据这一

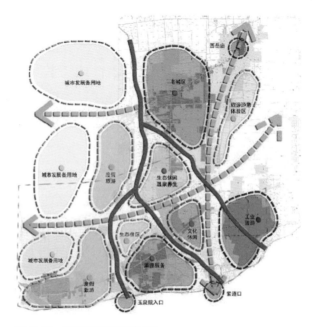

图 9.15 城市空间发展构想

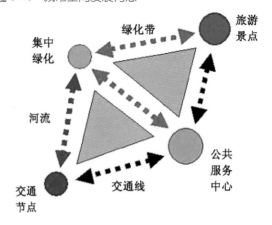

图 9.16 空间网络—极核发展模型

空间特征与风景区对城镇土地利用适宜性的影响，规划将华阴市的空间结构沿风景地边界方向进行分层，形成数条城市功能带（图 9.17）。功能带之间以结合自然环境、山涧河流布置生态隔离带，兼具游憩带功能。

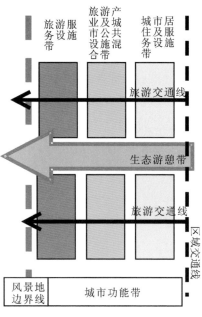

图 9.17　沿风景地小城镇的空间结构模式

华阴市向北越接近中心城区，其规划建设用地密度和建设强度就越高，靠南越接近华山风景区，城镇建设就越疏，绿化生态用地更多(图 9.18)。华阴市的道路交通、绿化生态与公共设施布局都与城镇开发模式、空间布局结构相匹配。

（3）AVC 三力规划评价体系

对事物的评价需要有评价的价值标准，或者是评价的对比案例。鉴于我们概念规划是在原控制性详细规划基础上进行的，我们在规划评价中将原控制性详细规划作为对比方案，分析本项目方案在城镇吸引力、生命力、承载力三方面的改善状况。

以华阴市温泉度假区概念规划为例。规划评价中选取项目吸引力、舒适性、可达性、独特度和景观效果作为城镇吸引力的评价因子，并将吸引力分为针对居民的吸引力与针对旅游者的吸引力分别进行评价，然后得出综合吸引力等级分布图（图 9.19、图 9.20）；选取开发项目生命周期、不可替代性、社会文化特征、经营管理水平、生态环境状况作为生命力的评价因

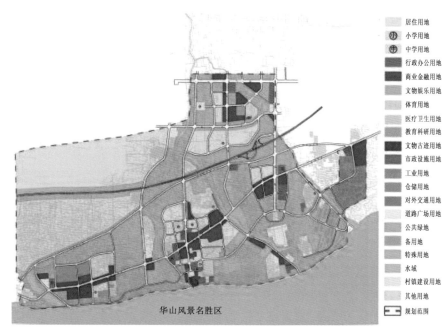

图 9.18　华麓区土地利用规划

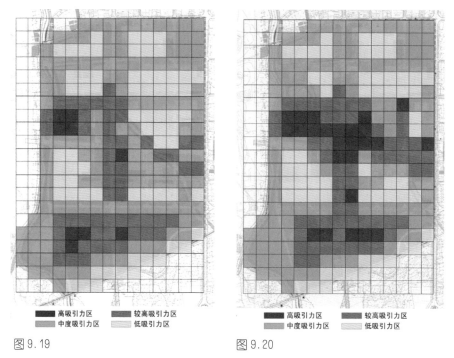

图 9.19　

图 9.20　

图 9.19　原控制性详细规划温泉度假区吸引力评价

图 9.20　温泉度假区概念规划吸引力评价

子,评价城镇作为居住地城镇与旅游目的地的综合生命力评价图;最后选取活动(旅游或就业、居住)容量、生态容量和设施容量作为承载力的评价因子,评价城镇对于居民活动和旅游者活动的承载力状况。将本规划方案与原控制性详细规划的 AVC 三力等级分布进行比较,可以认为本规划方案中规划区 AVC 三力的建构合理,吸引力大、生命力强、承载力高,三力等级分布结构趋向平衡。

### 6) 展望

风景地区旅游小城镇的"3S+3L+AVC 三力"理论是作者及项目组成员对诸多同类城镇规划案例的经验总结,同时华阴市的规划项目也是这一理论在实际规划案例中的全新尝试,希望理论及其在华阴市的规划实践能对中国风景地区旅游小城镇的发展具有积极作用和借鉴意义。当然,对于不同的旅游小城镇,其地域区位、城镇建设现状、社会文化特征以及风景地区自然环境与旅游资源都存在差异,城镇与风景地区的空间、社会经济关系也会不同,因而规划及开发建设措施与华阴市规划不可能一致,另外 AVC 评价体系中的因子选择也会有变化。我们将会在日后工作和研究中对这一理论作进一步验证与优化[15-17]。

## 9.8 旅游开发中的生态保护

### 9.8.1 概述

旅游开发和生态保护通常总是被认为是针锋相对、水火不容。但在实际操作中仍然存在协调双赢的一面,作者负责完成的《宁夏银川阅海国家湿地公园规划》正是这样一种尝试。该规划以湿地生态保护为前提,以发展宁夏银川的城市游憩与旅游,提出了湿地生态保护、湿地城乡利用、湿地游憩旅游三位一体的规划理念(详情请见前图 9.21 规划目标体系)[18]。

宁夏银川阅海湿地公园地处银川市内,距市中心约 6 km,总面积约28 km²。每年数十万只旅鸟、候鸟、留鸟来到这里繁衍生息,为这片山水带来了生机,也带来了人们的旅游度假需求。

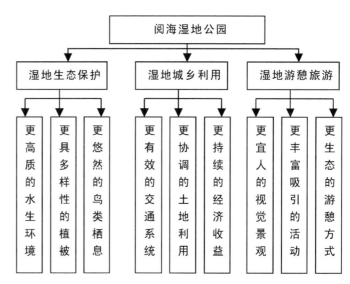

图 9.21 规划目标体系

（1）湿地生态保护

"湿地生态"旨在平衡人类与生物有机体之间的相互作用,平衡受到影响的全部生命和非生命因子间互相关系。湿地生态保护目标在于进行科学、合理的湿地景观规划设计,以本土物种为主进行湿地恢复,建立持续的城市湿地恢复监控机制,在湿地游憩活动开发的同时,控制核心区的人为干扰。

规划从湿地水系、湿地植被、湿地生物入手,考虑的因素包括:湿地生物个体、种群及群落与环境的互相关系、湿地生态系统的结构和功能、湿地生态系统的类型和演替、湿地的评价与管理等。

（2）湿地城乡利用

"湿地城乡利用"旨在强调湿地使用的有效性、效率和各种利用方式的相互比例结构、空间关系。核心是如何调和湿地自然空间保护与人类空间使用之间的矛盾,如何在同一空间土地上将多种不同类型的使用不相冲突地叠合起来,将传统的单一保护开发模式逐步转向保护与利用并举的综合发展模式,使湿地保护与高效利用并重。

其中主要从交通组织方式、土地利用平衡、经济收益以及自然变迁与人类空间利用四个方面进行了分析论证。并且,考虑到阅海公园地处市区的多重特性(既具有城市公园的特性,又具备风景名胜区的特征,还具有旅游度假地的属性),规划中参照了《风景名胜区规划规范》(GB 50298—1999)、《公园设计规范》(CJJ 48—92)以及《旅游规划通则》。

（3）湿地游憩旅游

"湿地旅游"是关注人类行为与自然环境之间相互作用关系的生态旅游。"湿地旅游"从游憩和旅游两方面考虑,兼顾市民游憩和外来游客旅游度假的需求,使湿地公园兼具城市公园和旅游度假地双重性质。希望能充分发挥大众行为旅游的吸引力、生命力、承载力。在该专项规划中,重点策划了一系列与湿地保护相协调的旅游游憩活动项目。

## 9.8.2 规划技术流程

规划技术流程分为为前期调查研究、案例比较和现状分析、总体规划、专项规划与分析、生态冲击和游憩管理详细规划四个阶段(图9.22)。

首先对背景现状进行了全面的分析和案例调查分析;通过国内外湿地公园项目研究和比较,提出规划理念;通过三大主题的多选方案和综合叠加,同时结合旅游项目策划,得出总体规划的空间布局;通过专项规划、规划效果比较和分期规划,对总体规划又进行了反馈和修改;最后,对于重点项目进行了进一步详细的规划与设计(图9.23至图9.26)。

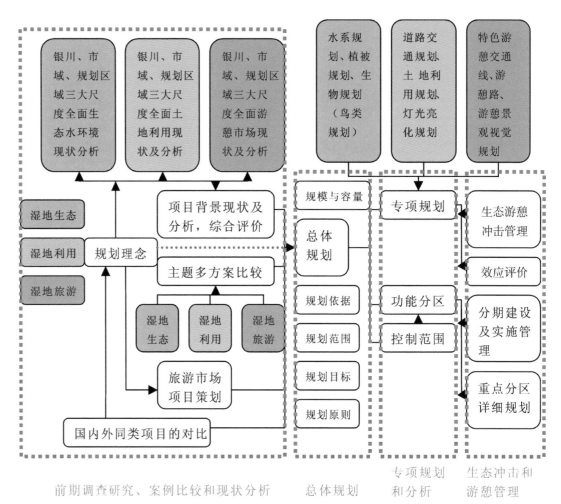

图9.22　技术流程图

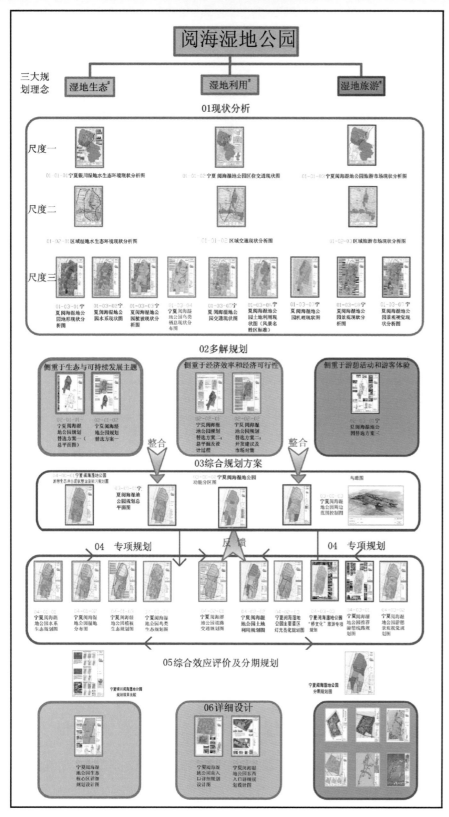

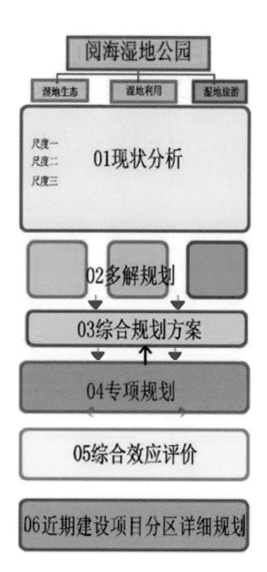

图 9.23　规划框架图

图 9.24　现状图

图 9.25　规划总平面图

图 9.26　规划总体意象鸟瞰图

## 9.8.3　规划结果

通过阅海湿地公园的规划与建设，该地生境及鸟类栖息环境得到了切实的保护，同时也挖掘出其中的风景资源价值，为市民和游客提供了游憩及旅游机会，并且提高使用效率。

首先，以规划法律形式确定了保护的范围和内容。规划以风景点保护用地和风景点建设用地形式严格限制游客对重要鸟类栖息地和繁殖地的干扰，使其面积由原有的 300 hm² 扩大到 700 hm²。

其次，湿地利用效率显著提高。原有零碎的、不成体系的交通得到整合，形成了由机动车、电瓶车、自行车、船行、步行和入口停车场码头六个部分组成的交通系统，将旅游游线和辅助服务交通流线进行了合理组织。土地也由原有的以农业生产为主的单一粗放型利用，改善为兼具生态保护、旅游游憩、农业生产、居住等多种利用方式的复合、集约型利用。

另外，旅游游憩活动内容大大丰富。由原来仅供市民冬季简单游憩的滑雪场等游乐设施,扩大成为提供不同季节、不同环境下不同强度的游憩、旅游观光和生态教育的游憩机会组合,可供市民和游客进行多种选择。风景游赏用地由原来的 200 hm² 扩大为 700 hm²,游览设施用地也由 21 hm² 增加到 360 hm²。

### 9.8.4 规划技术处理

（1）人工湿地生态系统设计

经公园南面的污水处理厂处理后的生活污水不能直接排放到自然水体中,需要通过人工湿地的物理、化学和生物三者协同作用对污水进行二次净化。

人工湿地生态系统根据水流流向,由南向北依次设置了沉淀池、曝气池、人工湿地床、人工湿地生态系统,以求获得一个较为完整的湿地净化系统。在鱼塘布置了鱼塘活水净化系统,互相之间连通并增加与周围水系的连通,促进水流动,防止水体恶化。根据水体自身的动态流向,充分利用自然风向,结合周围地势地形特点,通过瀑布、喷泉、跌水、螺旋形水道等工程提高水体流动的速率,增加水中氧气。其中人工湿地生态系统包含一组水生植物塘净化工艺设计,错落有致地种植了芦苇、狭叶香蒲、水葱、眼子菜、睡莲等水生植物,对吸收、过滤或降解水中的污染物,各有功能上的侧重。经过湿地植物初步净化的河水,接着流向蜿蜒的小溪,在那里通过鱼类的取食（浮游动植物）,沙子和砾石的过滤,最后流出公园。

根据水深以及岸堤的关系,对深水区、浅水区、浅沼泽和池塘堤岸湖滩渠边选择了不同的植物床。

（2）水收集循环利用

水收集循环分为由干渠雨水收集和场地雨水收集利用两种形式。其中在主要干渠、支流交汇处增加雨水收集,充分利用自然风向,通过地形、水位高差的变化,利用瀑布、喷泉、跌水、螺旋形水道等工程促进水系循环流动,经过人工湿地技术处理之后,达到再生水回用于景观水体水质标准（CJ/T 95—99）和农田灌溉水质标准（GB 5084—92）,以用于进行农业生产灌溉、渔业养殖和景观浇灌。

（3）盐碱地改善策略

根据盐碱化程度的不同,采取不同的措施。

对于盐碱化比较严重的地段,恢复植被,选择耐盐植物如柽柳、星星草,有效控制坡面水土流失,美化路域环境。种植耐盐能力比较强的紫花苜蓿、冰草、碱茅、披碱草等,一方面具有较强的耐盐碱能力,另一方面这些草本植物早期生长速度非常快,可尽快覆盖裸露的地表,减少地表水分蒸发。

对于盐碱化极其严重的地段,采取换土改良。具体做法是:把表土挖出运走,挖深约 1 m 左右,以见较松的底土为止;然后,底层垫一些砂子、炉渣等隔碱,上层再填上 30—50 cm 的好土。

由于该地区原为农场种植用地,其植被的地面覆盖度较小,春秋季节地表水分蒸发严重,土壤易于返盐,需要采用生物措施增加植被覆盖量;需要提高土壤肥力,改善土壤环境,借此对土壤盐分进行调控。如培肥改土,增加有机肥含量。利用夏季作物收获后的秸秆覆盖盐碱地,可明显减少土壤水分蒸发,抑制盐分表聚（还可采用早期地膜覆盖、无纺布覆盖等,在植物生长早期特别重要）。一般的园林植物种植需要采用阻盐建植方式设计土壤结构。

灌溉方式上,采用滴灌、喷灌能够有效防止农业漫灌导致的土壤盐碱化、盐渍化恶性循环,同时也可以有效地节约水资源。

（4）鱼类、底栖类及浮游生物保护

根据《宁夏阅海湿地生态保护工程（可行性研究报告）》和《宁夏阅海湿地自然保护区综合考察报告》,规划在对公园生物资源全面调查的基础上,通过划分 2 个绝对保护区、外围 50 m 缓冲圈和 6 个生态岛进行了分区管制,制定了不同的保护措施。

（5）鸟类保护

按照鸟类的生活型分类,保护区共有留鸟 20 种、夏候鸟 50 种、冬候鸟 9 种、旅鸟 35 种。针对不同类型鸟类的生活习性和对人类活动的敏感程度,规划分别采取因"鸟"而异的保护措施,并提出保护生态系统的完整性、建立人工林树巢、开展宣传教育等方面的生态战略。

以夏候鸟中的鸭科鸟类为例,阅海水域繁殖的鸭类有 1 万多只,主要为斑嘴鸭、白眼潜鸭、赤嘴潜鸭、绿头鸭等,赤麻鸭也有一定数量。这些鸭类性机警,人不易接近,见人或一有响动即飞走。平时多在开阔的水面游弋、取食。针对该鸟类习性,规划中在完全保护区留出了一定面积的开阔水面供其游泳、取食。

# 9.9 面向中国生态脆弱区的旅游规划

中国风景旅游资源遍布新疆、西藏、青海、云南、贵州、四川、内蒙古、宁夏、陕西等地方，不论是对旅游者，还是景观风景园林规划设计师都充满着吸引力。然而与之相应的是这些地区均为生态脆弱区域，人居生活水平与高度人工化的发达地区相比较低。因此，当地城乡人居生活水平提升、丰富的自然与人文旅游资源发展利用、脆弱的生态环境保护三者成为该地区旅游规划的核心和问题矛盾的焦点。生态脆弱区旅游规划需要同时面对三者的需求，在分别解决三者问题的同时，最主要的是三者的兼顾统筹，而且由于规划时间空间的规模庞大，少则数百、多则数千数万平方千米，区域规划理论技术是必要的。因此，规划设计师需要扩大视野、扩充专业知识、延伸实践范围。生态脆弱区旅游规划需要同时兼顾三方面的规划，更为理想的是包含三方面的规划：(1) 旅游规划；(2) 城乡规划；(3) 景观与风景园林规划。现代景观规划设计师要想完成生态脆弱区旅游规划，三方面规划集于一身，这是必备的条件。而对于发展西部的国家战略，这也理应成为现代景观规划设计师未来非我莫属的使命和工作。

这是作者在新疆等地方年复一年的规划设计实践中的深切体会。自 1999 年作者承担新疆喀纳斯湖(2 200 km²)总体规划设计以来，连年进疆，先后完成了那拉提大草原旅游景区总体规划(11 000 km²)、福海县旅游总体规划、南疆四地州旅游发展战略规划(40 万 km²)(图 9.27 至图 9.31)、库车城市街道规划、科技园区规划、阿克苏城市森林水系规划、伊宁市伊犁河两岸城市景观设计(2011—2012)、伊宁旅游总体规划(2012—2013 年)等项目。结合实践，作者团队同时开展系列理论研究，包括旅游资源资本化的机制和方法，旅游发展战略规划研究，生态脆弱地区旅游开发的环境影响及其对策；西部边境旅游规划的特性、原则和程序，以及旅游城市规划建设，等等[6,19-24]。

对于中国生态脆弱区的发展，以旅游规划为引领的城市人居环境发展不失为一条行之有效的道路。2011—2015 年作者团队应伊宁市政府邀请，开展了以《伊宁市旅游发展规划》为统领的旨在提升伊宁城市人居品质的系列规划，包括：《伊犁河两岸滨水景观带概念性规划设计》《伊犁河旅游风景区总体规划及片区详细规划》《伊宁市城市品牌形象视觉识别系统》《伊宁市伊犁河旅游纪念品开发设计》《伊宁市旅游发展的城市运营管理机制》。此外，更具意义的是《伊宁市旅游发展规划》还带动引领了整个伊宁城市产业、交通、市政、水利、环保、文教体卫、民委、宣传等多部门行业的规划发展，旅游规划在伊宁城市发展中成为了龙头引领。

项目规划以城市、景观、旅游、文化四位一体为发展战略，围绕四带展开——河湖湿地生态景观带、城市 ECD 核心带、特种旅游经济产业带、异域多民族文化生活带，对推动新时期伊宁城市跨河发展、生态旅游品位提升、多民族安定团结发挥了引领作用。

项目规划提出了"城市生态文化中心区(ECD)""诗境时空转换量化""城市风景园林小气候适应性规划设计"三项目的创新理论，实现了"外河内湖""两级堤坝""峭壁商埠""滨河三级广场绿地空间系统"四项技术创新。

项目规划河道长度为 26 km，堤两岸用地均宽 900 m，规划面积约 61.6 km²。完成了生态化防洪堤坝新建、滨水森林湿地保护与新建、滨水文化娱乐空间、多民族文化景观、滨水商业等系列新建项目。项目汇集了国内外滨水景观规划先进理念，至 2014 年堤坝、核心区景观、沿河旅游等项目已初具规模，自行车赛事、民俗节庆、市民休闲等已实施，ECD 已见雏形。

项目规划伊宁城市旅游发展的总目标定位：打造大伊犁河谷的中心城市和旅游集散地、旅游接待地。建设成世界一流的生态、历史、民族文化旅游目的地，塑造四个伊宁：(1) 水蕴伊宁。以伊犁河自然风貌的复育和发展为根本，梳理水系脉络，改善城市整体环境，增加亲水游憩与旅游活动，构建生态与人文有机整合的城市绿道。(2) 文化伊宁。以伊宁独特区位与历史的发展为脉络，对伊宁的文化进行深度发掘与再现，突出历史文化名城的文化品牌，增加城市多民族文化的底蕴。(3) 西域伊宁。以伊宁边贸区位为基础，引入国外的旅游、文化、产业、投资，使伊宁成为重要的商埠城市和国内外商品流通的关键地、经济带动地。(4) 多彩伊宁。以伊宁独特的七彩城市风貌建设为直接手段，彰显多民族的建筑、街道、服饰、演艺等多彩环境,迅速形成伊宁民族文化城市的品牌形象。规划提出了"一次西域穿越千年、一夜伊宁梦圆中西"和"丝路花城·多彩伊宁"的旅游主题[25]。

至 2015 年,因本项目规划,新疆伊宁在城市旅游投资、滨水区周边单位地价、城市影响力、城市宜居度等方面均有大大提升。

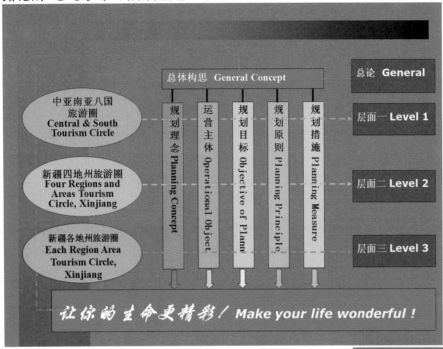

图 9.27 概念图解

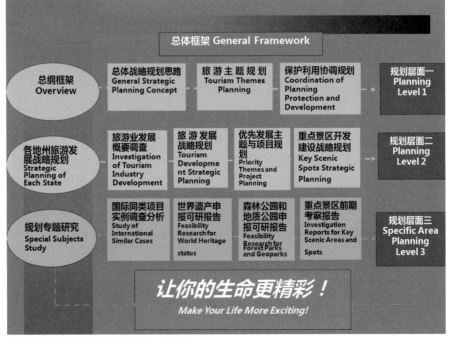

图 9.28 旅游发展战略规划项目总图解

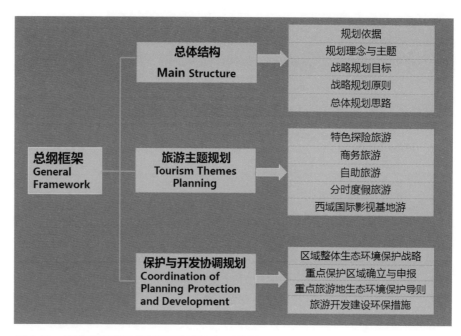

图 9.29　旅游发展战略规划项目总纲框架展开图

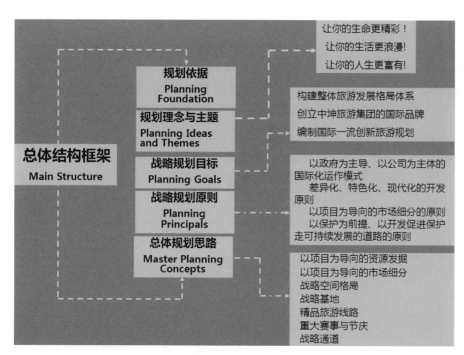

图 9.30　总纲框架的总体结构展开图

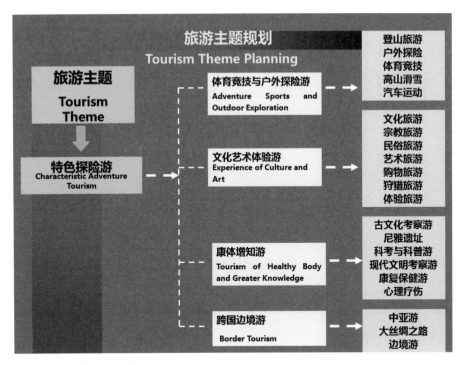

图 9.31　旅游主题规划

**第 9 章参考文献**

[1] 刘滨谊. 风景景观工程体系化[M]. 北京: 中国建筑工业出版社, 1990.

[2] 刘滨谊, 等. 自然原始景观与旅游规划设计——新疆喀纳斯湖[M]. 南京: 东南大学出版社, 2002.

[3] 刘滨谊, 等. 人造生态景观与旅游策划规划设计——安徽南艳湖[M]. 南京: 东南大学出版社, 2002.

[4] 刘滨谊, 等. 历史文化景观与旅游策划规划设计: 南京玄武湖[M]. 北京: 中国建筑工业出版社, 2003.

[5] 刘滨谊, 等. 纪念性景观与旅游规划设计[M]. 南京: 东南大学出版社, 2005.

[6] 刘滨谊, 等. 旅游发展战略规划理论与实践[M]. 南京: 东南大学出版社, 2006.

[7] 刘滨谊. 旅游规划三元论——中国现代旅游规划的定向·定性·定位·定型[J]. 旅游学刊, 2001, 16(5): 55 - 58.

[8] 刘滨谊. 当前旅游规划中的三大问题及其对策[J]. 旅游学刊, 2001, 16(2): 11.

[9] 刘滨谊. 旅游哲学观与规划方法论——旅游·旅游资源·旅游规划[J]. 桂林旅游高等专科学校学报, 2003, 14(3): 12 - 17.

[10] 刘滨谊, 余露. 风景旅游承载力评价研究与应用——以鼓浪屿发展概念规划为例[J]. 规划师, 2003, 19(10): 99 - 104.

[11] 刘滨谊, 杨铭祺. 景观与旅游区 AVC 评价量化模型——以玄武湖景观区总体规划为例[J]. 中国园林, 2003, 19(6): 61 - 62, 67 - 68.

[12] 刘滨谊, 蔡光宇. 风景旅游生命力研究与应用——以菊花岛风景旅游区规划生命力分析评价为例[J]. 华中建筑, 2004, 22(5): 107 - 111.

[13] 刘滨谊, 李轶伦. 风景旅游地生命力组织方法[J]. 桂林旅游高等专科学校学报, 2005, 16(4): 25 - 28.

[14] 宋婷, 刘滨谊. 风景旅游地吸引力组织研究[J]. 桂林旅游高等专科学校学报, 2005, 16(6): 19 - 24, 129.

[15] 刘滨谊. 旅游规划 AVC 三力理论时间——以厦门鼓浪屿发展概念规划国际咨询为例[J]. 理想空间, 2005(9): 43 - 48.

[16] 刘滨谊, 王玲. 建设慢节奏、生态化的风景地区旅游小城镇——以华阴市为例[J]. 中国园林, 2008, 24(11): 11 - 16.

[17] 刘滨谊, 吴敏, 余露. 风景资源型城镇的旅游蜕变——山东泗水泉林泉群景区概念规划及中心片区详细规划[J]. 理想空间, 2011(43): 76 - 79.

[18] 刘滨谊, 王颖, 陈筝. "戈壁西风啸, 绿洲万鸟翔": 以宁夏阅海湿地公园

规划为例[J].风景园林,2006(1):18-22.

[19] 刘滨谊.旅游发展战略规划研究——新疆四地州旅游发展战略规划为例[J].理想空间,2005(9):27-31.

[20] 刘滨谊,张国忠.旅游开发中的景观保护对策——以新疆四地州旅游战略规划为例[J].华中建筑,2005,23(1):126-128.

[21] 刘滨谊,张国忠.生态脆弱地区旅游开发的环境影响及其对策——以新疆四地州旅游战略规划为例[J].水土保持通报,2005,25(2):101-105.

[22] 刘滨谊,刘琴.西部边境旅游规划的特性、原则和程序——以新疆"四地州"边境旅游规划为例[J].北京林业大学学报(社会科学版),2006,5(1):40-44.

[23] 刘滨谊,张琳.旅游资源资本化的机制和方法[J].长江流域资源与环境,2009,18(9):825-830.

[24] 刘滨谊,刘琴.服务于城市旅游形象的景观规划——以南京市为例[J].长江流域资源与环境,2006,15(2):164-168.

[25] 刘滨谊,等.ECH旅游城市规划建设——伊宁探索[M].[出版地不详]:X-COLOR国际出版,2014.

# 10 城乡景观规划设计与生态景观园林建设的十大战略

中国城乡绿地规划建设经历了 1949—1980 年以城市公园绿地建设为主的阶段一，1980—2010 年以城市绿地系统建设→城市生态绿地系统建设的阶段二，以及 2010—2100 年刚开始的从国土区域到城市乡村的绿色基础设施与绿地生态网络建设的阶段三。阶段一主要完成了在城市建成区必要的公园绿地建设，阶段二主要实现了绿地向市区城郊的扩展，阶段三目前的前沿核心问题是如何实现绿地在城市的市域、市区、建成区空间上的网络化扩展和绿地三大效益及其连带效益的增加。从城乡绿地系统建设来看，阶段一通过建设城市公园主要解决了城市绿地的"点"之问题，其绿地建设量极为有限。阶段二基于绿地系统指标建立完善、着眼于城市范围的从绿地系统到绿地生态系统建设，主要解决了"线"和"面"的问题，并在 30 年间使中国各个城市绿地的量发生了突飞猛进的增长。在前两个阶段的基础之上，阶段三所要解决、完成的宏图任务正可谓是千载难逢、空前绝后：阶段三一方面将绿地建设的范围从城市扩大至城乡，真正实现以生态绿地网络为统领的城乡人居环境绿地保护建设的"点、线、面"全覆盖，另一方面将城乡绿地规划建设与城乡规划建设耦合，将城乡绿地功能复合、空间增效、品质提升。自 1990 年主持《上海市 2050 绿地系统规划》以来，作者有幸投身于阶段二和阶段三的城乡绿地规划建设之中，开展了一系列的绿地系统规划理论研究与实践[1-64]，其中包括作者作为首席科学家主持的"十一五"国家科技支撑计划重点项目"城镇绿地生态构建和管控关键技术研究与示范"（2008 - 01 至 2013 - 07，项目编号为 2008BAJ10B00）和项目课题二"城镇绿地空间结构与生态功能优化关键技术研究"（2008 - 01 至 2013 - 07，项目编号为 2008BAJ10B02），前项目研究共有 25 家单位、428 人参加，后项目研究共有 4 家单位 80 余人参加，是迄今为止中国风景园林界规模最大的一次联合科研工作。

以城乡绿地规划建设为大背景，应对中国城市化进程，中国景观与风景园林规划设计现在面临城乡生态景观园林建设所带来的挑战与机遇。从城市带、大都市、中等城市到大量的中小城镇甚至乡村等地域，大片以土地为标志的人居空间资源、环境、生态被利用，那些缺乏景观与风景园林的规划设计、缺乏生态环保措施、缺乏绿地系统建设的新的开发建设屡见不鲜，这是挑战。机遇是什么？机遇就是在这些新的规划设计过程中，比如像安徽省合肥经济技术开发区整体景观风貌规划，江苏省无锡城市绿地系统规划、张家港暨阳湖生态园区规划设计，以及城乡绿地规划等工作中，景观与风景园林师可以有意识地把现代景观的、生态的、园林的意识加进去，把大片的生态绿地空间规划预留出来，让绿化廊道网络、水系网络、城市游憩旅游网络与城市交通网络、各类管线等市政工程网络有机地结合，合理地遍布城乡区域。其中，首要的最大机遇就是城市化进程中的大地景观建设。不是有大片的原野土地将被转化为城市用地吗？在这个过程当中景观规划究竟可以为之预留出多少绿地空间呢？此外，在大片的土地、大片的区域由原来的乡村景观变成城市景观的同时，也带来了新的城市环境问题。城市内所缺乏的东西可以靠外地和周围的乡村区域来提供，但是城市的生态环境是不能够搬运的，必须靠城市自身解决。创建生态园林城市需要解决新的城市环境问题。因此，在城市化的进程中围绕着绿地预留和城市环境治理的景观园林的作用与地位必将大大加强、提升，并且从"城市"到"城乡"将是巨大的空间拓展。

在未来城市化进程中，城乡景观生态园林建设将具有三大战略地位：

一是国土区域绿道网络中的战略地位。国土、省域范围的生态绿化廊道建设，已成为21世纪世界各国共同关注的宏伟工程，以美国为首的发达国家已着手建设实施。在这种覆盖、穿越城市乡镇的生态绿道网络建设中，作为斑块、廊道、节点的主要载体——区域与乡村景观将处于核心战略地位。

二是城乡绿道网络中的核心空间战略地位。随着21世纪城市化的发展，都市圈、城市延绵带已作为一个新的现象出现在世界各地，由此引出了城市与城市之间地带的发展问题。这种城市与城市之间的过渡地带，正是极为重要的人居环境背景地带，其首要任务是"环境·生态·绿化"建设，在这一地带的空间格局中，城镇绿地将处于核心空间战略地位。

三是城乡绿化建设中的主角战略地位。城市生态景观园林建设在整个城镇环境生态绿化发展中的规模扩大、比重增强。随着中国城市化水平的不断提高，首先，就单个城市本身而论，必然导致"规划建成区＋市区＋市域"这样三位一体的现代城市发展的空间格局，其中，市域所占整个都市的面积通常为60%—70%，市区所占整个都市的面积通常为20%—30%，规划建成区所占整个都市的面积通常为10%，传统的城市绿化建设集中于规划建成区以及部分市区。相比

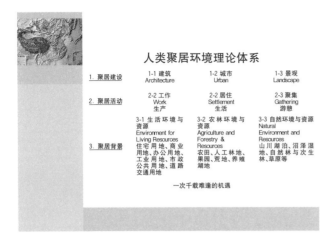

图 10.1 中国城市化所带来的生态园林建设的机遇与环境破坏的挑战

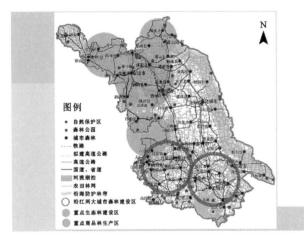

图 10.2 "天罗地网"战略——江苏

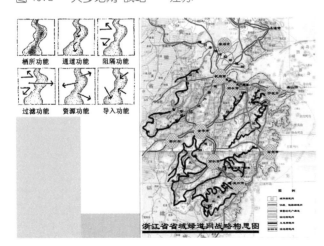

图 10.3 生态绿化廊道建设

之下,在三位一体的现代绿化格局中,城市生态景观园林建设的内容与范围都将大大扩展,从而也将具有更为重要的战略地位。

城市化为景观规划设计在城乡建设中提供了最为广阔的实践天地,而这一实践的终极目标就是创建理想的人类聚居环境。为了实现这一宏大目标,需要实施十大战略。

# 10.1 "三位一体"战略

"三位一体"包含两个层面:第一个层面是建筑、城市规划、风景园林,三个专业需要三位一体的考虑。必须是三个专业,尤其是景观规划要与城市规划合作。第二个层面是生态环境建设,也包含三个层面的工作:通过规划建设行动来解决城乡形象风貌问题;通过规划建设,以人为本,满足人们户外活动休闲以及城乡地域生活、娱乐、旅游的生理、心理和精神需求;活动本身需要三位一体的努力——决策者、规划者和公众参与。以往的绿地规划建设决策者确实花了不少时间,规划者也下了不少工夫,但是,这还不够,还需要公众参与。在我国的规划实践中,尽管公众参与已经开始,但是,公众参与在生态园林城市的建设等景观规划中还应进一步地突出。关于第一个层面,即三位一体专业的问题,这个理论研究和框架体系最初于 1995 年提出(图 10.1)。除了三个专业要联合以外,另外考虑的内容不仅仅是土木、绿化等,还要考虑它的活动,当然绿色这部分是重点。

创建生态园林城市的理论依据是什么? 有人说是景观生态学,以及与植物有关的、与环境有关的理论,然而,这些还是不够的。生态园林城市不仅仅是简单的绿化的营造,通过建设还要继承发扬传统精神,使得生态园林城市更有文化;还要考虑人的活动行为,使生态园林城市更加适宜人们的使用;另外还要优美,所以还要考虑景观风貌。这些内容的理论依据就是风景园林三元论、三位一体的人居哲学观以及景观规划设计三元论。

"三位一体"战略属于方针政策导向,以下各战略则属于如何运作实施。

# 10.2 "天罗地网"战略

首先是从国土、省域、市域不同层次的生态绿化廊道展开的绿道网络建设。作为试点,我国已开始实施三省战略:浙江、江苏、安徽三省的生态省战略(图 10.2 至图 10.4)。其次是城乡森林化建设。什么是城乡森林化绿化? 城乡森林化绿化在我国是 2002 年开始研究、2004 年由国家林业系统提出的,以前林业主要是经济生产,现在逐渐地尤其是城市部分的林业要谈生态建设,要谈文化建设。林业加入城乡绿化建设的行列,其最大的作用是可以在市域这一较之建成区、市区更大的区域空间范围,实现城市生态园林建设。最初作为试点,开始在上海、北京、广州三市实施了城市森林战略。从城乡生态园林建设的大局着眼,城乡森林化与城市园林化是相辅相成的。已经走过 60 多年的中国城市绿化建设需要观念的转变、范围的扩展、质量的提升,空间上再也不能仅仅局限于城市建成区的园林绿化或是少做扩大的城乡结合部,而是要把它扩大到市区、市域;部门行业管理上则应以住房和城乡建设部门牵头召集,集林业、水利、农业、环保、交通、市政等多行业部门之力,共同完成这一惠及国计民生和各行各业的大事。作为天罗地网的主体,从国土、区域绿化环境安全的大局着眼,国土范围的森林化更是刻不容缓的事情。图 10.5 是 1992 年世界若干国家的森林覆盖率比较,其严重性已毋庸多说。关于城乡森林化的问题在《城市林业可持续发展战略研究》中有详细阐述。城乡森林化和城市森林建设是实现环境生态绿化"天罗地网"战略的有效途径。对于生态园林城市创建,如何在园林城市基础上提升?靠的是什么?仅仅有理论、口号是不行的,得有现实的途径和实际的行动。城市绿化是一个最重要的、强有力的手段的途径。

绿道的理论研究已有多年,国外先进的实践也已开始,国内方面,作者团队也已进行了 15 年的研究。绿道的研究与实践以美国为领先,美国 21 世纪整个国家景观园林建设的主要工作就是在不同的层次上,建设覆盖整个国土的绿道网络(图 10.6),预计最后网络总长大约在 27 万 km。对于浙江省省域的绿道网战略和构思,作者团队进行了一些研究。从理论研究分析,绿道具有多种综合的功能,比如有栖息所的功能,主要是针对生物、动物和植物;有通道的功能,因为动植物要迁移;还有阻隔的功能,因为有的动植物需要保护;有过滤的功能;有资源的功能。这些功能都是对于生态、对于动植物的作用而论的。那么对于人类来讲,一方面,绿道具有很重要的游憩与旅游功能;另一方面,绿道具备把城市的点串联起来,最后形成城乡一体化的重要功能。像德国慕尼黑伊萨河道走廊的建设这类穿过城市的自然生态走廊式的绿道对于城市生活非常重要(图 10.7)。这条河道兼有三种功能,即生态环保的、旅游游憩的,还有城市形象的。在市中心,周围都是非常现代化的城市,忽然身临自然之境,感觉是离开了城市。

谈生态园林城市建设不是一句空话,要落实到一点一滴,落实到一块块绿地、一座座公园中,当然首先还是要落实在城市总体规划的结构之中,这是"天罗地网"战略的根本。

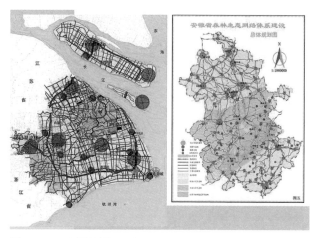

图 10.4 "天罗地网"战略——上海、安徽

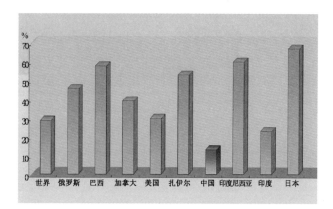

图 10.5 1992 年世界若干国家的森林覆盖率比较

城镇绿化的应用领域1:国土区域

绿道网络——21世纪世界各国环境建设关注的重点

图 10.6 城市化进程中的城市森林建设——区域性绿道、绿廊网络建设

图 10.7a　河道走廊建设总图

图 10.7b　城市自然生态走廊

图 10.7c　利用一切自然因素建设的城市自然生态走廊

## 10.3　"农村包围城市"战略

　　这一战略主要针对如何进行城乡区域绿化建设而提出的,包括三层含义:首先是城市化过程中产生的城市带和大都市圈,以及中小城市、县城、乡村等,倘若把它们理解成点的话,那么我们要考虑的是这些点之间的区域该如何建设。这个范围自然就放大了许多,已跳出了传统的城市绿化概念。"农村包围城市",这里的农村是一种概念,就是指作为乡村状态存在于这些区域之间。其次就是我们要实施县城、小城镇、乡村等人居环境的生态绿化建设,以前这些地方都忙着修路、建房,绿化是被忽略的(没有资金用于绿化建设)。但是,由于量广面大,这一地带的绿化一定要与区域、大城市的绿化联动实施,这是至关重要的。对此,同济大学已有多年的以"乡村景观"为题的系列研究。再次就是传统的城市园林绿化的扩展,这一点要结合到绿地系统的规划上来,这也非常重要。建设部为此颁布了新的文件,关于城市绿地系统的建设,强调了遥感资料的调查,即对资料的准确性、翔实性以及生物多样性的追求。另外范围也有所扩展,强调了城郊绿化、区域绿化的生态重要性。什么叫城乡绿化一体化,具体转化为我们学术的语言,转化为我们实际的工作,就是这么做:三个层面,即市域、市区和建成区,三位一体的考虑。

　　作者团队一直在做,自 1990 年以来就一直连续不断地开展研究实践。大大小小的城市,如福建厦门、江苏常州和无锡、山西运城、新疆阿克苏、海南儋州等城市绿地系统规划一直没断。总结体会:市域、市区和建成区三区一体,这是现代绿地系统规划必须统筹考虑的。绿地系统是开放的、发散型的,是"为他人作嫁衣",是服务型的,所以恰恰是因为如此才需要考虑到如此众多的关系关联,实践中的绿地系统规划不考虑也行不通。比如无锡城市绿地系统规划(图10.8),如果仅就绿地系统"自身"而做,两三轮方案做下来项目基本是可以完成的,但是,实际一做就是 3 年、5 年,为什么总是改来改去? 因为该城市的总体规划一直在调整完善,而绿地系统规划需要遵循城市总体规划,需要不断地与城市总体规划进行衔接和协调,提出建设性意见。

　　另外,城市森林规划和城市绿地系统规划是什么关系? 从学术理论研究到行业工程实践方面来看,城市绿地系统规划从理论到实践、从实际对应的空间范围到面向作用,都属于"总体规划"的地位;城市森林规划作为城市绿地系统规划的一个重要组成部分,在前述的"阶段三"中是一支重要的生力军。鉴于 2016 年起,创建森林城市已经被纳入国务院行政审批,除了传统的城市绿地系统规划之外,城市森林系统规划也是肯定要做的。那么,这两者之间又应该怎么协调呢?我们在无锡城市绿地系统规划中做了尝试,先做了城市绿地系统规划,做得差不多的时候就在市域范围内做城市森林系统规划。它们的关系是这样的:在三个层面即市域、市区、建成区的空间关系中,如果从市域到市区再到建成区这样依次下去,森林规划的作用越来越小,反之,森林规划在市域范围发挥的作用则越来越大。而在市域、市区等较大范围的城市空间中,在服从城市总体规划的大前提下,城市绿地系统规划需要统筹城市规划、国土、林业、水利、农业、环保、旅游等各行业部门所拥有的城乡绿地绿化建设相关资源。以无锡城市绿地系统三个层面的规划为例:第一个层面是 4 600 km² 的市域,其主要的工作就是绿道网络的建设与城市山林的保护利用,而绿道网络建设里面很多的用地,一个是与农业局打交道,另一个是与林业局打交道。这里面还涉及与交通部门的协作。第二个层面是 1 620 km² 的市区,主要也是绿道网络与城乡结合部的人工绿地建设,市区范围人工绿地的作用就逐渐加强了。第三个层面是建成区,它是以各类人工绿地、公园、广场为主。当然这个部分就是我们传统常规的绿地规划或者说是风景园林规划曾经发挥主要作用的地域。这三个层面的关键区域就是这三个层面之间的结合部,市域与市区之间的结合部,市区与建成区之间的结合部,实践经验证明,这些地方都是关键所在,也是问题出没之地,常常处于"三不管"状态。图 10.9 是德国慕尼黑的城乡结合部,就建设有大片森林,有如此一大片绿地围绕着城市,城市中心地带的绿地并不是那么多,主要依靠前图 10.7 中所示的那条河道从城乡结合部做起的森林建设(图 10.10)。当然,有些城市得天独厚,本来就留有自然或人工的山水,那当然更好。安徽合肥有河流穿过城市,而且现在城市范围扩大之后有相当一部分的绿地、公园且面积较大,正在建设的城市森林也是不错的。

## 10.4 "补肾强身"战略

对于城市生态景观园林建设,如果说林木是城市的肺,那么湿地就是城市的肾,城市"补肾",即城市湿地建设。"补肾"概念的扩大还应包括水网的保护和蓝(水)网、绿(林)网一体化的建设。这些在中国南方的水网人居环境中尤为突出。作者团队开展的城市绿地系统规划除了个别在北方之外,大部分都在南方,"补肾"在城市生态建设中占有极为重要的位置。"强身"包括几个含义,首先是对被污染土壤和水系的治理、生态的恢复与修复,对此,至今仍然不被人们所关注与重视。

城市中湿地建设的生态意义重大,生态园林城市的建设要有几个亮点:一

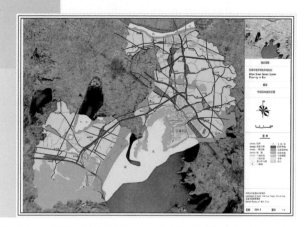

图 10.8a 江苏无锡城市绿地系统规划市域层面 4 600 km²（以绿道网络为主）

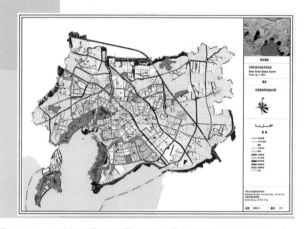

图 10.8b 江苏无锡城市绿地系统规划市区层面 1 520 km²（以绿道网络＋绿地为主）

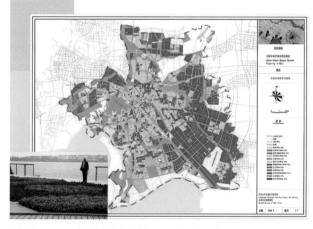

图 10.8c 江苏无锡城市绿地系统规划建成区层面（以绿地、公园、广场为主）

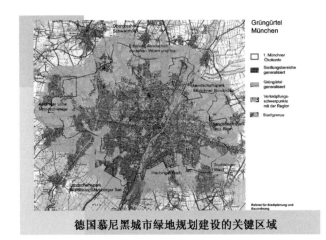

图 10.9　德国慕尼黑"农村包围城市"（城乡结合部的森林建设）

图 10.10　德国慕尼黑"农村包围城市"（从城乡结合部做起的城乡森林建设）

图 10.11　湿地建设

个是森林，另一个就是湿地。众所周知，地球上有三大自然系统：第一是海洋，第二是森林，第三就是湿地。所以，对于海洋，许多城市生态难以利用其进行考虑，那么就应该抓住剩下的两个自然系统，而在这两个自然系统中水资源确实极为重要（图10.11）。保护湿地、森林首先是要保护水源，保护了水源才能谈生态。生态城市不是仅仅有了绿树就是生态了，首先要有水，而且水质还要好，水质好了之后整个一套生态循环系统才有可能好。生态园林中生态的核心实质是循环、流动、平衡的问题，水体无疑首当其冲，离开水体，生态则无从谈起。传统的园林绿地设计基本上都是从空间及其感受出发来考虑问题，抓住如何扩大绿地、如何养护好林木。现代生态景观园林就要先进几步了，要考虑的是有了绿地、有了林木，如何使之循环得好、保持动态的良好状态。这种循环媒介最基本的就是水体。所以要建设湿地来保护、净化水体，实现水网与林网一体化的良性循环。这种林网、水网、路网一体化，三网同构的理念源于 40 km² 的长兴技术园区总体规划的经验总结，这是一项以景观生态为导向的新区城市规划建设。

湿地建设是一个从概念到实施、从宏观策划到技术细部的综合景观规划设计与建设过程。例如，"杭州'西湖西进'可行性研究"报告是一个湿地策划项目（图 10.12），张家港暨阳湖生态园区规划设计则是一个全过程项目，从 2001 年开始至 2015 年完成。在 441 hm² 的园区，原现状 36 hm² 的水面，经过规划建设已扩展为近 100 hm² 的水网，在其余的陆地中又专门辟出了一块 23 hm² 的仿自然生态湿地和一块 6 hm² 的人工湿地（图 10.13）。湿地的处理技术也有一些，它的作用是很明显的（图 10.14）。像美国德克萨斯州的一块湿地，可以处理 25

图 10.12　嵌入城市中心区的森林（浙江杭州西湖西山地区城市森林）

万人的生活用水(图 10.15);美国拉斯维加斯的自然湿地(图 10.16),是用来进行污水处理和生态化处理的。与生态化处理相比,那种工业化的污水处理厂的人工性的污水处理实际上只是表面上处理了,却会带来很多副作用,这是不提倡的。我们国家目前还在建大量的污水处理厂,这是有一定的问题的。所以生态园林城市建设要看这个城市有几块湿地、有多大面积的湿地,这应该是评价的指标之一。美国拉斯维加斯不仅建设了城市湿地,用来处理城市污水并回收利用珍贵的水资源,而且将湿地与旅游结合,与游憩结合,使之变成了一座城市公园。关于土壤的问题,以美国为例,这是 20 世纪 60 年代改造的一个公园,改造之前是一个废旧的工厂,现在把它改造成一个公园(图 10.17)。但它的意义不仅仅在于改造了一个工厂,而是对整个环境的处理。这些土壤都是曾经被污染过的,适当做了处理——把这些需要百年修复的土壤埋在了山底之下。

## 10.5 "硬质软化"战略

这个问题说似简单,实现起来却不容易。"硬质软化"战略,是针对市政工程的绿化而提出的。园林绿化本身属于市政工程的一部分,这里所指的要"绿化化"的市政工程并非传统上的行道树等园林绿化,而是指那些诸如道路、停车场、场地道路排水等市政工程部分,借助于景观园林的观念与措施,这些部分都要让它软化,让它"绿化化"。比如,改变传统硬质铺装场地的排水方式,建立地下蓄水槽、集水池,这样就会起到一个蓄水、缓冲雨洪的"海绵"作用。一方面,可以缓冲城市地表径流瞬时流量过大的问题,解决城市因地表径流瞬间过大而引起的洪水问题;另一方面,也为过滤、净化水体、绿化水源提供了可能。图 10.18 是停车场的蓄水池、吸水层的处理:在车位之间做成一个地下蓄水池,像这些地方表面上看起来并没有什么特别之处,好像都是所谓好看不好看的问题,其实都做了这样的处理(图 10.19)。更进一步,把这个概念公园化,做成一个雨水公园,除了上述功能,人们还可以在这里娱乐(图 10.20)。

## 10.6 空中花园战略

尽管空中花园古已有之,但是看看现代的欧洲、美国,尤其是欧洲中心城区,园林绿化的主要工作之一就是建设新时代的空中花园,即屋顶花园和垂直绿化的建设(图 10.21)。图 10.22 是美国福特汽车公司整个厂房的屋顶花园,图 10.23 则是德国的空中花园。德国在城市屋顶花园方面研究的比较深入细致,

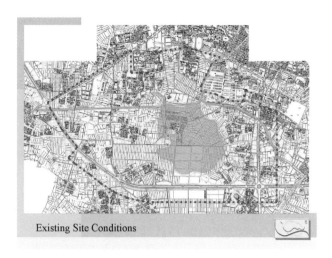

Existing Site Conditions

图 10.13　人工湿地

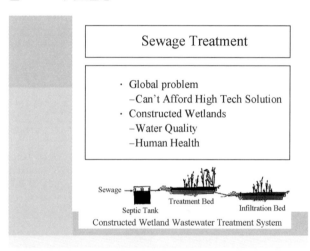

图 10.14　湿地的污水处理

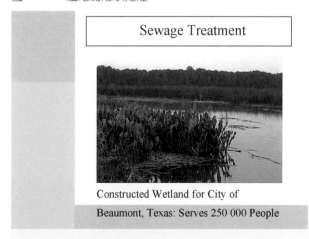

图 10.15　生活用水处理

## Las Vegas Wash-Constructed Wetland for Wastewater

- Groundwater Recharge
- Wildlife Enhancement
- Recreation Area

图 10.16 美国拉斯维加斯的自然湿地

## Brownfield Remediation

- Gas Plant Park, City of Seattle
- Old Oil Refinery
- Incorporated Old Structure in New Park Design
- Landscape architect: Rich Haag

## Brownfield Remediation(cont.)

- 2 Feet of Polluted Soil
  – Used to Create View Hill
  – Capped with Impervious Layer
- Today Soil Would be Treated with Micro Organisms

图 10.17 美国一个改造的公园

## Non-Point Source Pollution

- Have Found Solutions to "Point Source Pollution"
- Urban Runoff is a Major Source of Non-Point Pollution
- Landscape More than Aesthetic
  – Filter Beds
  – Filter Strips

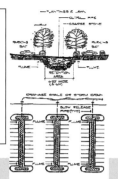

图 10.18 停车场的蓄水池处理

## Non-Point Source Pollution(cont.)

- City of Seattle Program to Create Filter Beds in Residential Areas
  – Improve Water Quality in Streams for Salmon Spawning

图 10.19 停车场的蓄水池处理

## Flood Control

- Water Works Park in the City of Seattle
- Stormwater Detention Area
- Also Serves as a Park Along the Greenway

图 10.20a 雨水公园 1

图 10.20b　雨水公园 2

### Green Roofs

- Living membrane
  - Reduce Urban Heat Island Effect
  - Improve Air Quality
  - Reduce Runoff
  - Reduce Energy Consumption
    - Less Heating
    - Less Air Conditioning
- Award Winning Green Roof, Vancouver, Canada
- Landscape Architect: Cornelia Oberlander

图 10.21　空中花园

### Ford Motor Company

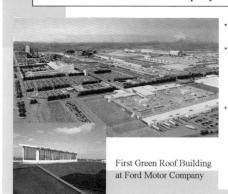

- Green Roof Master Plan
- Large Roof Area– Tremendous Energy Savings
- Environmental Benefits Enhance Corporate Image

First Green Roof Building at Ford Motor Company

图 10.23　德国的空中花园

图 10.22　美国福特汽车公司厂房的屋顶花园

图 10.24　自然优美

图 10.25　美国纽约中央公园

图 10.26　市民休闲游憩活动的"素食"

实践得系统普及。尽管我国绿地系统规划中的计算指标,并不将屋顶绿化与垂直绿化计入绿地率统计,但是它却实实在在存在。从生态化的角度来看,它是起作用的,所以我国的统计计算标准要改,绿地系统规划计算的统一指标要增加一些指标。这些住宅楼的屋顶花园都很漂亮,一般其土层都在 80 cm 左右,也有薄的。实施屋顶花园、垂直绿化要景观园林、建筑、城市规划三位一体。因为在建筑师设计建筑之前就应该了解这些事情,比如屋顶能否做花园,荷载是不是可以考虑多一点,多计算一点。既然城市建成区、中心区绿地如此难求,为什么不多考虑一些屋顶与垂直绿化呢?

## 10.7　"素食为主"战略

这是针对公园绿地环境建设中的问题而提出的。该战略强调两点:一是在城市绿地建设的导向上,强调从"园林化"走向"公园化";二是在建设中强调突出植物林木、自然水体、土壤等自然景观材料的运用。尤其在公园环境建设当中,导向问题十分重要。尽管我们一再呼吁"草坪风"不要再刮了,但是实际上对于大型乔木的忽视仍普遍存在。而且似乎只注意了植物,只注意了绿树而忘了水体,更忘了土壤的保护和利用。

对于整个公园绿地风格的建设,我们要从园林化走向公园化,园林化指的是诸如苏州园林的古典园林,这是狭义的园林概念。新中国成立以来有相当一批公园就是这样做出来的,如人造假山、亭台楼阁、小桥流水。60 多年的实践经验证明,这种公园的规模、尺度、风格仍然需要不断地改进,以求适合大众化的需求,适应中国的国情。中国人多,尤其是发达的高密度的旧城中人更多,传统私家园林是不够用的;再说,公园好比菜肴,老百姓吃了 60 多年这种菜了,已经腻了,有一种逆反心理,要走向公园化。除了植物、自然水体、地形等自然景观的应用,最好在整个公园绿地建设中看不到任何人工的构筑设施。偶尔有一座桥,还是真正的木桥或石桥,那才叫自然优美呢(图 10.24)。此地最初为德国的一座皇家园林,现在变为公园了。我们所强调的公园化风格是指像美国纽约中央公园的这种风格(图 10.25)。从园林化到公园化需要三个转变,即规模、密度、生态含量这三个方面的转变。首先规模要大,从前城市中的公园为什么被称为园林式的,因为它太小了。公园的概念是从欧洲传过来的,什么叫公园?看看欧洲的公园吧,一亩地也叫公园吗?所以要有规模。有条件的城市在结合旧城改造的过程中,拆了之后就不要建房了,通过建设公园来扩大绿地,上海等不少城市已经在朝这个方向努力了。其次是密度的增加。包括立体化绿化,增加动植物品种,创造立体化起伏地形,使得单位面积中的自然景观含量提高。我们要增加这种自然景观的密度,而非增加一座亭子、一堆石头。增加景观密度就是要增加水体、绿化、地形起伏,增加这些自然景观的密度,包括能不能放养一些小动物,除了水池里的金鱼还应有别的动物。最后是增加生态含量,增加生物多样性。比如动植物品种要增加,日照、通风、水循环要好,等等。这三个方面是互相连带的,没有一定的规模、密度作为基础,其生态含量岂不是空话? 这就是为什么一个数平方千米的公园对于一个城市的意义有多么重大,尤其在城市中心区。上海浦东费了那么大劲,才开辟了 1.43 km² 的世纪公园。缺乏规模,何谈生态!

"素食为主"战略还包括了活动的概念:市民的休闲游憩活动也应以素食为主。素食是什么? 就是比较接近自然的户外活动,简简单单、返璞归真,不要搞得那么复杂(图 10.26)。要提倡这种景观,崇尚回归自然,尽量减少人造景观和人工设施。图 10.27 为世界第二大的吉尔吉斯斯坦(属于中亚)的伊塞克湖,6 300 km² 的水面,700 m 的水深,水下的能见度是 80 m,环境十分优美。强调从园林化走向公园化,我们一直在朝这个方向努力。安徽省合肥大学城(图 10.28a)的面积为13 km²,我们最初做的策划是在核心地带有意识地组织了一些生态廊道。以绿为中心,呈现公园化的风格,而不是城市人工园林化的风格。1.5 km² 的翡翠湖公园(图 10.28b),再加上周围几所大学的绿地,造好之后将相当可观、可游。整个风格就是尽量少做人工构筑,少做硬质铺装。除了网球场等必要的运动场地外,基本上都是绿地(图 10.28c),尤其是驳岸的处理。这些貌似简单的问题,从中却能反映出生态与否。比如从沿湖驳岸的处理,就能看出生态化的意识较强烈。从硬质的到软质的,我们希望能够形成自然生态景观的效果(图 10.28d、图 10.28e)。

# 10.8 以人为本战略

城市生态园林最终是为人服务的。人类对于城市生态园林的本质性需求是什么? 人类向往的人居环境又是如何? 如图 10.29 所示,这是 20 世纪 30 年代杭州西湖的风采,昔日自然如画的西湖与今天被城市、人造景观包围充斥的西湖相比,我们更向往哪一种呢? 要回答这些问题可以从分析人类的本质需求开始,人类对于生态园林的本质性需求可以分为三个方面:一是人类的本性必需,即人类对于自然化的生存环境的需求;二是人类的发展需要,即人类社会对于美好的生活场所的需求;三是人类的精神向往,即人生需要精彩的生命历程。

图 10.27 伊塞克湖

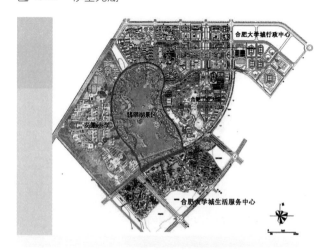

图 10.28a 安徽省合肥大学城一期总平面图

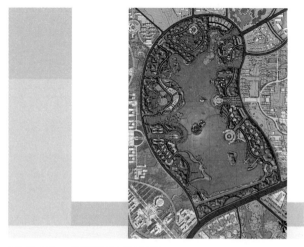

图 10.28b 翡翠湖公园总平面

图 10.28c　体育休闲广场

图 10.29　20 世纪 30 年代的杭州西湖

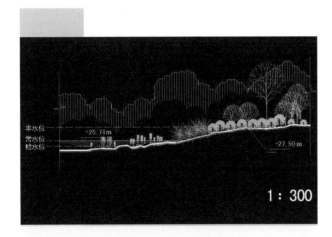

图 10.28d　生态自然式——缓坡驳岸剖面图

图 10.30　原始的自然——孕育万物原生的旷野

图 10.28e　伊赛克湖湖滨人造公园 ［2003 年摄］

作为人类生息繁衍的庇护所

图 10.31　人类原始的生存环境景观 1——森林

这三方面的需求源于人类数十万年的环境进化与遗传。对于人的本性需求的思考将有助于生态园林大目标的确立。有了这样一种分析,就不用再拘泥于表面化的文字游戏,或对基本概念的纠缠不清。如果这三个方面的需求都没理解,那制定出的目标就不会全面。

人类为什么会对原始自然的景观感兴趣?这得追根溯源去看一看,想一想。图 10.30 所示的是红山嘴地区——位于中国跟蒙古交界新疆阿勒泰的区域,诸如此类的地方,我们只要身临其境都会被感动的。旷野孕育了自然界的万物生命,不管是外行还是内行,都会感觉像是回家一样。图 10.31 所示的是新疆喀纳斯湖,这是第一类人类生存的景观——森林,我们不就是从那里走出来的吗?森林是一个庇护所,森林是人类的第一故乡。然后,来到草原(图 10.32),经过渔猎游牧之后人类才定居下来。森林、草原为人类奠定了关于自然的美感。什么叫美感?美感就是感觉,就是舒适的感觉嘛(图 10.33)!这些正是生态园林建设当中所要倡导的风格,看看这些源于大自然的景观,哪有那些小家子气、小园子气?无论如何,在自然变得日益珍贵的现代,我们要的是这种源于大自然的景观,我们最好能把这种景观搬到城市中来。这些多美呀!当这种景色能够回归到我们所规划设计的景观风景园林中去的时候,景观风景园林就是家的景观风景园林了,而不再是他乡异地的东西了,这就是具备家园感的景观风景园林(图 10.34)。人们之所以需要景观风景园林,不仅是为了好看,更基本的是要能够使用、要实用(图 10.35a)。即使是要好看,也首先源自基本的生理心理需求,为什么?原因之一在于长期进化的历程,这是从草原来的,是美化了的森林、草原,人们要把那种长期积淀下来的情感找回来。当然这里面强调的都是以自然为主的(图 10.35b、图 10.35c)。不过要有美,也要有人文的积淀。当然这里面的风格问题,西方跟东方是不一样的。西方用人(图10.36a),东方用物,正是因为有大量的存在于乡村当中的,存在于人们生活当中的数百上千年的荷塘景观,那篇《荷塘月色》的散文才会如此动人(图 10.36b)!当然,最终还是要情景交融,从自然风景优美的吉尔吉斯斯坦伊赛克湖(图 10.36c)到人声鼎沸的西班牙巴塞罗那城市广场(图 10.36d),都不难看到这种人与环境融为一体的景观。

## 10.9　精彩人生战略

生态园林城市不仅可以为市民提供更为良好的生活游憩环境,还可以大大促进城市旅游的发展。游憩是针对本地居民而言,旅游则是针对外来游客而言。这就要求在城市园林绿地空间的使用中,不仅要考虑市民的需求,还要考

图 10.32　人类原始的生存环境景观 2——草原

图 10.33a　森林、草原为人类奠定了关于自然的美感

图 10.33b　自然山水奠定了中国风景园林美学的基础——山、水景观的运用

图 10.34a 乡村田野（安徽黄山）

生态园林"实用"的标准是什麽？

硬地率？

图 10.35a 与户外活动有关的实用景观

图 10.34b 乡村（黄山宏村）

图 10.35b 某社区景观（美国）

图 10.34c 小城、小镇（意大利卢卡）

图 10.35c 美化了的"森林""草原"

图 10.36a 花园中的雕像

图 10.36b 宅前荷塘——"荷塘月色"

图 10.36c 伊赛克湖

景观的美观包含着很多内容，如画的景色、诗情画意、文化内涵、艺术品味等

生态园林【美观】的标准是什么？

图 10.36d 巴塞罗那城市广场

图 10.37a 伊赛克湖"蓝色梦幻"旅游主题滨水空间意向图

| 序号 | 旅游主题 | 主题内涵 | 旅游项目策划 | 意向图 |
|---|---|---|---|---|
| 1蓝 | 蓝色梦幻 | 以伊赛克湖水域和蓝天为场所的旅游活动项目，强调精品化、特色化 | 水上娱乐、水下探险、滨水、空中旅艳 | |
| 2白 | 白色恋曲 | 与雪山、冰川相关的旅游活动项目，强调原生态性 | 冰川、登山、滑雪，专业、业余探险、科考、速降、滑翔 | |
| 3绿 | 绿色休养 | 依托周边原生林地开展森林游憩活动，同时扩大环湖的生态保护带 | 康复旅游、休闲度假、高尔夫等公司旅游、商务旅游、分时度假 | |
| 4橙 | 橙色体验 | 沿旅游信道，依托当地民族的聚居地，形成民俗风情游线 | 宗教、民俗、商贸等艺术文化体验游、购物游、美食游、狩猎、游牧 | |
| 5金 | 金色狂欢 | 建设、整合旅游度假基地，形成若干激情旅游焦点 | 自由贸易、博彩、民族歌舞、风光摄影、绘画展示、中亚影视狂欢节、文学创作 | |

图 10.37b 中坤伊赛克湖旅游基地五大旅游主题策划

图 10.37c 伊赛克湖区旅游主题策划图

图 10.38a 汤池温泉旅游度假区总体规划

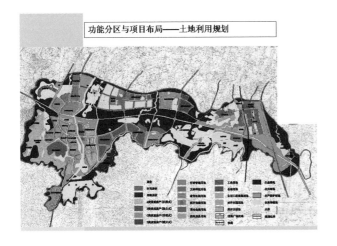

图 10.38b 汤池温泉旅游度假区土地利用规划图

虑旅游者的需求。对于创建生态园林城市而言,这是很重要的一个方面,这就归结到了景观规划设计三元论、三方面之一的大众行为与旅游游憩。在满足人们基本生理需求的基础上,还要满足人们的休闲娱乐、人生体验的心理精神需求。一个地区、一个城市的旅游发展与生态园林建设关系很大,本书旅游规划章节介绍的新疆四地州旅游发展战略规划,就不是简单地做旅游规划,还要做生态保护规划,这一宏观规模层面就与前面所论述的整个国土区域的绿化网络建设以及森林公园建设都联系在一起了。在微观层面,具体到一个旅游地建设也一样要考虑生态景观的建设。不管是像伊赛克湖这样的国际级旅游胜地,还是在一个占地 10 km² 的旅游规划中,我们的生态环境建设都会考虑得非常仔细,例如其中原有的森林保护,图 10.37 是配合着不同的环境而制定的不同的游乐项目。还有比如安徽省汤池的温泉,我们也做了一样多,局部的修建性详细规划提出,借着旅游的发展把当地的经济搞上去,把当地的生态环境搞上去(图 10.38)。其实创建生态园林城市最后的目标是城市的三效益问题,所以在前面谈过的一些基本思路都包括在我们现在的规划项目中,生态绿道、大片的绿地、水体的保护以及水系的组织都有,如图 10.39 所示。该项目是 2010 年的上海世博会,国内外 40 家单位竞标,最后同济大学和英、美两家规划设计机构为中标单位。同济大学风景科学与旅游系负责景观系统、绿地系统和开放空间系统的规划设计。尽管占地仅 6.2 km²,但也要体现这些内容。精彩人生战略就是要把绿化、旅游和游憩结合起来。

## 10.10 "放长线"战略

这是第十大战略。生态景观园林建设是一项长期的事业,要用自然的时间和尺度来规划建设(图 10.40)。图 10.41 是德国柏林市区中一个 10 km² 的风景园,注意,这可是 300 年前规划建设的!所以在绿地系统规划过程中,作者经常跟团队的成员们说,在符合城市总体规划要求的前提下,考虑绿地系统的规划建设分期,除了 10 年、20 年和 30 年之外,还要从生态园林城市建设的自然规律来划定分期年限,这一自然的规律就是自然界的时间和尺度,它不是按照人类时间尺度计算的。它不像建筑,建筑少则 1 年、2 年,多则 3 年、5 年就建起来了。而这些生态自然的东西有自己的周期。尤其是绿化,应以 50 年、100 年为时间分隔单位,以数十、上百、上万平方千米为空间的尺度,所以对于生态景观园林规划设计,要有 2050 年、2100 年、2300 年和 2500 年等远景规划。作者当年留学的美国弗吉尼亚大学校园,那些树木的树龄都在 80—90 年或者 100 年

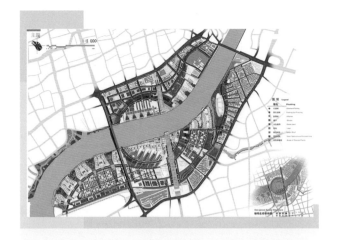

图 10.39a　上海 2010 世博会景观规划（绿化系统规划图）

图 10.40　21 世纪中国城市化进程中的城乡森林化

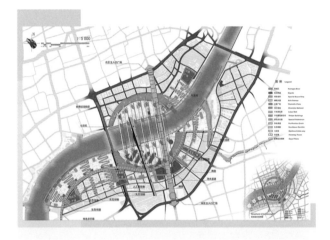

图 10.39b　上海 2010 世博会景观规划（景观体系规划图）

图 10.41　德国柏林市区中 300 年前规划建设的 10 km² 的公园

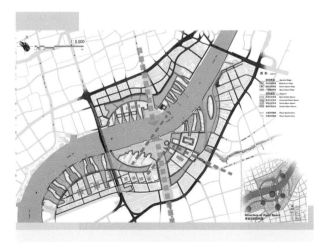

图 10.39c　上海 2010 世博会景观规划（开放空间体系规划图）

图 10.42　4 km² 左右的美国纽约中央公园（1851 年）

左右。像美国纽约中央公园是 150 年前规划的,150 年后发挥效益(图 10.42)。所以作者经常跟同事和学生们说有生之年别指望出名,一两百年之后等着后人评说吧,这就是景观园林的特点。

## 10.11 景观园林界的"共产主义"宏伟目标

基于上述十大战略,作为总结,我们再重新审视一下整个生态园林城市的基本内涵。内涵如果不搞清楚,理解得不深刻,挖掘得不彻底,生态园林城市的质量、最后的建设效果就达不到理想的状态。生态园林城市的基本内涵究竟是什么? 作者认为以下三个层面非常重要。

第一个层面,要对生态化的城市有正确理解。其实城市都是生态的,世间万物,只要是跟生命有关,都有生态的问题。说哪个城市生态或者哪个城市不生态都是不准确的。正确的提法是有生态良性循环的城市,也有生态恶性循环的城市,良性的称之为"正生态"城市,恶性的称之为"负生态"城市。创建生态园林城市的目标就是为了让城市朝着正生态方向发展,这是第一层概念。

第二个层面,要研究人居环境理论。我们建设部系统的最高目标就是创建美好的人居环境。其中,生态园林城市是人居环境发展的高级阶段。就像人类社会发展的初级、中级和高级阶段一样,生态园林城市是人居环境发展的高级阶段。高级阶段配合着人类社会的发展,它是一种理想,就像共产主义一样。理想是会实现的,但是需要很长很长的时间。我们不能因时间太长就不等、不做、不去努力了,那不行,还是要去努力的。本质有三:社会的和谐存在、社会的经济高效发展、社会的生态良性循环。和谐、高效、良性,关键是这三个词才使社会存在朝着良性循环的方向发展。社会的不和谐、经济的低效发展和生态的恶性循环,这些恰恰是人类不希望看到的。在生态园林城市创建中,景观园林应该作为生态城市的主要载体。作者想这就是它的基本内涵和基本关系了。

第三个层面,将理想中的正生态城市(Eco-City +)与目前现实中的负生态城市(Eco-City -)做一比较(图 10.43)。毫不夸张地说,生态园林城市是人类永恒的追求。什么叫永恒? 从很久很

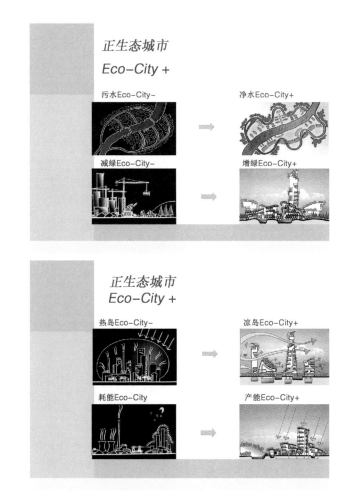

图 10.43  正生态城市

久以前就开始追求了,追求一种理想的生存环境:生活很方便,很安全,能促进发展,自然环境又是非常良好的。其实从古到今都是这种追求,是不是一种共产主义式的大目标? 试想真正的生态园林城市创建完了干什么? 想不出来。作者觉得生态园林城市是人类聚居环境理想化的目标,真正到达的话,人类社会的发展也该登峰造极了。所以进一步的话,如果跟现在整个规划建设的形式语言相结合,作者认为创建生态园林城市的基本目标可以基于以上三个层面:层面一,是比较基础的,整个报纸文章目前都在写;层面二,也在写,没什么新的;层面三,写得不够,创建生态园林城市这是最后的一个目标,我们就是要达到这个目标。这就是所说的理想的共产主义式的人居环境。要达到智慧的城市,要有现代文明,

经过文明的积累最后达到智慧,这里的智慧含义很广。从这个效益来讲它是智慧的,从这方面来讲它是智慧的,从人类的生存、人类的发展来讲它也是智慧的。其本质的含义就是三生态:生态安全、生态效益和生态文明。

与之相对应,创建生态园林城市的基本目标可以分为以下三个层面:

层面一:完善绿地系统,防治和降低城市大气、噪声和各种废弃物的污染,实施清洁生产、绿色交通、绿色建筑。

层面二:提高城市三大效益。

层面三:迈向文明城市、智慧城市。

总之,中国景观园林师面临的是一次千载难逢、空前绝后的挑战与机遇。这就是城市化进程中的生态园林绿化建设。挑战自不必说,机遇就是在城市化的规划建设进程中,可以有意识地把现代的生态景观园林的意识添加进去,把大片的绿地预留出来。机遇,就是城市化进程中的大地景观建设,其中,生态园林城市建设是这场战役中的一面旗帜。

## 10.12　为更大时空的人居环境建设服务

### 10.12.1　引言

"资源保障"与"环境安全"两大世界性问题在人类未来的长远发展中将更为严峻,从中国长远发展而论,西部地区的生态环境建设是国土生态安全、可持续续发展的基础和保障。该区域土地总面积约为345万$km^2$,占全国的36%,既是国土主要水系的水源区域,又是土地荒漠化和水资源匮乏的主要区域。研究西部地区的生态安全与各种土地空间尺度上的城乡景观的生态保护、修复、再造,以及新型人居环境的开拓建设,即研究广义的城乡景观生态化规划设计理论、方法、技术理应成为作为一级学科的中国风景园林和城乡规划未来60年的首要研究领域,其研究与实践对于中国国土区域乃至世界类似区域的可持续发展都具有长远的影响和深远的意义(图10.44)。

图10.44　西部地区土地荒漠化区域

中国西部干旱地区常年缺水,经济条件落后,人居环境建设滞后,现有基础设施条件难以满足当地民生。在近30年及今后30年全球气候无端变化、气候分布空间格局重组的大背景中,在黄土高原早已面临的问题日益突出的同时,也面临着重大的发展机遇。解决数千年累积的问题、应对气候变化带来的发展机遇,已是刻不容缓。

全球环境与气候变化对于西北黄土高原干旱地区的影响重大,根据专家近年来对全球气候变化趋势的预测,黄土高原地区将由暖干向暖湿气候转型,有温度升高及湿度增加的可能。因此,该地区将面临集水造绿、环境改善的巨大机遇:从未来百年的发展考虑,应对气候变化、集水造绿、逆转生态恶化趋势、形成良性循环、改善与新拓人居环境、优化社会体制等,通过一系列技术和政策措施,在黄土高原创造"塞北江南"并非痴人说梦,在黄土高原建设的绿洲必将成为中国人居环境新的"拓展区域"。

为此,2011年,作者申请的国家自然科学基金课题"黄土高原干旱区水绿双赢空间模式与生态增长机制研究"获批[67]。课题思路:聚居背景是人居环境的基础,聚居活动与聚居建设基于聚居背景之上。对于西部干旱地区新型人居环境建设的研究,其前提在于首先是扭转黄土高原干旱区环境恶化的趋势,其次是使该地区环境生态形成不断改善的良性循环,这一"背景"的改变需要多种手段。其中,配合气候变化的"集水造绿"有望成为"龙头引领"。

所以，项目研究紧跟全球气候变化的大形势，从人居环境学科及其与之交叉的学科综合着眼，从"集水造绿"的关键具体问题入手，提出在黄土高原干旱区大规模集水造绿、改善生态环境、创造新型的黄土高原人居环境背景、探索新型人居生存方式、寻求新型人居环境建设模式，最终实现开辟新型人居环境的目标。

## 10.12.2 人居环境"三元论"在西部干旱地区人居环境构建研究中的应用

迄今为止，围绕西部人居环境研究的不足是缺乏"人居背景—人居活动—人居建设"三位耦合互动的研究，三者相互的研究实践脱节，研究成果的实践性与可操作性不强。对于西部干旱地区而言，关于人居环境背景、活动、建设三位一体的理论研究与综合评价属于空白，因此，经过中外学者专家数十年的研究与实践积累，对于西部干旱地区与黄土高原的研究已经到了一个转折点，即以人居环境学为引领，融入多学科领域的研究成果，以"背景—活动—建设"三位一体地对新建区域进行综合研究。

首先，理论基于"人居环境学""感应地理学""景观生态学"的理论，基于古今中外人类与其聚居环境之间互动关系的发展演化分析，得出了人类聚居环境世界观产生、形成、演变的总体规律及其制约因素，建立了人居环境的长远期价值取向理论；其次，针对当今人居环境的环境保护、空间资源与生态安全问题，提出了以人居背景保护、人居生存方式改变为引领的人居规划设计导向；再次，针对建筑、规划、景观界存在及面临的可持续发展规划设计技术问题，倡导策划—规划—设计三位一体的规划设计方法，坚持人居环境高技术、中技术、低技术的集成应用。

以西部干旱地区少人和无人区域的人居环境开发利用为长远目标，以区域景观生态化规划设计为方法与途径，研究集水造绿与生态改善、传统生存方式与产业的改变创新以及新型人居环境模式的理论、方法、技术集成应用。以黄土高原干旱区甘肃环县开始实施的"上海绿洲"为实证案例，以"干旱区地表雨水收集、生态环境改善的新型聚居背景"＋"现代集约化农牧业与生态旅游等为主的新型聚居生存方式与产业"＋"节水节能、低碳环保、生态循环的新型聚居建设"为理论和技术研究主线，串以基于环境改善的西部

黄土高原干旱区人居环境空间模式识别、产业调整、智慧引进与资源统筹等理论的综合与技术的集成化研究及一体化技术应用途径。最终从理论、方法和技术三个层面，提出应对气候变化的西部干旱区新型人居环境模式、形态与集成技术及其应用途径。研究框架如图 10.45 所示。

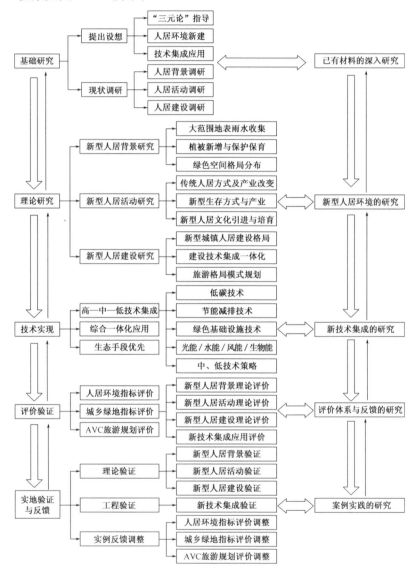

图 10.45 研究框架 ［AVC 即一个风景旅游区的吸引力（Attraction）、生命力（Validity）和承载力（Capacity）的简称］

### 10.12.3 "上海绿洲"案例研究

#### 1) 项目概况

本书依托的实例是基于陇东黄土高原干旱区中定名为"上海绿洲"的以集水造绿、人居新建为龙头的实验性项目，该项目位于甘肃省庆阳市环县甜水镇甜水堡，即庆阳市西北方向约200 km处，面积约为330 hm²，常年干旱，无人聚居。基地内部有五道梁，被外部道路分割成东西两部分，东部两道，西侧三道，为黄土覆盖，土层渗透力极强，最厚的地方约为164 m。基地范围内的年降水量不足200 mm。基地中间有211国道穿越。基地内部无河流经过，山坡上存有少量植被，以耐旱及较耐旱的植物为主（图10.46）。

图 10.46　基地内有少量植被的山坡

借此项目，拟就上述三方面的研究内容予以综合的实地验证与多方案的比较。并计划以此为起点，在今后多层面、多渠道、多行业的参与中，将该基地范围向周围地区扩展，少则数十平方千米，多则数百上千平方千米的更大区域范围，形成国土区域尺度上的区域联动，以期为广袤干旱地区的人居建设提供借鉴与参考。

#### 2) 规划方法与技术应用

（1）聚居背景规划与技术应用

① 大范围地表雨水收集

规划采用中、低技术与高新技术集成的策略，选择了实验场地，通过蓄水池建设、水渠修建、水窖建设、屋面集水等方式综合实现。目前在基地西侧区域内勘探并挖掘了两口水井，现深度为800 m，水温为24 ℃。在基地东侧靠道路边界处，人工挖掘了一座蓄水池，规划为6 000 m³的水库，内做防渗处理，通过蓄水池的水体保持，将水引入靠近道路的沟渠中，同时沟渠中也存留降雨时所积蓄的水体。在基地区域内的梁上已用土撬开挖蓄水坑，通过低技术的手段保留了部分水分。设计中采用自然生态手段防止水分蒸发，比如将葡萄藤蔓架在水面、沟渠及蓄水池上，通过藤蔓掩映来降低水体温度，减少蒸发面积，储水保水。

② 植被新增与保护保育

根据对现场的观察与对实验的分析发现，基地内部虽然植物种类较少，但普遍抗旱性较强，且在有水分的地方，如基地东侧的沟壑中，很容易在雨季生长茂密，茅草等植物更是如此。于是，在基地中选择了区域内已生长的柠条（Caragana Korshinskii）、早熟禾（Poa Annua L.）、沙棘（Hippophae Rhamnoides Linn.）、车俄洛紫菀（Aster Tongolensis Franch）、紫花苜蓿（Medicago Sativa）等多种植物进行利用，尤其采用柠条、茅草等在该地区范围内极易生长的植物，以此形成绿化系统，并同时利用车俄洛紫菀、紫花苜蓿的经济性与畜牧业相结合，形成整合新型产业用途的大规模绿化模式。

③ 绿色空间格局分布

规划过程中探讨了区域尺度上西部干旱地区的绿地生态网络格局，从大区域背景着手，为"上海绿洲"项目区域提供借鉴，并针对区域尺度上的新建人居环境，引入了绿色基础设施（GI）方法技术，研究区域尺度上黄土高原地区的绿地生态网络格局以及植被系统与空间分布。并且，根据现有文献及实地考察资料，研究黄土高原植被时空演替的特征，在全球气候变化的大背景下分析及预测黄土高原未来的气候趋势，以此为根据进行时空模拟，讨论黄土高原绿色空间格局的恢复技术与规划途径。

（2）聚居活动规划与技术应用

① 传统人居生存方式与产业改变的可能性探寻

在规划过程中，同时运用各种评价体系对该地区人群的生活方式及价值观进行评价与导向研究，并研究该地区人居环境与产业结构的关系动态，如使用"人居环境评价指标体系"对新型人居环境的各种聚居要素进行评价分析，利用"城乡绿地评价指标体系"对理论研究与技术应用后的人居环境建设进行生态评价分析，利用"AVC旅游规划评价体系"对研究区域的旅游吸引力、生命力及承载力进行评价分析。研究证明，只有利用多维度多层次的评价体系对传统聚居生存方式与产业结构进行系统分析，才可以产生科学的变形导向；以传统畜牧业及农业为主要导向的聚居生存方式应向多元化的复杂结构聚居方式逐渐转型。

② 新型人居生存方式与产业

基于"改变的可能性"的分析，从影响聚居活动的各个方面入手，分层次、分类型对新型人居生存方式与产业模型进行评价指标的测定，以提出全新的生存方式与产业结构。比如在对文化产业的研究中，即从西部干旱地区的旅游活动方面入手，首先通过AVC理论评定该地区现有的风景资源及旅游资源，研究适宜的数学公式以测定该地区的生态容量与游人容量，之后对大区域范围内的旅游开发及旅游活动进行策划、规划及设计，以旅游活动带动文化产业的发展。

③ 新型人居文化智力的引进与培育

"上海绿洲"区域，位于甘肃与宁夏两省交界处，自然与人文资源丰富，规划设计通过旅游活动来引领新型人居生存方式与产业，促进文化交流及文明提升。并且，针对该区域人居环境的开拓发展，凭借未来聚居空间资源、生态资源、政策资源的优势，引入现代智力人才，形成"智慧产业—人才汇聚—智慧新生代—智慧产业—人才汇聚—智慧新生代……"的新型人居生存方式循环。目前，已在甘肃庆阳地区引进了多位本科及硕士毕业生，并有在读和在站博士后多名在当地进行科学研究。他们的存在为该地区的建设事业提供了巨大帮助，他们的理论及思想也为当地的旅游、经济及相关产业发展带来了推动作用。

（3）聚居建设规划与技术应用

① 新型城镇人居建设格局模式

规划设计结合干旱区聚居背景的特征，对该区域人居环境建设研究的现有成果予以整理综合与改进；对该区域新时期新型村镇形态构建理论的研究与典型模式进行了探讨；基于新型生存方式与产业对人居尺度、规模、密度进行了研究，同时实现了新型人居环境景观与艺术美学形式的研究与构建，如在"上海绿洲"通过"黄土壁画"的方式打造"世界黄土第一坡"的构想。

② 西部干旱地区人居环境建设技术集成一体化应用

规划充分整合了现有的高、中、低技术，其中有通过对区域景观信息3S[遥感（Remote Sensing）、地理信息系统（GIS）、全球定位系统（GPS）]获取与分析评价的高新技术应用，以及区域和小流域范围的地表雨水收集和保存技术、区域绿地生态网络格局构建、抗干旱节水型植被绿化品种选择等中技术应用，也有传统的水土保持的低成本技术及新技术，同时还包括通过低碳环保建筑技术以及太阳能、风能、生物能等可再生能源制造技术等的相互整合来实现的技术集成。

③ 旅游格局模式规划

规划提出了土城规划、建筑模式与技术、窑洞宾馆模式与技术、红色旅游文化模式等多种旅游规划构想，改善了人居环境的同时也带来了旅游契机。

## 10.12.4 结论

以"新型"人居环境为空间构建的依据，以集水造绿、环境改善、产业重组、智力引进为突破口，中国西部干旱地区的人居环境建设必须寻找、创造出一种新型范式。在研究西部干旱地区这种人居环境模式构建的过程中，作者深刻地感到完成这一任务的艰巨性，这不仅需要战略的设想、综合的理论及集成的技术，还需要具有更为长远的时间思维。千年造绿、风土修复，这是国家发展赋予现代景观规划设计师的历史使命（图10.47、图10.48）。

图 10.47　实验地现场景象(2010 年)

图 10.48　实验地预测景象(3010 年)

## 第 10 章参考文献

[1] 刘滨谊. 城市生态绿化系统规划初探——上海浦东新区环境绿地系统规划[J]. 城市规划汇刊,1991,76(6):50-56.

[2] 刘滨谊. 上海浦东新区绿化系统规划方案略论[M]//全国青年科技工作者城市建设与发展研讨会组织委员会. 城市建设与发展研究论文集. 上海:同济大学出版社,1992:83-87.

[3] Binyi Liu. Breaking the Barriers:The New Trends in Chinese Parks with Multi-Levels and Multi-Functions and Vernacular[R]. New Zealand:Proceedings of 96'IFPRA Conference,1996.

[4] 刘立立,刘滨谊. 论以绿脉为先导的上海远期城市空间布局[J]. 城市规划汇刊,1996,105(5):27-32.

[5] 吴承照,刘滨谊. 游憩与景观生态理论研究——在绍兴市中心城绿地系统规划中的综合应用[J]. 城市规划汇刊,2000,125(1):71-73.

[6] 刘滨谊,陈威. 中国乡村景观园林初探[J]. 城市规划汇刊,2000,130(6):66-68.

[7] 刘滨谊,陈威. 中国乡村景观园林初探[C]//上海市风景园林学会. 上海市风景园林学会论文专辑. 上海:上海市风景园林学会,2001:4.

[8] 刘滨谊,姜允芳. 论中国城市绿地系统规划的误区与对策[M]//中国城市规划学会. 转型与重构:2011 中国城市规划年会论文集. 南京:东南大学出版社,2001:5.

[9] 刘滨谊,姜允芳. 论中国城市绿地系统规划的误区与对策[J]. 城市规划,2002,26(2):76-80.

[10] 刘滨谊,姜允芳. 中国城市绿地系统规划评价指标体系的研究[J]. 城市规划汇刊,2002(2):27-29,79.

[11] 刘滨谊,王云才. 论中国乡村景观评价的理论基础与指标体系[J]. 中国园林,2002(5):77-80.

[12] 刘滨谊. 中国小城镇乡村景观绿化建设[J]. 中国城市林业,2003,1(1):55-56.

[13] 刘滨谊,姜允芳. 小城镇绿化规划理念与技术[J]. 中国城市林业,2003,1(2):51-53.

[14] 刘滨谊,刘颂,邬秉左. 从城市边缘到城市中心区的自然保护与再生——以无锡市绿地系统总体规划为例[C]//日本造园学会,中国风景园林学会,韩国造景学会. 第 6 届日中韩风景园林艺术研讨会议论文集. 日本:第 6 届日中韩风景园林学术研讨会,2003:6.

[15] 刘滨谊,张国忠. 基于恢复生态学理论的城市绿地系统规划探悉——以无锡为例[J]. 昆明理工大学学报,2004,29(3):287-290.

[16] 刘滨谊,杨星. 城市郊区绿地的保护:保护与利用的矛盾[R]. 首尔:第 7 届韩中日风景园林学术研讨会,2004.

[17] 刘滨谊. 中国城乡生态绿地规划[C]//佚名. 亚欧城市林业国际研讨会会议指南. 苏州:亚欧城市林业国际研讨会,2004:22.

[18] 刘滨谊. 城市森林规划理论与方法探索[C]//亚欧城市林业国际研讨会会议指南. 苏州:亚欧城市林业国际研讨会,2004:67.

[19] 刘滨谊,杨星. 景观生态学创新理念与城市林业规划设计[C]//佚名. 亚欧城市林业国际研讨会会议指南. 苏州:亚欧城市林业国际研讨会,2004:68.

[20] Binyi Liu, Lin Shao. Towards to urban forestry construction in the process of the ecological urban development：A case study of Wuxi City, Jiangsu Province[C]//佚名. 亚欧城市林业国际研讨会会议指南. 苏州：亚欧城市林业国际研讨会，2004：69.

[21] Binyi Liu, Jing Wan. On the area definition and existing situation investigation and analysis of urban forestry planning[C]//佚名. 亚欧城市林业国际研讨会会议指南. 苏州：亚欧城市林业国际研讨会，2004：70.

[22] Binyi Liu, Qin Liu. Urban forest tourism plan[C]//佚名. 亚欧城市林业国际研讨会会议指南. 苏州：亚欧城市林业国际研讨会，2004：73.

[23] Binyi Liu, Na Feng. The guide of modern landscape and design theory towards development of china's urban forest[C]//佚名. 亚欧城市林业国际研讨会会议指南. 苏州：亚欧城市林业国际研讨会，2004：74.

[24] 刘滨谊. 创建生态园林城市的十大战略[J]. 安徽园林，2005(1)：10-11.

[25] 刘滨谊，温全平. 城郊生态敏感区植被规划方法[J]. 中国城市林业，2005,3(3)：8-12.

[26] 刘滨谊，陈威. 关于中国目前乡村景观规划与建设的思考[J]. 小城镇建设，2005(9)：45-47.

[27] 邵琳，刘滨谊. 市民生活的需求引导城市公园的发展——以江苏省无锡市为例[C]//中国风景园林学会，日本造园学会，韩国造景学会，等. 第8届中日韩国际风景园林学术研讨会论文集. 上海：第8届中日韩国际风景园林学术研讨会，2005：202-209.

[28] 刘滨谊，杨星. 无锡市城郊绿地的生态网络建设[C]//中国风景园林学会，日本造园学会，韩国造景学会，等. 第8届中日韩国际风景园林学术研讨会论文集. 上海：第8届中日韩国际风景园林学术研讨会，2005：27-32.

[29] 王新伊，刘滨谊. 城郊绿化与城市绿色生态空间的营造[C]//中国风景园林学会，日本造园学会，韩国造景学会，等. 第8届中日韩国际风景园林学术研讨会论文集. 上海：第8届中日韩国际风景园林学术研讨会，2005.10：40-45.

[30] 刘滨谊，张国忠. 近十年中国城市绿地系统研究进展[J]. 中国园林，2005,21(6)：25-28.

[31] 刘滨谊，张国忠. 中国城市绿地系统研究进展、理论基础及实践的探索[J]. 华中建筑，2005,23(3)：88-90.

[32] 刘滨谊，刘悦来. 以人为本的景观绿地规划——中国2010年上海世博会景观绿地控制性规划研究[J]. 规划师，2006,22(7)：47-50.

[33] 刘滨谊，温全平，刘颂. 城市森林规划中的城市森林分类——以新疆阿

克苏市为例[J]. 中国城市林业，2006,4(4)：4-8.

[34] 刘滨谊，温全平. 城乡一体化绿地系统规划的若干思考[J]. 国际城市规划，2007,22(1)：84-89.

[35] 姜允芳，刘滨谊，刘颂，等. 国外市域绿地系统分类研究的述评[J]. 城市规划学刊，2007(6)：109-114.

[36] 刘滨谊，温全平，刘颂. 上海绿化系统规划分析及优化策略[J]. 城市规划学刊，2007(4)：108-112.

[37] 姜允芳，刘滨谊. 区域绿地分类研究[J]. 城市问题，2008(3)：82-86.

[38] 刘滨谊，温全平，刘颂. 城市森林规划的现状与发展[J]. 中国城市林业，2008,6(1)：16-21.

[39] 刘滨谊，万静. 城市森林规划范围及其调查内容与方法的分析[J]. 南京林业大学学报(自然科学版)，2009,33(1)：151-154.

[40] 姜允芳，刘滨谊，石铁矛. 城市绿地系统多学科的协作研究[J]. 城市问题，2009(2)：27-31.

[41] 徐晞，刘滨谊. 美国郊野公园的游憩活动策划及基础服务设施设计[J]. 中国园林，2009,25(6)：6-9.

[42] 刘滨谊，王云才，刘晖，等. 城乡景观的生态化设计理论与方法研究[M]. 中国风景园林学会. 中国风景园林学会2009年会论文集：融合与生长. 北京：中国建筑工业出版社，2009：357-362.

[43] 刘颂，刘滨谊. 城市绿地空间与城市发展的耦合研究——以无锡市区为例[J]. 中国园林，2010(3)：14-18.

[44] 刘颂，刘滨谊. 快速城市化中面向土地集约的绿地空间规划——以无锡市城乡绿地系统规划为例[M]. 中国风景园林学会. 中国风景园林学会2010年会论文集(上册)：和谐共荣——传统的继承与可持续发展. 北京：中国建筑工业出版社，2010：314-320.

[45] 王鹏，刘滨谊. 绿地生态网络概念演变及其在中国的研究概况[M]. 中国风景园林学会. 中国风景园林学会2010年会论文集(下册)：和谐共荣——传统的继承与可持续发展. 北京：中国建筑工业出版社，2010：609-610.

[46] 刘滨谊，王鹏. 绿地生态网络规划的发展历程与中国研究前沿[J]. 中国园林，2010,26(3)：1-5.

[47] Peng Wang, Binyi Liu. Ecological Network Planning：Concept Evolvement and Research Front[R]. Suzhou：47th IFLA World Congress, 2010.

[48] 刘滨谊. 城镇绿地生态网络规划研究[J]. 建设科技，2010(19)：26-27,25.

[49] 贺炜,刘滨谊.有关绿色基础设施几个问题的重思[J].中国园林,2011,27(1):88-92.

[50] 潘霞洁,刘滨谊.城市绿化中的城市废弃地利用[J].中国园林,2011(7):57-62.

[51] 刘滨谊.城市森林在城乡绿化十大战略中的作用[J].中国城市林业,2011,9(3):4-7.

[52] 刘滨谊,贺炜,刘颂.基于绿地与城市空间耦合理论的城市绿地空间评价与规划研究[J].中国园林,2012,28(5):42-46.

[53] 陈蔚镇,刘滨谊,黄筱敏.基于规划决策的多尺度城市绿地空间分析[J].城市规划学刊,2012(5):60-65.

[54] 刘滨谊,吴敏."网络效能"与城市绿地生态网络空间格局形态的关联分析[J].中国园林,2012(10):66-70.

[55] 刘滨谊.应对未来城市发展的创森理念与技术[J].中国城市林业,2012,10(6):1-4.

[56] 刘滨谊,张德顺,刘晖,等.城市绿色基础设施的研究与实践[J].中国园林,2013(3):6-10.

[57] Rui Dai, Binyi Liu. ECD system in the development of city center[M]//Anon 2012 International Federation of Landscape Architects Asia-Pacific Region Annual Conference. London: London Science Publishing Limited, 2013: 24-27.

[58] Min Wu, Binyi Liu. Analysis on relationship between "network efficiency" and spatial pattern of urban green ecological network morphology[M]//Anon. 2012 International Federation of Landscape Architects Asia-Pacific Region Annual Conference. London: London Science Publishing Limited, 2013: 28-34.

[59] 刘滨谊,吴敏.基于空间效能的城市绿地生态网络空间系统及其评价指标[J].中国园林,2014(8):46-50.

[60] 刘滨谊,王南,戴岭.黄土高原半干旱区景观化集水造绿空间网络构建——以甘肃环县为例[J].中国城市林业,2014,12(4):1-6,22.

[61] 刘滨谊,戴岭,王南.以环县为例的黄土高原半干旱区景观化集水造绿的水绿调配规划与增长机制[J].中国城市林业,2014,12(5):1-6,46,69.

[62] 刘滨谊,卫丽亚.基于生态能级的县域绿地生态网络构建初探[J].风景园林,2015(5):44-52

[63] 刘滨谊,王南.黄土高原半干旱区生态化"水一绿"双赢空间模式构建[J].西部人居环境学刊,2015(4):23-28.

[64] 刘颂,刘滨谊,温全平.城市绿地系统规划[M].北京:中国建筑工业出版社,2011.

# 11 创造美丽的现代中国城市景观

## 11.1 中国现代景观规划设计的近景、中景、远景

中国现代景观规划设计面临着近景、中景、远景三个层次的任务。以公元 2000 年为开始,近景时段为 2000—2020 年;中景时段为 2000—2050 年;远景时段为 2000—2150 年。远景,如第 10 章中所述,包括自然保护区、国家风景名胜区、国家森林公园等各类国家级公园、国家级旅游区,以及国土、区域、城乡绿色网络的保护、恢复、建设等时空范围广阔的工作;中景,包括配合城镇化进程的城乡总体格局的营造、城市绿地系统、乡村景观、风景旅游地的保护与建设,以及生态湿地、水体净化、屋顶绿化等绿色基础设施建设;近景,包括配合城镇近期发展建设的城市与乡镇景观建设,具体可以分解为公园、广场、街道、滨水带、住区环境等工作。与远景、中景相比,中国景观规划设计中近景所面临的工作至关重要,如同坐标的原点,其成败、优劣与否,不仅关系到近景本身,作为前期基础性工作,还直接影响并决定着中景和远景的好坏。作为千里之行的第一步,近景的工作十分重要。

## 11.2 创造美丽的现代中国城市景观——以张家港暨阳湖生态园区规划设计为例的近景

江苏省张家港市暨阳湖生态园区规划设计是一个以景观规划

设计为导向的城市综合社区规划设计,自 2000 年开始启动,预计到 2020 年全部建成。2000—2010 的 10 年工作包括策划、概念规划、控制性详细规划、修建性详细规划设计和一期、二期、三期景观环境方案与施工图设计。项目之初基于两次领导专家研讨,形成了"暨阳湖生态园区"的项目策划,经概念规划的国际招标,作为中标方案,由同济大学风景科学与旅游系、美国弗吉尼亚理工学院暨州立大学景观规划设计学系和美国希尔景观规划设计事务所(Hill Studio)三方合作提交的方案进一步明确、强化了生态环境创造城市环境、社会、经济三大效益,以及和谐高效经营城市的理念。以此为基础,在此后迄今的 15 年连续不断的实践中,由作者主持的同济大学风景科学研究所和刘滨谊景观规划设计工作室项目组,通过总体规划、控制性详细规划、修建性详细规划、方案设计、施工图设计、现场监理等一系列细化深化的工作,与甲方密切合作,将这一江南生态园区的构想蓝图逐渐变为美好的现实[1-3]。

该项目用地为 441.45 hm²,距离城市中心区 3.5 km,开发之前的现状为城郊结合部地块,因修筑高速公路集中取土而挖有一个 30 hm² 有余、深 3—4 m 的湖,基地现状内有两条人工运河和若干水渠纵横交错于田园村庄之中,景观呈现出传统的江南水乡风貌。作为距离市中心仅 3.5 km 的可作为城市发展建设的最后一块好地,究竟是建成公园,还是居住房产,或是中央商务区(CBD)项目策划之初,众说不一。经过前期一系列研讨策划最终形成了后来被实践证明是正确的共识:以城市环境、社会、经济三效益的综合发展为目标,以景观生态理念为指导,试图创建一个集城市休闲、娱乐、度假、居住、办公于一体的、极富现代气息、体现生态园林特色的新城区。如今,经过 10 年的规划建设,景观规划设计师最初的理念追求——一幅生态园林城区展现在了世人的眼前(图 11.1 至图 11.4)。

图 11.1a　2000 年基地现状实景 1

图 11.1b　2000 年基地现状实景 2

图 11.1c　2000 年基地现状实景 3

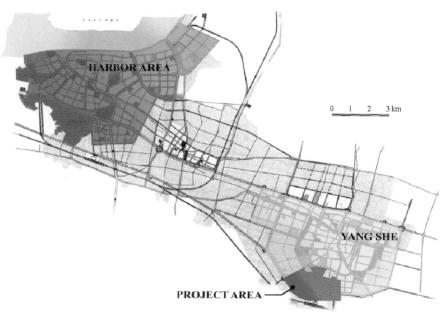

图 11.2a　2000 年基地现状平面图 1

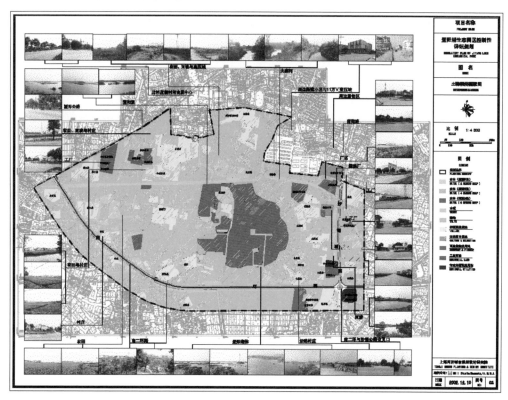

图 11.2b　2000 年基地现状平面图 2

图 11.3　2006 年版规划总平面图

图 11.4a 2006—2009 年建成实景 1

图 11.4b 2006—2009 年建成实景 2

图 11.4c 2006—2009 年建成实景 3

图 11.4d 2006—2009 年建成实景 4

图 11.4e 2006—2009 年建成实景 5

图 11.4f 2006—2009 年建成实景 6

（1）一个综合多方需求、节约基本农田的现代景观规划

该项目基地最初为修筑高速公路集中取土的场地，与以往修筑高速公路沿路沿线地表取土的方式相比，此次集中取土保护且节约了沿线耕地大约2 000亩。与此同时，给基地带来的挑战和契机是，如何挖取土方和究竟能挖多少土方？取土后形成一个什么样功能的湖水，以及湖面如何开发利用最为有效？由此也就引发了关于此基地开发定位、定向的争论——有"公园说"、有"住区房产说"，也有"商业办公区说"，一时间各有各的道理而莫衷一是（图11.2b）。经过前期的策划和国际方案征集，2000年年初步形成了一个功能综合的方案（图11.5、图11.6）。

（2）一个城市与景观紧密结合的功能综合的现代城市—景观规划

如图11.7、图11.8所示，园区功能空间包括野生岛（赢州岛）、自然湿地等自然空间；暨阳湖主湖面（70 hm²）、两片人工湿地区（23 hm²＋8 hm²）——湖滨沙滩（图11.9a）、假日广场（图11.9b）、大地景观（图11.10）、生态化停车场（图11.11）、露天剧场（图11.12）、高尔夫球练习场（图11.13）、生态公园（镜湖公园）等城市绿色公共空间共计200 hm²；南部滨水旅游度假与休闲娱乐区（野趣园）；高档别墅［秀水家园别墅区（图11.14）、三角洲生态居住区等］、滨湖公寓（图11.15）；商业贸易开发区域；基础教育区域（国际学校等）。

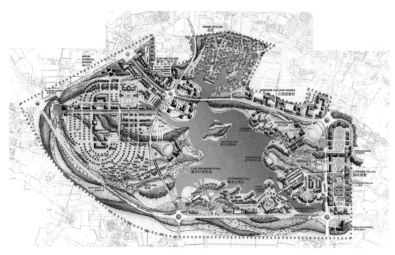

图11.5 2000年版方案平面图

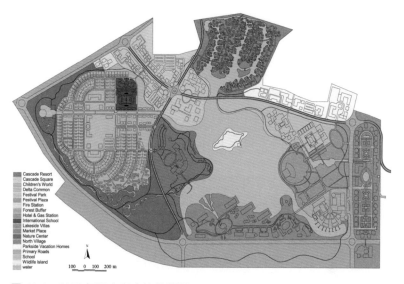

图11.6 2000年版方案功能分区图

图11.7 2008年版规划总平面

图11.8 2005年版规划方案模型

图 11.9a　湖滨沙滩

图 11.9b　假日广场

图 11.10　大地景观

图 11.11　生态化停车场

图 11.12　露天剧场

图 11.13　高尔夫球练习场

（3）一个以生态建设为核心、提升景观环境质量为手段、激发综合效益的现代景观规划设计

以景观规划设计学科专业理念技术为导向，园区土地空间规划是将已有水面总体上扩大至 100 hm² 余。虽然，此举减少了房地产开发建设用地，但是通过增加水面、净化水体、改善景观生态环境，提升了景观环境质量，带动了土地单价升值，从而在环境建设效益达到最大化的同时，土地开发经济效益也达到最大化。图 11.8 是 2005 年版规划方案模型。至 2007 年，中央湖区及其周围的城市绿色公共空间的景观环境，以及外围东部和北部的高层与多层住宅、滨湖别墅区已基本建成。湖区西部的居住、办公、商业建设正待启动。正是因为景观的作用，整个项目建设自 2003 年从城市道路、园区场地景观、湖区蓄水启动至 2007 年，周边地价已升了 10 多倍。至 2009 年，建筑单体价格方面，多层与高层公寓已从 2003 年之前的 3 000—4 000 元/m² 至 12 000 元/m²，湖滨别墅售价则为 25 000—30 000 元/m²（图 11.14 是 2009 年建成的湖滨别墅）。

（4）一个以水为主线再现传统江南风光的现代景观规划设计

该项目围绕水质、水量、水岸交接带、湿地、水的"印迹"、水的寓意联想等展开景观格局与文化意义的创造（图 11.16）。在雨污分流、市政排放的前提下，首先，该项目开辟了以自然为主和以人工为主（野趣园）两处总面积约为 40 hm² 的

图 11.14　秀水家园别墅

图 11.15　湖滨公寓

湿地,形成湖水—经过湿地的水质净化—回到湖中的自我循环以保持湖体水质(图11.17至图11.19);其次,90％的湖岸均采用自然野生水岸形式,并在沿湖邻岸边水下,结合景观组织,建有大尺度的荷花种植池(图11.20至图11.24);最后,园区近湖地带,结合游人使用,多设沙粒一类的硬质景观铺装,雨水基本是通过沙地的过滤而排入湖中(图11.25至图11.27,前图11.4e)。三管

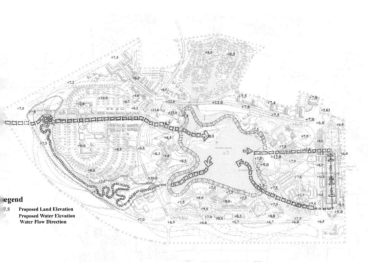

图 11.17　湖区水体循环净化概念图

图 11.16　清澈的湖水

图 11.18　已建成的人工湿地

图 11.19　2009 年动工建设的人工湿地

图 11.20　湖体蓄水之前建设的水下荷花池

图 11.21 湖滨"万亩荷塘"

图 11.22 湖滨芦苇

图 11.23 野生生态岛等滨湖亲水植物景观

图 11.24 湖滨睡莲

图 11.25 湖滨沙地铺装

图 11.26 湖滨演艺广场

图 11.27 湖滨沙石岸带

齐下,整个湖区水质总体保持在国家二类水质的标准,以这样一湖洁净的水体为基础,暨阳湖的湿地、湖中的碧水、湖滨的荷塘柳叶、远景的青山等达到了环境科学技术与风景园林艺术的相辅相成,构成了一幅现代江南园林的画卷。

(5)一个以生态环保教育为现代文化创造的现代景观规划设计

图 11.28 是镜湖公园总平面图。总平面中的圆环代表镜子,镜湖公园的名称即由此而来。公园主入口至湖边设计了一条"生命之谷",表达生命"从无到有""从难到易"的过程。入口处公园名字(图 11.28)的题字为著名画家范曾所题。图 11.29 是一个有着生态构思的公园的主要入口通道,它影射着生命的历程,从一开始的什么都没有到充满了植物、动物、人类。公园入口设计源于新疆景观的启示,在昆仑山脉帕米尔高原这种源头开始的原始地带,那里只有沙和石头,在那里的生命存在是顽强而痛苦的。当我们逐渐走进公园,会感受到适合生命存在的景观环境气息,那象征着大草原的绿地、繁茂的树木、盛开的鲜花,以及来自山中的瀑布溪流。生命历程在太阳广场处达到高潮。太阳广场的铺地——陶瓷地砖的形状和色彩都经过特殊设计,并由工厂定制,与雕塑相呼应,在这里我们要展现大地景观的艺术。例如,镜湖湖面和"镜子"的边缘,试图用四种颜色的沙子代表"四海"(参见前图 11.4e)。除了雕塑家关于"水雾"的立意之外,作为景观艺术,我们也为雕塑赋予了意义——生命之眼。公园中的另外一条通道是"生命足迹"。沿着这条"足迹",最初映入眼帘的是贝壳等海洋生物的模拟化石,然后是恐龙的"脚印",再后来出现了人类的"脚印"。跟随人类的"脚印",参观者来到了一座地下两层、地上两层的生态教育展示馆,在这里,通过现代媒体技术人们可以领略生态环境的各种状态(图 11.30)。

图 11.31 是荷塘广场、图 11.32 是公园中的景

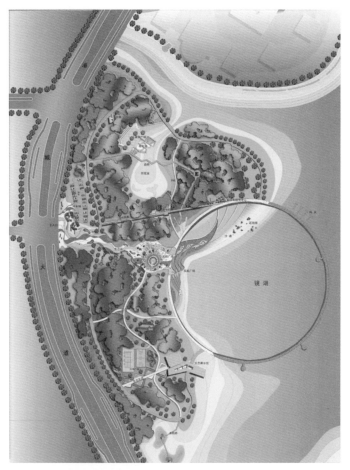

图 11.28 镜湖公园总平面图

图 11.29a 生态公园 1

图 11.29b 生态公园 2

图 11.29c 生态公园 3

图 11.29d 生态公园 4

图 11.29e　生态公园 5

图 11.29f　生态公园 6

图 11.30a　生态教育展示馆 1

图 11.30b　生态教育展示馆 2

图 11.30c　生态教育展示馆 3

图 11.31a　河塘广场 1

图 11.31b　河塘广场 2

观设施构筑、图 11.33 是公园滨水区景观,从"虚化"的形体到朴素的色彩,所有景观构筑的设计都力求与自然和绿化环境相融合。

　　跳出镜湖范围,作为整个暨阳湖生态园区的景观中心,设一个野生生态岛,旨在唤起中国园林传统意境,从理想的生态环境到美好的宝塔景观。与野生生态岛的宝塔群相呼应,镜湖上有座桥,镜湖公园的小山上设一亭。在关于中国传统文化的继承与发扬方面,通过这组宝塔群的设计,试图有所创新。宝塔的整体形态是中国传统的塔,但使用了现代的钢结构和钢木结合的材料,试图给人一种中国现代古塔的感觉。

图 11.32a　公园中的景观设施构筑 1

图 11.32b　公园中的景观设施构筑 2

图 11.33　公园滨水区景观

塔是整个暨阳湖生态园区的视觉中心,所以无论游人走在公园的任何角落都可以看到塔(图 11.34)。但同时,塔群位于生态岛上,因游人不可以进入,那里成了动植物的天堂,给人以一种可望而不可即的感觉。暨阳湖生态园区试图给人留下一种以现代城市自然景观为背景的中国园林感。

图 11.34a 从不同方位看到的公园塔 1

图 11.34b 从不同方位看到的公园塔 2

图 11.34c 从不同方位看到的公园塔 3

图 11.34d　从不同方位看到的公园塔 4

（6）一个现代景观意识不断深入人心、不断扩大强化的景观项目

按照景观和景观规划设计三元论，现代景观意识突出体现在三个方面：① 一切以公众利益为优先的景观大众化、公共性；② 景观环境生态意识；③ 城市景观空间感受尺度的开阔化。

前图 11.5 是 2000 年版方案平面图，前图 11.3 是 2006 年版规划总平面图。比较前后两个方案：在景观大众化、公共性方面，2001 年版方案中将占据核心最佳景观位置的只为少数人服务的五星级酒店取消了，取而代之的是面向市民和外来旅游者的"镜湖生态公园"；在景观环境生态方面，2006 年版方案中的中心区湖面较 2001 年版方案又有扩大，同时南部滨水区的人工建筑量也大大减少（图 11.35、图 11.36），不仅如此，事实上，至 2008 年，原方案东北部地区拟建的人工游泳池、球馆等体育建筑用房也已取消，代替建成的是没有人工建筑的高尔夫练习场地（参见前图 11.13），等等。结果是方案中水面、绿地一类的景观园林面积增加，开阔的景观空间感受尺度在用地日益紧张的城市空间中越来越珍贵。这种"小中见大"的需求也许中国的城市居民体会得最早，因为在前两方面的改进中，有意识地规划了尽可能大的湖面、较长的景观视觉轴线（图 11.37）、开放的园区入口（图 11.38）和开阔空间（图 11.39）。今天，暨阳湖景观建设已经给人们带来了"开阔""大气"的景观空间感受。

图 11.34e　从不同方位看到的公园塔 5

图 11.35　南部滨水区规划扩展的内湖

图 11.36　南部滨水区增加的绿化景观

图 11.38　园区主入口

图 11.37a　近 400 m 长的景观主通道轴线起始段

图 11.37b　近 400 m 长的景观主通道轴线高潮段

图 11.39　大地景观

（7）一个以人们日常生活为尺度的人居环境规划设计

暨阳湖历史上为一片沼泽地和袤延 20 余里的千年遗迹。那里湖泊连绵，鸥鹤长栖；林木苍翠，麋鹿成群；芦苇遍野，鱼虾满塘；阡陌纵横，菜绿禾黄，是个鸟语花香的"人间天堂"。晋时曾被设为暨阳县，历经自然、社会的风风雨雨、事事变迁。今天，人们的追求与梦想并未改变，无论是景观、风景，还是园林，人们的要求无不与之此时此地、细致入微、可以感受的环境有关，面对 440 万 m² 的"表面"，该项目景观设计同样要细到每一块汀步表面的铺砌（图 11.40）、每一片花草林木、每一个景观构筑节点（图 11.41）。我们要向中国传统园林学习，把营造理想人居环境作为园林营造的第一目标。

总而言之，如果说图 11.42 所展现的暨阳胜境是基于暨阳湖历史上曾经的辉煌，凭借画家的想象，以画卷的形式表达了对于理想人居环境向往、追求的永恒主题，那么，暨阳湖生态园区的建设，则是凭借着现代景观规划设计的理论与技术，正在将这一幅美丽的画卷变为现实。我们正在重建张家港暨阳湖山清水秀、地灵人杰的人居环境（图 11.43 至图 11.45）。

张家港市狠抓生态文明建设，深入实施现代化建设行动计划，全面推进城乡一体化发展，是最早荣膺"联合国人居奖"的县级市（2008 年），也是唯一实现文明城市"四连冠"的县级市，同时还荣获全国生态市、国家园林城市、国家卫生城市、国际花园城市、全国环境保护模范城市等近 200 项国家级荣誉称号。在

图 11.40 "龙墙"贴面

图 11.41 桥栏杆

图 11.42 暨阳胜境

图 11.43 2006 年暨阳湖施工现场一景

图 11.44　2009 年暨阳湖景色

这其中，暨阳湖生态园区建设功不可没，暨阳湖生态园区 2013 年被国家环境保护部、教育部联合评选为全国首批中小学生环境教育社会实践基地、国家水利风景区；2014 年 11 月获批省级湿地公园；2015 年年底获批国家生态公园试点建设单位。

至 2015 年年底，暨阳湖生态园区投入开发建设资金 44.68 亿元，资金全部由占园区总面积 28.6％的 1 894 亩开发用地逐年出让获得，共获得土地收益 88.7 亿元，不仅建成了园区，还上交了财政 35 亿元，目前暨阳湖公司共拥有总资产 51 亿元，其中经营性资产近 20 亿元，圆满完成了当时市政府提出的"不用政府一分钱，建成一个新园区"的目标。

所以，今天美丽的中国城市景观是什么样的？作为地处张家港城市中心区的暨阳湖建设至少是答案之一。与之相比，今天许多因工业革命而被破坏、污染了的城市景观，是多么丑陋！在诸如此类的城市中心地带，惯常的做法无非是"三高"——高楼大厦、高密度建筑、高容量人群。但是，在暨阳湖，我们建造了一个不仅现代而且源自传统的生态园区。这才是美丽的城市景观！与传统常规的城市公园、街头绿地相比，这种结合城乡建设的景观环境建设面广量大，并且，其建设成败不仅决定着中国景观的今天，同样也必将影响中国景观的未来。图 11.46 为暨阳湖镜湖公园水上栈道，图 11.47 则为暨阳湖镜湖公园之晨。

图 11.45　暨阳湖边的婚纱照

图 11.46　暨阳湖镜湖公园水上栈道　［陆江山摄］

图 11.47　暨阳湖镜湖公园之晨　[陆江山摄]

（8）附注

·项目深度与实施时间：

① 项目策划（2000 年）；

② 概念规划（2001 年上半年）；

③ 总体规划与控制性规划（2001 年下半年）；

④ 景观环境修建性详细规划（2002 年上半年）；

⑤ 一期景观环境方案施工图设计与营造（2002 年下半年至 2004 年）；

⑥ 总体规划调整及二期景观环境方案施工图设计与营造（2004 年下半年至 2006 年年底）；

⑦ 三期景观环境方案施工图设计与营造（2007—2008 年）；

⑧ 四期景观环境方案施工图设计与营造（2009—2010 年）。

·项目完成单位人员：

① 项目策划阶段：同济大学风景科学研究所刘滨谊。

② 概念规划阶段：（国际竞赛中标单位）中方人员，同济大学风景科学与旅游系，项目负责人是刘滨谊，主要成员有刘滨谊、周玲、周江、王敏、戴代新等；美方人员，美国希尔景观规划设计事务所与弗吉尼亚理工学院暨州立大学景观规划设计学系，项目负责人是大卫·希尔（David Hill），主要成员有本·约翰逊（Ben Johnson），帕特里克·米勒（Patrick A. Miller），凯瑟琳·徐（Catherine Xu），大卫·希尔（David Hill），斯科特·肯尼迪（Scott Kennedy），埃里卡·加蒂（Erica Gatti），劳伦·费舍尔（Lauren Fisher）。

③ 总体规划与控制性规划、景观环境修建性详细规划、总体规划调整及一期、二期、三期、四期景观环境方案施工图设计与营造阶段：项目完成单位为同济大学风景科学与旅游系/同济大学景观学系/刘滨谊景观规划设计工作室。项目负责人为刘滨谊。主要成员有刘滨谊、周玲、周江、何春晖、王敏、戴代新、陈威、王鹏、龚颖博、于晓华、温全平、赵彦等。

### 第 11 章参考文献

[1] 刘滨谊,王敏. 创作之源·灵感之泉——以水为主线的江南生态园区规划设计[J]. 建筑创作,2003(7):104-111.

[2] 刘滨谊. 源自水体与湿地的灵感——张家港暨阳湖生态园区景观规划设计[J]. 蓝天园林,2005(3):4-6.

[3] 刘滨谊. 创造 21 世纪的"人间天堂"——张家港暨阳湖生态园区规划设计[J]. 园林,2008(12):108-109.

# 12　寻找中国的风景园林

## 12.1　人居环境中的中国风景园林

中国的风景园林源自中国的人居环境。风景园林作为人居环境的载体,从人类生存所必需的栖息环境到理想中的"桃花源""伊甸园",古往今来,始终发挥着必不可少的庇护环境和慰藉心灵的作用。面对世界范围的环境生态危机以及人居环境生活方式的改变与需求水平的不断提升,未来的风景园林需要承担起更为重要的责任。在自然与人居环境的发展演进中,风景园林、建筑、城市相继产生,扮演着核心的角色,时至今日,已成三位一体、相融互补、密不可分的态势[1-2]。特别是对于作为人居环境活动建设一个重要组成部分的中国园林,确实有必要在人居环境的体系之中,从人居环境学科的角度认识、理解风景园林学科;对于风景园林学科,应从风景园林的背景、活动、建设三方面认识、理解、发掘、整理,从特征、感受、本质、原型等深层结构中寻找中国的风景园林,进而推动今天美丽中国与新型城镇化的人居环境建设。

人居背景、人居活动和人居建设是人居环境保护与发展所要考虑的三个核心层面[3](图12.1)。人居背景包括自然环境、农林环境、生活环境等人们赖以生产、生活的生存环境、资源、生态,可以分为人文资源、自然资源、时间空间资源,具体包括人、历史、文化、风俗、知识、智慧、社会、经济、政治、阳光、空气、水、气候、地质、地貌、土壤、矿藏、动物、植物、微生物等,简称"背景";人居活动包括游历、居住、聚集及其当中的感受·参与·交往等在背景中发生的人居活动行为,包括人居的方式、需求、心理感受、社会文化、文学艺术、价值观念等,简称"活动";人居建设包括以风景园林、建筑、城市为代表的人居环境的保护、规划、设计、建设、运营管理,涉及环境生态与资源保护、历史文化遗产保护,以及土建、交通、给排

水、材料等一系列人居环境建设。其中,"背景"是根据,满足"活动"的需求是目标,"建设"的实现是结果。三核心互动耦合:背景与活动互动,形成人居意识、文化、价值观;活动与建设互动,引发一系列人居建设;建设与背景互动,左右着人居环境发展的生与死。与之同构,人居环境学科群体系中的风景园林也不例外[4]。而且,正是在人居环境的体系之中,风景园林的伟大作用才真正地体现了出来,特别是中国风景园林,伴随着中国人居环境的演进,已经走过了久远的历程,也正是在中国这一特定的背景、活动、建设三者的互动进化中,产生了中国风景园林的感受、意识、文化、价值观及其实践。中国的风景园林,在久远的历史长河和庞大的空间范围中,在众多人口的活动参与下,在持续不断、面广量大的求索实践中,必然产生并形成自己的规律、法则和基因。今天,这种规律、法则和基因的时间跨越已近4 000年、空间覆盖近千万平方千米,受众13亿人,有着深厚的积累和万变不离其宗的传承。这种积累与传承决定着中国大众喜闻乐见的中国风景园林及其特征。相比西方外来风景园林,这种基因才是未来中国风景园林发展的依据。构成这一基因序列的则是中国风景园林的基本特征、感受的基本途径及其载体、基本组成元素、原型及其本质等迄今为止有待深入发掘与澄清的难题。

| 1　人居背景<br>（人居生态） | 1-1　自然环境<br>与资源 | 1-2　农林环境<br>与资源 | 1-3　生活环境<br>与资源 |
|---|---|---|---|
| 2　人居活动<br>（人居生活） | 2-1　游历 | 2-2　居住 | 2-3　聚集 |
| | （生产·生活·生态／感受·参与·交往） | | |
| 3　人居建设<br>（人居生产） | 3-1　风景园林 | 3-2　建筑 | 3-3　城市 |
| | （保护、规划、设计、建设、运营管理） | | |
| | （环境·资源·生态） | | |
| 自然环境 | 农林环境 | | 生活环境 |
| 山川湖泊、沼泽湿地、自然林与次生林、草原等 | 农田、人工林地、果园、荒地、养殖湖池 | | 住宅用地、商业用地、办公用地、工业用地、市政公共用地、道路交通用地 |
| 人文与自然资源 | | | |
| 人文:历史、文化、习俗、知识、智慧 | | | |
| 生物:微生物、动物、植物 | | | |
| 非生物:阳光、空气、水、气候、地质、地貌、土壤、矿藏等 | | | |
| 环境空间与时间 | | | |

图12.1　人居环境概念

## 12.2 中国风景园林的三个基本特征

中国风景园林作为中国人居环境的"背景"，除了社会、政治、经济等人文背景因素的影响外，其基本特征首先源于中国的自然环境与资源。在全世界范围内，亚洲的生态物种、生存资源、气候环境等人类生存的基本条件最为优越，而中国又是首当其冲。富足的自然给予了中国人太多的恩惠，决定了中国人的自然观——敬畏自然、尊重自然、服从自然，催生了中国人的生存观、超道德价值观与理想追求——将自身与自然融为一体，以"天人合一"为理想境界。中国的生物物种丰富，自然地质地貌类型繁多，自然生态环境变化多样。大至山、川、塬、丘、江、河、湖、海的景观，小至乡野田园，无一不呈现出自然山水和不同地域的自然特征，为中国风景园林提供了丰富多变的以自然山水为代表的物质环境的客观载体。中国风景园林集中展现了中国的自然山水，地域广阔多样的自然山水与人工造园紧密结合是中国风景园林的第一个特征。

作为人居环境和风景园林的"活动"，中国风景园林源于中国的多民族文化活动及其相互间的广泛交流和源远流长的历史文脉。中国目前有 56 个民族，历史上可能更多，这为风景园林带来了多种多样的"活动"。多样的文化、各类的艺术，为中国风景园林提供了底蕴丰厚的精神环境主观载体。中国风景园林集中承载着多民族的文化艺术与积淀，丰富悠久的文化艺术以及与其他各类艺术相通是中国风景园林的第二个特征。

作为人居环境和风景园林的"建设"，中国风景园林有着历史悠久、地域广阔、内容丰富的工程实践与理论研究。从灵囿、灵沼、灵台到皇家园林的离宫御苑、大内御苑、行宫御苑，再到风格各异的私家园林，其中的上林苑、阿房宫、华清宫、辋川别业、西湖、圆明园、承德避暑山庄、苏州园林不过是众多中国风景园林中世代传颂、脍炙人口的一小部分。从理论研究来看，陶渊明提出的"桃花源"风景园林理想模式，柳宗元关于风景感受的旷奥分析，计成的《园冶》，还有阎立德、王维、白居易、苏东坡、沈括、赵佶、李渔、叶洮、弘历、"样式雷"等的杰作，他们实践的背后是丰富的理论思想的支撑。还有近代已故的杨廷宝、童寯、汪菊渊、陈从周、冯纪忠、周维权、陈俊愉、周干峙等专家学者们，以及年近古稀仍然思考着中国风景园林的大师、前辈和同仁们，这些中国风景园林演进中难以一一列举的中国风景园林师及其大量实践，为中国风景园林的理论与实践发展起到了巨大的推动作用。大量深厚的实践与理论积累是中国风景园林的第三个特征。

在风景园林全球普及、繁荣发展的今天，中国风景园林的这三个特征独树一帜，正在日益显现出其无与伦比的优势，代表着未来世界景观风景园林的发展方向。与之应对，在全球化的大趋势下，今天的中国风景园林师不仅需要树立"崇尚自然""天人合一"的专业观，更要认清中国风景园林的深厚积累与优势，在中国风景园林现代转换的进程中增强自信、坚持自立。

## 12.3 中国风景园林感受的基本途径、机制模式、载体、元素

风景园林的意识、文化、价值观源于风景园林"活动"，而风景园林最为基本的"活动"则是感受，风景园林的感受是当代国际风景园林学科的基础理论领域。风景园林是供人们生存、感受、体验、欣赏的自然与人工境域，其最主要的功能与作用是求得人类社会和谐与文化文明进步。一个民族、一个国家的风景园林艺术及其美学特征正是由这种感受体验的方式与途径、感受的物质与精神载体及其组成元素构成的。在广袤的国度和悠久的历史长河中，中国风景园林产生了三条感受途径、三种空间载体、三种基本组成元素，从而形成了中国风景园林感受自身独具的艺术美学特征。

有记载的中国风景园林观赏最早可从《诗经》和周朝时期石鼓上的文字略知一二，而从人居活动的角度来看，这种与风景园林相关的活动发生时间肯定更为久远，中国风景园林感受模式正是在这一历史长河中积淀而来。中国人感受风景园林源于三条基本途径：一是中国人休戚与共的自然山水和田园环境，其外在呈现的理想形式是中国的山水园林；二是中国人心目中经艺术加工而成的画中山水园林，其外在形式就是中国的山水画；三是中国人凭借想象画的富有诗意的时空穿越的山水[5]，其外在形式就是中国的山

水诗。这三条途径的综合感受,加之近4 000年的积淀传承,产生了中国风景园林文化艺术的核心价值观——富有诗情画意的山水园林,形成了中国人的风景园林感受的评价标准。作为中国人感受风景园林的载体与媒介——山水园林、山水画、山水诗,三者互为表现的对象、感受的载体、追求的境界,三者共同源自中国丰富多样的自然山水和悠久的历史文化,形成了历经3 500年甚至更为久远的中国风景园林的感受机制模式——诗、画、园三位一体的耦合同构,诗、画、园是中国风景园林感受的源泉(图12.2)。

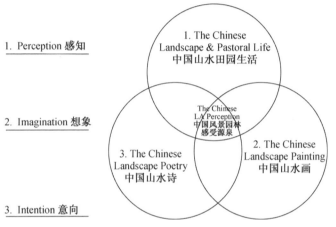

1. Perception 感知

2. Imagination 想象

3. Intention 意向

1. 市井居住园林借助日常山水田园生活使中国风景园林的感受不断丰富
   Residential garden in cities was promoted by landscape and pastoral daily life

2. 隐居山水园林借助山水画使中国风景园林的想象变得丰富多彩
   Seclusion landscape and garden and the Chinese landscape imagination was promoted by landscape painting

3. 意向山水园林借助山水诗使中国风景园林的意向千变万化
   Intention landscape and the Chinese landscape intention was promoted by landscape poetry

图12.2 中国风景园林感受体验的诗、画、园三位一体机制模式

中国风景园林感受体验的基本载体是诗、画、园三者共有的风景园林感受空间。这种空间包括:反映风景园林自然物质环境的几何空间,风景园林感受的直觉空间、知觉空间和意向空间[6]。产生、丰富于周秦汉唐,成熟、巅峰于宋,精致于明清,中国风景园林历经"形""情""理""神""意"五个发展时期[7],完成了从几何空间、直觉空间感受到意向空间感受,从物境、情境到意境的转变升华(图12.3)。中国风景园林空间感受的尺度源自中国丰富多样的自

然山川地貌,中国风景园林的几何空间及其相对应的直觉空间,其空间尺度的跨度极大,并非只是以苏州园林为代表的精致小巧的空间尺度,还有诸如秦汉上林苑、隋西苑等大尺度的风景园林,更有帕米尔高原、昆仑山脉等宏伟的自然景观尺度。对于宏伟江山的"大尺度"感受,大量出现在中国的山水诗、山水画中,时空尺度之大,常常是万里千年。这种历经数千年延续传承的大尺度感受深深浸透在中国风景园林的艺术长河中。纵观中国风景园林的产生与发展,从古至今,从来都是一部感受山河、保护山河、再现山河的历史。即使在空间有限、尺度小巧的私家园林中,也要借"移天缩地"之法,求"小中见大"之感。

从物质组成元素来看,山、水、植物是中国风景园林感受体验的三大基本元素。多山多川的自然地貌人居背景,逐水而聚、依山而居的人居活动,促成了中国人二元论的世界观,植物被理解为附着于山水之上,从而奠定了中国风景园林组成的山水二元论。作为中国自然环境、人居背景的集中代表和人居活动的集中对象,"山""水"及其组合"山水"被赋予了从物质环境到精神活动的太多层面的意义,景无山水不成景,园无山水不成园,城无山水不成城,"山水"早已成为理想人居环境的中国风景园林的代名词。好山好水才是好地方,有"青山绿水"方有"地灵人杰",仁者乐山,智者乐水。山水对于中国风景园林,不仅具有客观环境的生态学意义,而且具有主观精神的美学和哲学意义。山水是中国风景园林的两大主导元素,特别是在人为风景园林的主客观活动中,作为生命的载体和象征,水元素始终起着第一位的主导作用。

中国人对于风景园林的多重尺度感受很早就有了"由空间来统领"的意识。其代表之一是唐代柳宗元关于风景旷奥的论述[6],凭借天才的直觉、丰富的文学作品,以及身体力行的组景造园实践,柳宗元的风景旷奥之说与实践已触及了现代景观美学分析评价理论的核心,与近1 200年后的"瞭望—庇护"理论、景观分析评价四大学派中认知学派的理论有异曲同工之妙。如果说计成的《园冶》是"造园理论"的鼻祖,那么,柳宗元在自然山水风景游赏方面,则是"风景评价开拓"理论的鼻祖。

中国风景园林感受体验的途径、机制模式、三种感受空间及其尺度特征、山水主导元素,奠定了中国风景园林感受体验的雏形,

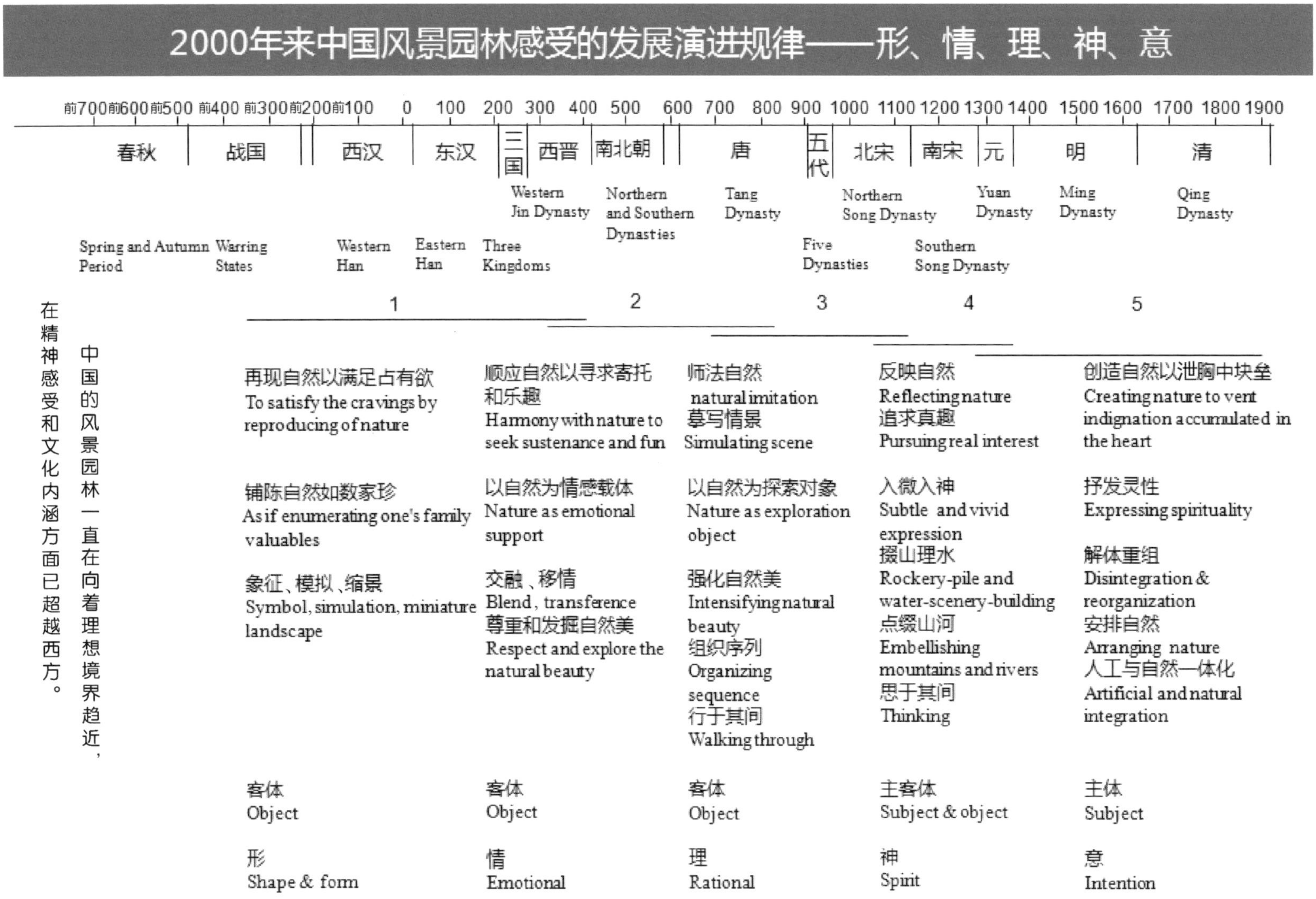

时间轴：前700 前600 前500 前400 前300 前200 前100 0 100 200 300 400 500 600 700 800 900 1000 1100 1200 1300 1400 1500 1600 1700 1800 1900

| 春秋 | 战国 | 西汉 | 东汉 | 三国 | 西晋 | 南北朝 | 唐 | 五代 | 北宋 | 南宋 | 元 | 明 | 清 |

Western Jin Dynasty　Northern and Southern Dynasties　Tang Dynasty　Northern Song Dynasty　Yuan Dynasty　Ming Dynasty　Qing Dynasty

Spring and Autumn Period　Warring States　Western Han　Eastern Han　Three Kingdoms　Five Dynasties　Southern Song Dynasty

左侧竖排文字：

在精神感受和文化内涵方面已超越西方。

中国的风景园林一直在向着理想境界趋近，

| 1 | 2 | 3 | 4 | 5 |
|---|---|---|---|---|
| 再现自然以满足占有欲<br>To satisfy the cravings by reproducing of nature | 顺应自然以寻求寄托和乐趣<br>Harmony with nature to seek sustenance and fun | 师法自然<br>natural imitation<br>摹写情景<br>Simulating scene | 反映自然<br>Reflecting nature<br>追求真趣<br>Pursuing real interest | 创造自然以泄胸中块垒<br>Creating nature to vent indignation accumulated in the heart |
| 铺陈自然如数家珍<br>As if enumerating one's family valuables | 以自然为情感载体<br>Nature as emotional support | 以自然为探索对象<br>Nature as exploration object | 入微入神<br>Subtle and vivid expression<br>掇山理水<br>Rockery-pile and water-scenery-building | 抒发灵性<br>Expressing spirituality |
| 象征、模拟、缩景<br>Symbol, simulation, miniature landscape | 交融、移情<br>Blend, transference<br>尊重和发掘自然美<br>Respect and explore the natural beauty | 强化自然美<br>Intensifying natural beauty<br>组织序列<br>Organizing sequence<br>行于其间<br>Walking through | 点缀山河<br>Embellishing mountains and rivers<br>思于其间<br>Thinking | 解体重组<br>Disintegration & reorganization<br>安排自然<br>Arranging nature<br>人工与自然一体化<br>Artificial and natural integration |
| 客体<br>Object | 客体<br>Object | 客体<br>Object | 主客体<br>Subject & object | 主体<br>Subject |
| 形<br>Shape & form | 情<br>Emotional | 理<br>Rational | 神<br>Spirit | 意<br>Intention |

图 12.3 形、情、理、神、意图表

形成了中国风景园林的价值观及其鲜明的特色,引领着中国风景园林规划设计实践的发展方向,为之提供了取之不尽的灵感与源泉。正如杰弗瑞·杰里柯(Geoffrey Jellicoe)和苏珊·杰里柯(Susan Jellicoe)在《图解人类景观——环境塑造史论》一书中的论述:"诗与画两者是早期中国风景园林设计的源泉与灵感,它揭示了人类与环境之间深层次的,并且常常是神秘的关系。在绘画中,视点总是高出地平线,仿佛观赏者是某种灵魂出窍的精灵,而四周景色则是若隐若现、虚无缥缈的……如此这般,把神话传说和梦幻之境转化为现实图景,中国风景园林设计由此产生。"[8]

## 12.4  中国风景园林的三个原型及其本质

中国风景园林有三个原型(图 12.4):第一个是市井居住园林,此类园林使用日常生产、生活的田园环境,尤以居住环境营造为核心,催生出了"小桥流水"和"粉墙黛瓦"的江南私家园林形态。借助于"造园"的多种手法,以苏州园林为代表,基于接近城镇居住活动的小尺度空间场景和空间序列设计,使得中国风景园林"步移景异""变化多端"。第二个是隐居山水园林,此类风景园林借助于真山真水的大自然环境,借助于山水画"观景"的多种手法,以风景名胜地、寺院园林等为代表,基于大尺度区域场面规划和景色组织,使得中国风景园林"自然天成""气象万千"。第三个是意向梦幻山水园林,以居住园林、山水园林为依托,借助于诗情画意的描述、暗示、诱导,感受此类风景园林,可以自由地进行时间的穿越与空间的转换,内在形象随人们的想象而千变万化,其极端的形式就是"梦幻"。正是这种想象梦幻中的风景园林,使中国风景园林在"物境""情境"的感受之外,有了"游离"于物质环境之外而更为精神化的"意境"体验,实现了在有限的物质时间和空间中创造出无限的精神时间和空间,借助于成千上万的中国山水诗、山水画,实施"时空穿越转换",使中国风景园林呈现出千变万化的时空形态。

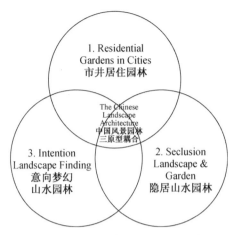

图 12.4  中国风景园林的三个原型及其耦合关系示意

现实中,在空间范围尺度足够大的情况下,一个风景园林通常包含着两个甚至三个原型,此时,原型之间相互耦合,为创造一座完美的中国风景园林提供了必要的前提。

在这三个原型中,"自然"始终是共同的首要追求。从古至今,在中国风景园林"形""情""理""神""意"的五个发展时期,每一时期围绕的核心都是"自然",所不同的是"自然"的层面不同而已,从欣赏自然之形到追求自然之自由,从寻求满足生理与心理愉悦的物质自然到追求满足精神需求的精神自然,"自然"是中国风景园林的本质,而且渗透体现在时空布局及其每一个构成要素之中,包括景观组织、视点与视觉轴线布局、地形整理、理水、种植、建筑等。所规划设计的景观园林需融入自然、尊重自然、以自然为优先,如杰弗瑞·杰里柯和苏珊·杰里柯以唐代画家李山希《河宫图》描绘的隋朝皇帝杨广营建的西苑所做的论述:"从这些绘画作品中,我们可以清楚地看出,在中国的风景园林中,不管建筑多么宏伟壮观,其表现总是谦逊内敛,不抢环境,这是中国风景园林艺术的本质所在。"[8]

基于共同的中国哲学和超道德价值,中国风景园林艺术与其他所有中国艺术本质相同。除了"自然""顺其自然""自然而然",这一本质还包括什么呢?这似乎可以通过明代唐寅的《草堂永恒梦幻图》得以领悟。"画家将入睡隐士世俗的身躯转化成了虚无缥缈、悬浮于空间的抽象形态;这样的抽象形态,正是其精神客体和内心渴望的象征。这种永恒的梦幻似乎传达了所有的中国艺术,好像艺术本身就是介于可见与不可见之间。"[8]

## 12.5　中国风景园林规划设计的灵魂

　　以空间为统领载入附着其中的自然因素和人文因素,以时间串联多个空间、串联起诸如动植物等自然因素和人文因素的生长变化,风景园林环境及其感受经由空间划分和时间安排而呈现,这是中国风景园林规划设计的基本核心。围绕这一基本核心展开,作为造园的原理与方法,如孟兆祯先生的《园衍》所论,可以展开为明旨、立意、问名、相地、借景、布局、理微、封定、置石与掇山[9];作为山水园林规划设计的原理与方法,有冯纪忠先生的"组景"之说[10];作为意向风景园林的"规划"与"设计",除了一些实践案例之外,更多的则是体现在文学记载、诗词描述和绘画中。在中国风景园林规划设计的原理、方法、形式上,以点景楹联、诗词歌赋串联起一幅幅画面场景,将过去、现在、未来、长短不同的时间、直觉、知觉、意向、大小不同的空间相互联系,将时间与时间、空间与空间、时间与空间相互转换,由此为观赏者带来丰富的风景园林感受,这就是由冯纪忠先生最初提出的关于风景园林规划设计"时空转换"的概念。

　　位于上海松江的方塔园是冯纪忠先生风景园林规划设计的代表作之一,其中的何陋轩是他较为满意的作品。冯纪忠先生曾回忆道:"'总感受量'就是空间变化的复杂性,再想到开发时候的'旷''奥'。这个时候感觉到'时间'的问题,现在讲'时间跟丰富性的关系',所以,搞了何陋轩,我才写《时空转换》。"[11]丰富性是空间变化幅度的大小,那么,若导线长度一样的时候,时空转换就是时间跟空间变化幅度之间的关系。时空转换所创造的时空关系,使得空间的延伸性与时间的流动性得到了高度的统一。在解说何陋轩设计创意的时候,冯纪忠先生专门引用李白《秋浦歌十七首》中的"白发三千丈,缘愁似个长",以发的长度测愁的久长这种绝妙的甚至可以量化的时空转换意象来说明设计中的时空转换。从当代艺术理论分析,诗是流动的一维时间艺术,画是静止的二维平面艺术,表现空间中并列的事物只能是绘画的事,而表现时间则是诗所独占的领域。但是,风景园林却能够将诗、画两者的特质结合,

凭借规划设计师的想象与风景园林时空规划设计的落地而构成时空一体的艺术。对此,中国风景园林规划设计的这一特征尤为明显:通过诗、画、园的三位一体,将时间与空间更为有机地融合在一起,从而展现出了独特的东方艺术魅力。宗白华认为中国诗画中所表现的空间意识是"俯仰自得"的节奏化、音乐化了的中国人的宇宙感[12],时间流逝造成整体的空间情境、空间意象和空间变化超越时间的屏障而进入深邃的境界[13]。这种借助于诗、画、园耦合互动,引发人们风景园林感受的"时空转换"正是中国风景园林规划设计的本质和灵魂。

　　具体的中国风景园林规划设计的时空转换,简单来说就是把现实历史化,把空间时间化,反之亦然。以作者团队"中国诗词的景观感受时空转换机制"课题研究和"龙门石窟世界文化遗产园区发展战略规划""新疆伊宁市伊犁河景观规划"实践为例[14-15],时空转换是指根据诗词时空描述,再现风景园林视觉的时间和空间,是由诗词到风景园林视觉的时间与空间上的转换,目的是实现景观和感受上的时空跳跃,要让体现于时间和空间的风景园林的景观感受量最大化、无限化。具体方法是以诗词与景观之间的相互依存关系为基础,把诗词中意识化了的景观形象通过再现、借喻、解构、重组等途径构建的模型转换成景观视觉形象,实现景观时空上的穿越变化,将景观中体现的时间和空间进行量化分析,确定明确的风景园林规划设计内容和时空尺度,将古代历史上的诗词与现实的风景园林场景相结合,将传统文化融入现代风景园林规划设计当中,实现景观时空转换的多赢。

## 12.6　中国风景园林发展面临的问题和方向

　　与中国的风景园林特征、感受、原型、艺术本质和规划设计本质形成强烈反差,特别是在过去的 20 年,中国风景园林行业的迅速发展,对中国风景园林优秀传统的无知和误解,形成了许多可笑的错误观念:言中国"园林"只谈传统"古典";论"景观"则离不开"国外";"洋为中用"几乎做到了极致,"古为今用"却只局限于"苏州古典园林"。中国传统风景园林教育的缺失,导致在对历史误解

甚至无知的情况下,对中国风景园林却下着历史的结论和断言,致使有的学生甚至以为中国风景园林的风格特点就是以苏州古典园林为代表的小尺度精细化的人造园林,也有人误以为中国的公共风景园林只是在近现代的中国继西方的风景园林学(Landscape Architecture)之后才出现。事实上,皇家、私家、公共风景园林在中国历史上已然存在,只是今人认知不全而已。过去 20 年来中国风景园林建设不尽如人意的现象和误区比比皆是;而在文化历史传承方面,普遍的结果则是无意识下的外国风景园林文化的入侵。

中国风景园林曾经支撑了有历史记载的 5 000 年以来的中国人居环境的繁荣昌盛。从专业人员到大众百姓,人们对于当今中国风景园林的纠结,其深层根源正是这种优秀传统基因的失传和断裂。这一根本问题不解决,美丽中国的风景园林之路无从谈起!

为此,首先,需要寻找近乎丢失的中国风景园林,需要从特征、感受、原型、艺术本质和规划设计灵魂等根源结构的深层上发掘中国风景园林的优秀品质。理论研究与实践探索并重,可从三大方面深入发掘研究中国的风景园林从古至今以至未来发挥的基本作用及其支撑的价值观、思想理论与技术实践:(1)对大自然的作用,与自然山水及其演化有关——影响改变自然的进程——环境生态理论与实践;(2)对人居环境的作用,与人居形态有关——为改变城市、乡村环境生态、空间形象、大众行为提供生存必需,达到改善生活质量、健康人类身心的作用——空间形态理论与实践;(3)对人类社会的作用,与人居生存和人类社会文明有关——推进、丰富社会历史文化,尤其是精神文明的提升——文化历史理论与实践。与今天大量引进西方现代风景园林方法、技术表面化的照搬照抄相比,研究中国风景园林的过去、现在和未来才是当务之急。

其次,需要扫除意识障碍:(1)盲目崇尚西方风景园林科技:我们承认需要应用国际上的先进理念、技术,但不可盲目,需要去其糟粕。(2)轻视中国风景园林基础理论研究:面对当今和未来发展,中国的风景园林缺少成熟的可应用构架,一大批风景园林规划设计师想发展中国的风景园林,但不知如何入手,需要了解"过去",才有可能认清"现在",进而探索"未来"。(3)社会舆论误导:需要引导开辟社会公众的参与评价机制,扭转各级政府管理部门决策者的观念,给予中国的风景园林更多的关注和支持,不要只是认为西化的就是先进的。

最后,需要推进风景园林多学科、多行业、多部门交叉,如房地产业、旅游产业、文化产业、农业、林业、社会学、心理学、建筑学、城乡规划学、市政工程学、计算机科学等。通过交叉扩展的实践应用、技术研发、理论研究领域可以包括以下几个方面:(1)保护自然生态;(2)推动人类社会文明发展;(3)提高人类生活质量;(4)美化人居形态;(5)推动经济产业发展;(6)推进文化事业;(7)实现全民环境生态文明意识的提高。

## 12.7 龙门石窟世界文化遗产园区发展战略规划与建设案例

该项目以再现 21 世纪具有大唐风格自然山水园林为总目标,通过遗产保护、风景、旅游和社会发展四个方面的规划,探索了世界文化遗产地保护、利用和发展的空间扩容与功能复合的新途径,聚焦中国风景园林营造,提出运用中国风景园林诗、画、园一体的理论,运用"景观感受时空转换"设计方法,以河南洛阳一期南部湿地公园规划设计建设为例,实现了唐代山水诗文、绘画与现代景观园林营造的时空转换与穿越(图 12.5 至图 12.8)。

图 12.5　龙门项目图片 1

龙门石窟始建于公元493年，集深厚的佛学文化和精湛的石刻艺术于一体，于2000年被联合国教科文组织列入《世界遗产名录》。龙门石窟在唐代达到鼎盛，现留存有佛10万尊，周边自然山水林木丰富，是当时著名的邙郊风景区，留下描写当地景色的唐代诗词有近60首。如今，龙门石窟世界文化遗产园区以大尺度的优美的自然山水为载体，将诗词、绘画、景观有机融合，三位一体，牡丹点点，泉水涟涟，是今人回首大唐，体验中国自然山水文化的窗口。

图 12.6　龙门项目图片 2

**项目理想目标：营造中国21世纪具有大唐风格的自然山水风景园林（约32 km²）**

面积：3 170 hm²

图 12.7　龙门项目图片 3

规划借助龙门石窟历史文化的深厚积淀和自然山水秉赋，以唐代山水诗文和绘画为线索和参照，试图为该遗产地营造一个范围更大的富有文化气息的自然山水风景园林。其中包括三个层面的规划：宏观尺度的风景，即自然山体、平原、水域；中观尺度的各类园林；微观尺度的各风景园林组成要素。愿景是构建一座21世纪具有大唐风格的自然山水园林。

图 12.8　龙门石窟世界文化遗产园区山水园林规划框架

## 12.7.1 规划目标与挑战

1. 龙门世界文化遗产地的保护、使用、拓展与周边地区拉动。

2. 在国家重点风景名胜区范围内,予以景观保护、整治、修复;在文物保护区范围内,予以历史遗迹发掘、寺院再现,达到景区由石窟"景点"向石窟"景面"的改变和龙门石窟遗产的"本体"提升。

3. 打造国际旅游目的地。扣除风景名胜保护区龙门石窟本体范围和文物保护范围,在 2 474 hm²(其中包含建设控制地带 1 005 hm²)范围内适当增加旅游活动项目与配套旅游服务设施。

4. 整体园区和谐发展。作为一种新型的城市市区、城乡交接地带和乡村区域,本园区与常规的城区、城郊、乡村发展不同,本园区 2 474 hm² 的发展应对龙门世界文化遗产地和龙门石窟国家重点风景名胜区的保护发展发挥积极的作用。

在以上四方面的综合规划基础上,营造一个人类理想的山水人居环境,使之可以游览、可以聚集、可以居住。

## 12.7.2 规划创新点

### 1) 扩大保护空间范围

通过扩大保护空间范围来增强遗产保护力度。以保护遗产、保护文物、保护风景区为大前提,空间囊括覆盖并综合协调了龙门世界文化遗产地、龙门石窟历史文物保护区、龙门石窟国家重点风景名胜区等多区交错叠合、多头交叉管理的复杂关系,更为有效地保护了龙门石窟世界文化遗产(图12.9)。

### 2) 增加保护功能内容

围绕遗产保护、山水环境修复、旅游开发、社区产业发展四个方面展开了多层面多领域的综合规划,提出了"神往龙门石窟 纵情大唐山水"的旅游发展主题、"有农田不是农村,有居民不是城市"的园区人居环境建设等创新理念(图12.10)。

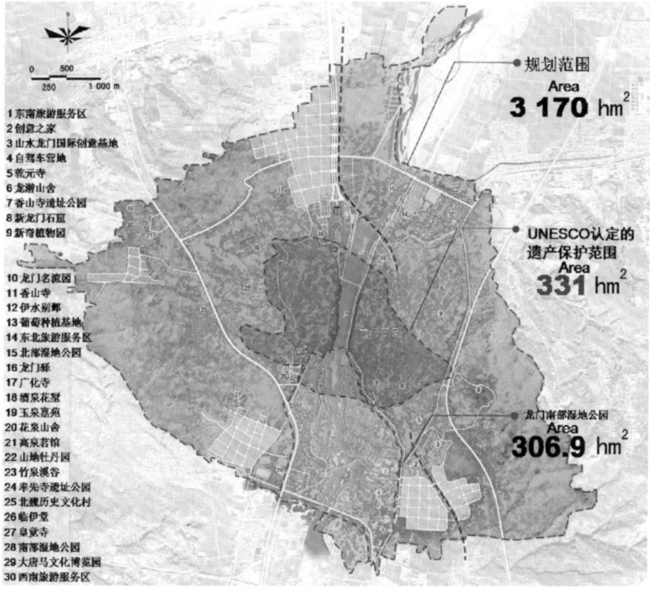

图 12.9　龙门石窟世界文化遗产园区发展战略规划总平面
[UNESCO 是联合国教科文组织的简称]

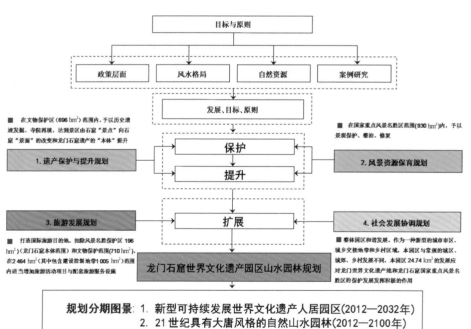

图 12.10　龙门石窟世界文化遗产园区发展战略规划框架

**3) 尝试诗、画、园互相转换的景观风景园林规划设计**

发掘了大量龙门石窟当地唐代时期等历史上的山水诗词、山水绘画，以此为线索，结合龙门山水演进与现状，基于所提出的中国风景园林诗—画—园一体与三者转换的理论，探索了诗—画—风景园林空间三位一体的景观风景园林规划设计，丰富、深化了龙门世界文化遗产地的历史文化底蕴（图12.11至图12.13）。

**4) 探索风景园林时空转换规划设计**

遵循将"时空转换"作为中国风景园林规划设计的灵魂这一理念，建立了基于时空转换理论的龙门石窟山水风景园林景观感受

规划设计具体框架（图12.13）。以南部湿地公园规划设计建设项目为例，建立了基于时空转换理论的龙门南部湿地公园规划设计框架与应用（图12.14至图12.17）。

探索并提出了"时空转换"的山水园林感受空间规划设计理念与风景园林时空转换规划设计。

**5) 本规划近远期相结合，注重近期实效**

规划方案定案三个月后，紧邻龙门石窟 3 km² 的龙门南部湿地公园即动工建设，至 2013 年其中的一期建成（图12.18至图12.23）。

通过规划设计概念（现代当前）、风景园林绘画（古代 + 现代）、风景园林诗词（古代）三者相互启发，综合形成风景园林感受，进而将不同时间、空间的景观感受相互联系、转换，这就是本规划团队提出的"景观感受时空转换理论"。所规划的山水园林与描写该山水景观的绘画、诗词相互启发。当你身临风景园林环境，恰如打开一幅充满历史文化的山水画卷。

图 12.11　风景园林—山水绘画—山水诗词感受的时空转换

**风景园林感受时空转换规划设计理论与方法**
　　规划将唐代等历史上的山水诗词、山水绘画与龙门山水园林三者有机地予以综合，探索提出了诗、画、园 三位一体的风景园林感受时空转换的规划设计理论与方法，扩大加深了龙门世界文化遗产地的历史文化底蕴。

图 12.12　龙门项目图片 4

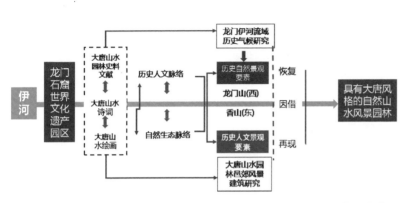

图 12.13　基于时空转换理论的龙门石窟山水风景园林景观感受规划设计框架与应用

洛阳龙门国家湿地公园概念规划设计
The Concept Planning & Design of National Wetlands Park, Longmen, Luoyang

上海刘滨谊景观规划设计工作室　Liu Binyi Landscape Planning and Design Studio,Shanghai

图 12.14　龙门项目图片 5

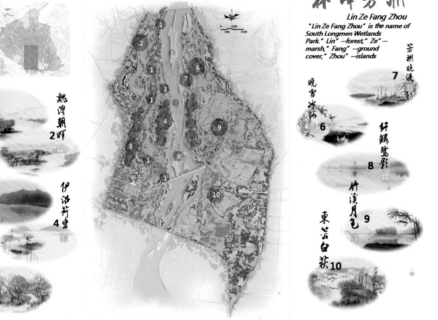

林津芳洲
Lin Ze Fang Zhou
" Lin Ze Fang Zhou" is the name of South Longmen Wetlands Park." Lin" —forest," Ze" —marsh," Fang" —ground cover," Zhou" —islands

龙门南部湿地公园运用时空转换理论规划湿地十景,再现大唐诗画山水。

图 12.15　基于时空转换理论的湿地十景规划

| 诗词线索主题 | 洛宛古道景区诗—景转换设计 | | | 文人游踪景区诗—景转换设计 | | | | | | |
|---|---|---|---|---|---|---|---|---|---|---|
| | 历史自然景观要素 | 历史人文景观要素 | | 历史自然景观要素 | | | | 历史人文景观要素 | | |
| | 槐柳 | 驿道 驿亭 煎茶舍 堠 路牌 | 驿人 皇室 行者 僧人 驿马 牛车 驴车 骆驼 | 天景 日月 风雨 雾雪 霜 | 地景 伊 阙 洲 岛 峭 石 | 水景 河 沼 湦 涧 溪 滩 濑 | 生景 杨柳 菊荷 竹槐 松荻 荇苔 花 | 白鹭 鹤 鹦鹉 鹭鸶 大雁 鲤鱼 | 建筑 亭 斋 堂 | 遗迹 开 八 节 滩 石 | 风物 宴会 诗会 茶会 酒会 文人 |
| 诗词中的历史景观要素 | | | | | | | | | | | |
| 规划设计手法 | 新增 | | | | | 蝴蝶 | | | 临伊堂 | |
| | 修复 | 再现 | | 因借 | 修复 | 修复 | | | 再现 | |

图 12.16　龙门石窟世界文化遗产园区南部湿地公园景区诗—景时空转换设计

— 207 —

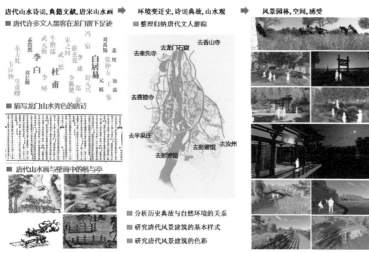

研究与龙门湿地相关的文人墨客及其诗词作品；归纳还原唐代文人游踪，确定他们的诗词、典故及其感受追求；与拟规划的山水园林的关系；研究唐代山水画、壁画中的风景园林线索；将前三者结论落实在具体空间场地的设计、构筑细节与意境营造中。

图 12.17　龙门南部湿地公园十景规划过程

图 12.18　龙门项目图片 6

图 12.19　龙门项目图片 7

图 12.20　龙门项目图片 8

图 12.21　龙门项目图片 9

图 12.22　龙门项目图片 10

图 12.23 龙门项目图片 11

总之,规划以中国风景园林哲学思想为主线,以龙门石窟和唐代山水诗、山水画及其自然山水园林为资源和蓝本,运用生态修复等现代技术手段,为全中国和全世界人民创建了一座约 32 km² 的具有大唐风格的山水园林——可以观赏、可以游览、可以居住的山水园林。

### 12.7.3 实施情况说明

龙门石窟世界文化遗产园区位于河南省洛阳市城南 12 km,于 2010 年 12 月挂牌成立,总面积为 3 170 hm²,由具有 1 500 年历史的世界文化遗产、佛教艺术瑰宝的"龙门石窟"及其周边 8 个乡村聚落、2 个农村社区共同组成。2011 年 7 月,龙门石窟世界文化遗产园区管理委员会(以下简称"管委会")委托作者团队编制"龙门石窟世界文化遗产园区发展战略规划"(以下简称"战略规划"),以期解决遗产地保护与发展中存在的矛盾与问题。

#### 1)规划编制概述

(1) 2011 年 7 月 10—14 日,项目组一行 15 人在作者的带领下对龙门石窟世界文化遗产园区进行了实地踏勘并与相关单位进行座谈对接。

(2) 2011 年 8 月 20 日下午,"管委会"在大新区开发建设指挥部组织召开了"战略规划"方案中期成果交流会。会议由时任大新区书记王立林主持,部分专家和相关部门负责人出席了会议。与会领导和专家听取了项目方案汇报,并提出了意见。

(3) 2011 年 10 月 12 日上午,"管委会"在东山宾馆会议中心组织召开"战略规划"评审会。会议由时任大新区书记王立林同志主持,叶鹏、王铎等专家及区文物局、旅游局等单位领导出席了会议。与会领导和专家听取了项目组关于"战略规划"的汇报,并进行了专家评审。会议认为"战略规划"内容全面,基本理念、思路清晰,符合国家相关法规与政策要求,原则通过,并提出了进一步修改和完善的意见。

(4) 2011 年 10 月 15 日上午,在时任大新区书记王立林同志的带领下,项目组与"管委会"领导前往河南省住房和城乡建设厅进行规划成果专题汇报,得到时任省住房和城乡建设厅厅长的高度肯定,并提出相应的修改意见。

(5) 2011 年 10 月 15 日下午,项目组与洛阳市文化界人士举办"战略规划"恳谈会,洛阳市文化、教育、历史、旅游等领域的专家到会并听取了汇报,专家对"战略规划"给予了肯定并提出修改意见。

(6) 2012 年 4 月 6 日下午,洛阳市政府第 115 次常务办公会议原则同意"战略规划",并提出修改意见。

(7) 2012 年 5 月,项目组根据洛阳市政府第 115 次常务办公会议修改意见提交最终规划成果。

#### 2)规划实施情况

龙门湿地公园是"战略规划"的核心启动项目之一和规划实施的第一步。在"战略规划"通过专家评审后,"管委会"立即启动了龙门南部湿地公园项目,并委托作者团队编制"龙门湿地公园详细规划设计与施工图设计"。龙门南部湿地公园位于龙门石窟世界文化遗产园区内，北以漫水桥、南以伊河草店大桥、东以洛临公路、西以 243 省道和王城大道为界，项目总占地面积为 306.9 hm²，整个湿地公园分两期开发。其中，一期项目北以漫水桥、南以伊河草店大桥、东以伊东渠、西以规划新堤为界，总面积为 140 hm²；二期项目为除一期项目外的区域，总面积为 166.9 hm²。2012 年 7 月，"龙门湿地公园详细规划设计"通过专家评审，根据评审意见修改后进入施工图设计阶段。2012 年 8 月 19 日，龙门南部湿地公园（一期）举行了开工仪式。2013 年 7 月，龙门南部湿地公园（一期）——东区建成开园（注：项目负责人为刘滨谊；项目主要编制技术人员为刘滨谊、臧庆生、陈威、戴睿、赵彦、唐真、刘菲）。

## 12.8　结论：尊重历史、尊重传统、尊重前人

中国的风景园林具有一个数千年漫长而连续的演进过程。尊重历史、尊重传统、尊重前人，这是成为一级学科后的未来中国风景园林发展的前提和基本原则。只有首先做到这三个尊重，中国的风景园林才有可能发展；只有找到中国的风景园林，"21 世纪将是中国风景园林的世纪"才有可能成为现实。然而，在过去的数十年间，在人居环境全球化、城市化、全盘西化的熏陶影响误导下，中国的风景园林几乎淹没在了"三化"的大潮之中，尤其对于承担未来使命的年轻的风景园林人而言，中国的风景园林已经远去，留在其心中的只剩下了残缺不全的符号记忆……今天，我们需要从人居环境学的高度，面向 13 亿受众和美丽中国城镇化的需求，重新认识、深入发掘中国风景园林的优秀传统，找回因轻视、误解、遗忘而失去的中国风景园林价值观，寻找适应中国地域性的当代风景园林，探究未来中国风景园林的发展方向。总之，为了创造未来美丽的中国风景园林，以寻找中国的风景园林为题，踏踏实实地开展一系列的理论研究与实践探索，正是当下中国风景园林界的当务之急。

**第 12 章参考文献**

[1] 吴良镛. 广义建筑学[M]. 北京：清华大学出版社，1989.

[2] 吴良镛. 人居环境科学导论[M]. 北京：中国建筑工业出版社，2001.

[3] 刘滨谊. 人类聚居环境学引论[J]. 城市规划汇刊，1996(4)：5-11.

[4] 刘滨谊. 风景园林学科发展坐标系初探[J]. 中国园林，2011，27(6)：25-28.

[5] 冯纪忠. 中国古代诗歌和方塔园设计[J]. 设计新潮，2002(1)：15-19.

[6] 刘滨谊. 风景旷奥度——电子计算机、航测辅助风景规划设计[J]. 新建筑，1988(3)：53-63.

[7] 冯纪忠. 人与自然：从比较园林史看建筑发展趋势[J]. 建筑学报，1990(5)：39-45.

[8] 杰弗瑞·杰里柯，苏珊·杰里柯. 图解人类景观——环境塑造史论[M]. 刘滨谊，等译. 上海：同济大学出版社，2006：70，72.

[9] 孟兆祯. 园衍[M]. 北京：中国建筑工业出版社，2012.

[10] 冯纪忠. 组景刍议[J]. 同济大学学报，1979(4)：1-5.

[11] 冯纪忠. 意境与空间——论规划和设计[M]. 北京：东方出版社，2010.

[12] 宗白华. 中国诗画中所表现的空间意识[M]//宗白华. 宗白华全集：第二卷. 合肥：安徽教育出版社，1994：185.

[13] 杨匡汉. 缪斯的空间[M]. 广州：花城出版社，1986：211.

[14] 刘滨谊，戴睿，陈威. 中国诗词的景观感受时空机制[M]//中国风景园林学会. 中国风景园林学会 2012 年会论文集：风景园林让生活更美好. 北京：中国建筑工业出版社，2012.

[15] 戴睿，刘滨谊. 景观视觉规划设计的时空转换和诗境量化[J]. 中国园林，2013(5)：11-16.

# 第二部分①

## 现代景观规划设计国际理论与实践

① 本书第二部分中的一些文字内容及黑白图片摘自《图解人类景观——环境塑造史论》中译本[书号为 ISBN 957-99156-5-2,刘滨谊主译,台湾田园城市文化事业有限公司于 1996 年出版发行,原作者为杰弗瑞·杰里柯(Geoffrey Jellicoe)和苏珊·杰里柯(Susan Jellicoe)]。

# 概述

　　取材于作者主译的《图解人类景观——环境塑造史论》，本部分主要介绍与阐述的是 20 世纪以欧美为引领的国际范围的现代景观规划设计的发展与案例。在环境变化、历史沿革、社会因素、经济发展、哲学思想、表现形式等方面，20 世纪之于全球人居环境的变化巨大而深刻，在生活方式与环境之间出现了良莠不齐的建设方式。由于未曾受到 19 世纪工业革命和战争的扰乱，斯堪的纳维亚诸国取得了卓有成效、值得崇尚的综合发展，而在所有工业化国家，混乱的思想和杂乱无章的建设生产左右了环境。由此，引发了各界的反思与求索，从现代主义建筑思想到城市规划专业学科的出现，从人居环境学的创立到城市化过程方式的不断演进，在这一史无前例的人居环境建设洪流中，景观学与景观规划设计得到了开拓性的快速发展，建筑学、城乡规划学、景观学三位一体的思想深入人心，现代景观规划设计作为整体环境与个体建设之间的结合者、缝合者、协调者的作用正在日益显现、得到承认，现代景观规划设计作为人居环境保护、规划、建设的总牵头的观念终于为人们所接受而落实于项目实践当中。从区域环境规划到绿色基础设施，从景观生态学到景观都市主义，从景观艺术运动到极简主义，从园林博览会到迪士尼，从场地设计到城市设计，人们当今所熟悉的现代景观规划设计各分支在这里都可以找到其发端、源头和初衷。

# 13　作为艺术与科学的现代景观设计

## 13.1　艺术与工艺运动中孕育的现代景观设计

英国的艺术与工艺运动在埃德温·鲁琴斯(Edwin Lutyens)(1869—1944年)那里找到了它前卫的建筑学上的说明。他的艺术和影响主要体现于上层阶层的住宅和花园设计中。在设计中他和格特鲁德·杰基尔(Gertrude Jekyll)(图13.1)合作,其艺术影响后来也体现在英国的花园城市中。

图 13.1　艺术与工艺运动中孕育的现代景观设计

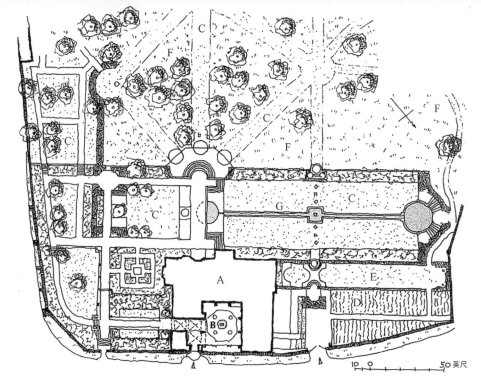

图 13.2 松宁等人的构图结构 [1 英尺≈0.304 8 m。A. 宅第 B. 庭院 C. 修剪过的草地 D. 草药园 E. 果园和起伏的草地 F. 兰花和草地 G. 小河、溪流]

那个时代的新的艺术表现流派震撼着欧洲,但却没有动摇过鲁琴斯,并且他还转向过去,以求获取灵感。凭借其渊博的学识、创新的精神、洗练的构图以及对于自然材料技术大师般的娴熟运用,他的作品给人以明快的感受,而毫无触景伤情之感。狄勒瑞·松宁(Deanery Sonning)和伯克郡(Berkshire)(图 13.2)(1900 年)等人的结构都是从果园红色砖墙式的田园风光中发展起来的。中世纪观念上的住宅花园与其说是英国中世纪的现实主义之景物,倒不如说更像复杂的景观设计。水上花园设计思想,假如没有其细部(图 13.3、图 13.4),就很难反映出 13 世纪格拉那达(Granada)(图 13.5 至图 13.7)的生活状况。

比松宁更胜一筹的是哈姆希尔郡(Hamuxier),其马希考特建筑物(图 13.8),

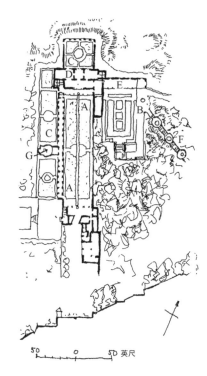

图 13.3 反映 13 世纪格拉那达生活的水上花园设计 1 [A. 水渠院 B. 柯波斯室外庭院 C. 平台 D. 凉棚 E. 观景楼 F. 水梯 G. 清真寺]

图 13.4 反映 13 世纪格拉那达生活的水上花园设计 2

图 13.5 13 世纪格拉那达的生活状况 1

图 13.7　13 世纪格拉那达的生活状况 3

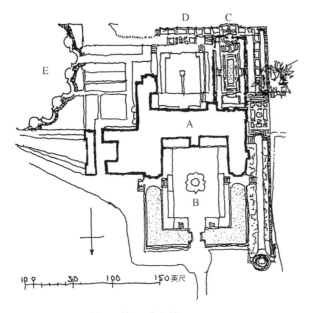

图 13.8　哈姆希尔郡的马希考特　[A. 宅第　B. 前庭院 C. 封闭式下沉花园　D. 蔓藤花架式游步道　E. 草地]

在时代性和结构技术上,都是一种尝试,因为其风格基本上属于带有意大利华盖的英国都铎时代建筑风格,所用材料是含有燧石的石灰石,房屋的延伸部分进入了绿化带,俯瞰着泰斯特河,它是一种关于开敞空间与封闭空间的研究以及与场地关系的探索。图 13.8 所示的是沿着西边游步道的景观,与河谷相平行。

## 13.2　高迪与现代景观

对伪艺术和现代机器主义世界哲学的反抗,以安东尼·高迪(Antoni Gaudi)(1852—1920 年)为标志,在西班牙达到了高潮。在拉斯金(Ruskin)的著作、新哥特式建筑以及卢威(Nouveau)艺术的影响下,高迪达到了手法主义成就的顶峰,这种风格出现在 1900 年之后,发源于巴塞罗那。他对于一种新的艺术形式的灵感源于神秘的蒙特色纳建筑群,其位于该城西北方向约48.3 km处,一

图 13.6　13 世纪格拉那达的生活状况 2

片方圆约 29 km 的灰色岩石群上。犬牙交错的险峰和尖顶从断裂的沟壑和险峻的岩石中拔地而起。根据西班牙的传说,威尔—麦罗的断裂带出现在耶稣受刑之日。高迪对于这种神话的建筑释义富有理性和数学的准确性,他那明显被扭曲了的艺术形式就是建立在所观察到的现在处于和谐而宁静的自然形态中的应力应变法则之上的。

巴塞罗那的撒格拉达·法米丽大教堂(图 13.9)自 1884 年起就高高耸立,直至今日。高迪在这座教堂上再现了蒙特色纳精神,他把这种精神看作神圣的,这部仍未完成的作品在现代世界上也许是最为诱人深思、玄奥的建筑。他设计的盖尔公园(图 13.10)(1990 年)意在使其成为花园城市的中心,在圆柱体市场的上面有一个露天剧场,上部台地神奇的通风管(图 13.11)具有动态感和不定感,表层结构和蒙特色纳的岩石结构相互匹配,巨大的楼梯向上通向上部台地下面的市场。

## 13.3 以古典主义价值观念为内核的现代景观

在伪古典主义盛行之下而一度变得模糊不清的古典主义价值观念是由瑞典建筑师古纳尔·阿斯普朗德(Gunnar Asplund)(1885—1940 年)复兴的。与其说他是一名手法主义者,倒不如说他是一名纯粹的古典主义者。阿斯普朗德

图 13.9 巴塞罗那的撒格拉达·法米丽大教堂

图 13.11 高迪设计的盖尔公园上部台地神奇的通风管

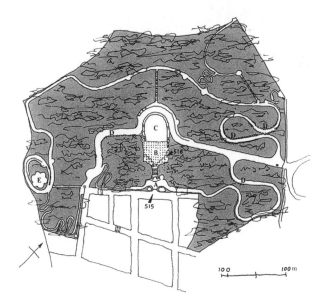

图 13.10 巴塞罗那盖尔公园平面 〔A. 阶梯 B. 上部带有台地的大厅 C. 希腊式剧场 D. 圆柱形栈道和台地 E. 小教堂〕

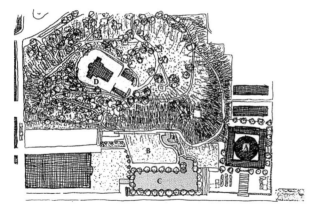

图 13.13　斯德哥尔摩市立图书馆和观赏园林　[A. 图书馆
B. 公共园林　C. 池塘　D. 温室]

图 13.14　斯德哥尔摩市立图书馆周围的公共园林景观 1

图 13.15　斯德哥尔摩市立图书馆周围的公共园林景观 2

的目的具有双重性，即摈弃外表的式样，用现代语言再现古典主义的精髓；使几何理性价值观与景观设计的价值观相互协调一致。斯德哥尔摩的森林公墓由阿斯普朗德和 S. 留仁兹(S. Lewerentz)合作设计，图 13.12 是从入口处观看的景观。

虽然平面布置的结构是几何式、按比例的，但整个建筑都从属于人造假山，假山遮住了附近的郊区，形成了一种具有普遍意义的永恒的象征，尤其是烘托基督十字架这一点尤为突出。斯德哥尔摩市立图书馆和观赏园林的平面图(图 13.13)(1920—1928 年)表现出了微妙的风格与手法：广场内古典式的圆周被导向与附近假山的轴线成偏离状，仿佛被重力拉动似的。假山的一侧朝向图书馆，其四周为公共园林(图 13.14 至图 13.16)所环绕。

## 13.4　将抽象艺术转换成景观艺术

将抽象艺术转换成景观艺术的工作经由罗伯托·布尔·马克思(Roberto Burle Marx)(生于 1909 年)之手而发源于巴西。他兼为画家、服饰和珠宝设计

图 13.12　斯德哥尔摩森林公墓入口处景观

师、舞台设计师、重大节目和庆典活动的积极参与者、生物学家和园林师。布尔·马克思把这些素质融合汇入了景观设计这门独特的艺术之中。虽然他曾参观过欧洲的园林,对英国学派有过响应,但他自身所接受的真正的教育和灵感却是来自巴西的广大森林之中,那儿有绿色葱茏的植物,有像亚马孙河那样蜿蜒曲折的河流(图13.17)。作为他的第一个公共园林设计,他为瑞塞菲·泼瑞娜布柯广场(图13.18)所画的规划图反映了两个道理:一是描绘自然界本身就需要细心和想象力;二是热带植物包含在几何体内。里约热内卢塞内斯波里的克劳弗斯花园的平面是他两年以后设计出来的。这一平面图现在成了一幅由画家制作的记载其设计精神力量的而非现实的作品。这种精神反映了他个人的眼界,诠释了巴西的森林和河流,只有精湛的技巧和丰富的造园经验才能使这幅画转变为现实。这一点已变成了现实,人们在实现这幅画的时候经历了与抽象绘画相同的感受,其目的是要传达一种超越自然的力量所要表达的伟大思想。从技巧方面来看,很像画家们作画时使用颜料调色那样,为了质感,布尔·马克思利用植物既表达了它们的个性,也表达了它们的重复韵律。这两种处理方法均可在克劳弗斯花园(图13.19)中看到。布尔·马克思后期的成熟之作见于图13.20至图13.23。

图13.16　斯德哥尔摩市立图书馆周围的公共园林景观3

图13.17　亚马孙河流域景观

图13.18　布尔·马克思为瑞赛菲·泼瑞娜布柯广场所画的规划图

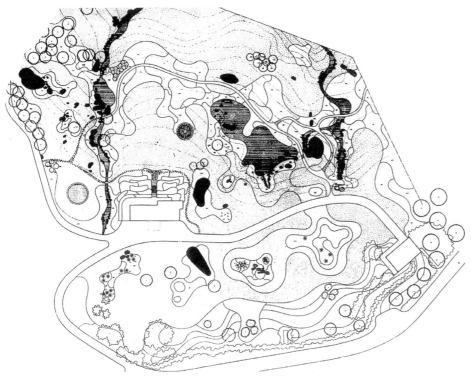

图 13.19　里约热内卢塞内斯波里的克劳弗斯花园平面

图 13.20　布尔·马克思后期的成熟作品 1

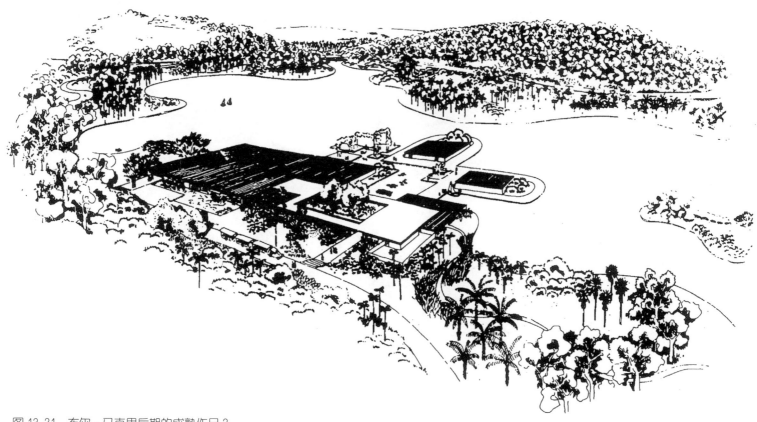

图 13.21  布尔·马克思后期的成熟作品 2

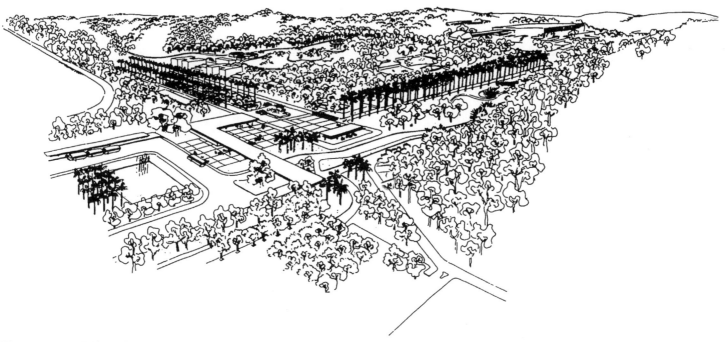

图 13.22  圣保罗植物园与动物园新的系统化所绘图片入口 〔与杰·西·裴索兰尼（J. C. Pessolani）、杰·斯杜达特（J. Stoddart）和费尔南多·塔波拉（Fernando Tabora）的合作项目〕

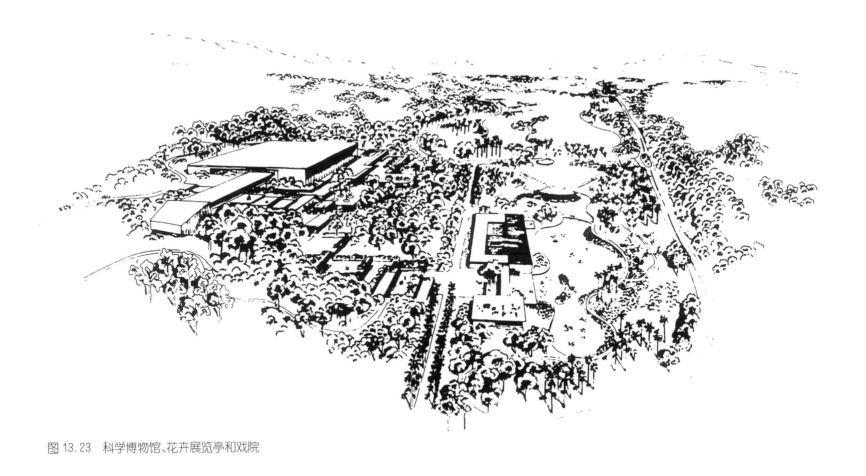

图 13.23 科学博物馆、花卉展览亭和戏院

## 13.5 抽象思维与自然形态结合的现代景观

作为一种艺术观念,在历史上抽象思维与自然形态的结合已是不辩自明的了。可是,20 世纪初的知识革命却把这两者突如其来地割裂开来,不过,随着生态科学的发展,这一观念正在重新成为景观设计的基本依据。在丹麦卡特加特(Kattegate)海岸边哈姆莱贝克的路易斯安那展览馆[建于 1955 年,建筑师为乔根·波(Jorgen Bo)和威尔海姆·沃莱赫特(Vilhelm Wolhert)]与 19 世纪的房屋及公园相互交织,融合成了一体。为了给人们以艺术与自然交相辉映的印象,该工程与综合体的结合经过了深思熟虑。亚历山大·考尔德(Alexander Calder)的雕塑(图 13.24)似乎使天空、海洋和风成为有机的整体,很像亨利·摩尔(Henry Moore)对斜倚塑像庭院(图 13.25)和周围的东西所做的处理。

## 13.6　发源于生态学派的景观艺术

在斜倚塑像庭院(图 13.26)中,当经过和穿越建筑物时可以观赏到其景色。在建筑物内部,一尊由约瑟夫·亚伯斯(Josef Albers)所做的抽象雕塑与一株巨大的山毛榉树干通过视觉而联系了起来(图 13.27)。

正如在欧洲启蒙时代,通过对浪漫主义景观的情感发展,人们思维的知识增长得以平衡,因而在现代世界,社会正在转向生态学,这不仅仅是作为情感上的解脱,而且因为生命本能地知道欣赏力的缺乏会威胁到生命自身。源发于生态学派的景观艺术,也深深扎根于过去。伦敦维多利亚公园广场(图 13.28)富有想象力的形态(图 13.29)给孩子们一种逃离校舍的感受,响应了人类的基本情感,释放了其想象力,使之在它自己的未知世界中自由驰骋。

与之类似,在多伦多梅罗动物园(Metro Toronto Zoo)中(图 13.30),被观赏的动物是自由自在的,人们似乎隐身于栅栏之后了。该公园 750 hm² 的场地拥有丰富多样的景观。所有动物都根据世界上六个动物地理学区域及其自然习性划分成群,人与动物被巧妙地结合在一起。在这短暂的时光内,人们领略

图 13.24　考尔德的雕塑

图 13.25　摩尔的斜倚塑像庭院

图 13.26　摩尔的斜倚塑像庭院内景

图 13.27　摩尔的斜倚塑像庭院建筑内景

图 13.28　伦敦维多利亚公园广场 1

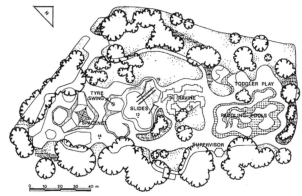

图 13.29　伦敦维多利亚公园广场 2

1.动物的领域:毫无疑问,在世界上没有任何一个动物园能有如此激动人心的场面,加拿大有近800 hm²的场地将被开辟为动物园。

需要环境控制的动物种类被安置在靠近核心通道的专题展馆之中,核心通道作为通向各自展馆的入口。从任意一个入口可以便捷地通达另一个入口,这对于一个在北半球气温下常年运作的动物园尤其重要。

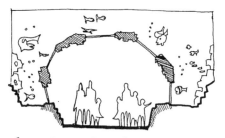

Great Barrier Reef Exhibit

2.在澳大利亚馆的大堡礁展览中,人们走过一个幽暗的水下通道。周围都是水,欢快的鱼儿在头顶上游来游去。

Polar Exhibit

3.人们在北极熊展馆中的岩洞内可以从不同的角度观赏:从顶上通过水下窗,特别是通过岩石中的孔洞近距离地观看。

图 13.30　加拿大多伦多梅罗动物园

其他图解说明了该公园的特别之处,在感觉上,是人被带到了动物面前而不是动物展现在人的面前。

总体规划由多伦多大都市委员会委托,其预算如下:

| 费用: | 2840万加元 |
|---|---|
| 年度维护费: | 275万加元 |
| 年收入: | 276万加元 |

Snow Leopard Exhibit

4.在亚洲馆,有一条10.6 m高的瀑布(附带使池水流通)从一个高高的放养雪豹的岩石上跌落下来。在建筑的入口处有西伯利亚虎,这是世界上最北端的猫科动物,即使在最冷的天气也在户外活动。

Bridge through flight cage

5.在海洋世界和美洲馆之间有一道峡谷,上面罩着一张巨大的网。当人们从一座高桥上穿越树丛时,成群的鸟儿就在身边飞来飞去。

到了映入眼帘的绝无仅有的浪漫与美妙,并忘却了与之并存的自然界的残酷与无情。

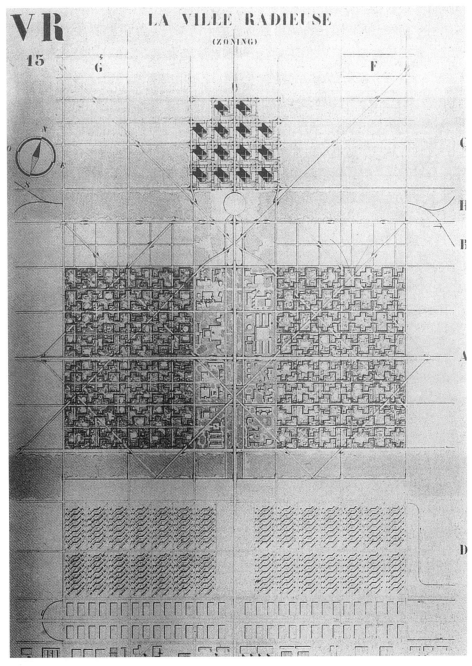

图 13.33 雷地斯别墅 2

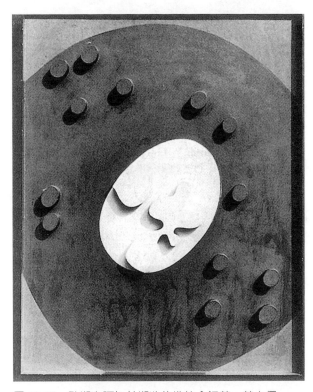

图 13.31 雕塑家阿尔普塑造的佛拉金门茨·英卡得

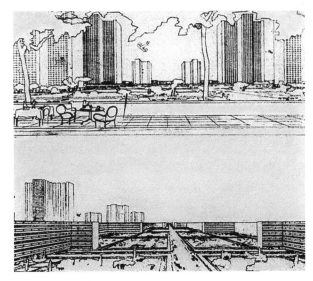

图 13.32 雷地斯别墅 1

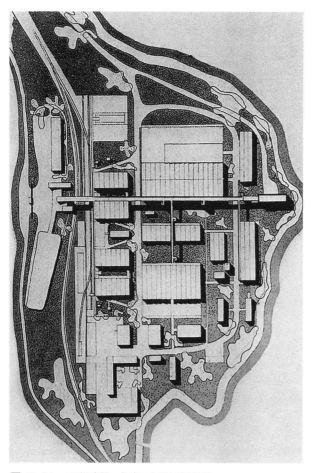

图 13.34　工业建筑:尤森·沃特建筑群

## 13.7　科学世界诱发的景观设计

科学向人们展现了充满诱惑力的新的生活方式和新的艺术形式。萨尔基勒托布尔大桥离瑞士希尔斯不远,由罗伯特·迈勒特(Robert Maillart)设计,1929年通车,桥用现代成语暗示着不依赖于艺术的纯粹结构物的美感。就在同一年,雕塑家让·阿尔普(Jean Arp)塑造了佛拉金门茨·英卡得(Fragments Encadres)(图13.31),它通过艺术肯定了生物学与其他数学化秩序的关联。新的机器时代的杰出开拓者是建筑师和艺术家勒·柯布西埃(Le Corbusier),他主张房屋应当是居住的机器。这种房屋不但不会令人感到压抑,而且还应当有着完美的机器式的比例,并在空间上不受限制和约束。1935年在理论上做出设想的雷地斯别墅(Ville Radieuse)(图13.32、图13.33),其建议方案就是要为大众获得平等、日照和空气。这些理论原则同样也适用于工业建筑:尤森·沃特(Usine Verte)(图13.34)(1944年建)建筑群就安装有玻璃幕墙,透过玻璃幕墙,人们可以看到绿化景观。柯布西埃把这一点看作这一方案的精华,但这还仅仅处于抽象阶段。艺术的观念是放之四海而皆准的,是超越国界的。这种对于生活纯洁、质朴而又独特的思维方式对知识分子有着巨大的吸引力,但却遭到了反对非人性的保守的平民百姓出自本能的反对。这位伟大的艺术家在他的晚年对人类天性做了更为深刻的探讨。

# 14  现代公园景观规划设计

## 14.1  纽约中央公园

F. L. 奥姆斯特德[与英国建筑师卡尔弗特·沃克斯(Calver Vaux)合作]首先倡导了景观空间的设计,他的创作过程可以分为五个阶段:纽约的中央公园(1857 年);布鲁克林的希望公园(Prospect Park)(1866 年);芝加哥的滨河绿地(1869 年);波士顿的公园道路(Parkway)(1880 年);芝加哥的世界博览会(1893 年)。此外,他在这些设计之外的间接影响也是无法估量的。他在中央公园(图14.1、图 14.2)中引入了一个新的观念,即都市景观空间应该是内向观看的,应该是尺度巨大的,在许多形式多样而丰富的单体中尺度又要尽量缩小。

新的规划技术还包括在四条十字形主路旁设人行道。在一定程度上由于基地存在一些障碍物,如水库之类,中央公园的设计在技巧上不如希望公园(图14.3)那样娴熟。希望公园围绕一个主题来布局,从学术上来讲,它是一个经典之作。滨河绿地(图 14.4)是将公园设计理论推广运用到平民的生活范畴,它是

图 14.1  纽约中央公园 1

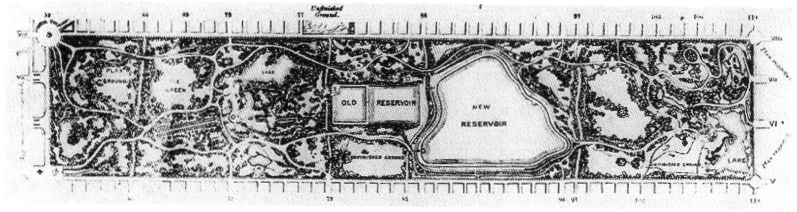

图 14.2　纽约中央公园 2

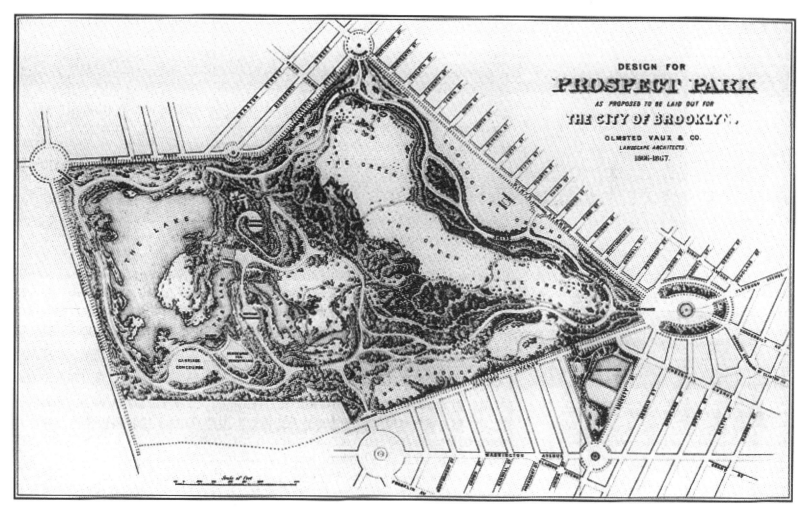

图 14.3　希望公园

早期试图打破英国城镇规划中那种严格的格网棋盘式体系的实例之一。下文是从奥姆斯特德的文章中摘录的一段："在公路上,行车的舒适与方便已变得比快速更为重要,并且由于城镇道路系统中常见的直线道路以及由此产生的规整平面会使人们在行车时目不斜视,产生向前挤压的紧迫感,我们建议在设计道路的时候,普遍采用优美的曲线、宽敞的空间,并避免出现尖锐的街角。这种理念暗示着景观是适于人们游憩、思考且令人们愉快的环境。"

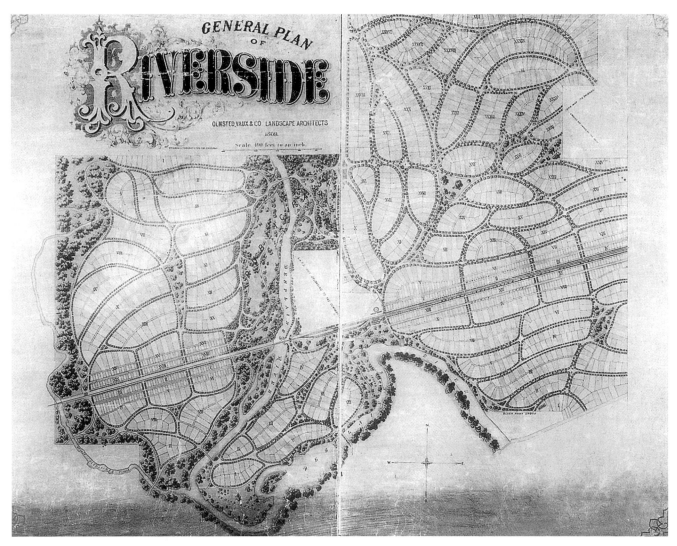

图 14.4　滨河绿地

图 14.5　蒙德里安的绘画作品

## 14.2　从静态走向动态

阿姆斯特丹鲍斯公园的计划酝酿于 1928 年，1934 年破土动工，它在欧洲率先开创了一个动态的而非静态的现代公园。荷兰景观的精髓体现在荷兰艺术家 P. 蒙德里安(Pier Mondrian)作品中那种质朴、扁平的几何体里。他的抽象画，如《在曼哈顿》那幅(图 14.5)(1937 年)就是构成主义运动思想艺术的基础。

鲍斯公园背离了这一点。这座公园的规划是教授、植物学家和城镇规划师协作平衡的结果：场地低于海平面，位于沼泽地；利用传统的排水技术营造了一片森林，在森林那边似乎是匠人刻画出的一片适合群众性运动的场地。正是这些形体给公园带来了动态活力，因为这里的树木种属没有变化，主要就是橡树、赤杨。公园中到处是自然的小径。剖面显示了这块平地被改造的全部过程，被砍伐的树林被用来营造滑雪山丘。图 14.6 是朝东北方向观看的空中景观。

图 14.6　鲍斯公园鸟瞰

## 14.3 从平面水平走向空间立体

现代城市公园是从 18 世纪私人风景园中成长起来的,其中包含了逃避现实的原则,如斯图加特的宫廷花园(Schlossgarten,Stuttgart)(图 14.7、图 14.8),其喷泉由彼得·法勒(Peter Faller)设计,是在前西德国家政策的鼓励之下创造出来的,该政策鼓励利用国家园林展览会创建永久性的城市公园。该基地原为古典公园和学院及宫殿的林荫道,设计之后,几何结构毫无痕迹地消失了,但树木并没有明显地减少。总之,在未开发过的场地上建立新公园,现代施工设备能够很快地将平地塑造成山冈和谷地,因而可创造出梦幻般的空间。位于巴黎拉库尔讷沃(La Courneuve)拟议中的公众公园(图 14.9)就是这么一项研究变化和幻觉的工程。对现有公园加以扩展,自然形态将会从平坦的土地变成起伏的山坡。

图 14.7　斯图加特的宫廷花园(1960 年)1

图 14.8　斯图加特的宫廷花园(1960 年)2

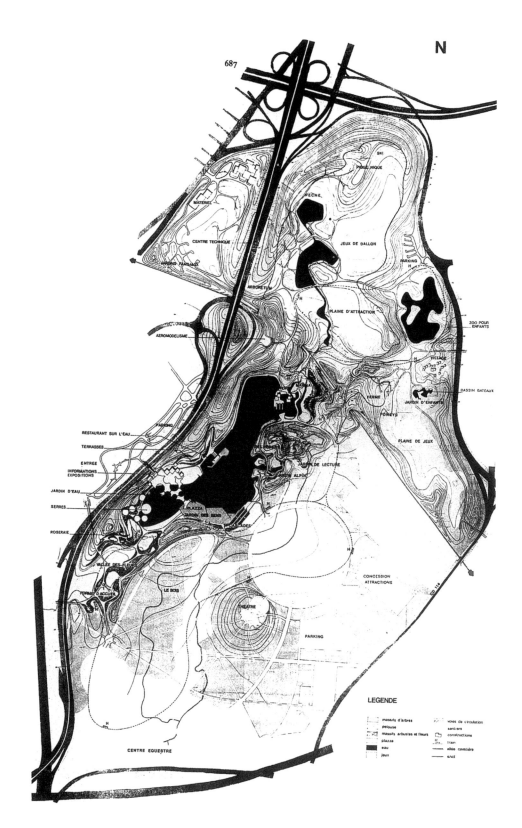

图 14.9　巴黎拉库尔讷沃拟议中的公众公园　［1972 年,景观建筑师德里克·沃夫乔伊(Derek Lovejoy)及其合伙人设计;由阿兰·普罗沃(Alain Provost)和吉伯特·赛麦尔(Gilbert Samel)开发〕

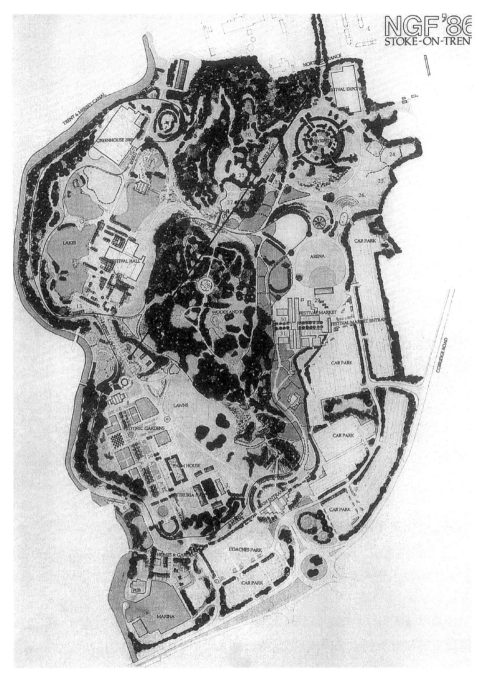

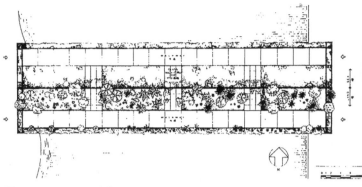

图 14.11 "四大陆桥"1

图 14.12 "四大陆桥"2

图 14.10 第二届"英国国家园林节"〔设计协调人:杰·萨姆沃斯(J. Samworth)。图中:1. 南台阶 2. 主入口站 3. 斯塔福德谢尔馆 4. 银行 5. 陶艺遗产展览 6. 运河历史遗产展 7. 冒险游戏 8. 花园咖啡座 9. 游乐城堡 10. 玫瑰园 11. 运河景象 12. 玫瑰园站 13. 节日大厅站 14. 自然保留地 15. 岛屿餐馆 16. 温室 2000 站 17. 水上乐园 18. 水上巴士站 19. 瀑布 20. 送风塔 21. 山中小潮 22. 野餐地带 23. 老公牛与灌木丛 24. 蔬菜园 25. 节日农场 26. 圆形剧场 27. 步行桥 28. 指南针 29. 露天餐厅 30. 市场站 31. 邮局 32. 藤架小径〕

关于地形处理的目的，设计师们做出如下说明："首先，从视野上消除位于公园四周的低劣的建设构筑；其次，改变现有公园平坦地形的单调空泛；再次，提供经济效益，从控制废料倾倒上得到收入来源（多年来，每年有 120 万 m³ 的废料倾倒在这里）；最后，吸收化解了 A16 汽车道路及相连的立交和主要铁路线的景观影响。"

## 14.4  通过园林博览会新建公园

公共公园从 19 世纪初才开始出现，然而不久以后它却像从前的教堂和公共建筑一样广泛地反映社会面貌，与数量激增的艺术画廊和博物馆一起，填补一个技术创造时代中所存在着的意识形态上的空虚。

继德国人开创了通过国家博览会创建永久性城市公园的先河之后，主题为"春特之火"（STOKE-ON-TRENT）的第二届"英国国家园林节"（图 14.10）表现出英国传统的"公园回归自然"的观念，它可以从奥姆斯特德追溯到胡弗莱·雷普顿（Humphry Repton）乃至更早的大师。积极、纯净的古典主义被转化为忧郁、沉静的浪漫主义。

## 14.5  世界博览会激发的灵感

1851 年，伦敦世界博览会的水晶宫以其对于玻璃梦幻般的想象力令世人震惊，此后，重要的博览会一直都是富有想象力的思路的沃土。构筑也许会随着博览会的结束而不复存在，但其观念将不断激发人们的想象力。赛特建筑设计集团（SITE）为广岛"海洋与岛屿"博览会设计的"四大陆桥"（图 14.11、图 14.12）就是如此。

这座桥在实体上连接着博览会的两个部分，但就意向而言，其试图形成自身的景观特色，以象征人们对于自然、自然资源以及世界和平的责任。其拱架嵌板被漆成五颜六色，隐喻非、亚、美、欧四大洲；玻璃隔断划分了水面，隐喻灌溉的主题；边界由多种灌木界定；平面构图富于几何性和静谧感，如同日本艺术一样，所有这些就暗示那广大无边的宇宙。

## 14.6  人工自然的景观设计

"四大陆桥"是面向未来的理性的研究，然而墨西哥城郊的帕科·泰祖祖莫卡（Pargue Tezozomoc）（图 14.13）则是面向过去、寻找起源的浪漫探索。在愈

图 14.13  墨西哥城郊的帕科·泰祖祖莫卡 1

来愈趋于技术化的西方文明社会,回归自然的呼声日益高涨。但是,人工自然的强度因特定的环境而不尽相同。帕科·泰祖祖莫卡所处的环境拥挤不堪,令人震惊。为了在这里找出协调关系,第赛努·乌般努(Diseno Urbano)集团的建筑师马里奥·谢特兰(Mario Schjetnan)首先在这片矩形街区中设计了一个集中性、生态式的人工山冈和人工湖的形态,然后再现了这片场地上曾经发生的事件,即那些可以上溯到 15 世纪的住居、神话和传说(图 14.14)。单调的平原是生命的源泉和缔造者,在这一意义上,山脉则是无足轻重的,可是为什么在这个星球上所有的山脉都具有如此动人的表情呢? 这难道不是因为它能给人类一种保护感和一种回归到生命发祥地的感受吗?

## 14.7 温室——现代公园的重要建筑

温室作为一种花园华贵装饰的概念在 19 世纪初期得到了发展。那时,其形式由建筑法则所决定,而非园艺规则。由 M. 保罗·佛雷得朗(M. Paul Friedlung)设计的尼亚加拉瀑布冬季园位于一个新开辟的可观赏瀑布的公园之中,并包括了一个作为声音库的生机勃勃的儿童游戏场。构筑物高高耸立,如同一座奇妙无比的玻璃山丘(图 14.15)。进去之后,轻轻地走过一片魔毯(图 14.16)便进入明媚的热带世界,这儿的气氛文明而高雅,既可以高谈阔论,也可以演奏音乐,伴随着异国的草木花香,同伴间可以领略到这美妙无比的时光瞬间(图 14.17)。

## 14.8 功能日趋综合的公园

如同建筑学,把景观当作某种有序的配套设施一直是罗伯托·布尔·马克思(Roberto Burle Marx)作品的特征,如里约热内卢拉柔扫提医院的花园即精致、优雅地表现了这种特色。艺术家现在所关心的包括在一个单一景观规划中进行多种用途的协调。最近的一个项目是圣保罗植物园(参见第 13 章)的体系化,其森林保留地超过了 $5.2\ km^2$。该方案包括一个植物园,一个动物园,一个天文台,一个实验动物农场,一所精神病院和一所为迟钝的孩子设立的学校。徒步旅行已被设计成为一个教育环节。

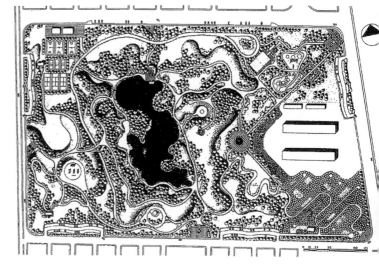

图 14.14　墨西哥城郊的帕科·泰祖祖莫卡 2

图 14.15　一座奇妙无比的玻璃山丘

图 14.16 一片魔毯

图 14.17 温室内景

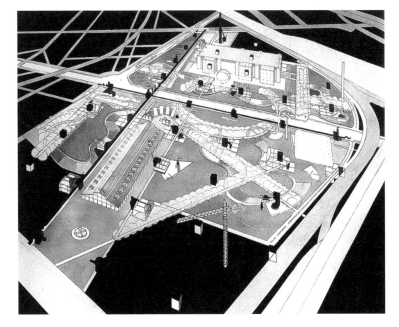

图 14.18 巴黎拉·维莱特公园

## 14.9 一种风格创新的城市公园

在以布尔·马克思为评委会主席的设计竞赛中,取胜的巴黎拉·维莱特公园(图 14.18)[设计者:建筑师屈米和梅里尼(Tschumi and Merlini)]是一个面向未来的大胆飞跃。其复杂的图解从本质上来说是从以勒·偌特尔（Le Notre）为代表的典型的法国式设计出发，并在设计中运用了抽象几何图形，以试图创造出前所未有的景象。于1984年所做的公理格言（Axnometric）描绘出了这个至少由三种抽象而独立的观念所构成的综合体，其植物形态草图（图14.19、图14.20）则显示出生物世界将如何适应这种几何旋风。

图 14.19　巴黎拉·维莱特公园植物形态草图 1

图 14.20　巴黎拉·维莱特公园植物形态草图 2

# 15  现代庭园景观

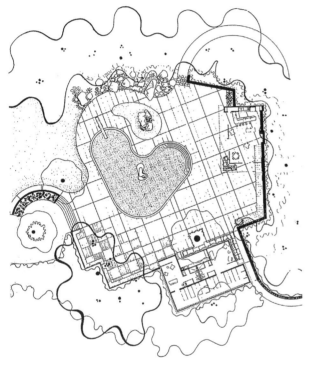

图 15.1  丘奇设计的游泳池 1

## 15.1  强调个性化的庭园景观

原始的园林保持了作为表现个人特殊志趣的内容。当托马斯·丘奇(Thomas Church)于 1948 年设计的位于加利福尼亚索诺马(Sonoma)的游泳池(图 15.1、图 15.2)成为一种对生物学形式、几何体和自然景观之间实际的研究时,它就与爱克伯(Eckbo)、叮·奥斯丁(Dean Austin)和威廉姆斯(Williams)设计的加利福尼亚洛杉矶花园(图 15.3、图 15.4)一样,是变幻莫测的。1969 年,

图 15.2  丘奇设计的游泳池 2

图 15.3　爱克伯、奥斯丁和威廉姆斯设计的洛杉矶花园 1

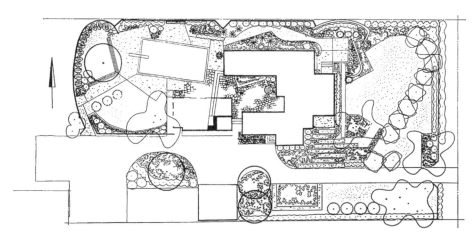

图 15.4　爱克伯、奥斯丁和威廉姆斯设计的洛杉矶花园 2

在《我们看到的景观》一书中爱克伯写道："私人花园组成了整个富有人性的景观造园领域的一大部分,并在房屋与场地之间、在普遍广泛与错综复杂的个性化的创造力之间、在个人爱好的表达与奇思怪行之间,以及在家庭生活和视觉愉悦的范围之间呈现出了极大的变化性和多样性……对于各行的设计师来说,居住设计是最为复杂、最为专业化、最具要求也是责任最大和最容易遭到失败的领域……"

关于质量,作者的意思是指一个人或一组人与景观之间的关系。这个关系作为衡量质量的一种过程,包含了人类的感知力、理解力和反应能力。景观质量的本质既不在于景观本身,也不在于个人,而在于他们之间所建立起来的关系的性质。所以,质量可以因时间和场所的不同而变化,也可因人类的天性及其所依赖于其中的自然的性质的不同而变化。

## 15.2 流水别墅的景观

美国的景观建筑要归功于个体业主埃德加·J. 考夫曼(Edgar J. Kaufmann)。1936 年,他授权 F. L. 莱特建造宾夕法尼亚州的熊跑泉瀑布别墅(图 15.5),后来莱特在《建筑论》上写道:"在风景优美的森林中有一处坚固高耸的石林位于瀑布近旁,自然景物似乎使别墅石林飞跨于瀑布之上……当你看到那设计时,必会听到瀑布的哗哗之声。通过玻璃幕墙所空出的空间使三个独立的空间设计在空间上互为补充,每一空间设计与室外景观相联系。"考夫曼的又一个尝试是加利福尼亚州帕尔玛泉的沙漠别墅,无论是场地还是建筑都各具特色。其场地是一片沙漠,其中岩石嶙峋,雪松、柑橘、丝兰和夹竹桃等植物点缀在石林之间。建筑师理查德·诺伊特拉(Richard Neutra)和他的儿子迪翁(Dion)将自由的几何体和自然形态相互结合,规划为一体(图 15.6)。只有采用冷冻水循环和首次利用的沙漠风百叶窗等新技术,如此这般的自由处理才有可能实现。

## 15.3 反映地方性的庭院景观

虽然建筑学国际式风格的第一次浪潮已经过去,但是,景观设计的热潮却经久不衰,凭借其生态学的理论基础与更大的灵活适应性,景观设计能够更恰当地表现出什么是普遍的,什么是区域性的,以及什么是个性的东西。国际景观规划设计师联盟(International Federation of Landscape Architects)的创立

图 15.5 莱特设计的熊跑泉瀑布别墅

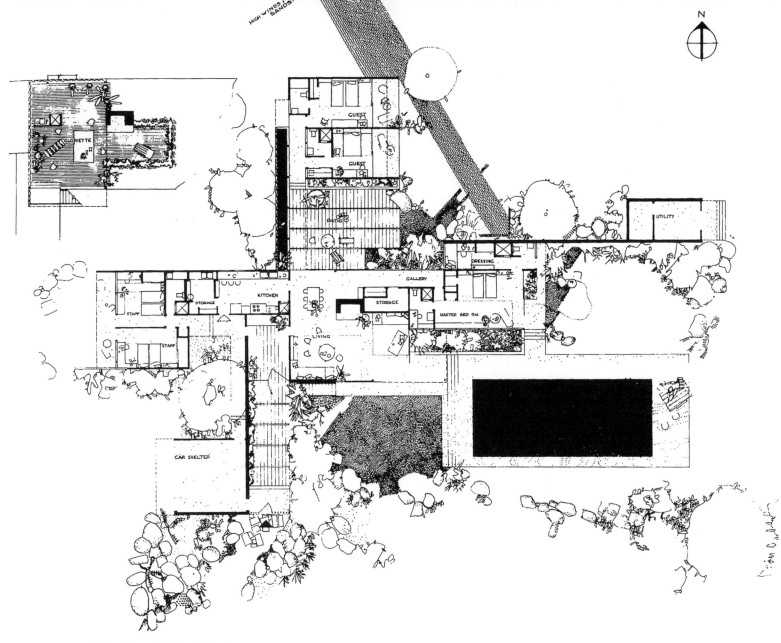

图 15.6 自由的几何体和自然形态的相互结合

不仅鼓励发达国家之间的理念交流,还通过其专业知识的传播来鼓励与促进这门艺术在世界各地的蓬勃发展。无数天才的创造力有待释放,杰弗里·巴瓦(Geoffrer Bawa)就是这样一位独树一帜的先锋式人物。他受教于伦敦建筑师协会并周游了世界,最终很明智地回到了斯里兰卡,工作于印度次大陆古老破碎的氛围之中。

在其众多的作品之中,他自己的住宅平面(图 15.7)是一个大型设计的中心部分,它坐落在这样的景致之中:山丘上种着橡胶树,还有果园和椰林,稻田散

图 15.7 巴瓦住宅平面

落在山下,并为代杜瓦湖所环绕。其住宅入口处经过一株遒劲的树,外部景观(图 15.8)将设计者曾经体验过的英国校园加以变体,直至变成了一个对于西方观念来说陌生的东西。

图 15.8　巴瓦住宅外部景观

## 15.4　建筑与景观园林的完美结合

里斯本古根海姆博物馆[主席为乔西·德·阿瑟雷多博士(Dr Jose de Azeredo Perdigao),建筑师为莱斯利·马丁(Leslie Martin),景观设计师为埃德加·冯泰斯(Edgar Fontes)]新艺术中心,其空间设计中三个阶段的演化仿佛在引导人们进入第四个阶段。当西方人离开洞穴(第一阶段)开始适应那充满敌意的环境时,他们早期的家只不过是带有一个开口的洞穴构筑,经过许多世纪之后,这种构筑变成了镶着玻璃维护窗的房屋。而后是第三阶段,景观变成了朋友而不是敌人,通过采暖和大面积平板玻璃的发明,人类打破了室内与室外的界限。

早在很久以前,日本人就已把房屋、功能、庭园之间的关系完美无缺地统一了起来(图 15.9)。在西方,一个现代的实例是靠近哥本哈根的路易斯安那博物

图 15.9　日本庭园

馆,其建筑设计与景观设计和谐相处,高度复杂的抽象艺术直接与自然融为一体。第四个阶段就是该艺术中心的观念:一门独立的景观规划设计学的艺术。在总平面图与剖面图(图 15.10、图 15.11)中可见,基地位于 1979 年完工的现有建筑之北,新项目对于建筑形体是一种综合的研究,以在一个狭小的地段中予人以一种深度上的神秘感(图 15.12),一种空间向天空伸展的感觉

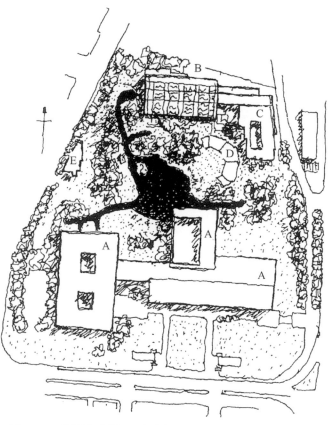

图 15.10 路易斯安那博物馆总平面图

图 15.11 路易斯安那博物馆剖面图 [A. 现存博物馆 B. 现代艺术馆 C. 辅助用房 D. 圆形剧场]

图 15.12 路易斯安那博物馆扩建图

图 15.13　路易斯安那博物馆远景

图 15.14　路易斯安那博物馆戏剧和儿童游戏空间 1

图 15.15　路易斯安那博物馆戏剧和儿童游戏空间 2

（图 15.13），一种对博物馆之中艺术品的珍爱之情。这些艺术品坐落于博物馆之中，博物馆为水障所保护，但视线景观并不为之所限，这里还有戏剧和儿童游戏空间（图 15.14、图 15.15）。整个场地给予人们的近乎完全是现代生活中艺术场所的一种形而上的印象。

# 16 现代景观规划中的风景名胜保护

## 16.1 国家公园与风景旅游区

美国的州立及国家公园运动起源于 19 世纪下半叶,主要是通过 F. L. 奥姆斯特德的影响而发展起来的。筹建国家公园的目的是要保留一批从未遭受破坏的自然景观。美国第一个国家公园——黄石国家公园,是 1872 年对外开放的。

从那时起,黄石国家公园最棘手、最重要的问题一直是保护景区免遭游客的破坏,使游客保持自我克制。在生态平衡的沼泽地之中(1935 年构思设计,1947 年开工),架空人行通道(图 16.1)在需要时可以升起,随时可将参观者带到植物附近。与之相比,州立公园在某些方面起着相反的作用。在人口高度集中化、群居化和人工化的地方,州立公园为现代高度流动的公众提供了开放的娱乐区域,把观众从荒郊僻壤吸引过来。纽约琼斯海滩(图 16.2),1929 年为长岛州委员会安排的地点,现在可以接纳成千上万的来客和车辆,而这些车辆、人流则成了琼斯海滩天然的陈设。

图 16.1 美国黄石国家公园生态沼泽地中的架空人行通道

图 16.2 纽约琼斯海滩

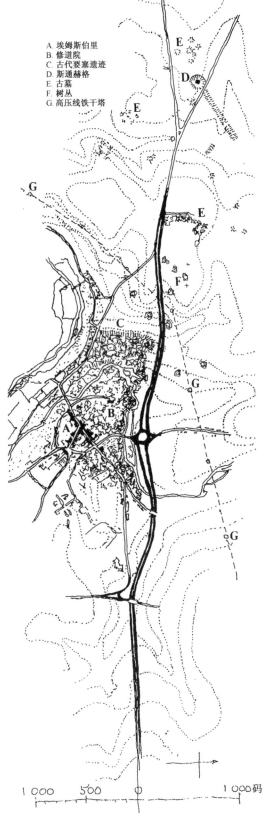

A. 埃姆斯伯里
B. 修道院
C. 古代要塞遗迹
D. 斯通赫格
E. 古墓
F. 树丛
G. 高压线铁干塔

图 16.3　埃姆斯伯里支线道路　[1 码≈0.914 4 m]

图 16.4　三树权风景区的公路支线

图 16.5　进入史前英格兰的道路

## 16.2　历史名胜作为历史价值观念的载体

历史价值观念的保留现在已成为制定规划的一个主要目标。考虑不周的机动车道路可能会扰乱整个乡村，而高层建筑则会干扰并破坏著名的城市轮廓剪影。位于威尔特郡的埃姆斯伯里（Amesbury, Wiltshire）支线道路（图 16.3）（双车道，见黑线处），不仅没有损伤历史的神秘韵味，而且还给它增添了一些体验和鉴赏价值。乘坐汽车从伦敦往西行的人，从旧公路上首先可以看到聚集在索尔兹伯里（Salisbury）平原树林中的一座中世纪城镇所提供的启示：公路支线，在其北部优美地沿着镇区的边缘而行，穿过 18 世纪遗留下来的三树权风景

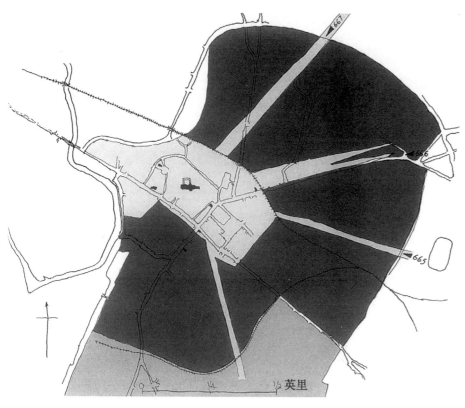

图 16.6　格洛斯特的高度规划 1　[1 英里≈1 609.344 m]

图 16.7　格洛斯特的高度规划 2

区(图 16.4),进入了史前英格兰(图 16.5)。在它前面矗立着石环(Stonehenge)(位于威尔特郡赛尔斯白瑞平原上的巨大的石柱群为史前遗迹),除了星星点点的古墓之外,只剩下了孤独。大约只要 4 分钟就穿越了 4 000 年的时间距离。同样的,格洛斯特(Gloucester)的高度规划(图 16.6)提交于 1966 年,意在保卫精神价值观念。该规划包括了当地大教堂的远距离景色,以及附属的塔楼和尖顶。四个"塔尖景象"(图 16.7 至图 16.9)保护了已生存下来的中距离景观。

## 16.3　以风景名胜区环境作为人类感知世界的课堂

作为人类的求知中心,不仅需关注知识的理性式获取,而且还要关心其感性式的注入。环境中时间的质量以及参与其中的感受也是教育的过程。乌尔比诺大学(University of Urbino)建于 1506 年,其所处的环境是拉斐尔(Raphael)

图 16.8　格洛斯特的高度规划 3

图 16.9　格洛斯特的高度规划 4

图 16.10　乌尔比诺大学远景

图 16.11　乌尔比诺大学航空摄影照片

的故乡,也是一些科学家和建筑师的母校,如皮耶罗·德拉·弗朗西斯卡(Piero della Francesca)、阿尔伯蒂(Alberti)和布拉曼特(Bramante)。

其自然景观规模小巧,山峦起伏;建筑物总是不得不去适应场地,就像从东北处的城市景色中(图 16.10)所看到的那样。空中景色(图 16.11)显示了城市中稳固而气势恢宏的公爵宫(Ducal Palace),以及其南部丰富多变的景观。直到今天,富有统一协调性的规划师仍然是自然环境本身,如果山岳和谷地的形态受到了交错地形的干扰,那也只是一种促进因素,而非一种混乱不堪。这所上规模的现代化的居住式学院(图 16.12),可能扰乱了人与自然的平衡,但是在场地处理和建筑设计上,其建筑物[由吉安卡罗·德卡罗(Giancarlo de Carlo)于 1970 年设计]已经成为景观的组成部分和历史的一种延续。

图 16.12　乌尔比诺大学校园

# 17  城市现代景观

## 17.1  居住与景观相结合

整个英国的住房和花园从美学上来讲都未受到技术与手工艺革命的触动，因此规划学取得了进展。建立平衡生态的城镇的思想观念，从商品化的角度来讲是可行的，这一概念成型于 1898 年由埃比尼泽·霍华德（Ebenezer Howard）为大约 3 万人所做的花园城市的图解。该构想于 1905 年在 L. 赫福持郡付诸实施，而后，具有决定意义的是古典主义建筑师路易斯·得·索尔森斯（Louis de Soissons）于 1920 年为韦尔文花园城市（图 17.1）所做的规划平面。

图 17.1  韦尔文花园城市 ［A. 农业区  B. 市镇中心  C. 工业区 D. 公园用地  E. 北大道  F. 铁路］

这座城市从外表上来看显得熟悉而亲切,但社区被铁路割裂了开来,城镇中心和中产阶级的住房分布在城西,工业和工业住区建在城东。详细规划平面(图 17.2)和照片(图 17.3)展示了典型的紧靠在一起半独立式的砖墙瓦顶住宅,这些住宅面对村庄中的绿荫,一切都湮没在参天大树的绿荫之中。

萨塞克斯的吟兰德(图 17.4)在传统发展趋向中是个例外,因为由建筑师塞吉·希玛耶夫(Serge Chermayeff)和景观规划设计师克里斯多弗·唐纳德(Christopher Tunnard)合作设计的平面(图 17.5)把新的国际式建筑和具有传统英国乡村的思维方式糅合在了一起;阶梯式的台地的尽端和亨利·摩尔

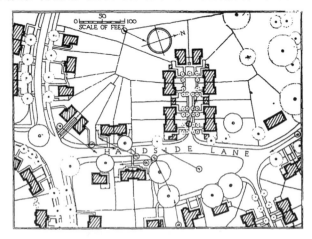

图 17.2　韦尔文花园城市详细规划平面图

图 17.4　萨塞克斯的吟兰德 1

图 17.3　韦尔文花园城市景观图

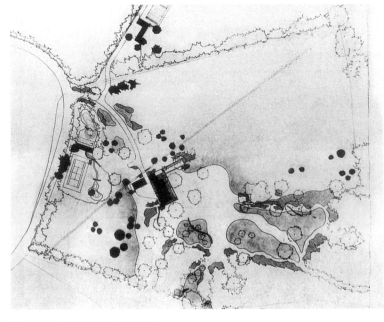

图 17.5　萨塞克斯的吟兰德 2

（Henry Moore)的雕塑展示了建筑物和景观的结合。现在,由于有了中央供暖和大块玻璃幕墙,住房室内与其周围环境的结合也就成了可能。

## 17.2 回归乡村自然的社区景观

作为规划师的目标,回归乡村自然在第二次世界大战后的英格兰得到了特

图 17.6 几何学与农业景观之间的密切关系

图 17.7 埃塞克斯哈娄新城的第一个规划

别的发展。新城镇的第一次浪潮基于自我包容的社区以及围绕某一中心的邻里组团系统(其原理类似于伦敦,这些社区和邻里组团就像伦敦的卫星城,每个大约有 6 万人口)展开。

它们的规模大小和规划布局受制于邻里内步行道路的距离,以及通往中心地区的公共交通。邻里由绿色景观隔离,以树木为尺度,虽然规划源于早先的花园城市,但是城镇和乡村之间的关系已经改变。在《耗子洞(1947 年)》(Mousehole 1947)一书中,本·尼克尔森(Ben Nicholson)提出几何学与农业景观之间的密切关系要比艺术及手工艺运动深厚得多(图 17.6)。1948 年,佛雷

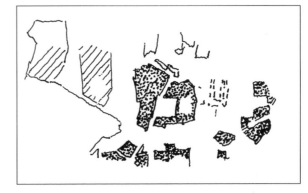

图 17.8 埃赛克斯哈娄新城的规划分区

图 17.9　伍德顿村

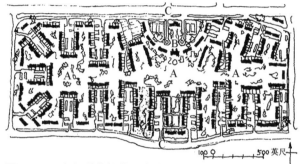

图 17.11　洛杉矶的鲍德文山庄　[A. 村庄绿化；B. 活动中心用房；C. 汽车进出口。由建筑师 R. D. 约翰逊(R. D. Johnson)与威尔逊(Wilson)、米雷尔(Mirrell)及亚历山大(Alexander)合作。1 英尺≈0.304 8 m]

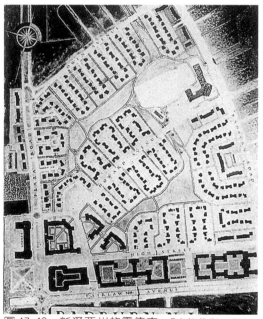

图 17.12　新泽西州的雷德本　[克拉伦斯·斯坦(Clarence Stein)和亨利·怀特(Henry Wright)是那时的建筑师]

德里克·吉伯德(Frederick Gibberd)出版了他的埃塞克斯哈娄新城(Harlaw New Town, Essex)的第一个规划(图 17.7、图 17.8)，其形成源于农田模式的复合体，但已经被合理地处理成了一种艺术形式，也许这种艺术形式可以作为某位景观设计师对于"耗子洞"的释义。在农村，由建筑师泰勒(Tayler)和格林(Green)在乡村地区建立了一种公共房屋的标准，以作为诺福克(Norfolk)的劳顿乡村区域委员会所属的村庄的附加条件，如伍德顿村(Woodton)(图 17.9)。

在英国建立新城的时候，在芬兰赫尔辛基附近进行了塔皮奥拉(Tapiola)(图 17.10)的规划，同样地将个人与环境相关联作为目标。鉴于英国的城镇受到农业景观、硬木树林和北纬 52°气候的条件限制，塔皮奥拉被设计于北纬 60°的原始针叶树林之中。

图 17.10　塔皮奥拉

## 17.3　内外结合的小区景观环境

为中等收入者设计的住宅，由私人公司开始，现在要求住宅所有者来维护，并远离嘈杂的世界。尽管如此，要求住宅是半城镇、半农村这一点仍然没有改变。人们发明了许多组合方法，但都没有离开鲍德文山庄(Baldwin Hills)和雷德本(Radlbure)的规划原则(图 17.11、图 17.12)：使汽车通道、小的封闭式花园和集合性景观各自分开。位于伦敦黑荒地的斯潘地产(Span Estate)(图 17.13)[建筑师为埃里克·莱昂斯(Eric Lyons)；合伙人为景观建筑师艾弗·坎宁安(Ivor Cunningham)]，在建筑物和植物之间增加了一种附加的敏感性。丹麦弗雷登斯堡(Fredensborg)的房产平面(图 17.14)[建筑师为 J. 乌特松(J. Utzon)]

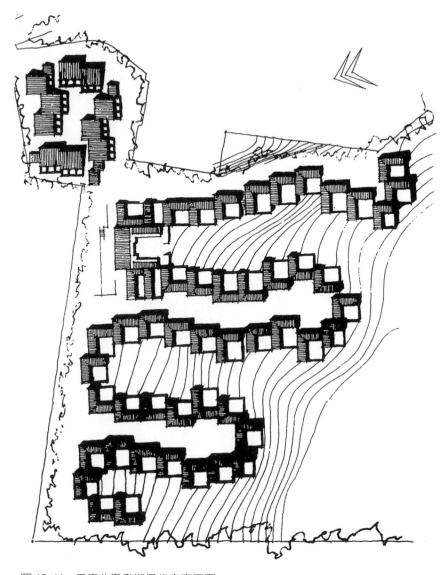

图 17.14　丹麦弗雷登斯堡的房产平面

图 17.13　伦敦黑荒地的斯潘地产

图 17.15　联立式房屋

显示出联立式房屋(图 17.15),将外部边界(白色)从内部世界(轮廓线)分隔开来。其外部立面是堡垒形的,里边是私人庭院式花园(图 17.16),但在实际上却与一个草地景观(图 17.17)分隔开来。这块草地延伸出了界面,一直伸展至那富有想象力的空间。丹麦也在一地产内开发出独立式住房的特性。贝格斯瓦尔德(Bagsvaerd)的住宅平面(图 17.18)[景观师为 A. 布鲁恩(A. Bruun)],外观上带有铺设路面的汽车棚(图 17.19),显示了同样的唯一性。这个规划本身就是独创的、经典的和安静的。从山毛榉林荫散步小径(图 17.20)到花卉园(图 17.21),在其小小的范围之内有着许多房间和花园空间。

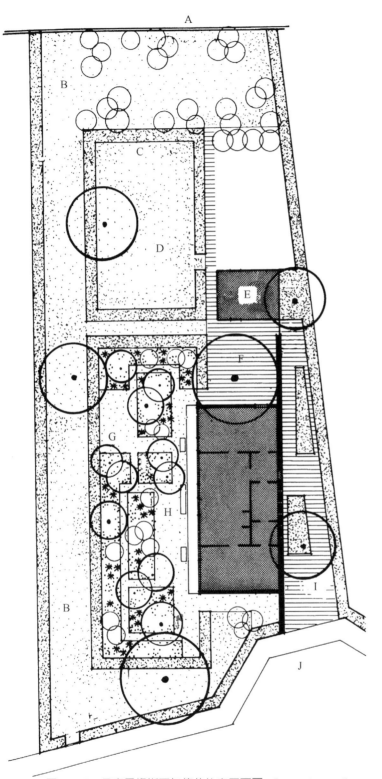

图 17.18 丹麦贝格斯瓦尔德的住宅平面图 [A. 石墙 B. 草
C. 山毛榉树篱 D. 游戏园 E. 屋外 F. 蔬菜园 G. 餐馆 H. 花
园 I. 停车馆 J. 回转场地]

图 17.16 私人庭院式花园

图 17.17 草地景观

图 17.19 带有铺设路面的汽车棚

## 17.4 马赛规划及马赛公寓的绿色景观探索

第二次世界大战之后,勒·柯布西埃的景观设想得到了实现。法国南部马赛的规划(图17.22)大纲是一个理论性研究(1951年出版),它提出景观的绿指通过道路格网自大海向北延伸。其绿网详细规划(图17.23)显示出其意图是在一个绿指内建造一群自我容纳的社区和内部的城镇区域。这些社区之一,即众所周知的马赛公寓,始建于1947年,完成于1951年,建筑物的剖面图(图17.24)和照片显示了单元住房岩石一般的特性,其依托于一片从来没有实现的、位于绿色环境之中的大都市。抽象形体的屋顶平台(图17.25至图17.27)与周围群山连成了一体。

图 17.20 山毛榉林荫散步小径

图 17.21 花卉园

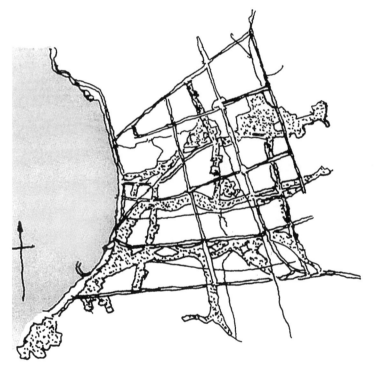

图 17.22 法国南部马赛的总体绿化规划

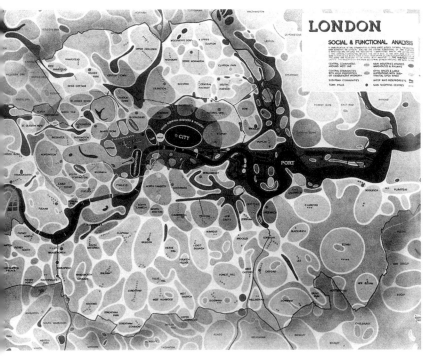

图 17.23 法国南部马赛的绿网详细规划

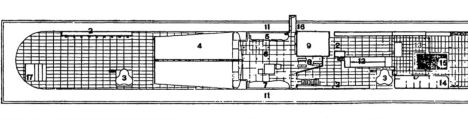

图 17.25 马赛公寓屋顶平台平面 [1. 假山 2. 花池 3. 通风烟囱 4. 体育馆 5. 东日光浴室 6. 衣帽间与上部平台 7. 西日光浴室 8. 混凝土桌子 9. 升降塔及平台入口和酒吧 10. 外部楼梯 11. 跑道(300 m) 12. 连接(第17层平台)平安服务、平台和托儿所的坡道 13. 托儿所 14. 儿童花园 15. 游泳池 16. 阳台 17. 露天剧场]

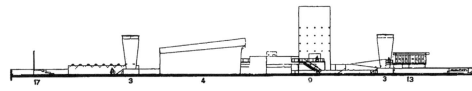

图 17.26 马赛公寓屋顶纵剖面

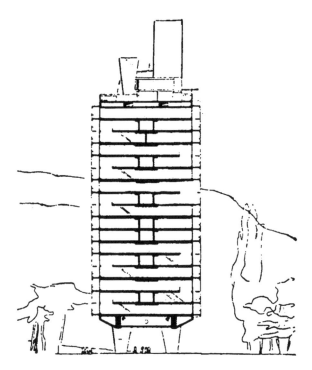

图 17.24 马赛公寓剖面

图 17.27 屋顶平台上的抽象形体

图 17.28　旁遮普的新首府昌迪加尔 1

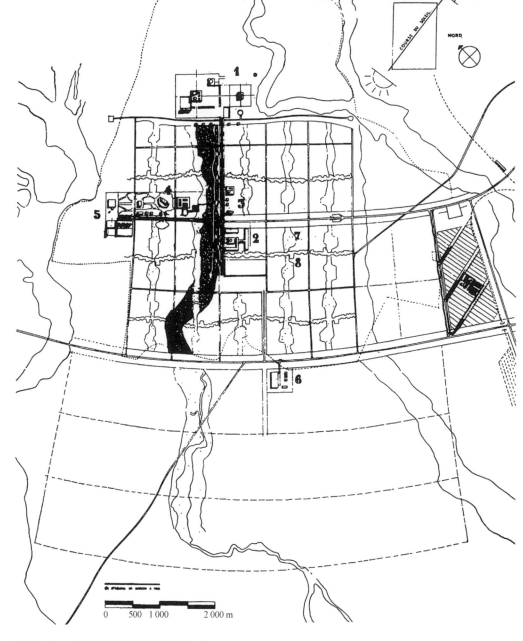

图 17.29　旁遮普的新首府昌迪加尔 2　〔1. 议会大厦　2. 商业中心　3. 旅馆、酒店等　4. 博物馆和体育馆　5. 大学　6. 市场　7. 绿带(学校、俱乐部、体育场等)　8. 主要商业街〕

图 17.30　展示了城市与喜马拉雅山脉关系的昌迪加尔

图 17.31　丹麦的布鲁第·斯春德综合体

图 17.32　综合体内的安全游戏区

受委托于 1950 年,在为旁遮普(Punjab)的新首府昌迪加尔(Chandigarh)(图 17.28、图 17.29)所做的规划中,勒柯布西埃运用自如地实现了这两者的结合:平面实现了典型的绿色景观与道路格网模式的转换,在其英国合作者麦克斯维尔·福瑞(Maxwell Fry)和简·卓(Jane Drew)的怂恿下已软化成了一条曲线。其中央黑色的"河流"是一个自然水流冲刷而成的河谷。1951 年 5 月 3 日,为该首府所做的第一张草图(图 17.30)展示了城市与喜马拉雅山脉之间关系的图景。

## 17.5　高密度居住区的景观化布局

住宅密度的提高发生在 1950 年至 1970 年之间,伴随着的是高层公寓的产生。到 1970 年,高层的社会缺陷已变得极为明显。承租人与其邻居没有任何来往;他的家庭也与地面隔绝开来,由于风的干扰和停车的作用,很可能会使这块地不适宜植物的生长;其环境的质地是生硬而充满敌意的。家庭的住所和公寓隔绝了人性。丹麦的布鲁第·斯春德(Bronddy Strand)综合体[建筑师为赛文德·霍格斯布罗(Svend Hogsbro)]是一次理智的训练和这一时期的楷模。它是集中式的,并且被干净利落地矗立于一个农业环境之中。它将汽车与人行道相分隔,正如在中心区景色中(图 17.31)看到的那样。在这个综合体内还有一个安全游戏区(图 17.32),并且能让男女老少无需上下坡便可方便地抵达下沉公园(图 17.33)。经分析研究,作为一个独立构图,这个城市的轮廓肯定受到了位于法国地中海海岸上的拉格朗德默特(La Grande Motte)金字塔之变形体的暗示。与这种思维方式相反,位于英国白金汉郡(Buckinghamshire)的米尔顿·肯尼斯镇,其规划是希望用于一个富裕的汽车社会[该镇建于 1970 年,

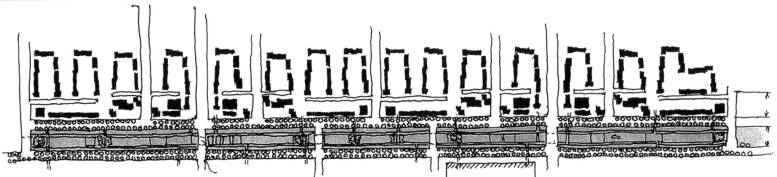

图 17.33　综合体内的下沉公园

人口为 25 万人,由建筑师莱威林-戴维斯(Lewellyn-Davis)、威克斯(Weeks)、弗赖斯节·沃克(Forestier Walker)、保尔(Bor)和景观师 G. P. 杨曼(G. P. Youngman)设计、规划]。树木规划草拟了一种浪漫自由式的道路网,而不是那种传统的铁栅栏式的路网,在这种路网中,早期的建筑均为低层,但密度却很大。

## 17.6 城市景观

把城市作为一个景观整体加以规划设计成了一种目标,并首先在瑞典的斯德哥尔摩得到了实现。斯堪的纳维亚半岛没有发生过扼杀规划、降低公共标准的 19 世纪的工业革命;那里夏天虽然短暂,但是阳光充足,较长的日照时间得以保障;斯德哥尔摩的自然景观是如此之庞大以致确有必要把这种特色表现在城市的形态上。斯德哥尔摩城市规划(图 17.34)包括:(1) 借助于自然地形伸展进入城市中的"绿色手指"的想法。(2) 对于古城中心区内鲜为人知的建筑形态的采纳和仔细的研究在雷达夫乔登那边可以看见,如欧洲第一套高层住宅(图 17.35)。(3) 引导绿色景观进入街道,这种引进只有在空气不受污染、大众有情感意识以及没有破坏文化艺术的前提之下才有可能实现。这种城市装点的独创性和优雅性要归功于公园主任霍尔格·布劳姆(Holger Blom)。城市典型的景色有:花园亭(图 17.36),可移动花坛(图 17.37)(后来被引进采用,遍及整个欧洲),在伯塞里花园餐馆附近的音乐台(图 17.38),儿童攀缘游戏原形雕塑(图 17.39),沿着玛拉斯特兰两旁生长的野花(图 17.40),以及花丛中安排的座位(图 17.41)。

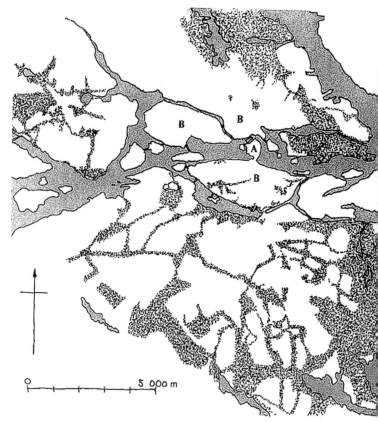

图 17.34 斯德哥尔摩城市规划 〔A. 旧城 B. 现代城市中心(点状代表绿色开放空间)〕

图 17.35 欧洲第一套高层住宅

图 17.36　城市中的花园亭

图 17.37　可移动花坛

图 17.38　伯塞里花园餐馆附近的音乐台

图 17.39　儿童攀缘游戏原形雕塑

图 17.40　沿着玛拉斯特兰两旁生长的野花

图 17.41　花丛中安排的座位

| 图 17.36 | 图 17.37 |
| --- | --- |
| 图 17.40 | 图 17.41 |
| 图 17.38 | 图 17.39 |

## 17.7 花园城市运动的高潮

在英国开创的花园城市运动,其高潮是1967年由官方指定设计的25万人口规模(其后缩减了)的米尔顿·凯因斯城(Milton Keynes),19年之后,它已拥有12万人口,因而有可能对其进展进行评估。作为一个树木城市,它并非是一个城市景观速成的例子,在树木景观变得茂密生动之前,并不能为我们所充分欣赏。显然,这是为富裕繁荣、两车之家的社会所做的设计,尚需努力,方能实现。

该城市景观设计的观念是独特的,它早在高层建筑因树木景观问题受到质疑之前就开始抵制高层建筑。其规划结构是一个波浪形格网分布式道路模式(图17.42),其间植满了树木并由堤坝围护起来,以保护富有生机的都市村庄,如尼斯山庄(图17.43)[由建筑师威兰德·特恩利(Wayland Tunley)和景观设计师杰弗瑞·博迪(Geoffrey Boddy)设计、规划],坐落于街坊之间,舒适而贴

叠加上一个新的主要道路方格网,以提供整个区域良好的交通可达性。将方格网曲线化,以适应基地现状。

保护村庄

在网格中编织大量风景公园

保留现有城区的社区感受

将流失的雨水汇入新的湖泊

图 17.42 米尔顿·凯因斯城波浪形格网分布式道路模式

图 17.43 尼斯山庄

切。相对于村庄而言,道路则是默默无闻的,通常也是少有个性的,除非在某些时候可以强化植物景观的效果,如"路过村庄之一瞥"(图17.44)。这个以绿色景观为主导设计的城市的核心是其市政中心,它那具有纪念性的中轴线规划是独特的、非英国式的,虽然没有意味深长的轮廓线,但它那具有正宗古典式比例的购物中心无疑是英国同类建筑中最为宏伟壮观的(图17.45)。

## 17.8　20世纪的巴比伦空中花园

空中花园的观念与巴比伦一样古老,其基本要求只是在一个方面发生了变化:必须将清洁、无污染和循环的空气加入到一定厚度的土壤里,考虑防风保护并配备良好的给排水系统以保证充足的水源,从而抵消水的蒸发。借助于现代

图 17.44　路过村庄之一瞥

图 17.45　具有正宗古典式比例的购物中心

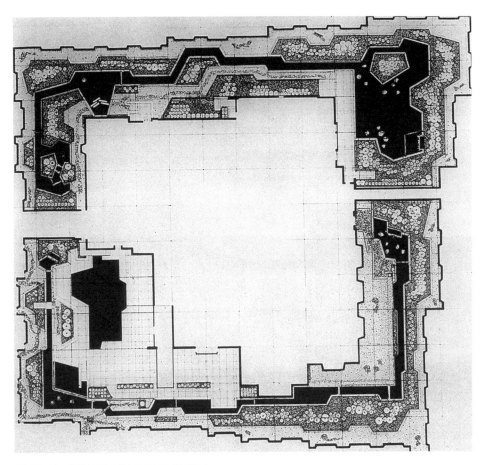

图 17.46 蒙特利尔的屋顶花园规划 1

图 17.47 蒙特利尔的屋顶花园规划 2

图 17.48 屋顶花园内部的赤杨景色

技术,要再现这一古老艺术的想象是完全可以的。蒙特利尔的博纳旺蒂尔大酒店(Place Bonaventure Hotel)的屋顶花园规划(图 17.46)[景观师为佐佐木(Sasaki)、道森(Dawson)、德迈(Demay)联合事务所]是一种水的连续,其水景既没有开始,也没有结束。图 17.47 显示了城市的高度;内部的赤杨景色(图 17.48)和夜景(图 17.49)显示出如何在市内保持一个乡村的幻觉。这正是剧场的艺术。

## 17.9 创建城市公园体系

波士顿与芝加哥在 1893 年均首次尝试了在大城市中按统一概念组织一个完整的娱乐区。波士顿的都市公园体系(图 17.50)是从奥姆斯特德有关将贝克河堤的沼泽地改造成一个公园的建议发展而来的。随后 1884 年又建造了弗兰

图 17.49　屋顶花园夜景

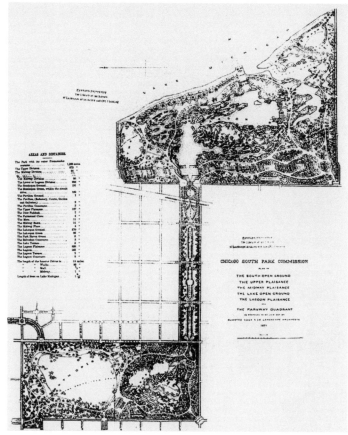

图 17.51　芝加哥世界博览会奥姆斯特德和查尔斯·埃里沃特完成
的南部公园平面

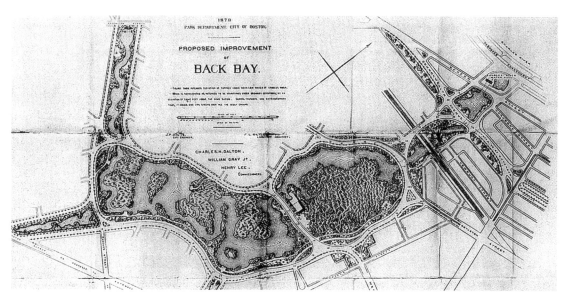

图 17.50　波士顿的都市公园体系

德林(Frandlin)公园,并产生了在该公园与波士顿公共绿地之间建造一串连续不断的绿色空间和回廊,并将两者连接起来的构想。图 17.51 是众所周知的奥姆斯特德设计的公园平面,发表于 1886 年。在这以后,奥姆斯特德的新搭档查尔斯·埃里沃特(Charles Eliot)又将这种构思和设想继续发展了下去。尽管重要,但公园道路本身仍只是庞大的波士顿城市综合体的一个组成部分。

1893 年,在芝加哥举办的世界博览会上,艺术领域中研究环境的团体首次尝试了对任意尺度规模的环境艺术作品进行评选,由奥姆斯特德担任总监。1871 年,奥姆斯特德和埃里沃特完成了南部公园的平面设计,其中只有一部分得以建成。1890年,奥姆斯特德为参加博览会选了一片未开发的湖边基地,他与建筑师伯纳姆(Burnham)和卢特(Root)合作规划了这块土地。世界博览会(图 17.52)激发了公众的想象力,然而它的布局看上去似乎是飘忽不定的古典主义与浪漫主义的折中体,而建筑则采用了旧有的形式。参加这次博览会的同一个规划设计小组后来在 1905年又构思了庞大的华盛顿林荫广场大道的布局(图 17.53)。

## 17.10　规划由公园系统及道路构筑的城市绿化网络

由奥姆斯特德在美国发起的反对方格网布局、反对小汽车、反对贪大的重新规划行动在第一次世界大战后仍然如火如荼地不断发展着。正是来自曼哈顿(图 17.54)(这里是从空中看到的)的冲击,促使威斯彻斯特公园系统

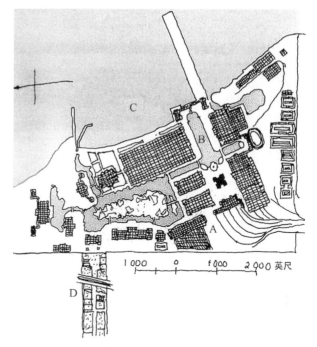

图 17.52　芝加哥世界博览会　〔A. 火车站　B. 荣誉宫　C. 密歇根湖　D. 普莱桑斯林荫道〕

图 17.53　华盛顿林荫广场大道的布局

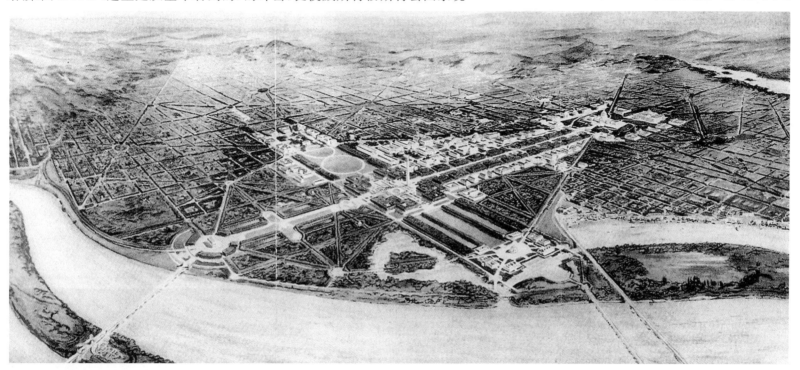

图 17.54
从空中
看到的
曼哈顿

（图 17.55）于 1922 年破土动工，其覆盖范围以纽约向北方向伸展［总工程师 J.唐纳(Jay Downer)、景观师吉尔摩·D.克拉克(Gilmore D. Clarke)是那时的工程技术人员］，联结着威斯特彻斯特内所有的娱乐游憩区域。公园式道路是一崭新的概念，因为它不同于古典主义的林荫大道，林荫大道只是公园内的道路。1927 年出现了反对使用小汽车，反对在新泽西州的雷德本（参见前图 17.12）创办的私人建筑业，反对上流阶层通过取消汽车来把车和游人以及公共花园割裂开来的做法。1935 年，作为新政的一个组成部分，华盛顿附近的绿化带被当作一个完整的新城制定出来。这个新城与雷德本和英国花园城市的原则是协调一致的。1941 年，私人建筑业创立了洛杉矶鲍德文山庄（参见前图17.11），在其中筑起了一片禁止汽车通行的，但是仍然位于标准方格网之中的绿色村庄长廊。这些试验像灯塔一样照亮了未来规划师前进的道路。

## 17.11 用景观绿化将自然带入城市中心

将自然带入城市中心，从而使自然与城市融为一体，这已成为所有先进文明的目标。马萨诸塞州波士顿市政广场（图 17.56）(1971 年)上的水池只是有关市政大厦与广场都市规划的一小部分［建成于 1971 年；建筑师为卡尔曼(Kallman)和麦金内尔(McKinnell)]。但看起来是为市民提供了一种和谐环境，甚至对于其城市轮廓也是如此。俄勒冈州波特兰市的爱的享受广场（图 17.57)(1966 年)是在加利福尼亚高高的山脉激发之下的一种抽象概括。景观师劳伦斯·哈尔普林(Lawrence Halprin)曾经写道：“我主张不仅做得要与自然进程中的一样，而且我还认为我们还应从自然那里提炼出我们的美感……我的观点是，地球及其生命的过程都是创造性过程的典范楷模。”在这种干燥的气候之下，倘若没有人的参与，即便水体做得充裕而精致也将是不完善的。

## 17.12 城市中心区林荫广场规划

华盛顿林荫广场重新规划是麦克米兰委员会诸多项目中的首要工程。该规划于 1901 年为研究城市更新而立项。1830 年后，该规划摒弃了恪守安芬特(L. Enfant) 平面的原则。华盛顿纪念碑［555 英尺高，1836 年由罗伯特·米尔斯(Robert Mills)偏离中心平面布局，于 1884 年竣工］和重建的美国国会大厦(1850 年封顶)高高矗立于不够统一的、喧闹的林荫广场之上，波托马克河因填

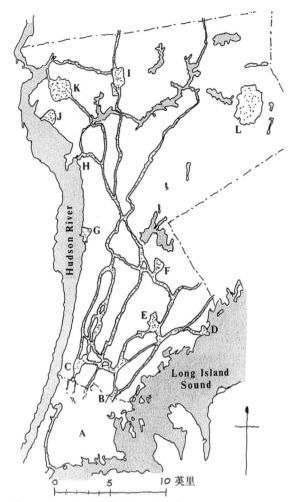

图 17.55 威斯特彻斯特公园系统 ［深色地带是公园与公园道路；点划线是县界。其中：A.纽约城 B.格林岛公园 C.棉贝茨·布鲁克公园 D.游戏场地明珠海滩 E.撒克逊公园 F.银湖公园 G.国王岛点状公园 H.巴豆点状公园 I.谋汗斯梯克公园 J.可知格公园 K.兰山保留区 L.舫的桥公园］

图 17.56 马萨诸塞州波士顿市政广场

图 17.57　俄勒冈州波特兰市的爱的享受广场

方构筑而缩小了其规模,变成了一条工程师的河流,以致现在它远离了林荫广场;华盛顿城三角地带在处理交通以及建筑物造型等关系中成了棘手的问题。麦克米兰委员会的成员均与 1893 年的哥伦比亚展览会有关,他们是建筑师 D. 伯纳姆(D. Burnbam)、景观师 F. I. 奥姆斯特德(F. L. Olmsted)、建筑师 C. F. 麦基姆(C. F. McKim)和雕塑家 A. 圣-戈登斯(A. Saint-Gaudens)。图 17.58 是他们诸多方案中的一个方案。

这里将安芬特所做的平面(图 17.59)和麦克米兰委员会所做的平面展示出来进行对照。前者有两个明显的性质:一是辐射性的动感;二是林荫广场开放式的水道结尾。要再现 17 世纪欧洲的那种过分雕琢和怪诞的巴洛克建筑风格是不可能的了,在把林荫广场大道从无尽的景观构图转换到围合式的建筑构图的过程中,麦克米兰委员会创立了一种坚实的景观规划,表现了一种特意的超人规模,以及一种新型的宏伟壮观。

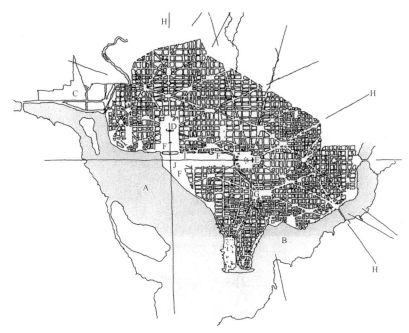

图 17.59　安芬特为华盛顿规划所做的平面　[A. 波托马克河　B. 东分区　C. 乔治城　D. 总统府邸　E. 国会大厦　F. 公共景观绿地　G. 城市扩展部分　H. 朝向山冈的景观　I. 河道　J. 华盛顿纪念碑]

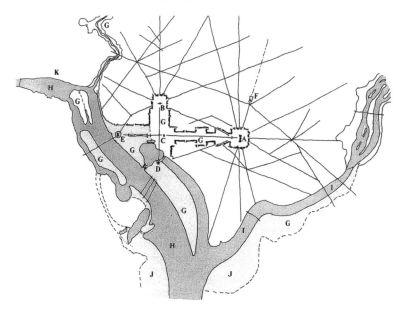

图 17.58　麦克米兰委员会为华盛顿所做的规划平面　[A. 国会大厦　B. 白宫　C. 华盛顿纪念碑　D. 杰斐逊纪念堂　E. 林肯纪念堂　F. 车站　G. 公共公园　H. 波托马克河　I. 安娜克斯提河　J. 机场用地　K. 乔治城]

## 17.13　景观作为国家的象征

巴西的两个首都代表了人类与景观关系的两个极端。原首都里约热内卢(图 17.60)受制于山和山所确定的形状。位于北偏西方向 584 英里的新内陆首都巴西利亚则被设计成具有无限延伸的平坦的灌木与森林景观(约南 16°)的特色。虽然经过了一个世纪的考虑,但新首都是在始于 1956 年的儒塞利诺·库比契克(Juscelino Kubitschek)五年总统任期之内基本建成之后,开始进行方案竞赛的。卢西奥·科斯塔(Lucio Costa)在 1957 年的方案竞赛中赢得了胜利;到 1961 年,新首都的未来前景已被确定。因此,其规划设计结果实质上是瞬间的产物,体现了柯布西埃风格的设计,是目前世界上统一的城市规划登峰造极的例子;方案形如飞机,因而需由各部分组装而成,并且各部分必须同时完成,而不能

图 17.60 巴西原首都里约热内卢

留待他日以做修整、添加或变更（图 17.61）。联合集约式的建筑形制无可争议地占了主导地位，优美地矗立于湖滨，对于建筑学（而不是社会）而言，它是一座著名的纪念碑。国会大厦由奥斯卡·尼迈耶（Oscar Niemeyer）设计，图 17.62 右边的大教堂是未完工的。

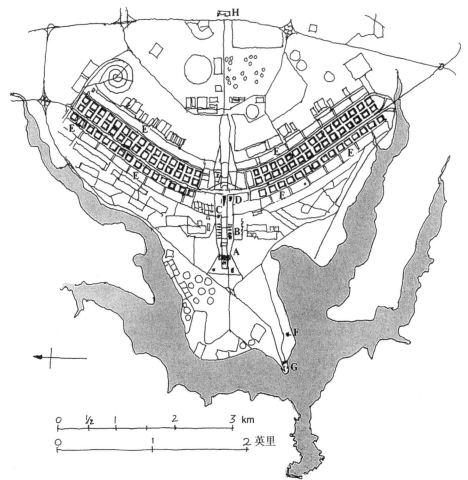

图 17.61　巴西利亚　[A. 立法机关与秘书处　B. 政府各部　C. 大教堂　D. 国家剧院　E. 超级住宅　F. 旅馆　G. 总统宫　H. 火车站]

图 17.62　巴西利亚国会大厦

# 18　人类聚居环境的现代景观

图 18.1　1965 年的阿赫斯大学平面

## 18.1　生态意识

生态参与的意识在丹麦 1932 年阿赫斯大学的设计课中被看作成人教育不可分割的一部分。与古典主义的观点相抵触，在处理场地、植物生长以及生活区的关系中，这所大学被构想成一个浪漫自由的生物群。这所大学是由建筑师K. 费斯克（Key Fisker）、C. F. 莫勒（C. F. Moller）和 P. 斯蒂格曼（P. Steegman）以及景观师 C. 斯·索伦森（C. Th. Sorensen）共同规划设计的，在他们当中，索伦森似乎是当时独一无二的天才。植物生长是连续不断的，其形态总是要调整自身，以与周围的环境相适应，但是却从未背离最初的原则。1965 年的平面图（图 18.1）展示了那时的阿赫斯大学（黑色的）及其发展设想。大学的建筑群集中建在冰河时期的断裂带周围，四周混栽着许多树木，主要有橡树、多刺的灌木、槭树和山毛榉。建筑物的统一性表现在以下几个方面：建筑物的对应性以

图 18.2　露天剧场和大会堂的全景　　　　　图 18.3　露天剧场和大会堂的近景

图 18.4 图书馆

及方块形体和标准砖与低矮的黑瓦屋顶所表现出的简洁质朴性。教学楼和住宅单体没有什么区别。露天剧场和大会堂的全景(图 18.2)及近景(图 18.3)摄于 1950 年,图书馆(图 18.4)、剧院全景(图 18.5)摄于 1972 年。图书馆完善了整个构图,但现在有一部分被大树遮住了,整个墙体从有光泽的砖渐渐地转换为由弗吉尼亚的攀缘植物和常青藤交织而成的绿色屏障,看上去就如药物学系的图景,这还可以从图 18.6 与前图 18.4 的对比中看到。

## 18.2 作为聚集与居住的景观环境

一所大学在它形成个性的阶段是人类的一个培育箱。学生数量越大,教学组织越是综合而全面,个人本性丧失的危险也就越大。因此,校园需要有等同于独立个体数量的具有人类习性的大片环境。景观的塑造应能鼓励知识的体现和获取。这些设计考虑既能使学生安心,也能使他们迷惑。布法罗市的阿姆赫斯特学院,是纽约州立大学的一部分。景观师佐佐木(Sasaki)、道森(Dawson)和德迈(Demay)联合事务所,联合了30家建筑及咨询事务所准备了这份综合规划(图18.7)。规划中的学生和教职工人口为5万人,分散人数的关键是学院和宿舍基地系统,每个基地最多可容纳1 000名学生,其中只有40%是提供居住的,此后便期望能够形成一些居住组团;为了鼓励这么做,居住环境

图 18.5 剧院全景

图 18.6 林荫密布之后的景观

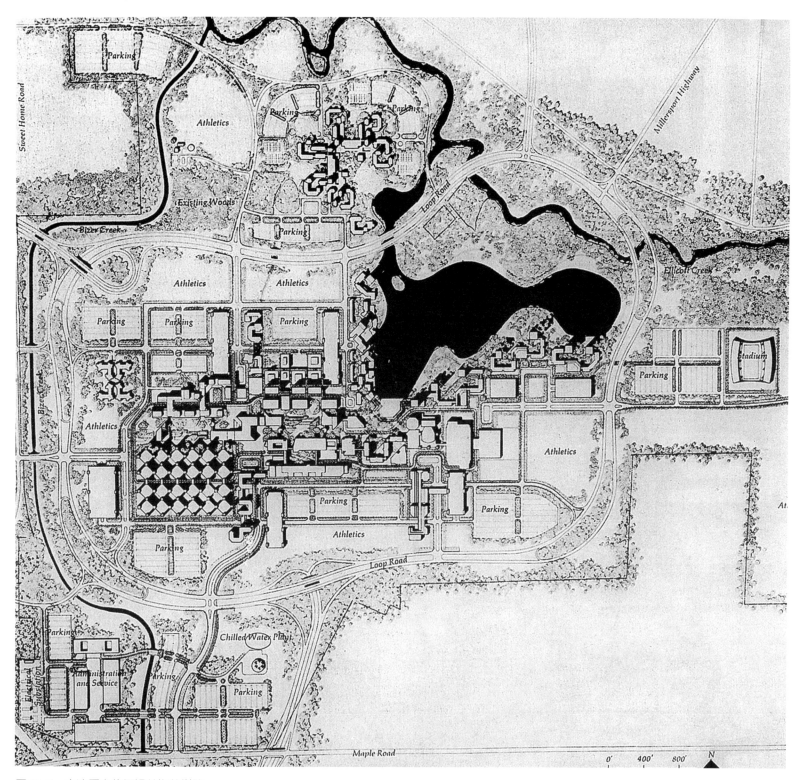

图 18.7　布法罗市的阿姆赫斯特学院

图 18.8　阿姆赫斯特学院居住环境　　　　　　　　　　　　　　　　　　　　图 18.9　阿姆赫斯特学院校园模型

（图 18.8）[Davis Brody Bond 事务所设计]是很浪漫的。阿姆赫斯特学院校园模型（图 18.9）显示，左上是机械化教学中心，其前景是居住景观。统计范围为 1 250 hm²，学生为 35 367 人，院系为 7 个，汽车停车场有 23 573 个停车泊位。

## 18.3　为人类聚居而进行的景观环境改造

出于人类使用的目的，对于自然地形的改造与转换，早在有史记载之前就已开始了，但是现代资源使得人类以如此的尺度、规模和速度进行着这种活动，以致仿佛这种改造与转换是没有终极的。就此，人类取得了两项成就：一个是以色列从沙漠中开发出来的集体聚居区，另一个是荷兰从瑞德·遂海滩开辟出的一片绿洲。

以色列的集体聚居区是一个自己管理自己的民主社区，从理论上来讲它完全依赖于农业养活自己。第一个集体聚居区建于 1909 年，现今已有 253 个集体聚居区，每个聚居区的人口为 200—700 人。这些独立的，但亲密无间的组群是由住家、花园和树林组成，并配有位于机械化农业环境之中的公共食堂（图 18.10）。从纳萨雷斯那里观察到的吉雷尔全貌，中途还有一个聚居区，是一个乡村规划的片断，它成功地解决了人性与非人性尺度并列的现代问题。

在荷兰，人们要同海洋争斗。现今荷兰景观的演进以构筑土堆（估计全部用土量为 0.76 亿 m³）使农场从水涝地区升起为开端开始于公元前 6 世纪。土墙、土坝的构筑开始于公元 9 世纪，接着是在土坝后面开垦土地。第一次提出封闭瑞德·遂海滩是在 1667 年，最终实现是在 1932 年。随后荷兰人对 5 个低洼地带连续不断地排水，为土地表层添加了 0.22 万 km² 的土地，形成了 0.12 万 km² 的淡水湖泊。封闭瑞德·遂海滩是从构筑周边堤坝开始的，这可以从希可哈温南部奥斯特洼地大坝上看到（图 18.11）。海水用水泵排出，地坪经过脱

图 18.10　公共食堂

图 18.11　从希可哈温南部奥斯特洼地大坝上看到的景观

图 18.12　最终的景观

图 18.13　1933 年由田纳西河流域管理局管辖的土地范围

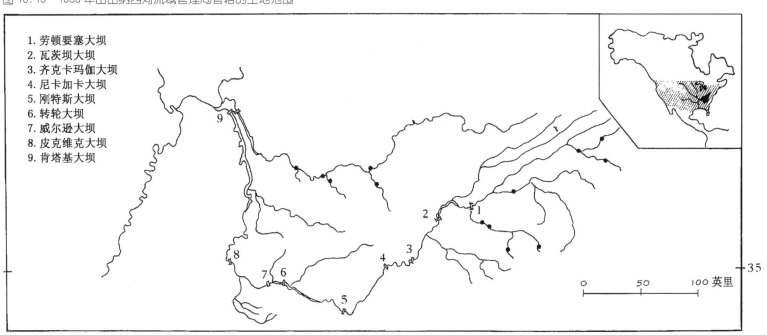

1. 劳顿要塞大坝
2. 瓦茨坝大坝
3. 齐克卡玛伽大坝
4. 尼卡加卡大坝
5. 刚特斯大坝
6. 转轮大坝
7. 威尔逊大坝
8. 皮克维克大坝
9. 肯塔基大坝

0　　50　　100 英里

35

盐和平整处理,并构筑了公路。而后在土地上种植芥菜和小麦,接着是大麦、紫花苜蓿和亚麻,终于出现了农场、村庄和城镇,最终的景观(图18.12)无疑成了未受浪漫主义景观规划设计干扰的人类栖息于其中的纯净的几何形状。

## 18.4 田纳西河流域聚居环境规划建设

利用循环再生资源产生能源是田纳西河流域管理局的基本追求。田纳西河流域管理局由美国国会于1933年建立,其总体规划(图18.13)覆盖了沿田纳西河伸展约1 046 km的范围,其中现状居住人口为450万人。其规划目标是提供以下三点:(1)用于水力发电、洪水控制和航运事业的21个大坝;(2)关于荒山造林、农业生产和混合工业的研究与促进;(3)公共娱乐设施。劳雷斯大坝(图18.14)是第一个于1936年竣工的大坝。劳雷斯总体规划(图18.15),即为工人提供住房,使之成为永久定居地的附近的乡镇规划是在1933—1934年制定的。规划把森林景观、天然小径、地下通道以及各家各户的个性通盘加以考虑,反映了田纳西河流域管理局小宇宙的理想化思想。道格拉斯大坝(图18.16)于1943年竣工(注:田纳西河流域管理局的水力发电量于1950年达到最大,自然产生的资源与需求正好达到了平衡。但是,这一极大的成功反而吸引

图 18.14 劳雷斯大坝

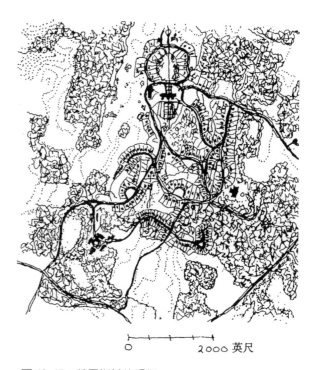

0　　　　　　2000 英尺

图 18.15 劳雷斯总体规划

图 18.16　道格拉斯大坝

了超出该地区承受能力的工业。因而,采煤业需要发展以适应新的需求。早年预计到 1973 年露天开采的化石燃料将占水力发电量的 4 倍,到 1982 年化石燃料和核能将是 1950 年发电量的 7 倍。现在,田纳西河流域已由一个独一无二的生态平衡的区域,变成了随大流的区域,与其他的工业区处在了同一层次上)。

## 18.5　设计结合自然

　　结合自然的设计形成了人造生态系统。它一方面是从对自然地势的各个方面所进行的科学研究中推导出来的;另一方面也是以一种崭新的生态学观念,从吸收人类及其各类活动的量学平衡观的进化中加以推导而得出的。这里的研究成果取自伊恩·L. 麦克哈格(Ian L. McHarg)1971 年所写的《设计结合自然》一书。图 18.17 是一幅简略的测量地图,所显示的是费城大都市区某

图 18.17　测量地图

部分的水土特征,表现了地球模式随机的基本性质。深色前景表示河流冲积平原,陡峭的土地用黑色显示出来。两个理论性的研究(图 18.18、图 18.19)表明一个富有人性的景观是如何从地形测量得到的推论中逐渐形成的。

### 1) 大河谷地区

大河谷地区是落基山脉(The Rockies)以东的一块最大的农业区域,谷地十分宽广,总体上是平坦的,丰富的石灰岩土壤占主要成分。不过整个区域仍可再划分为三个部分:地下有砂岩、页岩、石灰岩和石英岩的西部山丘;宽广的马丁斯堡页岩带;本身是石灰岩和白云岩的河谷。简而言之,这些山丘提供了最大的游憩潜力,石灰岩成为农业的资源,页岩地带是最好的城市化的地方。最后一点很重要,因为这就保证了不会在地下含水层上面进行城市化建设。

这一地区内的资源和资源的分布是极为巧妙的:林木覆盖的山丘,肥沃的河谷,一条适合于城市化的页岩带,页岩带又以一条美丽的河流为边界,展现出极高的风景质量。

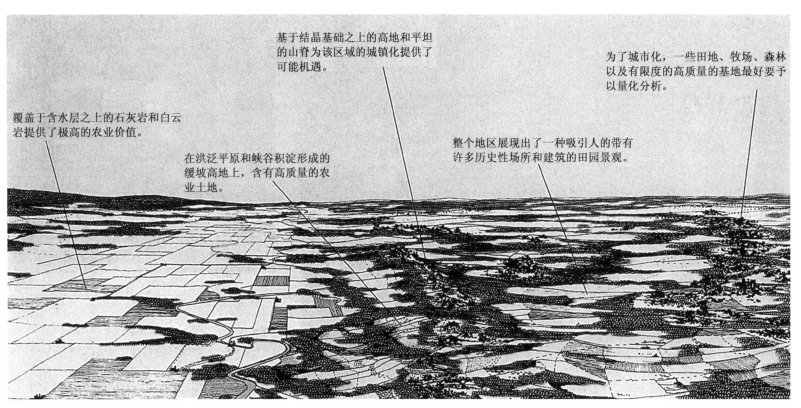

基于结晶基础之上的高地和平坦的山脊为该区域的城镇化提供了可能机遇。

为了城市化,一些田地、牧场、森林以及有限度的高质量的基地最好要予以量化分析。

覆盖于含水层之上的石灰岩和白云岩提供了极高的农业价值。

在洪泛平原和峡谷积淀形成的缓坡高地上,含有高质量的农业土地。

整个地区展现出了一种吸引人的带有许多历史性场所和建筑的田园景观。

图 18.18 大河谷地区

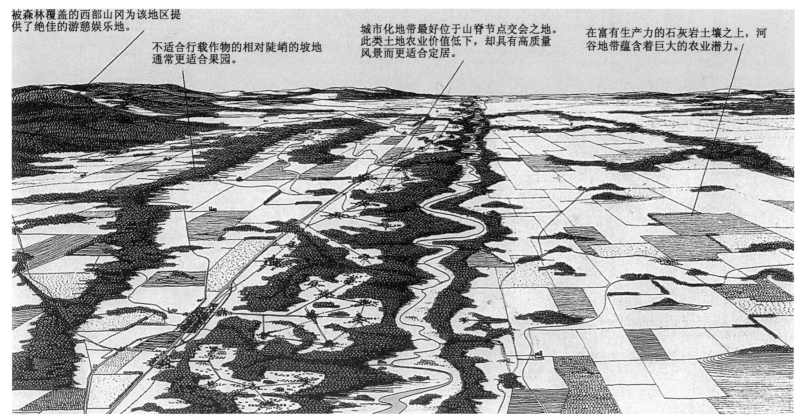

被森林覆盖的西部山冈为该地区提供了绝佳的游憩娱乐地。

不适合行载作物的相对陡峭的坡地通常更适合果园。

城市化地带最好位于山脊节点交会之地。此类土地农业价值低下，却具有高质量风景而更适合定居。

在富有生产力的石灰岩土壤之上，河谷地带蕴含着巨大的农业潜力。

图 18.19　皮得蒙高原

（1）森林覆盖的山丘，提供了该区最好的游憩条件。

（2）较陡的坡度不适合耕作。

（3）城市化最好的地方位于页岩波峰的交接处，这里的土地具有较低的农业价值，但有很高的风景价值，并适合于做家居地用。

### 2）皮得蒙高原

皮得蒙高原的剖面图显示出地层结构极大的复杂性——一条石灰岩和白云岩的河谷，一块前寒武纪的结晶岩高地被侵入岩插入，一条宽广的石英岩带，还有一条页岩带。内在的合宜度反映了地质及其形成的地形和连续的地貌、水文和土壤。石灰岩和石英岩的谷地是最适合于农业的，页岩的河谷作为畜牧和非商业性的森林最为合适，某些农作物、畜牧业和森林在结晶岩地区的谷地和泛滥平面上也是合适的。最适合于城市的用地是在结晶岩地区的平坦的高原或山岭上。在石灰岩上没有城市用地，在页岩上也很少，这些地方属于城市化的边缘地区。城市化的机会是大量存在的，但是规划必须反映这个地区特定的

图 18.20　1967 年蒙特利尔世界博览会的人类栖息地

可能性和限制条件。

（1）石灰岩和石英岩河谷，地下含有丰富的水，提供了最高的农业价值。

（2）结晶岩上的缓坡含有泛滥平面和高质量农业用地。

（3）在结晶岩质基岩上的高原和平缓的山岭为最好的城市化用地。

（4）整个地区反映出一种吸引人的田园景色，带有许多有历史意义的场所和建筑物。

（5）一定的作物用地、放牧地、森林和有限的高质量的城市化用地，适合设置在石英岩地带上。

人造生态系统的发展程度有多大还很难说，它就像金门大桥那样要服从自然法则，它必须吸收人的个性和特质，诸如 1967 年蒙特利尔世界博览会的人类栖息地（图 18.20）地表的亚自然形状[建筑师为摩西·萨夫迪（Moshe Safdie）与哈泊·兰特恩斯（Harper Lantzins）国际财团]，以及佛罗里达的可可岛（Cocoa Isles）[1957 年，景观建筑师为尤金特·R. 马蒂尼（Eugent R. Martini）

图 18.21　希望水泥工程样板

事务所]。如果在一个适当的时候展示出一个有新鲜感的景观艺术,那么其第一种潜意识的释义将通过艺术家而被记录下来。杰克逊·波洛克(Jackson Pollock)在第28号作品和其他作品中,已经关注到这个永无止境的、混乱的和鼓舞人心的世界,现在我们知道我们是这个世界的一部分,对此我们是无法摆脱的。

## 18.6 建在"废料堆"上的景观

工业废料,无论是固体的,还是看不见的能量都可能对景观造成破坏、对社会产生危害。事实上并不存在绝对的废料之类的东西,而仅仅是由于人们没能从中发现一个可行的创造性用途罢了。位于德贝郡(Derbyshire)国家公园山峰地区的"希望水泥工程样板"(图18.21)(1946年)为长远的工业景观规划揭开了序幕。挖掘出来的黏土坑已被创造性地再利用,成为供娱乐的森林地和湖泊,而石灰岩坑口则被保留到最小以保护山腰。对于约克郡爱克勃罗的盖尔·考门(Gale Comman, Eggborough, Yorkshire)发电站,中央电力委员会对于电站粉碎后飞扬的粉尘的排放处置[1968年,景观设计师为布伦达·科尔文(Brenda Colvin)]见于现状及规划提案(图18.22)。小山用于扩大农业,并为平坦的景色增添了不同的特征。伯克郡(Berkshire)迪德科特(Didcot)电站(图18.23)的冷却塔[1965年,建筑师和景观师为佛雷德里克·吉伯德(Frederick Gibberd)]象征着能源的浪费,人类尺度的毁灭,以及著名乡村流域的侵袭,对此,几乎遭到了普遍的指责。为此,人们重新配置了冷却塔,将它们从纯粹功能

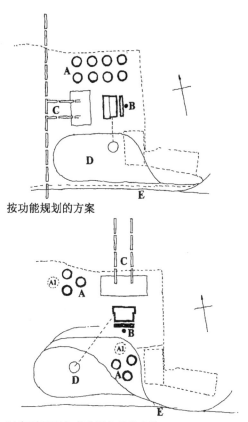

**按功能规划的方案**

**以序列景观方式重新布局的方案**

图18.23 伯克郡的迪德科特电站 [A. 冷却塔(A1,如果需要的话) B. 烟囱 C. 输电线 D. 储煤库 E. 现有铁路]

图18.22 规划提案

性的构筑改造成了别致的景观(图 18.24),这种改造如此的成功,以致它们那种令人厌恶的模样被欣赏所湮没,似乎是上帝将这些巨大的蠢物给转变过来了。

图 18.24　伯克郡迪德科特电站的冷却塔实景

# 19 现代景观的尺度与精神灵魂

## 19.1 传统附加的景观尺度

历史的存在为现代艺术和建筑提供了附加的尺度，并且在西半球比其他任何地方都更强有力地渗透进了墨西哥城（图 19.1）。阿兹台克人（Aztecs）的精神并没有像其他前哥伦布文明那样完全被西班牙人所摧毁。源于勒·柯布西

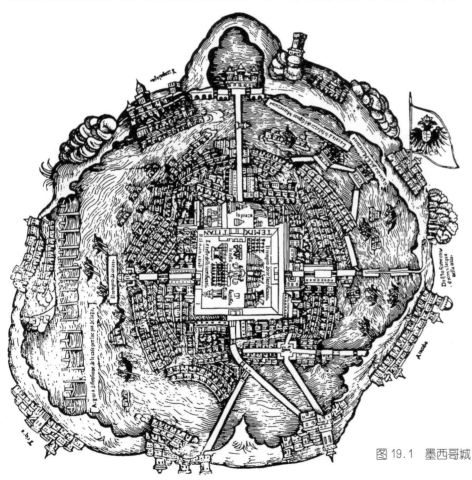

图 19.1　墨西哥城

埃(Le Corbusier)的现代规划与空间设计的原则是缺乏传统的,因而,不能满足阿兹台克人从过去继承下来的丰富的情感。其景观的内容与任何美洲国家的景观内容一样棘手、强烈而五彩缤纷。墨西哥城位于古老的阿兹台克首都的基址上,处于北纬 19°,海拔为 3 658 m。人类学博物馆的内庭园(1946 年)展示了一个蔚为壮观的水帘幕,这只有在温暖干燥的气候里才可以被人们所接受。巨人一直是历史神话中的人物,也是新查普尔特瑞公园(图 19.2)的水神,它躺在那里,手臂伸展着,它那美洲虎似的面具掩映在一棵香蕉树阴影下面,唤起了人们关于远古和未解之谜的联想。水帘和喷泉(图 19.3)再现了众所周知的存在于这个古老城市里的奢侈与繁华。

图 19.2 新查普尔特瑞公园

## 19.2 日趋增大的景观尺度

景观中的尺度,无论是水平向还是垂直向都已增大,超过了历史上的例子。比如,在某一机场上清楚地表现出了三种水平向尺度,在那儿,人、汽车、飞机的运动比率(也是空间运动比率)大致为1∶20∶400。位于美国首都华盛顿南边的杜勒斯机场(图 19.4),其航站楼被夸大到戏剧性和诗意,看起来似乎很有道

图 19.3　水帘和喷泉

图 19.4　美国首都华盛顿南边的杜勒斯机场

图 19.5 佐治亚州亚特兰大的桃树中心

理[建筑师:爱罗·沙里宁(Eero Saariner)]。进机场的道路[景观规划设计师:丹·凯利(Dan Kiley)]几乎仅仅由于树林的多种用途方式就已经产生了中等的或者是汽车大小的尺度,并被密集的色彩缤纷的植物衬托了起来。

在另一方面,垂直尺度留在视网膜上的夸大了的效应既可以是刺激性的又可能是破坏性的。佐治亚州亚特兰大的桃树中心(图 19.5)[建筑师:约翰·波特曼(John Portman)],作为一种统一的设计,从一个带有某种本地树木景观的低矮的都市环境边缘生硬地矗立了起来。其前景是许多地面雕塑中的一组,名为城市的文艺复兴[玻璃纤维,10 m 高,雕塑家是罗伯特·海姆扫陶(Robert Helmsoortal)]。雕塑是巨大而古朴的,建筑物的顶部被连接起来就像森林里的树木,这一蔚为大观的景观不可避免地提出了这样的问题:人类现在究竟在哪儿呢? 他正在返回他所开始的地方吗?

## 19.3　常人与超人尺度之间的调和

在文明化的景观中,倘若各自的不同价值及其相互间的关系得到了认可,那么,人类与巨人的尺度是可以相互调和的。在布列塔尼的拉·兰斯(La Rance)(图 19.6)北边看到的景色,表明一个巨大的构筑物如何既能与历史景观相适应,又能以其不抢不显、循规蹈矩的风格来强化自身。街坊规划(图 19.7)表示了它所位于的区域。在前景中,道路穿过水下发电站,该电站以落差为12 m 的双向潮汐来发电。右边远处是圣·马罗(St. Malo)历史要塞城镇,左边远处则是狄那得(Dinard)度假胜地。输电线路隐没于左边。如果说拉·兰斯大坝在景观中属于可接受的消极性景观建筑,那么,甲兰德(Jutland)和费恩(Fyn)之间的米得雷法特大桥(Middelfart)[丹麦,1970 年。工程师:奥斯坦费德(Chr. Ostenfeld)和强生(W. Jonson)]则可称得上是积极性景观建筑。这座大桥模仿金门大桥(图 19.8),远远望去,在丹麦景观中高耸入云,更加富有诗意。

植树造林提出了一个将商业性森林引入乡村的规模及存活率的问题,正如苏格兰的葛兰垂(Glentress)(图 19.9)一样。现在,森林的价值不仅在于它们的木材,同时还在于改善野生动物、气候及净化空气、水土保护,最后它们还具有供人们娱乐的无法计算的价值。赛尔维·科罗威(Sylivia Crowe)是英国森林委员会的景观顾问,他曾写道:"如果我们承认,森林应该形成一个以自然界为主宰的景观,而非其他人文性的景观,那么,在设计它们时,我们必须带着像神

图 19.6　布列塔尼的拉·兰斯

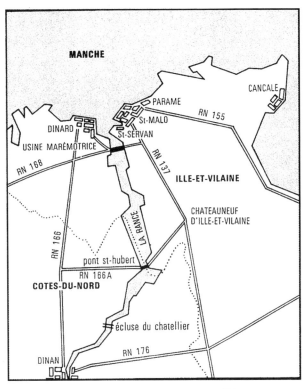

图 19.7 布列塔尼的拉·兰斯街坊规划

图 19.8 模仿金门大桥的米得雷法特大桥

图 19.9 苏格兰的葛兰垂

宗（Zen）一样的谦恭踏入自然界的心扉。"

## 19.4 景观与圆形

在地球上所有的符号之中，圆形是最富有象征性和神秘性的。在景观的最高形式之中，圆形能激发出庄严、崇高的景观气氛，无论是在佛教中的曼陀罗（图19.10），还是在堪培拉的新国会大厦[图19.11，建筑师：米切尔-朱尔戈拉（Michell-Giurgola）]。这两个圆形的出现是毫无联系的，隐含了两种貌似对立的哲学：唯心的与唯物的。历史上的曼陀罗是宇宙魔法般的图示，在其中央的如来佛由四个菩萨支持着；澳大利亚的"曼陀罗"则是一个理性的概念，中央是一面巨大的飞扬的国旗，支撑着它的则是在国旗之下、建筑之中工作着的男男女女。一个是静止的、永恒的，一个是动态的、转瞬即逝的。建筑师宣称："我们一直关注的是将内涵、神话和符号转换覆加到几何图形的组织之中，以使议会大厦成为国家气度的综合象征。"尽管这段话貌似与神话启迪心灵形式的历史秩序背道而驰，但正是这个圆形引导规范着其内部如同人类天性一样丰富多样的内容。正如朝南观看的俯视图（图19.12）所展示的，这个小山上的圆形，将俯瞰这座城市以及前方辽阔无限的大陆。

图 19.10　佛教中的曼陀罗

图 19.11　澳大利亚堪培拉的新国会大厦

图 19.12　堪培拉新国会大厦朝南观看的俯视图

## 19.5　人类心灵的景观

　　亚历山大·蒲柏（Alexander Pope）在寄给卡托（Addison's Cato）的序诗中归纳了心灵中的景观：用温柔的艺术手法来唤醒人的心灵，培养人的天赋，开导人的胸怀……

　　也就是说，用艺术来激励、抚慰人们。有两个范例，都是来自丹麦的，图示了景观艺术的这一对双胞胎。位于海宁的安哥里·席特（Angli Shirt, Herning）工厂（图 19.13）的空中景色[1965 年，建筑师为莫勒（C. F. Mollers），景观建筑师为索伦森（C. Th. Sorensen）]表现了一个完成了的抽象艺术作品。

图 19.13　位于海宁的安哥里·席特工厂鸟瞰

图 19.14　工厂四周包围着的一块开阔的圆形草地

图 19.15　工厂附带着的一个连续的由卡尔-赫宁·彼得森制作的釉面砖墙

这一工厂雇用了 175 人。在前景中,工厂四周包围着一块开阔的圆形草地(图 19.14),附带着一个连续的由卡尔-赫宁·彼得森(Carl-Herning Peterson)制作的釉面砖墙(图 19.15)。这是一大片牧牛的圆形草地,并用界沟将其周边与艺术作品隔离开来。如果说海宁的景观是不同寻常的、富有启发性的并具有强烈的创作意图,那么,格洛斯楚普(Glostrup)县立医院(图 19.16)〔建筑师为兰格那(Rangnar)和马隆·亚匹亚(Martha Yppya),景观师为斯文·汉森(Sven Hansen)〕的景观则是意在使人得到抚慰和增强信心。病人首先回到了所熟悉的环境之中,而后全身心地恢复,康复如初。这里的建筑是几何化的并超出了人的尺度,景观是生态的和富有人情味的。其详细规划(图 19.17)表示出景观的各环:内环(图 19.18)包括了富于人性的、可以触摸的各个花园,在其中病人和来访者可以一起散步和野餐;中环(图 19.19)是草地;外环早晚将成为神秘的、充满想象力的森林。

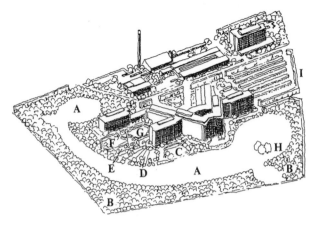

图 19.17 格洛斯楚普县立
医院详细规划 〔A. 草地
B. 森林 C. 带着雕刻物的四季
园 D. 日本园林 E. 水池
F. 儿童游戏场 G. 四季园
H. 带有雕刻物的休息空间
I. 停车场〕

图 19.18 内环

图 19.19 中环

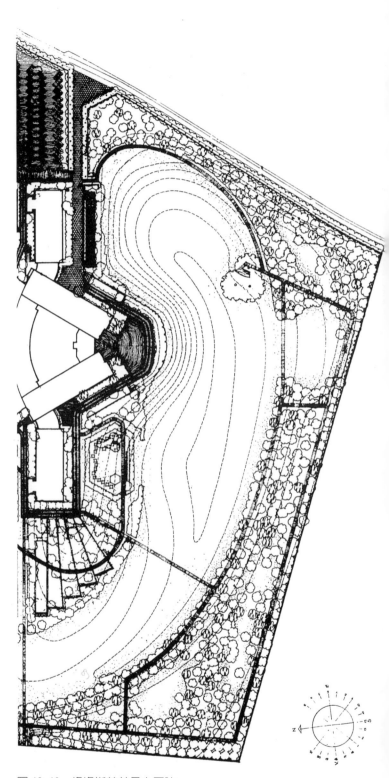

图 19.16 格洛斯楚普县立医院

## 19.6　解救现代人精神枷锁的景观

通过历史上所有时代的建筑与艺术,人们一直在追寻这种精神上的自由解放。每一种文化也许都选择了一条个别而独立的途径,可最终似乎都保留了同样的目标,即下意识地寻求及表达人类自身与宇宙之间的相关性和一致性。在建于 1955 年的朗香教堂(图 19.20 至图 19.23)中,勒·柯布西埃(Le Corbusier)在走向其生命尽头之时,用他自己的语汇对抗了这一观点:"数学是空间的不可言传之神秘感的缔造者。"朗香教堂现在被视为运动与时间的综合体。尽管受到数学的限制,其平面(图 19.24)已不再是柏拉图式的几何形了。其全景图展现出该教堂以传统的方式矗立在孚日山脉(Vosger)的一座山峰之上;尽管其基址场地是特定的,但其思想理念则是放之四海而皆准的。

在另一面的东半球,由一个在美国实习的美籍日裔雕塑家野口勇(Isamu Noguchi)设计的位于东京附近的某儿童游戏场的模型(图 19.25),通过特定的场地,以相似的和更加简单的方法追求着这种普遍意义。尽管该设计表现了特殊的场地,并受到了日本史前文化的启发,但设计者的意图却是要使其成为一个"可为各地儿童所接受的儿童世界"。

图 19.20　朗香教堂远景

图 19.21 朗香教堂近景 1

图 19.22 朗香教堂近景 2

图 19.23 朗香教堂近景 3

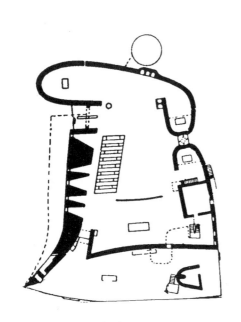

图 19.24 朗香教堂平面

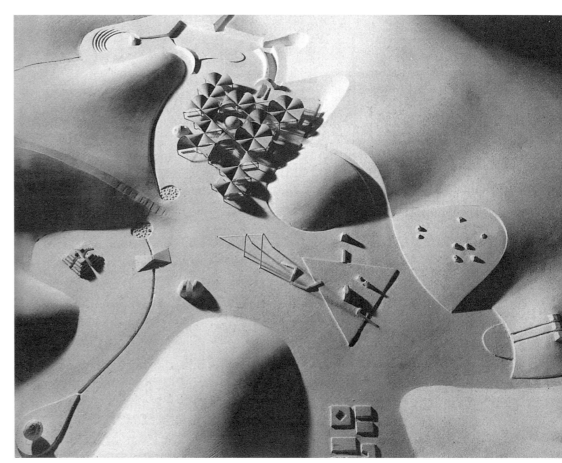

图 19.25 东京附近某儿童游戏场的模型

## 19.7 追求"第二世界"的现代景观

确立起现代文明社会之中的景观思想之后,作为必需品而非奢侈品的景观设计的目标就不仅是要把环境变得美观舒适,而且在特定情况中还要揭示反映超越意识范畴的"第二世界"。这个揭示的过程可以通过几种渠道来实现并总是抽象的,比如超现实主义或对于形式的怪异的组织安排。意大利北部圣·维托的布瑞恩(Brion)公墓[建筑师:卡洛·斯卡帕(Carlo Scarpa)]就是这样一种具有象征意义的形式,其平面(图 19.26)是 L 形的,环绕着旧有公墓的两边。墓地位于一个类似桥的雨篷之下的角落里。在到达那里之前,人们要穿过一座小教堂。进入一个位于水上的小亭子(图 19.27),从这儿向后就能看见通过一条水渠与亭子相连的墓地(图 19.28)。

图 19.27 位于水上的小亭子

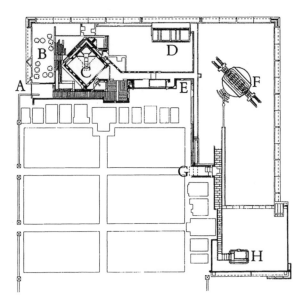

图 19.26 布瑞恩公墓总平面图 [A. 连接街道的入口
B. 教士、牧师基地 C. 小教堂 D. 家族墓穴 E. 卡洛·斯卡帕
墓 F. 布瑞恩墓 G. 连接现有墓地的入口 H. 池中附带小岛的
亭子]

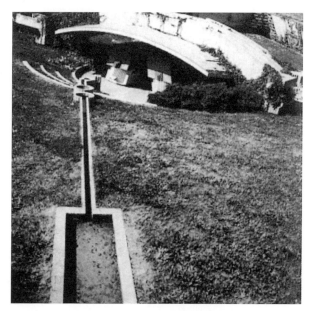

图 19.28 通过一条水渠与亭子相连的墓地

图 19.29　美国新泽西州白德明斯特的埃弗斯卡普太尔

图 19.30　美国爱达荷州奥布林的斯特瑞姆斯

其整体的复杂性对于智慧理性人类而言是无法解释的,但对于人们的潜意识而言却有着重要的意义。同样在美国新泽西州白德明斯特(Amphisculpare Bedminster)的埃弗斯卡普太尔(图 19.29)[由雕塑家贝弗利·派泊(Beverley Papper)所作],形式在实际中的运用并不是根据其必然性而是根据它所要表达的高深莫测的想法,这就是抽象艺术的本质与神奇。美国爱达荷州奥布林的斯特瑞姆斯(图 19.30)的创作意图则令人耳目一新、清晰明了,即意在通过其主要形式中回归自然的思想理念来抚慰并激发人类的精神。

这段历史当中增加的四个景观实例是作者于 1980—1985 年设计的,它们试图展现前文所阐述的两个世界的观念上的差异。

撒顿场所(Sutton Place)(图 19.31)和摩德纳(Modena)结构上是古典主义的,布雷西亚(Brescia)和加尔维斯顿(Galveston)基本上是浪漫主义的。撒顿场所的对称式布局取自于约 1526 年文艺复兴初期修建、1905 年扩建的规划。现在的景观始建于 1980 年,是对创造力(A,A1,A2)、生命(B,C,E)和志向抱负(D)的巧妙隐喻。东墙花园(East Walled Garden)则展现了天堂乐园与圣地园,在实施中仅有少许的变动。今天的撒顿场所与甘布拉亚别墅酒店(Villa Gamberaia)同样表达了个人头脑中的理性与非理性,而摩德纳市市民公园(图 19.32)则有不同的标高。表面上,就如同任何一个市镇公园一样,它应该为集体性的都市社会提供娱乐和休闲;实际上,它意在打开建于尊严之上的潜意识的窗口,以及今天的人类与古典主义世界的联系,以此强化旧城中心的价值。休闲中心(图 19.33)则重拾维亚·艾米利亚(Via

Emilia)的罗马几何学。维吉尔(Virgil)(古罗马诗人)诞生于一个与曼吐啊(Mantue)和维尼奥拉(Vignola)相毗邻的村庄。与维吉尔的联系暗示了西方景观艺术两大流派的哲学思想其实可归结于奥古斯都(Augustan)诗歌这样一个同一的源头。如果说是维吉尔以其对于开阔的视野和对于人文主义的热爱启发了摩德纳市市民公园的设计,那么正是奥维德(Ovid)在布雷西亚中将鱼变形而转化成了山。而卢克莱修(Lucretius)在"回归自然"(De Rerum Natura)的感召下,在加尔文斯顿则表达了创作活动的意义和文明自身的脆弱。

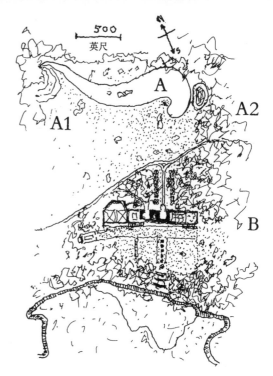

图 19.31 撒顿场所 [A. 湖和雕塑场地 A1. 男人山 A2. 女人山 B. 天国极乐园和圣地园]

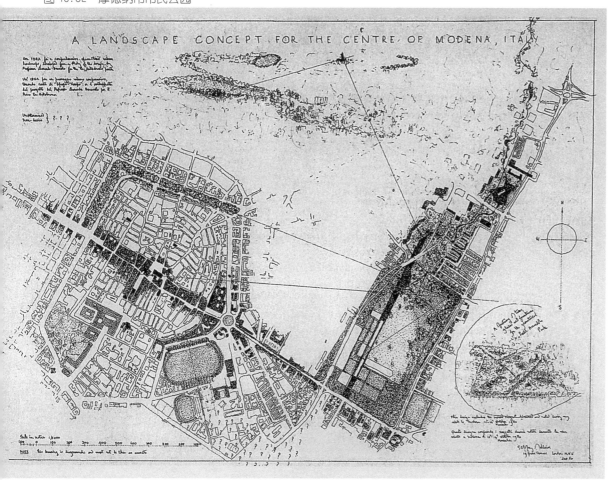

图 19.32 摩德纳市市民公园

## 19.8 浪漫主义的现代景观规划

与古典主义景观的可信度与可理解性相比,浪漫主义和生物学景观是神秘的。对此,心理学家刚刚开始有零星的触及。第一个将之作为一种尝试锻炼而对此进行摸索的是埃德蒙·伯克(Edmund Burke)在他的《宏伟壮观与优美秀丽之起源》(*Origins of the Sublime and Beautiful*)一书中进行的。今天我们所知道的一切就是随着科学越来越多地揭示出与我们息息相关的世界的本质,生物圈艺术正在扩展,成为一个压抑着的"充满下意识的奇特而古老装置"的安全阀。创造性设计的潜在领域如同其源泉一样,广阔无限,无法预测,有时甚至荒诞不经。在一顿偶然的晚餐上,接二连三上了五种产自伊索湖的鲜鱼,这竟

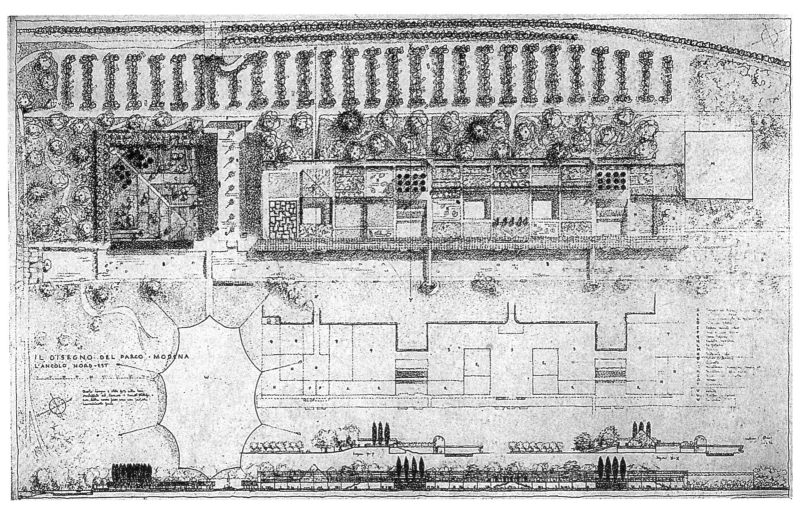

图 19.33 休闲中心

激发了为阿尔卑斯山脚下布雷西亚所做区域景观设计中"非填充"体（Infilling）
的构思（图 19.34）。为了对抗建筑风格的僵化,从毗连的水景之中提取出鱼的
原形,变形为假山,把区域地块划分为两部分,用作连接的路线不仅作为常规公
园的用地,而且也是一个生命的牧场和一片完成生命轮回的公墓。

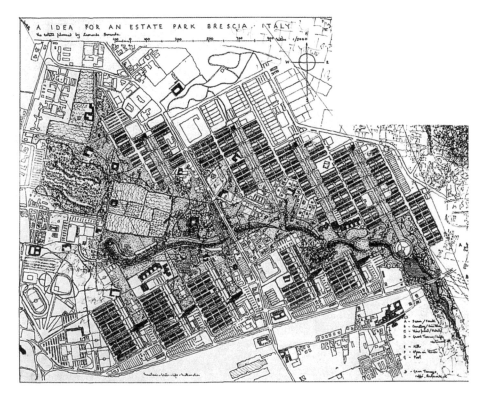

图 19.34　阿尔卑斯山脚下布雷西亚所做区域景观设计中的"非填充"体

## 19.9　穆迪花园

　　这里所要介绍的项目是穆迪花园（Moody Garden）（图 19.35）,1985 年立
项,位于得克萨斯州卡尔文斯顿的不宜居住的墨西哥湾海岸,作为参照的条件
要求有:在景观之中,诸文明被组织在一起,各类植物被精心培育,并与其花园
多样的形态结合一体。该规划方案本身是最好的说明:富有教育意味的校园和
玻璃房,由步行或乘船的路线穿越伊甸园和激动人心的诸文明世界,架在沼泽
之上的步行小径以及苗圃。退后一步将会发现,宇宙之中诸文明的存在方式是
多么的脆弱而不稳定。注意:苗圃是如何被指北针从稳定的古典主义摆向不稳

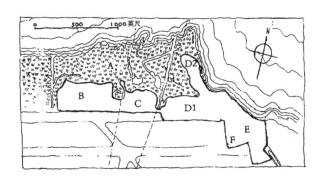

图 19.35　穆迪花园基地的现状　[鉴于周期性泛滥的洪水,基
地必须由 25 英尺高的堤坝维护起来。其中:A. 保留的野生沼泽
B. 已确定的苗圃　C. 待定,有直升机飞过（后恢复为沼泽）
D1. 西方诸文明　D2. 东方诸文明　E. 建议为暖房和校园
F. 局部废弃的飞机场]

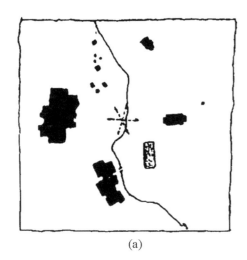

(a)

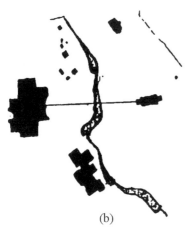

(b)

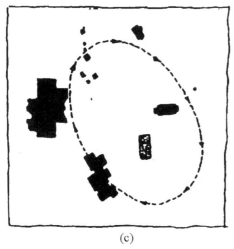

(c)

图 19.36 佐治亚州亚特兰大市的历史学会庭院的场地 1

定的浪漫主义。充满敌意的海神波塞冬(Poseidon)和友善的谷物女神得墨忒尔(Demeter)的巨大头颅从外太空越过保护墙注视着他们星球上的这个奇特的、充满希望的、美丽的产物,踌躇而迷茫。

## 19.10 展现人类景观造园史的现代景观

这个由杰弗瑞·杰里柯设计的景观,向我们介绍了一种新颖的涉及西方人与环境关系的哲学思想。这一哲学的本质包含了希腊哲学家赫拉克利特关于"下意识与意识相互协调"的论点。佐治亚州亚特兰大市的历史学会庭院的场地(133 km²)长满了本地生的树木,被深壑与河谷一分为二(图 19.36、图 19.37)。北半部为斯旺住宅占用,其宏伟的意大利风格宅邸和庭院始建于 1927 年,当时该城市的社会历史景观方才开始。南半部有两个巨大而不失谦逊的现代博物馆,附带一个停车场和村庄。对景观师的要求是将这些分离的元素统一起来,形成一个恢弘的理念:一个穿越历史的景观城市。这一要求看起来是无法满足的。常规的几何式的古典主义强调中央景物的方法不论对场地还是设计意图均不合适。贯通英国浪漫主义景观设计方法是用一条假设的河流统一整体,这是可行的,但同样与该计划的真正意图不符。故而,受赫拉克利特的启示,产生了这一穿越时空的宇宙的运动设计概念,借助于这种能力,人类潜意识能如河流一般在脑海中记录下经历过的事物。其先例是卡萨那王宫。那里的游廊花园盘绕而上,被认为是宇宙式的,其象征意义比宫殿更为强烈。比卡萨那更有甚之,这一方案中的路径已经很难寻觅,这是被刻意设计成不抢不显且是掩蔽在树丛之中。设计中为了创造自身运动的感觉,如同一曲交响乐,一连串的体验被组织成了一个整体。为此必须避免不协调,如交叉路口。整个路径方案,其原理如同一个圆,从终点回到起点,又重新开始。

让我们踏上这条小路,尽管它也许将被湮没在树丛之中。生命的起源是那巨大台地台阶前的狩猎场。从这儿穿过一片昔日是印第安人住居地的树林,到达一个建于 1830 年的白人村庄。向下走,从一座木桥上跨越小溪,爬上通往十字路口下方那个象征着 1863 年城市消亡的洞穴之路,展现在我们眼前的是一个新亚特兰大。我们先穿过一个、两个、三个棚架下的花园,还有一个维多利亚式的游艺室,接着进入了斯旺住宅花园和亚特兰大狂欢喜庆的气氛之中。参观过这些敬献给意大利文艺复兴的辉煌礼物之后,我们沿着那条有着水池、喷泉、

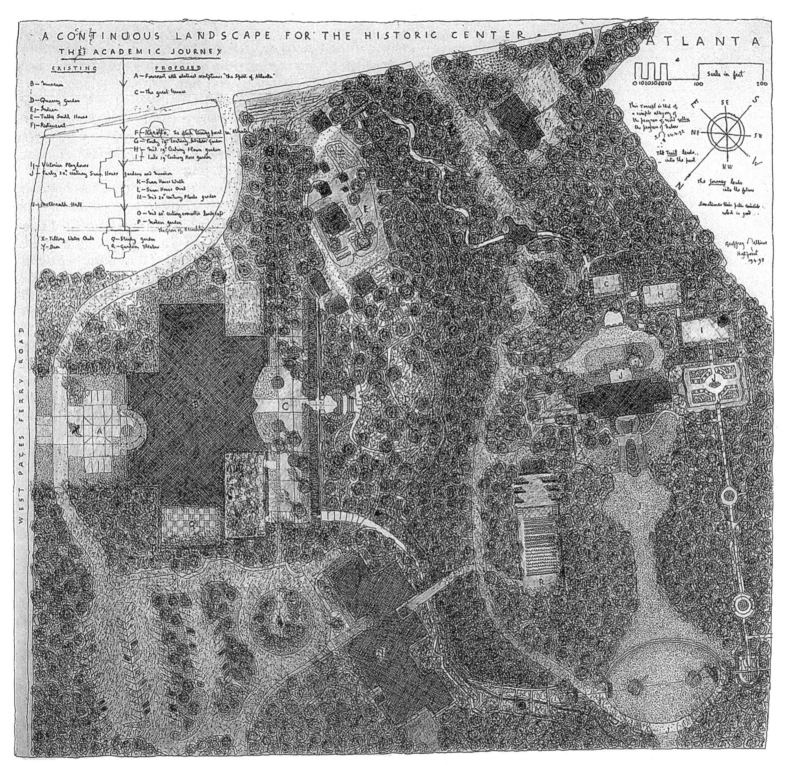

图 19.37　佐治亚州亚特兰大市的历史学会庭院的场地 2

绿荫拱架以及斯旺宅邸特有景观的小路前行，不知不觉中就徜徉在一个温馨的中世纪室内花园之中了。穿过一条疑惑重重的山谷，战战兢兢攀上那个大台地和那片赫拉克利特的小树林，此刻的感受不禁如作者所云："万事流转，永无止息。"

# 第三部分

现代景观规划设计的学科专业背景

# 概述

与中国目前风景园林学的一级学科名称统一,"现代景观规划设计"属于风景园林学（国际称呼：Landscape Architecture）学科专业。作为适应近现代社会发展需要而产生的一门工程应用性学科专业,以1898年美国风景园林师协会成立为标志,其在国际上不过110多年的历史。中国风景园林具有数千年的悠久历史,但是现代意义上的风景园林学科专业发展基本上是新中国成立之后的事。1951年,清华大学与北京林学院合办园林专业,同济大学1952年开始在建筑、规划专业教育中开设园林课程,1960年创办城市绿化专门化本科专业,1979年创办风景园林本科专业,1981年开始招收风景园林硕士研究生,1986年开始招收风景园林博士研究生;2004年年底国务院学位办批准了同济大学在建筑学一级学科中设立名为景观规划设计的二级学科硕士点和博士点;2005年年初国务院学位办又新批准了名为"风景园林专业硕士学位"（英译为Master of Landscape Architecture）教育;2006年经教育部批准,同济大学率先开办了"景观学"本科（工学）专业教育;2009年以清华大学、同济大学、重庆大学、西安建筑科技大学、湖南大学五家院校为核心的全国各大风景园林院系开始了风景园林一级学科的申报认证;2011年中国风景园林成为一级学科,成为国务院认定的全国111个一级学科的一员。短短60年,中国现代风景园林学科专业发展历经坎坷而成绩斐然。风景园林成为一级学科既是对60年学科建设专业发展的肯定,也是中国政府的正确决策,因为对于未来中国的发展,在生态文明、精神文明、人居文明的建设中,风景园林的作用必将与日俱增。

对于发展至今的风景园林学科专业,仍然存在着一系列的问题需要研究解决：学科在人居环境学科群中的地位作用？学科发展体系？学科性质？学科专业理论与实践范畴领域？学科专业的性质及其教育导向？从事风景园林专业的基本素质？风景园林师应有的思维方式？本书的现代景观规划设计正是围绕这一系列风景园林学科及其专业的教育、研究、实践所展开的。

为此,自1983年以来,作者进行了一系列以景观规划设计学科专业为核心的理论研究与工程实践,一方面请教了许多中国风景园林界的前辈师长,另一方面也二度留美,吸取他国的经验教训。特别是在1992—1994年留美博士后研究期间,参加了美国景观规划设计师学会大会、美国景观规划设计学专业教育委员会年会等学术会议,访问了美国10所大学的景观规划设计学院系,走访了美国国家公园局、森林局和芝加哥园林局等景观规划设计工程实践的单位,以及一些景观规划设计师事务所。1995—2016年,主持完成了100多项风景园林与景观规划设计的工程实践。多方面的学术交流,使作者有机会与许多国际景观规划设计学界的著名专家学者进行了直接的探讨交流;大量的工程实践,使作者有机会与全国各地城乡建设的领导和同行对话、磋商,体会来自社会对景观的需求,从而对上述问题获得了较为全面系统的答案。由此,在学科发展与专业教育方面,本部分阐述了风景园林/景观学科和专业教育的基本框架以及关于中国该学科专业教育发展的定位与定向;在专业实践方面,以美国景观师注册为参照,重点阐述了景观师注册的必要性以及技术细节。在此基础之上,论述了风景园林在人居环境学科群中的地位作用,阐述了风景园林的哲学认识,提出了风景园林学科的发展坐标系,探讨了中国风景园林的特征,最后,论述了风景园林三元论。

# 20　学科专业概述

## 20.1　历史不过百年的新兴学科专业

风景园林/景观学(英文为 Landscape Architecture,国内译文有景观学、景观设计、景观建筑学、景观建筑设计、风景园林、园林等)作为适应近现代社会发展需要而产生的一门工程应用性学科专业,在国际上不过 100 多年的历史。除了翻译的文字倾向,也反映了对于该学科专业的不同取向,作者认为"景观规划设计"较全面地表达了该学科专业的核心实质,风景园林/景观学则作为反映该学科全面内容的名称。相应地,作为社会大众的理解,存在"景观规划设计师"(简称"景观师")的称呼。

与产生于农耕文明时代背景下的"风景园林"相比,现代风景园林/景观学是在工业文明以及后工业文明中,作为适应新的社会发展需要而产生的一门新兴的工程应用性学科专业。

工业革命以来,风景园林在三个方面出现了史无前例的社会需求:(1) 人类历史上第一次出现了为集体大众共享的公共性景观园林。皇家园林也好,私家花园也罢,除了那些历史上因个人意志而创造的"风景园林"之外,现代出现的更多的是为群体、为市民大众所需而创造的风景园林。(2) 除了历史上那种刻意选取、人工创造的优美的"风景""园林"之外,现代所考虑营造的还包括了所有人类聚居的环境景观。(3) 除了传统概念上的环境景观规划设计之外,以土地为主的自然资源保护利用,以及由此引发的生态环境保护,成为现代风景园林界又一重要工作领域。因此,由个体的主观感觉演进到群体的理性判断,由宅前屋后的花园草木扩展到城市、区域的绿地绿化和景观资源保护利用,由文人墨客的诗情画意转换到规划设计师的科学理性分析,传统风景园林的价值观

念、判断标准、实践范围、专业背景、理论方法都发生了极大的扩展和变化。当代,作为这种扩展变化的初步结果,在国际范围内,产生了一个跳出传统园林框框的新的学科专业,这就是国际上公认的"景观规划设计学",其内含与外延要比传统意义上的"风景园林规划设计"广泛而深入。

自 1858 年美国景观师奥姆斯特德(F. L. Olmsted)提出了"景观师"(Landscape Architect)这一名称,1898 年美国景观规划设计师学会(美国风景园林师协会)(American Society of Landscape Architects,简称 ASLA)创立,以及 1901 年哈佛大学开设了世界上第一个景观规划设计学(风景园林)专业起,一个多世纪以来,景观规划设计学在国际上已发展成为与建筑学、城市规划成三足鼎立之势的学科专业。成立于 1958 年,目前拥有 100 多个会员国的国际景观规划设计师联合会(International Federation of Landscape Architects,简称 IFLA)平均 2—3 年就要召开一次国际性大会。各会员国又有各自的全国性学会组织[1-2]。

就国际范围而论,景观规划设计学科专业发展以美国为先导。目前,美国有 60 多所大学设有景观规划设计学专业教育,其中 2/3 设有硕士学位教育,1/5 设有博士学位教育。据统计,在 20 世纪 80 年代美国景观规划设计学专业被列为全美十大飞速发展的专业之一[3]。

## 20.2　以人类户外生存环境建设为核心的学科专业

风景园林/景观学究竟是一门什么样的学科? 景观规划设计学究竟是一门什么样的专业? 回顾其学科专业发展的历史,无论是专业人员组成,还是专业人员自身的知识结构,无论是学科理论研究分支,还是行业工程实践范围,它自创立之初就是一门极为综合、面向户外环境建设的学科,是一门集艺术、科学、工程技术于一体的应用型学科和专业。因为其核心是基于人类户外生存环境的建设,故涉及的学科专业领域极为广泛综合,包括区域规划、城市规划、建筑学、林学、农学、地学、管理学、旅游、环境、资源、社会文化、心理等。当今景观学的重点是各种环境的保护规划、设计与管理,其范围从园林设计到国土区域的自然与人文资源管理。

寻求创造人类需求与客观环境的协调关系,这是景观师的终

极目标。为此，必须将生态、人类行为以及解决两者时空布局的规划设计这三大领域作为本学科的基础，在其之上构筑起多学科交叉的知识体系，运用景观规划设计这一看家本领，将它们落实到具有三维空间分布和随时间而发展变化的人类聚居环境之中。

为此，务实的景观师还需要掌握与土地开发有关的各方面的工程技术，以及通过各种手段将规划设计意图传达给业主公众的技能。现代景观学工程应用面之广，更远远超出了其创立之初。仅从景观师就业行情来看，除了惯常的景观规划设计事务所、建筑设计事务所和规划部门之外，从自然资源开发管理到生态环境保护，从道路交通系统到电力电讯网络，环保局、水利局、土地局、森林局、公园局等许多部门都需要有景观师。

在人口爆炸、资源锐减、环境恶化的当代，对于世界各国来说，景观规划设计/风景园林事业早已不再仅仅是经济水平提高后的奢侈和人们茶余饭后的消遣。人们开始意识到，景观规划设计/风景园林事业直接和间接地制约着一个国家、地区、城市、居住社区的社会、经济、环境的综合发展，直接影响到当今人类的生死存亡。这也就是为什么景观规划设计的行业实践在美国近年来的发展是如此之快。美国已实行多年的"景观师注册"制度，仅在过去的 5 年中，平均每年就有 1 000 多人注册景观师，目前美国的注册景观师已达 2 万人。园林绿化、城市公园、风景名胜区仅仅是现代景观规划设计学工程实践的一个组成部分，而非全部！其工程核心仍然是规划设计，但是，所用的材料、考虑的问题，既不同于建筑学，也不同于城市规划，其关注的是建筑与城市内外"空""活""文"的那一部分。因而，其工程专业人才的知识结构、课程设置、主干课程与建筑学、城市规划有很大的不同。该专业更非农、林学科行业所能取代。诚然，植树造林、城市绿化是该专业的一项重要工作，但从现代中国社会发展建设对该专业的实际需求来看，从国外已有的实践来看，该专业的工作已远远不止是"风景""园林"的规划设计，而是整个人类生存环境的规划设计(图 20.1)。

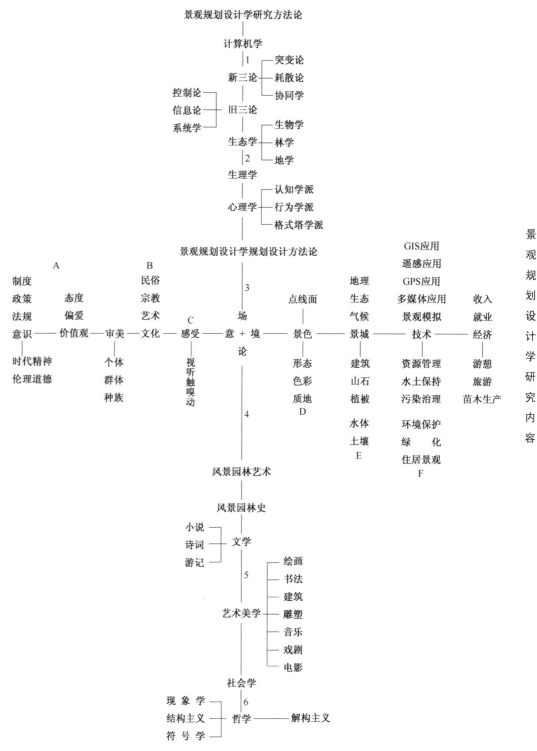

图 20.1　景观规划设计学理论研究的整体框架　［GIS 是地理信息系统的简称；GPS 是全球定位系统的简称］

## 20.3 现代风景园林学科发展周期分析

风景园林学科发展有规律可循。总结现代风景园林学科发展，作者发现存在着30年"一轮"的周期规律，历经法元初创期、在一次次30年的发展中，现代风景园林学科以专业社会实践为引领，在学科理论、专业实践、专业教育等方面从小到大、蓬勃发展。

美国花了150年时间，完成了现代 Landscape Architecture 学科专业的创立、发展并逐渐成熟。相比之下，与之相应的中国现代风景园林，其创立、发展的历程较短，主要是在近60年，特别是1980—2010年的30年间，伴随着中国社会巨大的变革进步，经历了由中国传统风景园林向现代风景园林转换的艰苦过程。依据学科发展的周期规律，全面完成这种现代转换仍然需要时日（表20.1）。

**表 20.1　现代风景园林学科发展周期中美对比分析表**

| 发展时间 | 东方中国 | 西方美国 |
|---|---|---|
| 1860—1920 年 | 中国园林停滞期：此前，以圆明园（1709—1860 年建成后被毁）为标志的中国风景园林，包括皇家园林、寺院园林、私家园林，历经 4 000 年的发展积累达到巅峰。但在 1860—1920 年这一时期发展停滞不前，伴随各类战乱，实体遭受破坏而日渐衰落。后期，现代城市公园开始在上海等地建设 | 美国现代 Landscape Architecture 发源初创期：以纽约中央公园、芝加哥世博会、国家公园等实践为社会背景，1898 年美国风景园林师协会成立，杂志 Landscape Architecture 创刊；1901 年哈佛大学创办风景园林本科专业；1920 年密西根大学风景园林博士研究生毕业 |
| 1920—1950 年 | 现代风景园林雏形初现：现代城市公园在广州、上海、北京等地出现。1928 年中国造园学会成立[4] | 发展初期实践：全国植树造林、城市绿化与公园运动、景观路建设、国家公园游览 |
| 1950—1980 年 | 萌芽期（中间扣除 1966—1976 年 10 年停滞期）：城市公园建设，专业教育：1951 年北京农学院与清华大学合办"造园专业"，1956 年北京林学院开办"城市及居民区绿化专业"，1964 年改称"园林专业"；1952 年同济大学在建筑学科中开设园林课程，1960 年创办"城市绿化专门化"本科专业，1979 年创办"风景园林"本科专业 | 发展期实践与理论：开展了大量景观规划设计实践项目。理论成果：伊恩·麦克哈格（Ian MacHarg）的《设计结合自然》；卡尔·斯坦尼斯（Carl Stanis）的《计算机辅助景观设计》；菲尔·刘易斯（Phil Lewis）的《区域景观规划与绿道》；跨学科的景观分析评价理论研究；专业教育蓬勃开展，风景园林院校发展至 50 多所 |
| 1980—2010 年 | 初创＋发展期实践与理论：全国性植树造林、风景名胜区保护（国家森林公园、地质公园等各类国家公园建设）、世界遗产保护申报、旅游区旅游地规划建设、高速公路景观和城市绿地建设（园林城市、森林城市、生态园林城市）、城市公共空间环境建设（滨水区、绿道、道路景观、校园、工业园、绿博主题园等）、居住区景观建设。理论研究发现"形情理神意"的中国园林精髓。<br>1983 年，中国园林学会（二级学会）成立。1985 年，《中国园林》杂志创刊。1989 年，中国风景园林学会成立。专业教育：同济大学 1981 年、1986 年分别开始招收风景园林硕士、博士研究生，2005 年创办景观学专业（又称风景园林专业）。<br>2009—2010 年完成风景园林一级学科的申报论证 | 成熟期理论与实践：景观生态学、景观都市主义、易道、遗产景观、雨水花园、医疗景观；数字景观、地理设计、著名规划设计机构 SWA 和 EDAW、彼得·沃克（Peter Walk）等设计大师 |

## 20.4 人居环境学科群的核心学科专业

风景园林/景观学与其姊妹专业建筑学、城乡规划学有着异同点。就相同性来看，三个学科专业的目标都是创造人居环境，三者

的核心都是将人与环境的关系处理落实在具有空间分布和时间变化的人居环境之中。三者所不同的是专业分工：建筑学侧重于人居空间的塑造，重在人为空间设计；城乡规划学侧重于人居场所（社区）的建设，重在以用地、道路交通为主的人为场所规划；景观学侧重于人居领域的开发整治，即土地、水、大气、动植物等景观资源与

环境的综合利用与再创造,其专业基础是场地规划与设计。当然,这种侧重和分工的区别是以所涉及的人类聚居环境的客体而论的。就人类聚居环境的主体——社会、文化、政治、经济等方面而论,三者又有各自的侧重和分工。建筑学、城乡规划学、风景园林/景观学三者有机的叠合就构成了所谓的生活世界场域工程体系[5-6]。

在近半个世纪中,围绕人居环境的规划设计,在规划设计界,风景园林/景观学从一开始就扮演着前卫角色。发展至今,无论是绿色建筑,还是生态城市;无论是人居环境的可持续发展,还是面向 21 世纪的永续文化;无论是学科交叉的领先理论,还是遥感、地理信息系统、全球卫星定位技术的应用,风景园林/景观学都起着先锋引领作用[7]。

# 20.5 三位一体及其比重演变

就学科专业而言,建筑学、城乡规划学、风景园林/景观学经过近代百年的飞速扩展深化,已发展成各有侧重、分工明确的三位一体。只要简要地回顾一下三者各自的核心侧重及其演变,就不难理解这一问题(表 20.2)。

表 20.2　建筑学科的三位一体及其比重的演变

| 学科/专业 | 农耕文明的观念与方法 | 工业文明的观念与方法 | 后工业文明的观念与方法 |
|---|---|---|---|
| 建筑学 | A1 提供人类生存的庇护所 | A2 以建设一次性完成的各类建设为基本目标,基于物质实体形态和空间,用种类不太多的建筑材料,以单个建筑空间的构筑为核心 | A3 以建设、管理多次性完成的各类建筑为基本目标,基于人类行为感受,开发利用多种材料,以群体建筑空间构筑为核心<br>——生态建筑 |
| 城乡规划学 | U1 聚落的选址、范围的划定 | U2 以土地为核心的资源使用划分、道路空间布局,对都市人口、生产、资源分布进行空间布局与发展政策指导 | U3 以人类资源与环境资源合理配置为核心的资源使用、开发、保护,以都市人口、生产、资源、环境进行空间布局与时间上的调配<br>——生态都市 |

续表 20.2

| 学科/专业 | 农耕文明的观念与方法 | 工业文明的观念与方法 | 后工业文明的观念与方法 |
|---|---|---|---|
| 风景园林(产生于农耕文明)/景观学(产生于工业文明) | L1(1) 作为人类精神生活的寄托和载体,各种纪念性构筑、场所的选取与建造;(2) 以个体生存为第一目标,宅前屋后的各类植物种植、动物饲养;(3) 以个体的花园建造欣赏为主,核心是提供宜人的生活外部环境 | L2 以群体欣赏为主,各类公园、公共场所环境的建设,都市绿化,自然与人文景观区域的开发保护。核心是提供适合大众的户外活动空间 | L3 群体、个体欣赏兼顾,各类公园、公共场所环境的建设,都市环境的绿化—蓝化—棕化,自然与人文景观区域的开发保护。核心工作是提供、维护适合人群的户外活动场所<br>——生态景观 |

首先,可以看出三个学科发展的基本脉络:农耕文明时代,三个学科所涉及的因素与面临的问题相对较为单纯,专业分工没有明显的界线,三个学科是笼而统之的;工业文明时代,三个学科所涉及的因素与面临的问题明显复杂起来,专业分工渐趋明朗,学科分界较为显著;后工业文明时代,三个学科所涉及的因素与面临的问题急剧增加,专业分工进一步丰富细化,学科开始走向融合。其次,随着时代的发展,三个学科在建筑大学科中的比重也在变化。显然,现代和未来的发展趋势是景观学的比重正在日趋加大。对于整个中国大建筑学科,缺乏景观规划设计学,缺乏以景观规划设计学为导向的规划设计,就等于三原色中少了一种原色。中国现在和未来在人类聚居环境建设中已经产生并将加剧的诸多问题,其学术专业上的根源就在于此。

新中国成立以来,人居环境学科专业研究与实践发展经历了三个阶段:阶段一,1950—1980 年,以建筑为主的人居建设阶段。阶段二,1980—2010 年,以城市化为主的人居增量建设阶段,以风景园林建设为标志的人居背景保护与发展开始得到重视。阶段三,2010—2040 年,以人居背景保护与发展为基础,以人居活动为导向的人居建设质量提升。

未来 30 年发展大趋势:从单一"人居建设"走向建筑、城乡规

划、风景园林的共进,走向三个学科专业的三位一体,走向三个文明建设发展:

生态文明:尊重自然·顺应自然·保护自然,营造山水林田湖生命共同体。

精神文明:弘扬中国价值观,价值引导、文化凝聚、精神推动。

人居文明:环保—绿色—可持续。

# 20.6 未来风景园林学科发展的东西方大趋势

以 2011 年中国风景园林成为一级学科为标志,可以预见未来

30 年世界风景园林发展的两大趋势:(1) 在全球化时代,东西方风景园林开始走向融合,东方的"神意"与西方的"情理"的融合,东方的综合感性与西方的分析理性的融合,是学科专业的理想,也是历经数千年的发展积淀的水到渠成。尽管,这种开始亦非一个 30 年可以实现。(2) 在经过了 150 年的起承转合之后,以中国风景园林为代表的东方风景园林开始焕发出强劲的发展动力,优势明显,有望成为引领融合的主导[7-10](表 20.3)。

表 20.3　未来风景园林学科发展东西方优势劣势比较

| 发展时间 | 东方中国 | 西方美国 |
|---|---|---|
| 2010—2040 年 | 优势:<br>1. 原有学科积累:3 000 多年的历史、2 000 多年"形情神意"的理论实践积淀,60 年走过了西方 120 年现代学科专业的历程。<br>2. 学科理论:正在创建自己的一级学科理论体系。国家开始给予科研投入。<br>3. 学科实践:建设总量占全世界其他国家总合的一半以上。<br>4. 专业教育:风景园林院校数量之最,即 90 所风景园林院校＋200 所园林、园艺、环艺院校,就业市场广阔。<br>5. 政策优势:风景园林成为一级学科,已经进入 111 分之一,迄今国际范围只有中国,显示了国家的重视和决心。<br>劣势:<br>1. 学科理论总结与研究缺乏;<br>2. 专业教育时间短(1952 年至今/1979 年至今);<br>3. 缺乏学科专业自信 | 优势:<br>1. 原有学科积累:数千年的历史、150 多年的现代实践,创立了现代学科专业(Landscape Architecture)。<br>2. 学科理论:相对完整的一套"形情理"适应西方的学科理论体系,影响并左右着全球学科发展与专业教育。<br>3. 学科实践:质量优势(标志之一:规划设计经费占建设投资的 10%—15%)。<br>4. 教育:60 多所风景园林院校,115 年/95 年的本科/研究生办学教育积累。<br>劣势:<br>1. 尚未进入"形情理"进一步发展的"神意"阶段;所创立的风景园林(LA)学科专业趋于固化而停滞不前。<br>2. 缺少理论研究投入:纵横向科研项目很少(标志之一:博士研究生招生数量较少)。<br>3. 缺少实践:缺乏面广量大的景观与风景园林规划设计项目实践,尤其缺少大规模尺度、功能复杂性、专业综合、投资融资规模庞大的风景园林项目。<br>4. 毕业生就业面临压力 |

**第 20 章参考文献**

[1] 刘滨谊. 走进当代景观建筑学[J]. 时代建筑,1997,44(3):10-12.

[2] 刘滨谊. 重要的学科——景观建筑学[J]. 国际学术动态,1997(11):12-13.

[3] 汪辛. 景观建筑学高等教育论析[D]:[硕士学位论文]. 上海:同济大学,1999.

[4] 中国科学技术协会,中国风景园林学会. 2009—2010 风景园林学科发展报告[M]. 北京:中国科学技术出版社,2010.

[5] 刘滨谊. 论城市与风景园林的相溶共生[M]//陈为邦,张希升,顾孟潮. 奔向 21 世纪的中国城市. 太原:山西经济出版社,1992:454-466.

[6] 刘滨谊. 人类聚居环境学引论[J]. 城市规划汇刊,1996,104(4):5-11.

[7] 刘滨谊. 同济大学风景园林学科发展 60 年历程[J]. 时代建筑,2012(3):35-37.

[8] 刘滨谊.论跨世纪中国风景建筑学的定位与定向[J].建筑学报,1996,333
　　(6):19-22.

[9] 刘滨谊.同济大学景观学系二十年历程[J].中国园林,2013(11):34-36.

[10] 刘滨谊.现代景观学学科专业发展的大趋势——同济景观学科专业发
　　展建设的思考[M]//同济大学建筑与城市规划学院.同济大学建筑与
　　城市规划学院教学文集 1:开拓与建构.北京:中国建筑工业出版社,
　　2007:181-188.

# 21 从职业注册看学科专业的基本实践

## 21.1 四个基本方面

按照美国景观师注册考试委员会的定义,现代景观学的实践包括提供诸如咨询、调查、实地勘测、专题研究、规划、设计、各类图纸绘制、建造施工说明文件和详图以及承担施工监理的特定服务。其目的在于保护、开发及强化自然与人造环境。其作用具体体现在四个基本方面:(1)宏观环境规划,包括对土地使用和自然土地地貌的保护以及美学和功能上的改善强化;(2)场地规划/各类环境详细规划,所有除了建筑、城市构筑等实体以外的开放空间,如广场、田野等,通过美学感受和功能分析的途径,对各类构筑、道路交通进行选址、营造及布局,并对城市及风景区内的自然游步道和城市人行道系统、植物配植、绿地灌溉、照明、地形平整改造以及排水进行设计;(3)各类施工图、文本制作;(4)施工协调与运营管理[1]。

从目前整个国际景观学理论与实践的发展来看,作者认为,景观规划设计的四个基本方面中均蕴含着三个层面不同的追求以及与之相对应的理论研究:(1)文化历史与艺术层面,这包括潜在于景观环境中的历史文化、风土民情、风俗习惯等与人们精神生活世界息息相关的东西,其直接决定着一个地区、城市、街道的风貌,影响着人们的精神;(2)环境、生态、资源层面,这包括土地利用、地形、水体、动植物、气候、光照等人文与自然资源在内的调查、分析、评估、规划、保护;(3)景观感受层面,基于视觉的所有自然与人工形体及其感受的分析,即狭义的景观。如同传统的风景园林,景观建筑学的这三个层次共同的追求仍然是艺术。这种最高的追求自

始至终贯穿于景观规划设计学的三个层次。

从国际范围而论,景观学已得到了广泛的应用。据此,本书总结了景观规划设计工程实践的基本框架,如图 21.1 所示。

## 21.2 宏观景观规划设计

土地环境生态与资源评估和规划,是景观师宏观环境规划的基本工作。三峡筑坝工程可谓其典型的工程实例,工作涉及地质地貌、水文、气候、各类动植物资源、风景旅游资源、社会人文历史等多方面。无论是城市、乡村,还是自然地带,其工作过程包括对规划地域自然、文化和社会系统的调查分类及分析。这些调查分类及分析是进行项目可行性分析、场地选取、环境评估、区域规划和土地使用规划研究的基础。各项工作的结果包括地图、报告和其他有关文件。这些评估报告可以要求对总体规划进行修订和补充,给出新的用地划分,改变用地分区性质,制定或修改地方设计规范、法规及管理条例,以及为特定的建设工程项目(或区域)制定法律、约定条件和限制。具体工作有:(1)制定项目计划。(2)确定、分析基地特征和用户需求。(3)进行用地现状基础资料的收集与评价(包括自然、文化与历史传统)。(4)评价用地的发展机遇和条件限制,以及土地对开发的承受能力与适宜度。(5)了解政府有关的政策、法规和法律。(6)进行建设可行性研究。(7)选择并建议恰当的建设场地。(8)为小型、中型、大型直至区域性规模项目提供土地环境生态利用保护规划蓝图及控制性文本和政策。(9)提供水、土改良与保护规划及控制性条文和政策。(10)提供工程建设对环境影响的分析与评估。(11)提供为申请政府审批所需的文件。

大地景观化,即绿化—蓝化—棕化规划,这是现代景观师宏观环境规划的核心工作。其实质是从空间环境保护规划的角度出发,通过绿化,水资源整治保护、大气粉尘治理净化(蓝化),土壤保持与改造(棕化)来保护人类聚居环境。"三化"意味着全面考虑环境诸因素。景观师一直在强调绿化只是问题的一个方面,对于我们今天所处的工业文明及后工业文明的生存环境建设,仅仅强调绿化是不够的。传统的城市绿地规划的理论观念、方法技术有待

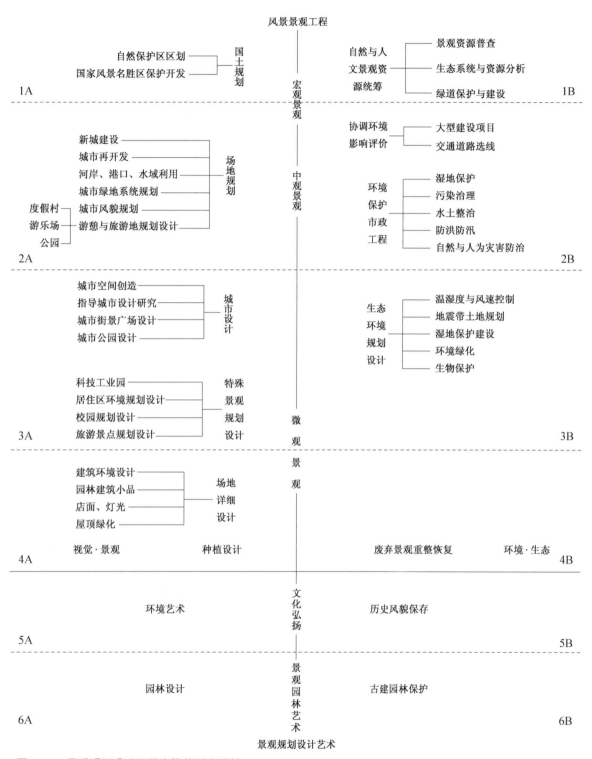

图 21.1 景观规划设计工程实践的基本框架

更新。

特殊性大尺度工程构筑的景观处理,是现代景观规划设计的重要内容。工业时代产生了许多史无前例的大尺度的景观工程构筑,在宏观的区域范围上影响着人类的景观。对此,景观师需要与其他专业人员共同进行规划设计。例如,高速公路选线、桥梁水坝等大型构筑、市政管线走廊(如地上高压电缆和地下管道主干线)及其他设施用地布局等。在这些工程建设中,非景观师莫属的是他们可以在这些领域内,将技术功能的需求与美学形象的考虑,将人工建设因素与自然保护因素相互结合,来进行规划设计工作。

风景名胜区与旅游区规划,前者侧重于风景旅游资源的保护,后者侧重于风景旅游资源的开发利用。作为主角,景观师负责国家级、省级、市级风景名胜和旅游景点的规划设计,这些都已众所周知。

## 21.3　中观景观规划设计

### 1) 场地规划

场地规划,是中观环境规划设计的基础性内容:场地规划是一种对建筑、结构、设施、地形、给排水、绿化等予以时空布局,并使之与周围的交通、景观、环境等系统相互协调联系的过程。为了美学和技术上的要求,需要对场地内不同功能用地的安排、地形与水体的改造、雨水管网系统的组织、沼泽地的保留、环境的保护、动植物的迁移,以及政策、控制性条例和各类标准的制定进行规划。规划工作包括绘制地图、概念性规划、分项规划、报告文件,以及其他用于政府各主管部门审批所需的文件材料。场地规划的内容控制了最后所建成的工程项目的详细设计。

(1) 对开发项目进行功能关系分析。

(2) 对场地能否满足计划要求进行分析。

(3) 提供场地设计以及三维空间形态图。

(4) 组织安排建设用地内的交通流线系统,并考虑与场地外部交通系统的衔接。

(5) 进行初步地形平整与排水规划。

建立所有地面表层区域的地表和排水管网系统:设计出美观的地形;保证建筑地势与周围道路的标高吻合(例如,建筑地平与临近的停车场、人行道系统及街道相连);保留及保护植被和重要的自然栖息生物。

(1) 对各类管网布局进行初步策划。

(2) 设计初步的雨水管理系统。

在用地内选择蓄水地点、分流体系,创造出与水景结合的沿岸景观。此类工程有:对野生动植物生息地的复原和保护(如溪流和沼泽地的整治),从设计上控制水位和水流,并使沿岸植被和水量得到有序地安排。此类数据资料经常被用于指导参与水域整治的有关专业设计人员的工作。

(1) 进行旨在避免或减少自然环境破坏的初步设计。

(2) 进行初步的(室外)照明设计。

选择灯具和灯柱的分布点,用以照亮行人活动较多的园林景区,保证人行道、车道、停车场周边、建筑入口和特殊植物的明亮度的协调,从而保障行人安全。在设计过程中与相关专业设计人员相配合,以获取总体美观效果。

(1) 进行初步种植设计。

(2) 制定用于开发的政策、控制性条文和标准。

### 2) 城市设计

城市设计,这是中观景观规划设计的重要内容,可按形态划分为面、线、点。面:城市形象策划、城市美化运动、城市景观风貌设计。例如,历史文化名城保护规划、城市"美化工程"规划。线:城市滨河带、城市商业步行街、各类交通道路景观。点:(1) 城市道路交叉口节点规划设计。这包括节点处景观引导、周边地块建筑群体开发策划、交通组织以及外部环境绿化的综合规划设计。(2) 城市广场设计。随着生活水平的提高和闲暇时间的增加,一方面,城市户外活动空间的需求急剧增加;另一方面,创建高质量的城市环境风貌和形象也成为城市建设的重要工作。这些需求集中反映在近年全国各类城市的市民广场建设上。

### 3) 旅游度假区、主题园、城市公园规划设计

旅游度假区、主题园、城市公园规划设计,在中观景观规划设

计中也是面广量大的实践性工作。

# 21.4 微观景观规划设计

微观景观规划设计包括街头小游园、街头绿地、花园、庭院、古典园林、园林景观小品等设计。

**第21章参考文献**

[1] 刘滨谊.从美国景观建筑师注册制度看实行中国风景园林师注册制度的必要性[J].城市规划汇刊,1998,113(1):50-51,66.

# 22　景观师专业注册

## 22.1　注册景观师的营业范围

注册景观师的营业范围也如美国一样包括提供诸如咨询、调查、实地勘测、专题研究、规划、设计、各类图纸绘制、建筑施工说明文件和详图以及承担施工监理的特定服务。

景观师所提供的服务，其主要目的是保护、开发和强化自然与人造环境。达到该目的的方式包括：对土地使用和自然土地地貌的保护以及美学和功能上的强化；通过美学感受和功能分析的途径，对各类构筑和道路进行选址、营造及布局；对风景区内的自然游步道和城市人行道系统、植物配植、绿地灌溉、照明、地形平整改造以及排水进行设计。

景观师的作用体现在四个基本的服务范围，每一个服务范围都可能产生需要政府审批的各种文件材料。各种审批文件可能包括一些条件限制，它们会影响到项目的设计和施工。这些审批和条件限制最终由地方政府签字盖章来执行。地方政府负责建筑与公众安全的官员应收到整个规划设计过程的相关文件，以确保以上审批的贯彻执行。

（1）土地评估：土地规划和评估过程包括对当地自然、文化和社会系统的调查分类及分析。这些调查分类及分析是进行项目可行性分析、场地选取、环境评估、区域规划和土地使用规划研究的基础。下列各项服务的结果包括：地图、报告和其他有关文件。这些评估报告可以要求对总体规划进行修订和补充，给出新的用地划分，改变用地分区性质，制定或修改地方设计规范、法规及管理条例，以及为特定的建设工程项目（或区域）制定法律、约定条件和限制。

① 制定项目计划。

② 确定、分析基地特征和用户需求。

③ 进行用地现状基础资料的收集与评价（包括自然、文化与历史系统）。

④ 评价用地的发展机遇和条件限制，以及土地对开发的承受能力与适宜度。

⑤ 了解政府有关的政策、法规和法律。

⑥ 进行建设可行性研究。

⑦ 选择并建设恰当的建设场地。

⑧ 为小型、中型、大型直至区域性规模项目提供土地使用规划蓝图以及控制性条文和政策。

⑨ 提供水、土改良与保护规划及控制性条文和政策。

⑩ 提供工程建设对环境影响的分析与评估。

⑪ 提供为申请政府审批所需的文件。

（2）场地规划：场地规划是一种对建筑、结构、设施予以布局并使之与周围交通系统相联系的过程。为了美学和技术上的要求，其包括场地内不同功能用地的安排、地形与水体的改造、雨水管理的系统组织、沼泽地保留、环境保护、动植物的迁移，以及政策、控制性条例和各类标准的制定。下列服务包括绘制各类地图、场地规划、概念性规划、分项规划、报告文本以及其他用于政府各主管部门、审批部门审批所需的文件材料。场地规划的内容控制了最后所建成的工程项目的详细设计。

① 对开发项目进行功能关系分析。

② 对场地能否满足计划要求进行分析。

③ 提供场地设计以及三维空间形态图。

④ 组织安排建设用地内的交流流线系统，并考虑与场地外部交通系统的衔接。

⑤ 进行初步地形平整与排水规划。

建立所有地面表层区域的地表和排水管网系统：设计出美观的地形；保证建筑地势与周围道路的标高相符（例如，建筑地平与临近的停车场、人行道系统及街道相连）；保留及保护植被和重要的自然栖息生物。

① 对各类管网布局进行初步策划。

② 设计初步的雨水管理系统。

在用地内选择蓄水地点、分流体系，创造出与水景结合的沿岸景观。此类工程有：对野生动植物生息地的复原和保护（如溪流和沼泽地的整治），从设计上控制水位和水流，并使沿岸植被和水量得到有序地安排。此类数据资料经常被用于指导参与水域整治的有关专业设计人员的工作。

① 进行旨在避免或减少自然环境破坏的初步设计。

② 进行初步的（室外）照明设计。

选择灯具和灯柱的分布点，用以照亮行人活动较多的园林景区，保证人行道、车道、停车场周边、建筑入口和特殊植物的明亮度的协调，从而保障行人安全。在设计过程中与相关专业设计人员（如建筑师，灯光、电器设计师）相配合，以获取总体美观效果。

① 进行初步种植设计。

② 制定用于开发的政策、控制性条文和标准。

（3）施工文件的制作：景观详细设计包括绘制用于场地选取的规划图、场地交通流线图、场地布局图、地形和排水设计图、室外照明设计图、与设施（地下管线设计，如水、电、煤气、电话线等）有关的景观设计图、景观园林构筑设计图、灌溉系统图、植物配置图、施工场地土壤侵蚀淤塞控制图、雨水管理图、有关施工的详细做法说明书、有关工程的合同、施工监理和合理的施工管理。以下所列内容为景观建筑学服务范畴内应向当地政府审批机构（如建设管理部门或公众安全管理部门）提供的图纸和文件：

① 制作施工场地内的拆除、清理和（垃圾污染物）清除的指导性图纸，作为施工前的准备工作。

② 制作施工场地的总平面图，包括各类构筑、人行道、车行道、服务专用出入口和车道，以及停车范围。

③ 制作布局平面图，包括标明详细的平面尺寸和标高控制坐标。

④ 制作地形平整、排水、土壤侵蚀淤塞控制平面图。

地形平整（竖向设计）规划设计是景观绿化和硬地铺砌的关键性工作，如公园、校园、自然化的区域、娱乐区与设施、城市广场，以及科学园区等工程，都是通过地表设计这一必要手段，来达到总体设计的协调统一。这项设计工作的内容包括选址、地形设计、地表

汇水坡度和下水格栅设计。这类设计通常还包括地下排水次级管道走向和管径大小的设计，它们与相关专业人员设计的主干地下系统相连接。

确立雨水、洪水集散系统的定位、形状和外貌特征。与相关专业人员的设计一样，在此类设计图中，还应标出地表设计坡度和与蓄洪排水相适应的水土保持、流沙控制措施。

提供设计场地内的地下管线设计平面图和竖向剖面图。此类设计通常包括绿地灌溉之供水管线的布置和管径大小的选择，以及绿地和以行人为主导之环境内各类（如供电）服务管线的设计。

为场地内的特殊项目（如雕塑、纪念碑、大树）选择照明灯具，包括灯具位置选取。此类设计通常要与相关专业人员（如电机工程师）合作，在总平面图上标出灯具位置，设计灯具基座，或将照明设备与园林小品结合成一体设计，如台阶、矮墙、栏杆扶手等。

① 提供灌溉系统平面。

② 园林植物配置设计（室外和室内）。

③ 施工详细设计图包括以下各类具体内容：

各类地面铺装、马路沿儿、路面集水道以及路面等。台阶和坡道（用于残疾人通道）。挡土墙设计包括墙的形状、材料高度及墙的表面处理，同时在墙基设计、内部钢筋配置、墙背面排水等方面，要求达到挡土墙的各项安全指标。围墙和栏杆设计。有顶的园林建筑小品，如花架、长廊。（户外休闲）花台平台。水景创造包括水池、水塘、溪流、人工湖、游泳池等，此类设计包括水池造型、选材。池边处理为保护水质所需的池水循环系统，依各类相关的地下管线安排和（水循环所需的）机械电力设备等的详细说明书。选择和设计喷泉出水口的位置和有特别效果的喷头。在此类设计过程中应与相关的专业工程设计人员充分合作，从而保证机械与电控系统的可靠运行，保证喷水的质量，达到最终设计效果。

排水工程（小型下水口的布置与施工设计，如平台集水口、绿地中的集水口，此类排水工程多出现于以行人为主导的户外环境。对于园林绿地中的大型下水工程，提供总体的控制性设计，或与相关的专业工程设计人员合作设计，包括总体布局、所用材料、定位以及美学考虑）。

招牌路标设计。此类设计包括造型高度、选材、图案布置，施

工技术上包括独立招牌之地基处理,或与附着立面的连接处理(如建筑墙面上的招牌)。

儿童游乐器械、体育和娱乐设施等特殊项目的设计。

场地器具设计(例如,板凳、桌子、自行车架等等)。

绿地灌溉系统与设备的设计。

种植的详细施工设计:提供工程造价预算;提供技术说明书;提供施工管理和施工检验服务;提供竣工之后的某些服务(如管理和维护性工作)。

景观师也有与相关专业人员联合承担的工程,如公路、桥梁、构筑物、市政管线走廊(如地上高压电缆和地下管道主干线)及其他设施用地等工程,根据这些领域内功能与美学方面的要求进行规划设计工作。

(4)工程项目协调与管理:景观师拥有专业执照,可以服务于以场地开发为主导的工程项目:① 作为工程总负责。② 根据所要求的工程目的,分配协调执各类执照的专业人员的咨询服务。③ 在工程过程中,致力于各行执照专业人员工作上的交流、协调与合作。④ 努力达到工程预定目标,完成工程任务书、工程进度和造价的要求。

## 22.2　景观师(风景园林师)注册制度

根据美国景观师注册委员会(Council of Landscape Architects Registration Board,简称CLARB)的规定,实行景观师注册首先需要根据社会的需要确定景观师的工作任务。其次为了完成这些任务,对于一名注册景观师,这三方面的要求是最为基本的:学科专业的知识背景(Knowledge)、规划设计的必备能力(Ability)、工程实践的经验技巧(Skill),本书简称为KAS。围绕着注册景观师所必备的KAS,根据社会需求不断更新调整,作为今后5—10年美国及有关国际景观师注册考试出题的标准,到1997年CLARB国际扩大会议为止,CLARB给出了240余条与之有关、有待论证确定的条目,其中,工作任务为118条,知识背景为85条,必备能力与经验技巧为35条。

美国景观师注册考试1年2次,每次考试共3天,每天分为上午、下午各4小时,总共分为四大部分:第一部分,景观园林概念设计(评价若干方案);第二部分,景观园林规划,包括场地规划、种植设计、旅游区和景观园林设施布局;第三部分,景观园林详细设计;第四部分,景观园林工程,包括场地平整与排水设计、视觉景观分析、浇灌系统设计、无障碍设计。

## 22.3　学科专业知识背景

景观师的学科专业知识包括人类社会学、环境科学、城乡规划学、建筑学、艺术学、心理学、地理学、林学、生态学等,其专业实践所涉及的知识已远远不止是"风景""园林",而是整个人类的生存环境。在CLARB给出的85条知识背景中,大致包含了以下16个方面的内容。(1)规划设计方法技术类:如实证研究步骤与技术、经济、人口等地理统计信息资源,测绘、土地区划、航测、区划等数据资料及其获取的知识。(2)社会历史文化类:考古学、土地使用格局、传统历史、文化景观历史、景观学发展史、城市规划史、建筑史。(3)行为科学类:人类社会与行为对于设计的影响。(4)工程学科类:水利学、地形学、地质学、数学。(5)生物科学类:动植物学,迁移技术。(6)环境科学类:宏观与微观气候。(7)政策法规学:政府政策和法律、甲乙双方建设合同法、劳工法、规划法与土地使用法、规划设计规范。(8)规划设计外围影响制约:交通、视觉景观、开发限制条件、区划、总体规划。(9)规划原理技术类:区域、城市、社区规划原理,城市与景观设计原理,设计要素的功能作用及其相互间关系,定位总图制作,视觉分析方法技术,计算机制图,遥感,摄影,掌握从方案规划设计、论证通过到获得有关部门审批直至建造活动的全过程。(10)专项规划类:交通道路选线定位原理、植物类型习性与种植规划设计、特殊性项目的构成元素、照明系统、给排水系统、电力电讯等市政管线系统、步行道路系统、地形平整与场地排水、游戏场地设计等。(11)招投标与造价估算:评标程序步骤、招投标的法律程序、造价分析。(12)建筑施工类:水土流失控制,基础、河岸、小型地下建筑结构设计,特殊类型景观项目的施工建造,景观工程施工建造,施工质量控制管理,各类建设材料,施工机械与技术。(13)环境景观整治养护类:景观维护设备技术、水土恢复技术等。(14)规划设计经营:经营管理、规划设计人员管理、规划设计进度计划制定、各类建设投资概预算、市场营销、各类专业实践的经验、各专业工种的协调组织。(15)规划设计表达:徒手表现、透视图绘制等图纸与技术解说的表达技术。(16)从业道德类:专业实践的道德标准等。

## 22.4 必备能力与经验技巧

必备能力与经验技巧是对一名注册景观师最起码的要求。必备能力与经验技巧是相辅相成的,其中能力更为基本,是一个有没有的问题,经验技巧则是一个熟练与否的问题。为此,与景观师所要从事的工作任务相对应的能力与技巧标准(CLARB 给出 35条):(1)读图:地图、规划设计图、航片以及有关的专业图形符号。(2)基础资料数据分析:收集、综合规划资料数据,包括摄影技巧。(3)基地分析判断:道路交通、建筑布局、人口等。(4)规划设计筹划:周期,投资,基地潜力,洞察识别出制约与促成方案目标、构思的诸因素。(5)规划设计构思的传递交流:形象交流,文字交流,与用户、委托方的交流,公众演讲,模型制作。(6)规划设计技术:针对特定的项目确定恰当的尺度比例和工作深度,组织基地的自然要素,以三维空间的形式组织考虑各规划设计要素,对于同一个项目制定给出若干个规划设计方案,评判选取最佳方案,场地平整、道路交通、市政管线、排水灌溉、照明、材料选取等专项规划设计,景观建筑小品单体与环境设计。(7)施工建造技术:造价估算、选配材料、评定材料质量等。

## 22.5 中国实行风景园林师(景观师)注册的必要性

为筹备中国风景园林师注册制度,经建设部批准,作为两名中国代表之一,作者参加了于 1997 年 7 月 19—20 日在美国土桑市举行的"美国景观规划设计学专业从业人员注册委员会会议"。会后,随一行 14 人的中国代表团访问了 SWA, EDAW, HOK, PETER WALKER, LDR 等国际性景观规划设计事务所总部,考察各类景观规划设计的实例。

此次会议的主题是:以景观师从业注册标准为核心,针对景观师从业注册所必备的本领、知识、技能,各国代表就三大问题进行了探讨:(1)景观师从业注册所具备的基本专业本领;(2)景观师从业注册所需要获取的专业知识及背景知识;(3)景观师从业注册所需要掌握的专业技能和技巧。中国派员与会,目的是为筹备中国"风景园林师注册制度"进行前期考察,同时,也为美国、加拿大等国同行景观师注册提出改进建议。本届会议是美国景观规划设计师注册委员会继 1991 年会议以来最重要的一次(一般每隔五年召开一次)。在两天的会议中,代表共同审定了自 1991 年会议以来调整实行的景观师注册考试的基本本领、知识、技能三方面共320 余条条目的执行情况,结合近年美国、加拿大等国该行业实践迅速扩展的需求,面向今后全球景观学行业实践迅速扩展的前景,对原有的条目逐一审定、调整、修改与扩充。其中,对景观师注册所必备的基本本领和专业知识,中国代表提出增加景观建筑、构筑设计本领和景观文化、文学艺术知识的建议,得到全体代表的共识,并补充进了有关条目。为了便于国际同行了解中国风景园林(景观学)行业的最新状况,作者向会议提交了《中国景观学发展的定位与定向》的论文,并与会作了题为"当今中国景观学工程实践状况"的演讲。

对中国代表提出的建设性意见及演讲,美国、加拿大等国代表反应热烈,认为尽管国度不同、起点不同、时间不同,但就当代建设实践而论,中美两国的景观规划设计学/风景园林学规划设计专业有许多共同之处。此次会议是中国风景园林界自 1994 年开始酝酿在中国实施风景园林师(景观师)注册以来,继 1996 年年初首次组团考察美国景观规划设计学专业注册后的第二次重要的考察交流。由于此次是以会议的形式,通过文件、语言、音像的交流,使中方对注册的实质性问题有了全面、深入、细致的了解。从而,针对近年中国建设突飞猛进的形势,也使我们对在中国发展景观规划设计学科、实行风景园林师注册制度的必要性有了更为充分的认识。

(1)风景园林师(景观师)注册是发展中国风景园林事业、提高专业从业人员素质的必由之路。根据美国景观师注册的经验,通过注册，一方面可使中国的风景园林师承担起保障人们身心安全、健康，保障环境资源等国民财富不被破坏和合理使用的法律责任，提高其专业道德与责任心；另一方面也可使全社会对风景园林事业及其从业人员予以进一步的重视。

（2）中国风景园林界应重视工程技术方面的教育和专业实践。中国风景园林界对于工程技术的重视程度不够，仅仅停留于中国古典园林的诗情画意和文人造园的手法技巧是远不能适应当代中国建设发展需要的。

（3）对于当今世界各国，风景园林事业已不再仅仅是经济水平提高后的奢侈和人们茶余饭后的消遣。人们开始意识到，风景园林事业直接和间接地关系到一个国家、地区、城市、居住社区的社会、经济、环境的综合发展，直接影响到当今人类的生死存亡。这也就是为什么景观规划设计学行业在美国近年发展是如此之快，仅在过去的 5 年中，平均每年就有 1 000 人获得注册景观师资格，目前美国的注册景观师已达 2 万人。相比之下，中国随着近年人类聚居环境建设的大力发展，其对于注册风景园林师需求的迫切性也就可想而知了。

（4）虽然中国风景园林建设在历史上取得的伟大成就为世界所公认，但那是基于特定的农耕文明，而在工业文明的近现代，随着社会的飞速发展变化，其农耕文明背景下所形成的文人式造园观念与技术手段已难以适应当今工业文明背景下众多人口、大规模环境建设的要求。工业文明及后工业文明社会需要新型的风景园林专业，这也就是当代发展景观学的原因，其核心就是广义的景观规划设计。因此，通过实施风景园林师注册制度来强化中国的景观规划设计学科专业，发展该学科理论研究、专业实践和专业教育，其实用的现实意义和深远的历史意义已是不言而喻的了。

# 23 现代风景园林/景观学的性质及其专业教育导向

每门学科专业都具有其自身的基本性质、特征,这种性质、特征决定着该学科专业的目标宗旨、价值观念、知识结构,专业教育的导向则取决于这门学科专业的目标宗旨、价值观念、知识结构。因此,正确而深刻地理解现代风景园林/景观学科、专业[2011年以前,该学科下设包括教育部批准的下列本科专业:园林(农学)、风景园林(工学)、景观学(工学)、景观建筑设计(工学)。2011年风景园林成为一级学科之后,本科专业名称统一为"风景园林"(工学或艺术学)]的基本性质就成了我们把握本专业教育指导性方向的前提。为此,根据国内外学科研究与实践,基于同济大学半个世纪办学所形成的教育思想,在前期调查研究、教学实践的基础之上[1-4],作者总结提出了公共社会性、自然生命性、空间科学性这三个现代风景园林学科的基本性质、特征。

## 23.1 公共社会性

公共社会性,"公共"代表了风景园林追求目标的正义、公正、和谐三个层面的特性,"社会性"则是风景园林作为服务新行业的核心特征,它是现代风景园林/景观学科的第一大性质,将公共社会性细分,其至少集中体现了风景园林从古至今作为人类环境理想载体和人类理想社会的属性,树立为公共社会服务的专业目标追求是风景园林类专业教育的目标导向。

风景园林的使用从来就包含着公共性与私密性两个方面,传统上:一方面,各国园林多为私家园林(包括寺院园林、衙署园林、贵族园林、皇家园林等),城乡村镇中也少有为居民共同享用的公园,即使我国特有的以自然为主的风景名胜,也多为僧侣香客所借

用;另一方面,风景园林涉及的领域也相对有限,大多关注的是景色优美、文化丰富的风景、园林。总体而言,限于生产力、生活水平、社会文明程度和服务的人群、领域有限,现代风景园林所包含的范围已经极大扩展,出现了城市公园、风景名胜区(国家公园)、旅游度假地、自然保护区,乃至遍及地球表层各个角落的景观。现代风景园林已经成为人类生活共同的必需,普及化、平民化、公共化进而社会化,这是过去150多年间,传统风景园林走向现代风景园林/景观学的客观历程,也是现代风景园林发展的目标走向。

可以将当代风景园林/景观学专业服务的领域分解为三类环境,将其工作概括为这三类环境的保护、恢复、创造之实践。第一类环境指满足万物和人类生存的基本空间领域,今天人类对于这类环境的理解是整个地球表层,未来随着空间技术的发展,还将扩展至太空,甚至外太空;第二类环境指那些具有优美景色的场所;第三类环境指诸如"桃花源""伊甸乐园""天堂"等那些人类理想中的仙境。传统的风景园林,对于第三类、第二类环境的关注远大于第一类环境,对于第一类环境甚至是忽略的,认为那是其他学科专业的范畴。传统上,对于风景园林的美景追求、意境创造远远胜于风景园林作为生存环境的安全、质量、效率的考虑。然而,现代风景园林的150多年发展历程表明,恰恰是因为全球对于环境,即对于生存环境的普遍关注,才不分穷国与富国、公共与私有,都需要风景园林的介入,从而使风景园林/景观学科的实践走向空前的社会化而更具有了公共性。

现代风景园林/景观学实践包括保护、恢复、新建三类工作。第一类保护旨在保护地球上原有的环境,首先是自然环境,其次是人文环境。任何一项风景园林/景观规划设计,首要想到的是其场地上曾有的、现有的哪些内容值得保护、保留、保存;其次哪些是值得恢复、复原的;最后才是新建。这也是风景园林/景观规划设计与其他规划设计行业相比之下的突出特征。尤其对于当今的风景园林/景观规划设计,"保护""恢复"是其主要任务,面对人类过去100多年间工业革命对地球环境的破坏,今天所有的项目几乎无一例外地要"保护""恢复"。"新建"通常都是以"保护""恢复"为前提的。

第一类环境的目标是保证人类的基本生存,其理想是要达到

安全,在安全的基础上达到有效,达到各种资源的有效利用与各种能源的节约。2007年因太湖蓝藻暴发,无锡城市饮用水危机(图23.1);曾经辉煌于2 000年前的和田尼雅遗址,因为河流改道、森林退化,一座延展200 km²多的城市就这样灰飞烟灭了(图23.2),这些都属于基本生存环境一的问题。再如,像黄山的宏村(图23.3),作为千千万万个中国乡村的典型之一,从第一类环境的角度观察,其不仅仅是风景优美的村庄和文化丰富的园林,作为现代风景园林/景观师,首先想到的是这里的人居环境,数十代人在这里安居乐业,它是如何解决第一类环境问题的? 如何巧妙地解决了"水"的问题? 从水的循环开始思考,一系列的问题随之而生……现代风景园林/景观学专业,不仅需要诗情画意,还要研究人类生存最基本的环境问题、生态问题,研究水、土、日照等诸多自然因素。对于这类普遍存在的第一类环境,可以称之为"景观"。在第一类环境的基础之上,进一步上升才到了第二类环境的层面,涉及环境美丽与否的问题,通常称之为"风景"。风景是人类在满足安全生存的基础上进一步的环境享受,与生理舒适、心理满意等因素有关。再进一步,经过刻意的组织营造,人们要创造理想中的环境,这就是所谓的第三类环境,通常称之为"园林",除了与第一类环境、第二类环境中的因素有关,还与文化、思想等人类精神有关。"园林"在本质上表达了人类对于最佳生存环境的向往,是"桃花源""伊甸园"等人类理想居所的物质载体。从景观上升到风景,再从风景上升到园林,三者是一个逐步提升的关系。从人类感受、美学意义而论,景观有美的、有中性的,也有丑陋的,既可以自然天成,也可以人工创造,或自然与人工兼而有之;风景也有类似性质,但肯定是要美丽的,其构成通常是以大自然为主,其中点缀是人工建造;而园林则不仅要美,更要饱含精神,饱含意境的创造。几乎没有一座园林不是人造的,园林是人工的,但要"虽由人造,宛自天开"。所以,细究景观、风景、园林在人类日常生活中的作用,景观可以说是普遍存在的遍及环境的各个角落,而风景通常只存在于那些被人们认为美丽的区域,至于园林则比景观、风景要精华。三位一体是景观、风景、园林三者的关系。

现代风景园林/景观学的公共社会性可以进一步细分为生活性、公共性、大众性、广泛性。生活性指风景园林与人类日常生活

图23.1 无锡太湖被蓝藻污染了的水体

图23.2 新疆和田尼雅遗址

图23.3 安徽宏村

息息相关的必须性,已非仅仅是茶余饭后、富裕之后的闲情逸致,而是到了生态安全、生死存亡的高度。无论是国土区域的生态安全,还是城市公共场所,甚至居住社区环境,无论大小,皆为共同使用,皆与公共利益相关。纵观现代风景园林/景观实践,几乎没有一个项目不是公共性的。公共性意味着风景园林/景观不仅仅面向社会精英,更要面向大众,人人都要使用,所以具有大众性。从宏观的区域环境生态保护、自然保护区保护、风景名胜区等各类国家公园保护到城市湿地恢复、绿地系统建设,从旅游地、旅游景点景区的开发到城市休闲游憩区、城市公园、居住小区景观环境的建设,从高速公路、库区等大型工程景观规划到城市街道风貌、广场设计,项目范围从数十万平方千米到数百平方米等,类型之多、跨度之大,现代风景园林/景观学专业实践内容已大大超出了传统,具有突出的广泛性。

景观、风景、园林三位一体的关系呈现出三角形结构:园林位于高层面,景观属于基础层面,风景位于中间层面。自1952年开始,同济大学该专业从园林到园林+风景,再从园林+风景到园林+风景+景观的60多年教学之路表明:从"园林"发展到"风景园林"阶段,并不意味着抛弃园林;同样,从"风景园林"发展到"景观学"阶段也不表示割断了"景观学"与"风景园林"的血脉联系,"园林"仍然是我们学科专业的起点。所以,面对风景园林/景观学科的社会公共性,在教学安排上除了要教给学生园林、风景、景观这三个层面的知识,除了要让学生接受微观尺度、中观尺度、宏观尺度的全面的规划设计训练外,还应当帮助鼓励学生了解专业发展的大趋势,进而树立明确的专业目标追求。

国际风景园林师联合会—联合国教科文组织风景园林学教育宪章关于风景园林/景观学教育的基本目标是:风景园林/景观师在满足社会和个体环境需求的同时,发展成为能够解决因不同需求而引发的潜在矛盾的专家。

展望未来,本专业人才培养的四点目标如下[5]:

(1)为人类和其他栖息者提供良好的生活质量;

(2)探求、尊重、协调人类社会、文化、行为和美学需求的风景园林规划设计方法;

(3)应用生态平衡的方法保证已建成环境的可持续发展;

(4)珍视表现地方文化的公共园林。

其中,要点(1)从服务对象而论,是本学科专业的总目标;要点(2)从环境营造的实践而论,是实现总目标的起点和基本途径;要点(3)从环境维护的实践而论,是实现总目标的基本取向;要点(4)从环境创造的实践重点而论,是实现总目标的更高追求。本质上,IFLA的专业人才培养目标体现了当代风景园林/景观学的专业目标。

培养具有公共社会目标和责任感的专业人才,这是风景园林类专业教育的基本目标。

## 23.2 自然生命性

自然生命性,自然包含原始、本性、天然三个层面含义,其核心是万物都具有的"生命性"。自然生命性揭示了风景园林源头本性及其构成的属性,它是现代风景园林/景观学科的第二大性质,树立崇尚自然、尊重生命的专业价值观与审美观是风景园林/景观类专业教育的价值导向。

建筑可以全由人造,风景园林则不然,风景园林源于自然,离开了自然性,就脱离了生命性,失去了地方性,也就丧失了其专业的根基。风景园林的自然性,首先可以从自然与人工的组成比重来理解:对于第一类环境,即景观层面,在整个地球表面中为主的是海洋、大陆、极地……城市不过是其中的点缀,显然自然的成分远大于人工;对于第二类环境,即风景层面,诸如中国的黄山、庐山、九寨沟,美国的黄石国家公园、优胜美地国家公园等,仍然是以自然因素为主;对于第三类环境,即园林层面,虽然人工的成分很多,但就其山、石、水、土、动物、植物等构成要素材料来看,仍然是以自然为主,即使是叠石、理水、构筑等人造物,也要力求"虽由人做,宛自天开",所以,风景园林从组成成分而论是以自然为主的。

风景园林/景观学的自然性体现在其空间形态的自然空间的不规则性。与几何空间形态强烈的建筑不同,大量的风景园林空间由大自然构成,其形态是非几何化的,例如,自然的山(图23.4)、自然的河流(图23.5)。即使像园林中那些所谓"高于自然"的人工性空间,也通常会"因地制宜",与自然紧密结合,从而具有非几何化空间形态的倾向。非几何化、非千篇一律、非重复和动态变化、尺度大小变化幅度巨大等等，这些都是大自然空间形态所具有的特性，远比人工性几何化空间形态丰富。而在整个规划设计界，对于自然空间形态，最为敏感、最擅长规划设计的理应是风景园林师。

图 23.4　新疆天山天池景象

图 23.5　云南东川的河流景象

风景园林/景观学的自然性也体现在自然的时间长久性。朝霞落日、春去冬来、四时之景、风花雪月,风景园林的景象都是以自然的时间尺度不断变化的,风景园林的发展形成需要时间,需要数十年、上百年甚至是千年为变化尺度的时间。建筑可以"一蹴而就",景观、风景、园林的形成,即便是人造的,少则也要几十年,多则数百年。如图 23.6 所示的德国近郊某橡树林公园,历经 300 年,当年设计营造的园林才呈现出今天的古树参天。如图 23.7 所示的吉尔吉斯斯坦伊赛克湖滨某度假景点人造游园,人工开挖了一个3 hm² 大小的湖池,环湖栽植杨树,历经 50 多年才形成了今天的美景。如同奥姆斯特德,在规划设计之初,就已经预见到 100 多年后纽约中央公园的情景。所以风景园林师时刻要想到,自己今天落下去的这一笔,百年之后会是什么样子,要有长久时间性的意识和长远的前瞻性。

图 23.7　吉尔吉斯斯坦伊赛克湖滨某度假景点人造游园

图 23.6　德国近郊某橡树林公园

风景园林/景观学的自然性还体现在自然的生命周期性。花开花落、生死兴衰,风景园林是有生命的,是不断生长变化着的。风景园林中的动植物自不必说,即使是组成风景园林的山、石、水、土等物质要素也是在不断变化的。

风景园林/景观学的地方性因其特定的时间、空间、生命、文化而存在。自然的地形地貌、自然的气候条件、特定的文化习俗等等,因为这种地方性的制约,风景园林也就具备了不可重复、难以

移植的特性。如图 23.8 所示的云南红土地景观,以诸多自然因素为背景,特有的农业耕作生存形成了特定的文化景观。不了解地方的动植物特性,不体会当地的文化、习俗,风景园林肯定是做不好的。中国的风景园林/景观学要靠中国人自己才能做好,这是风景园林的地方性所决定的。

图 23.8　云南红土地景观

空间的不规则性、时间的长久性、生命的周期性、自然与文化的地方性，以及风景园林/景观的自然生命性，决定了风景园林/景观规划设计的基本特征及其价值取向。任何一个规划设计不过是这块土地上历史长河中的一个片段，片段有长有短，通常一个景观规划设计所能关照影响的时间越长远，方案就越经得起考验，水平质量也就越高，当然其难度也就越大。总之，景观规划设计时间过程的重要性胜于空间布局。

珍视自然性地方性，一切以自然为优先，对于原有的自然状态，能保留的尽可能保留，能恢复的尽可能恢复；既可以自然化也可以人工化，对于此类模棱两可的创造新建，选择自然化为导向，这是现代风景园林/景观规划设计的基本原则。走向自然化、生命化、地方化，一切以是否符合自然、尊重地方为方案的最终评价标尺，已成为现代风景园林的基本价值观念。当前国际国内许多具有前瞻性、引领性、示范性的风景园林/景观项目实践无疑都具有这些共同特征。

自然生命性，本质上决定了风景园林/景观学科与专业的世界观。自然生命性是风景园林/景观规划设计的源泉。自然观、生命观的培养熏陶应落实在整个教育、各门课程的各个环节。应将大自然作为学生的第一课堂和老师，鼓励学生多走多看多学，在环境恶化、城市污染、村镇自然退化的今天，尤其在自然观大大缺失的当今社会，让风景园林/景观学专业的学生身临喀纳斯湖、九寨沟之类的"人类所剩无几的净土"，体验感受真正的自然、原初的生命，培养起对于自然生命发自内心的热爱，这应当成为风景园林/景观学专业教育的基础。

## 23.3 空间科学性

空间科学性、风景园林科学性包括人文科学、自然科学、形式（形态、营造）科学、应用科学、社会科学这五大科学，风景园林空间包含空间存在、空间感受、空间塑造三层含义，它是与风景园林相关的五类科学的交叉与跨越的载体途径。空间科学性体现了将五类科学融于可以深入其间、身临其境的环境空间一体，这一由空间统领各科学的特征，同时也暗示了风景园林学科的知识领域与构

成方式。这是现代风景园林/景观学科的第三大性质。以"空间"为统领，建立五类科学交叉、跨越、融合的学科知识体系，是现代风景园林/景观学专业教育的必由之路。

风景园林专业传统上常常更多地被理解为诗情画意，缺乏科技含量，科学性不强。似乎能诗歌赋、善绘画书法、懂风水相地、会植物观赏，就可以做风景园林了。因人而异，随意发挥，感性大于理性，专业门槛低，这是对风景园林存在的偏见。首先，植物、动物、水文、气候、地质、地形、土壤、土地使用（城乡建设）、社会（种族、经济、社区）、人（政策、人类活动、心理行为）等，在这些构成现代风景园林学科专业的基础知识中，显然各门自然科学知识是基础。其次，从学科交叉来看，风景园林/景观学学科与下列学科门类、学科、专业有关：农学（园艺）、林学（植物）、理学（生物、地理、地质学）、医学（环境心理学、环境行为学、景观治疗）、工学（建筑学、城乡规划学、环境、土木工程、交通）、艺术学（环境艺术）、史学（风景园林史、城市史、建筑史）、信息学（地理信息系统、遥感、计算机辅助设计）、管理学（都市计划、土地管理、自然资源管理、游憩资源管理）、社会学（社会经济学）等。

风景园林/景观学类专业的五类科学综合性的知识包括人文科学与应用、自然科学与应用、形式科学（形态、营造）、应用科学与工程技术、社会科学与应用五大类基础专业知识，具体如下：

（1）人文科学与应用类：文化系统类、文化学、园林史、景观史、建筑史、美学、美术、心理行为及其应用等。

（2）自然科学与应用类：自然系统类、生态学、植物材料、地质、水文、气象及其应用等。

（3）形式科学类（规划设计类）：景观视觉原理、空间制图、空间设计表现、风景园林与景观规划设计原理与实践、艺术设计、建筑设计、城市规划等。

（4）应用科学与工程技术类：工程材料、方法、技术、建设规范与工程管理、信息技术与计算机。

（5）社会科学与应用类：政治、经济学、环境法、土地法、水法、公共政策与法规等。

空间科学性本质上决定了风景园林/景观学学科专业的方法论。现代风景园林/景观学及其规划设计的科学综合性要求思考

的逻辑化、理性化,论证的数量化、精确化,即使对于设计中的感性,也力求是"理性辅助下的直觉把握",科学、理性、技术、工程是现代风景园林学的看家本领。尽管风景园林/景观规划设计需要直觉感性、需要想象和激情,但这种感性、想象和激情不能盲目而胡思乱想,现代风景园林规划设计要求的是科学系统的知识、理性缜密的分析、超越发散的设想。"需要一个全面的诸科学上的培养,此外,还必须具有想象力",这是美国风景园林师协会百年庆典上对于现代风景园林/景观学专业人才知识结构培养的精辟概括。

风景园林/景观学类专业的空间科学性教育应致力于五个方面专业能力的培养:感悟力、判断力、想象力、规划设计与工程实践能力、交流与协调能力。感悟力,源于生活的热爱和人文科学知识教育,以生活经验积累为核心,有助于专业知识的心有灵犀一点通的悟性提升。判断力,基于自然科学知识全面系统化的掌握,源于本专业科学理性与艺术感觉的要求,以逻辑推理训练为核心,是对复杂专业问题的分析判断、评价比较的能力。想象力,基于形式科学知识教育与实践训练,源于本专业对空间创造性的需求,以空间想象培养为核心,是对未来所要营造的人居环境的预见能力。规划设计与工程实践能力,基于应用科学与工程技术知识的掌握,源于本专业的基本目标,以规划与设计的读图、绘图、表达、实践的学习为核心,是从事本专业工作的基本能力。交流与协调能力,基于社会科学知识的了解掌握,源于本专业服务与社会公众的要求,源于本专业"团队"工作方式的要求,以思想的沟通表达训练为核心,是在专业实践中协调多专业人员、平衡多方利益、解决多方矛盾的能力。

在五项能力培养中,形式科学知识教育与规划设计能力属于"龙头"、核心,其余四项能力都是为其辅助的。对于风景园林类这种工程应用型专业教育,只说不练,仅有专业知识是不够的,必须具备专业能力才能实现专业目标,围绕专业能力的培养提升是风景园林/景观学专业教育的关键。

## 23.4 风景园林/景观学类专业素质培养

作为专业的思想、价值观与行为的培养,专业素质教育涉及对本专业的认识领悟、专业的追求、从业行为准则的培养,具体可以概括为专业使命感、自然观、科学理性与创新性、空间环境意识、以实践为检验标准五项专业素质的培养。

使命感。风景园林是人类生活的最高理想境界,作为肩负着"为人类和其他栖息者提供良好的生活质量"和"景观的守护者"的神圣使命感,其基础是对于生活的热爱、对于大众的尊重。使命感的培养需要学生结合规划设计实践,深入生活,体会社会需求,倾听大众呼声。

自然观。旨在坚持自然第一,人工第二;保护自然第一,开发建设第二;规划设计、建造管理、权衡利弊得失,一切以大自然的良性存在为最终依据。大自然从不言语,风景园林应当成为大自然的"代言人",这就是风景园林专业的自然观,其前提是对于自然的热爱、对于自然规律的尊重。除了理性的原则之外,本专业的自然观更多的是潜移默化、最终付诸行为的专业感觉。这种专业感觉的形成,其有效的方法是走进大自然,接受自然的熏陶。

科学理性与创新性。面对综合的目标、丰富的实践、多样的知识类型,当代风景园林学科专业的特性决定了从事本专业的人员必须具备科学理性的思维素质,面对社会对于本专业的特殊需求——创造美好的环境,创新性也是本专业人员必不可少的素质。科学理性与创新性,其基础是对于科学的热爱,对于科学规律的尊重,以及对于美好环境的追求。这种素质的培养,可以通过本专业自然应用类和人文应用类知识的传授,以及规划设计类知识能力的培养来实现。

空间环境意识。这是从事本专业人员所必备的基本素质,包括对于空间绝对尺寸、相对尺度的把握;对于空间环境有意识和无意识的记忆;对于空间环境过去、现在、未来的理解。作为本专业的基本素质,空间环境意识素质的培养主要是通过规划设计的课程与项目实践,以及美术等空间形象类课程的教学来实现。

以实践为检验标准:以实践为准绳所强调的是:景观与园林不是说出来的,而是做出来的,风景园林学专业是一门实践性、应用性专业。无论是专业理论,还是项目实践,其成果的好坏优劣,不以理论为准,而以实践结果为评判标准。实践的依据是社会的需求,所以以实践为准,本质上是以满足社会需求为准,以满足公众的需求为准。以实践为准的素质,其核心是正确辨别专业是非的素质和能力。

作为风景园林/景观学类专业的教育工作者,如何正确理解本学科专业的性质特征,进而培养出合格的专业人才,这是一个需要不断明确、不断深入、不断细化的关键问题。培养目标、教学计划、课程设置、师资配备、质量评估等一系列专业教育的成败首先取决于对这一关键问题的研究思索。

深刻理解风景园林/景观学科的性质特征,明确学科专业社会公共性的目标方向,树立以自然为本的专业价值观,掌握与本专业相关的广泛的多学科知识,强调专业使命感、自然观、科学理性与创新性、空间环境意识、以实践为检验标准是非这五项专业素质的培养,以及感悟力、判断力、想象力、规划设计与工程实践能力、交流与协调能力五项能力的培养,这就是现代风景园林/景观学类专业教育的基本导向。

**第 23 章参考文献**

[1] 刘滨谊,唐真.冯纪忠风景园林专业教育思想、实践及其传承研究[J].中国园林,2014(12):9-12.

[2] 汪辛.景观建筑学高等教育论析[D]:[硕士学位论文].上海:同济大学,1999.

[3] 刘滨谊.景观学学科的三大领域与方向——同济景观学学科专业发展回顾与展望[M]//全国高等学校景观学(暂)专业教学指导委员会(筹),2005 国际景观教育大会学术委员会.景观教育的发展与创新——2005 国际景观教育大会论文集.北京:中国建筑工业出版社,2006:29-37.

[4] 刘滨谊.现代风景园林的性质及其专业教育导向[J].中国园林,2009,25(2):31-35.

[5] 佚名.国际风景园林师联合会—联合国教科文组织风景园林教育宪章[J].高翅,译.中国园林,2008(1):29.

# 24 五大专业观与五大专业素质培养

一个独立的学科专业，必须具备自己的学科专业哲学，风景园林/景观学也不例外。今天，中国的风景园林/景观学终于走出了低谷，遍布都市村镇的项目实践，雨后春笋般的专业办学……面对充满希望与挑战的发展前景，我们不禁要问：我们比别的专业强在哪里？我们的基本看家本领是什么？我们的专业素质又是什么？作为学科专业的教育和实践者，这是首先需要思考并回答的学科专业哲学问题[1]。

所谓学科专业哲学，是学科专业的基本思想观念与追求，以及在这种观念引导下产生的基本目标、理念原则、知识结构、核心技能、价值标准。学科专业哲学为专业人员所掌握，能演变成更深厚的专业素质。培养和提升风景园林/景观学专业人才的专业素质是提升中国风景园林/景观学科的紧迫问题，也是风景园林/景观学科景观与园林专业教育的基本目标。

为此，作者根据多年的教学与实践的经验总结，提出风景园林/景观学的五大专业观和对风景园林/景观学科专业哲学的理解，以期明确学科教育方向，确立专业观念，提高专业人才素质[2]。

## 24.1 人文生活观

风景园林/景观学科首要的是人文，人文则是以人类生活为基础源泉，是生活的升华、文明的载体。要学好景观园林专业，就要在热爱生活、体验生活、懂得生活的基础之上，提升思想、道德、情操、情怀，培养起丰富而高尚的人文情怀。人文始终伴随着风景园林的发展演进，即使在原始时代，风景园林的萌芽期也是如此。最初以岩画、大地刻画开始的景观表现了人类对于"美"的人文需求；

最初由蔬果园、囿、苑产生的园林，其导火索也是人类对于自然景观审美的人文情怀。从法国3万年前的洞穴壁画、中国宁夏贺兰山中1万年前的露天岩画到英国的石环，从小桥流水、柳暗花明的人居景象到风花雪月、花前月下的衷肠倾诉，无论是以仪式呈现的精神活动，以生产呈现的物质活动，还是以生活呈现的情感活动，景观园林从一开始就与人类人文生活密切相关。在成千上万年的历史长河中，景观园林随着人类人文生活的丰富化而变得越来越丰富多彩，相互间的关系已变得密不可分，今天更是社会需求广阔，几乎覆盖了整个地球表层，而早已不再仅仅是温饱之后的奢侈和文人雅士的专有。在环境恶化、温室效应、突发性灾害等问题下，人类生活水平质量不断提高的同时，却是危机四伏，朝不安夕。为此，除了营造优美的景观园林，今天的风景园林/景观学所担负的是保护绿色家园、捍卫生态国度的重任。如今，景观与园林这两个名词已是家喻户晓、深入生活、深入人心，景观园林已成为人类生存的必需品。以地球表面作为载体的景观园林提供了人类的基本生存环境；景观园林也提供了人类所特有的情感与精神需求的家园。今天讲和谐社会，景观园林就最讲和谐。建筑讲求对比、个性，景观园林讲求和谐、共性。生活环境的艺术在景观园林中的比重最大，建筑受制于技术要求，不可能随心所欲，而景观园林却可以做到。英国石环就是典型的艺术景观，可以充分满足人类的想象力和情感需求。

可以将面向人类人文生活的风景园林/景观学分为三个层面：层面一是提供一个作为人类生存的环境与场所。层面二也是为了人类的生活需求，这就是美感。美感，动物是否也具有尚不清楚，但是人类具有，人类要美。这种人类日常生活中的美感，并非完全抽象到哲学意义上的美学，其实这种美就是一种适宜和舒适的感受、感觉、心情。层面三是为了人类精神生活的升华，为了精神情感的满足，其实就是园林了。这个园林已不仅是花园（Garden），而应是人类理想中的天堂和伊甸园（Eden），而在层面二，当说它要对我们这个环境寻找一种美的时候，实际上眼中就出现了风景；而在层面一，也许存在着美，也许不存在美，其基本必要的是生存意义上的安全。三个层面以图24.1示之，呈现为一个金字塔。层面一最为基础，是大量的，几乎覆盖了整个地球，甚至走向了太空宇宙。

不过,我们更多的是在层面二和层面三上。层面一谓之景观,层面二谓之风景,层面三谓之园林。

图24.1　面向人类人文生活的风景园林的三层面

风景园林/景观学科专业的人文生活观是要以专业的眼光观察、以专业的标准判断。建立专业的人文生活观需要有人文生活的体验。开玩笑地讲:本专业人士要吃得好、玩得好、住得好,才有可能规划设计得好——规划设计出令人满意的景观园林。有的甲方虽未经过专业训练,但与专业规划设计师有共同语言。为什么,因为他们有风景园林/景观学的人文情怀和生活素养,懂得风景园林/景观学在人文生活中所能发挥的作用,基于丰富的人文生活阅历,他们对于风景园林/景观学规划设计能够提出深入细致的需求。懂得人文生活中的风景园林和景观,才有可能有欣赏景观园林的品位并懂得其美感,才有资格谈园林意境。

## 24.2　自然生命观

风景园林/景观学科专业的自然观源于组成景观园林的基本元素:山、石、水、土、动植物、气候气象。繁体的"園"字,外面是个框,里面有"土""口"(代表水池)、"衣"(代表树木),这些都是自然元素材料。尽管还有人工元素,如土地使用、人类活动、历史文化,但无论是景观、风景还是园林,就自然元素和人工元素比重而论,在景观中,自然因素占90%,人工因素占10%;在风景中,自然因素略大于人工因素;在园林中,人工因素和自然因素各半。例如,从一个成千上万平方千米的区域景观,到黄山之类的风景区,再到诸如苏州园林的传统园林,通常空间尺度越来越小,元素内容越来越浓缩,人工营造的痕迹越来越强。从私家园林到皇家园林、苏州园林、颐和园、圆明园、避暑山庄,无一例外。从宏观区域上考虑景观,比如上海的绿化系统或更大范围的长江三角洲区域的景观生态,其景观更多考虑的是自然的元素、规律:水系循环、大气循环、日照、通风、动物栖息。

不断变化性,这是风景园林/景观学自然观的基本观念。与建筑、城市规划专业相比,风景园林专业所涉及的更多的是环境、树木、水、阳光、土壤、大气,这些都是自然的、不断演变的元素;所关心的人、动物、植物都是在不断生长、富有生命的大自然的一部分。

时间长久性,这是风景园林/景观学自然观的关键观念。与其他规划设计专业相比,景观园林的时间性最为突出。比如,今天种下去的银杏,数千年后仍然健在。新疆的胡杨存活一千年、死后不倒一千年、倒后不朽一千年,从曾为沧海的戈壁大漠到封存万年的雪峰冰川,从巨杉银杏到"胡杨三千年",大自然给了风景园林/景观规划设计启示——"景观要以千年为尺度"。建筑的建造时间无需很长,而一个景观园林不仅营造需要时间,等待枝繁叶茂,少则一二十年,多则数百年,方可成形,之后还需不断养护,以延续千年。

特定地方性,这是风景园林/景观学自然观的核心观念。建筑可以从他国搬来,外国建筑师可以在中国大展宏图,但风景园林/景观学就难了,特定的气候、土壤、物种决定了特定地方的景观,这是大自然决定的。对当地自然不了解的外来者是做不好的。建筑可以超越地方性,风景园林/景观学背离地方性则无法存活。

建筑师、规划师、风景园林/景观师,三师之中,风景园林/景观师特有的专业感觉是什么? 就是自然感,就是对于自然的热爱、敏感、关注、知根知底。也许,对于当今的大学生要培养自然观很难,因为大多数从小到大生长于非自然或少自然的城市之中,像在同济大学读书的同学们,在上海这样的大都市里,抵御严重的环境与精神污染已勉为其难,哪还有条件领略大自然。怎么办? 这就要走出都市,走进相对自然的地带。自然观最好的形成就是置身于大自然,接受大自然的熏陶。进山的,变仁者;临水的,成智者。大自然不仅能够丰富我们的自然感受,还会提升我们的专业品德。

## 24.3　科学技术观

　　风景园林/景观学属于工程应用型学科，需要科学、工程、技术予以建造实现。就其专业知识结构而论，风景园林/景观学是科学与艺术结合的专业，话是没错，但不精准，容易产生误导。问题是科学与艺术各自比重多少？科学与艺术之比是科学占70%、艺术占30%？还是艺术占60%、科学占40%？纵览当今国际风景园林/景观学专业，作者认为科学占90%，艺术占10%。当今的风景园林/景观学虽有艺术成分，但主要的理论实践都是基于科学、工程、技术。"景观设计是最为综合的艺术"并不等于说艺术在风景园林/景观规划设计中所占比重最大。与纯艺术类专业相比，风景园林/景观学学问更为综合，涉及面广，其知识构成是工学、林学、农学等多科学专业，科学成分远大于艺术。本科四年或五年所学的80%—90%是科学、工程、技术。科学是风景园林/景观规划设计的基础，脱离风景园林/景观学科学本体的"园林艺术"虽在风景园林/景观学设计中占有一席之地，但分量很少。风景园林/景观学艺术，如凡尔赛花园，背后不能离开科学，它科学到一池水、一行树、一块地形的整理、一处视点的计算，风景园林/景观学的美景是科学指导的结果。1999年美国风景园林师协会/景观规划设计师学会（ASLA）百年庆典上对该专业的定义也再次体现了风景园林/景观学的科学性远大于艺术性，甚至其中都未提及"艺术"（Art）一词。对于当今风景园林/景观学专业人士，"需要一个全面的科学方面的培养，但同时也必须具有创造力和想象力……"（Need a sound training in science, but must also be creative and visionary, so that our designs will be in harmony with the natural environment while protecting human quality of life and preserving the rich cultural heritages of the earth）。虽然其中未提及艺术一词，但是与之有关，这就是创造力和想象力，这也正是艺术性的本质所在。毋庸置疑，随着现在科学技术的发展，现代风景园林/景观学科学的成分、工程技术的成分已变得越来越强。本科生与研究生教育，科学、工程、技术的知识传授远大于艺术的熏陶。

　　风景园林/景观学的科学观是现代风景园林/景观规划设计的理性基础。在科学理性思维和艺术感性思维之间，当今的规划设计更需要科学理性。对于风景园林/景观学，缺乏理性思维基础的感性思维，只能是胡思乱想。所以，同济大学的风景园林/景观学专业提倡的首先是"缜思"，其次是"畅想"，是基于理性的感性。同济大学的风景园林/景观学专业所培养的学生的最重要的能力就是理性逻辑思维，感性当然也需要，但理性是基础。

　　风景园林/景观学科专业是科学的，但又与其他科学性学科专业不同。地理学界也谈景观，但最大区别在于他们不做规划设计。他们所发掘、整理、展现、描述的都是现有的，或复原已经灰飞烟灭的事物，而不能展现尚未创造出来的新事物。如同建筑学，风景园林/景观学专业是创造之前没有的东西，是要创造从前没有的景观环境。

　　必须树立风景园林/景观学的科学观。只有诗情画意，中国园林难以有进一步的发展。继承并发展中国传统风景园林/景观学，就是要将风景园林/景观学科学化，尤其以生态为主的研究实践。所以回答科学与艺术之比，七三开或八二开都可以。当然，这是总体之看，如果细分，对于区域、大地景观，对于耗费大量资源的大型工程，必须九一开甚至更多，这也正是环境艺术不能替代风景园林/景观学的主要原因；而对于居住区环境、街头游园绿地，其比例则可灵活改变，在满足基本工程技术的前提下，容许艺术家的自由发挥。

## 24.4　空间环境观

　　对于风景园林/景观规划设计，究竟什么是一个统领的线索？这是一个至今仍有争论的问题。有主张空间的，有主张植物的，还有主张其他的。对此，学生从一年级开始，就不可避免地受到影响。

　　可以从风景园林/景观规划设计的结构分析解答这一问题。根据风景景观空间分析[2]，按照景观规划设计三元论，结构由三部分构成（图24.2）：第一部分是风景园林/景观学客观的外在环境，称之为客体，其中包含植物、地形、气象、人工构筑等多种自然与人工因素，涉及环境生态；第三部分是关于人类行为活动使用，称之为主体,包括人文景观、文化历史、地方民俗、行为心理、情感精神等人文因素,涉及社会文明。第一部分外在的体现有形态、有空间;第三部分行为活动也不能脱离客体而存在,也有个客体使之附着其中,这个使第一、第三附着其上的部分,即客体与主体相结合的部分是什么呢?是中间的部分,是关于风景园林/景观学存在的形态,称之为主客体,包括环境与空间、感受与美学,涉及第一部分和第二部分的所有因素。环境空间及其美学感受,这正是风景园林/景观学与景观规划设计的核心线索。

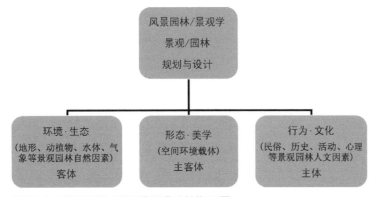

图24.2 风景园林/景观规划设计结构框图

先把第一部分、第三部分略去,风景园林/景观学本科生一年级的空间构成与表现的训练正是简约抽象到了从这个核心线索开始。分析我们从事的各类风景园林/景观规划设计,不难体会,环境空间及其美感正是规划设计的核心,资源的保护、场所的创造、建成后的养护管理,从地形地貌、地质水文、动植物到风土民情、人居活动、文化历史,从环境生态、社会文明到经济发展,环境空间及其美学感受是把这些因素联系起来进而落到实处的最佳核心。不仅如此,正是因为这一核心,风景园林/景观学与建筑学、城乡规划学才有了共同语言,才有可能实现共同的建设人居环境的目标。的确,在风景园林/景观学中,植物非常重要,地形、排水等等也缺之不可。但是,这些只是组成因素,最终这些因素都要通过某种空间的形式、环境的骨架来落实到场地上去。"户外空间",这是风景园林/景观规划设计的统领和线索。

要培养专业化的"户外空间"观。刚出生的婴儿没有空间感,只有两维的图像世界。随着成长,人逐渐有了空间感受。专业的

户外空间观包括三方面:第一是对于户外空间尺度规模,即绝对和相对尺寸尺度的意识与把握。常遇甲方,甚至也包括有一定工作经验的规划设计师,一个项目,谈了半天居然不谈规模,一问项目占地多少,居然没有一点概念。规划设计上,一个 3 hm² 的项目和一个 30 hm² 的项目肯定大不一样。第二是对于空间环境的记忆。去过一个地方,若干年之后甚至仍能在脑中回放当时的场景,回放出身临其境的空间环境。而且随着专业能力的加强,这种记忆力可以变成一种无意识的记忆。风景园林/景观学一二年级教学引入建筑学空间构成与表现的课程,乃至美术课,也是在培养这种关于空间想象记忆的能力和美感能力。空间构成的核心是训练空间感觉。风景园林/景观规划设计课的教学需要从小到大,循序渐进,一上来就做国土区域景观规划那肯定不行。一年级做空间构成、二年级做广场设计,地形、植物、水体都需要以空间为线索去摆布。第三是对于户外空间的理解。非专业人士仅有"一眼"的理解,即所谓眼见为实的理解。专业人士则要有"三眼",即对于户外空间过去、现在、未来三种眼界的观照。这是真正的"透视",透过表面现象可以看到风景园林/景观学户外空间的过去、现在、未来。对过去的理解依靠经验积累,对现在的理解基于细致的调查,对未来的理解凭借的是梦想与想象,风景园林/景观规划设计需要凭借对于户外空间三眼的理解展开。

## 24.5 实践观

景观与园林是做出来的,不是说出来的。在说与做之间,首先要学会做。风景园林/景观学是一个实践性、应用性学科,无论是学科理论研究,还是项目工程实践,成果的优劣好坏,不以理论说了算,而以实践结果为评判的标准。实践观就是强调一切以实践作为标准。理论可以众多,甚至因人而异,什么样的理论更合适,相对比较正确,只要看它符不符合人们的需求、实践的需要,能不能解决实际问题,就一目了然了。

对于以实践为主要内容的风景园林/景观规划设计,同样要强调实践观,即要突出规划设计作图的实践,突出图纸的作用,仅有文字与三寸不烂之舌不行。美好的设想需要转化为图纸语言,施

工建设更要根据图纸操作。

此外,与传统园林不同,现代风景园林/景观学的实践观还强调团队合作。因为现代风景园林/景观学实践项目规模之大,内容之广,问题之深入,都需要多学科专业人员的共同参与来完成,需要树立团队合作的实践观。

实践的依据是社会的需求。对于风景园林/景观学科行业,当今中国有三方面的实践需要:一是环境资源的保护,包括区域性的风景资源、生态环境的保护与发展;二是在城镇化进程中,风景园林/景观学的建设,如在新城新区建设时,保护自然生态格局,控制预留绿地,公园、广场、街道等公共性景观建设等;三是配合游憩与旅游需求,娱乐场所与旅游度假地的规划建设。

## 24.6 风景园林/景观学科专业哲学

服务人类生活,为人类美好生活提供优美的环境,使人与自然和谐共处,这是风景园林/景观学科专业的基本目标和永恒的追求。

自然第一,人工第二。保护开发,规划设计,建设管理,利弊得失,一切以大自然的良性存在为最终根据,这是风景园林/景观学科专业所有理论与实践的基本工作原则。

现代风景园林/景观学是综合多学科的以科学知识、工程技术为主导的学科,传统的诗情画意、现代的艺术畅想必须立足于系统综合的科学技术,风格流派的创新首先是科学技术的创新,科学知识与工程技术含量远大于艺术含量,这是现代风景园林/景观学科专业的知识结构。

空间环境,它是风景园林/景观学存在的根本载体,也是风景园林/景观学理论研究与工程实践的着手点与切入点,景观与园林专业的规划设计均以空间环境为线索展开。空间环境是实现风景园林/景观学创造优美生活环境目标的基本途径。

实践,只有实践,才是检验风景园林/景观学理论研究与项目工程成败与否的唯一标准。

面向人类聚居生活的目标、一切以自然为优先的原则、以科学技术为主的知识结构、以空间环境为载体的操作途径、以实践成果为准的评判标准,这就是作者提出的现代风景园林/景观学科专业哲学。

**第 24 章参考文献**

[1] 刘滨谊.风景园林学科专业哲学——风景园林师的五大专业观与专业素质培养[J].中国园林,2008,24(1):12 - 15.

[2] 刘滨谊.论风景园林学专业教育的培养目标[M]//中国风景园林学会教育研究分会(筹),同济大学建筑与城市规划学院.第三届全国风景园林教育学术年会论文集.北京:中国建筑工业出版社,2008:3 - 5.

# 25 中国景观规划设计专业教育展望

## 25.1 建设界未来 30 年最为紧俏的专业

随着中国突飞猛进的城乡建设,环境问题正在得到广泛而深入的关注:建筑生态学、城市生态学、景观生态学等理论方法正在深入中国的建筑规划界;城市风貌保护、形象策划、环境设计等实际工程项目此起彼伏;高科技生态园区规划、绿色城市设计、生态农业区开发、生态旅游等以环境、生态、资源为导向的规划设计项目如雨后春笋一般。然而,当绿色环境、生态保护、可持续发展等观念已为建筑师、规划师以及中国大众熟悉之时,当面向环境保护、生态平衡、资源合理使用的景观规划设计理论实践已步入中国建筑规划界之时,其中的主角——景观规划设计学在中国却是如此薄弱,以致观念上混乱不清,学科理论上难以深入,专业实践上缺乏令人满意的规划设计实例,学科专业教育上后继无人,这种情形实在令人痛心和焦急!

面对实际的社会需求,中国目前从事现代景观规划设计的专业人员主要来自六大方面:建筑界的建筑学和城市规划专业出身的人员;农林界园林和园艺专业出身的人员;地学界资源、旅游专业出身的人员;环境界环保、生态专业出身的人员;管理界旅游规划专业出身的人员;艺术界环境艺术专业出身的人员。

事实上,从学科专业知识结构要求来看,六大方面的任何一个方面都难以全面胜任现代景观规划设计的工作,而对于任何一项完整的景观规划设计,至少需要同时具备三大方面以上的知识背景。时至今日,就从业人员知识结构来看,中国这样的专业人才仍然是凤毛麟角。

## 25.2 来龙去脉

就风景园林专业教育的来龙去脉而言,1951 年北京农学院(今北京林业大学)与清华大学合办"造园专业";1956 年北京林学院开办"城市及居民区绿化专业",1964 年改称"园林专业";1952 年起同济大学开设园林类课程,1960 年创办"城市绿化专门化"本科专业,1979 年创办"风景园林"本科专业,1981 年和 1986 年先后创办了风景园林专业本科与硕士点教育以及风景园林规划设计博士培养方向,继之又有若干建筑院校开办了此类专业(见前表 20.1)。与国际景观学专业教育体制相比,除个别院校之外,至 2005 年,仍然没有较为全面完整的景观规划设计学专业教育。时至今日,伴随着风景园林成为一级学科后的发展,尽管风景园林院校已有 21 个博士点和 60 多个硕士点,但是从学科点认证标准到课程体系建设来看均刚开始起步而不完善。现代风景园林专业观念模糊不清,理论上缺乏系统深入研究,实践上缺乏令人满意的规划设计实例,专业教育界前后断档,这种状况正在并将严重地阻碍风景园林界在 21 世纪中国城乡环境建设中应有作用的发挥。

## 25.3 专业教育对策

纵观国际景观学教育,其基本特点如下:

(1) 综合性:风景园林几乎跨越五大领域及其涉及的所有学科门类,即人文科学领域、社会科学领域、自然科学领域、形式(形态、营造)科学领域、专业应用科学领域。多学科专业领域的交叉跨越形成了学科专业的综合性,景观规划设计学专业教育所需要的知识培养不是单一门类知识的专才,而是综合应用多学科专业知识的全才。

(2) 完整性:景观规划设计学专业教育横跨自然、人文、社会、营造、应用五大领域,包括了从景观环境资源生态、景观文化与历史、景观社会习俗与法律政策经济、景观审美与规划设计、景观建设工程技术五大方面的教育内容,而最重要的是五方面应五位一体、并驾齐驱、缺一不可。

（3）体系性：景观规划设计学专业综合而完整的知识、能力，不能杂乱无章地获取和运用，需要分清主次先后和轻重层级，需要形成体系化、结构化的存在。方法之一是借助"景观空间分布"和"景观时间进程"，统一在"规划设计"这一总纲之下，不同的研究方向只是手段和角度不同而已。景观规划设计学体系不依赖于建筑学、城乡规划学，它有其完整独立的学科体系。

（4）边缘性：景观规划设计学与五大领域都有关联，但是并非属于五大领域学科群或是五大领域中某一领域的核心学科，可以理解成在自然、人文、社会、营造、应用五大领域范畴相互交叉和边缘地带诞生的学科。因此它的专业知识范畴也处于众多的五大领域相关学科的边缘：地学、生态学、环境科学、考古学、史学、人类文化学、社会学、心理学、艺术学、建筑学、城乡规划学、园林学、林学、旅游学、测绘、3S（遥感、全球定位系统、地理信息系统）应用、计算机技术等。

（5）开放性：因为属于交叉学科和跨学科，景观规划设计学科研究与研究生教育是开放的，不仅面向建筑学和城乡规划学专业背景的人士开放，也向其他具备自然科学、人文科学、社会科学、形式科学、专业应用科学背景的人士开放，持多种专业背景的人都有机会基于各自的专长从事景观学研究与工程实践。没有固定模式和严格的专业界限，体现了景观规划设计学的开放性。

# 25.4 发展中国景观规划设计学专业教育的设想

开办景观规划设计学本科专业。参照国际上有关院校景观学本科专业课课程设置，结合中国风景园林专业的教学实践，作者提出了五年制景观专业本科专业课课程设置。

一年级：

　　行为组织基础（全年）

　　景观史与风景园林史概论（上学期）

　　景观生态学（上学期）

　　场地规划与建筑设计（下学期）

二年级：

　　景观设计基础（全年）

　　土地建设工程技术基础（上学期）

　　景观规划设计工程技术（下学期）

　　环境社会学（上学期）

　　景观规划设计理论、原理与方法（下学期）

　　基本选修课

三年级：

　　景观规划设计（全年）

　　公众参与设计（上学期）

　　土地评价（下学期）

　　树木植物学与种植设计（全年）

　　土壤学（上学期）

　　土壤实验（下学期）

　　3S等现代技术应用（全年）

　　普通选修课

四年级：

　　土地建设技术（上学期）

　　土地使用与景观规划设计（下学期）

　　世界风景园林史（上学期）

　　中国风景园林史（上学期）

　　主要选修课（全年）

　　规划设计选修课（上学期）

　　普通选修课（下学期）

五年级：

　　开放空间规划设计（上学期）

　　景观规划设计专业实践（下学期）

　　实际景观规划设计工程实践（全年）

　　普通选修课（全年）

其中选修课包括：

规划设计选修课：城市规划设计、环境规划、生态规划。

基本选修课：人居环境学、建筑学概论、都市自然与人类环境、景观感受与评估、生态系统动力学、景观学经济与政策。

普通选修课：山水园林文学、中国山水画、园林评述、城市景观论、计算机多媒体应用、公园与游憩学。

## 25.5　坚持景观规划设计学专业化方向

在中国风景园林的现代转换进程中，中国开设景观规划设计本科专业并非指日可待。为此，在景观规划设计本科专业目录建立之前，仍然可以采用同济大学曾经的做法，想方设法以相关、相近的专业为"其名"，坚持以"景观规划设计学""景观学"为"其实"的本科教育。对于处于近几年起步开办风景园林专业的建筑类院校，通过城市规划课程与景观规划设计学课程设置比例的调整控制，或建筑学课程与景观规划设计学课程设置比例的调整控制，从坚持景观规划设计学专业教育方向做起，逐步增加本专业教学含量，直至"名副其实"[1-3]。

由于景观规划设计学专业的五个特点，其更适合发展面向来自建筑学、城乡规划学、园林、园艺、林学、旅游、资源环境、生态、遥感和地理信息系统(GIS)应用、信息工程等各学科背景人员的硕士研究生与博士研究生教育。

事实上，对于一位知识技能全面的景观师而言，5年的本科教育是远远不够的，2—3年的硕士学位教育是必要的。而对于涉及学科专业面如此之广的现代应用学科来说，存在许多领域分支，有待专门深入的研究探索，景观规划设计学博士学位的设立，对于风景园林一级学科的建设发展更是必不可少。

针对中国城乡环境建设综合需要，专业培养目标确定为：为城市规划设计、建筑设计、园林规划设计、环境保护部门、旅游游憩部门、高等教育科研院所培养掌握景观规划设计工程专业知识的高级人才。预计在21世纪的中国城乡建设中，该专业人才将更为短缺。专业招生面向建筑大学科(建筑学、城乡规划学、风景园林学三学科)、环境学、地理学、农学、林学、管理学、社会学等学科具有

一定实践经验的本科毕业生及应届毕业生，毕业生适合工作于规划设计院所、各类城建管理部门以及高校科研院所。

针对景观规划设计学这一新兴学科和学科交叉性，综合运用人类社会学、环境科学、城乡规划学、建筑学、艺术学、心理学、地理学、林学等知识，兼顾水、土、农、林、环境、生态、地理、社会、心理等学科，面向人类聚居环境建设与保护管理工程，对各类环境空间及行为进行规划设计的专业，除了古典园林、城市公园、风景名胜区、环境绿化规划设计之外，旅游规划、研究更强调城市设计、旅游区开发、区域环境规划、环境影响评估、景观分析、景观资源筹划、高新技术应用、游憩行为筹划等面向中国建设的现代景观工程应用领域。

基本研究领域方向：人居环境工程学、景观环境规划设计、风景旅游规划、风景园林建筑设计、景观园林工程技术等。主要专业课程：景观与造园规划设计理论与历史、人类聚居环境学、景观生态学、风景科学、建筑理论与历史、景观规划设计原理、城市规划原理、环境心理学、土地科学、景观资源学、山水文化与美学、计算机与3S应用等[4]。

**第25章参考文献**

[1] 刘滨谊. 论跨世纪中国风景建筑学专业教育的定位与定向[J]. 同济大学学报(自然科学版), 1996, 24(2): 203-208.

[2] 刘滨谊. 景观建筑学——中国城市建设中必不可少的专业[J]. 世界科学, 1997, 228(12): 25-26.

[3] 刘滨谊. 21世纪的中国城乡建设需要景观建筑学[J]. 建筑师, 1998, 81(1): 3.

[4] 刘滨谊. 培养面向未来发展的中国景观学专业人才——同济大学景观学专业教育引论[J]. 风景园林, 2006(5): 36-39.

# 26 从风景园林学迈向景观学

国际景观规划设计学术研究的影响,工程实践的示范,国务院学位办对于原风景园林规划与设计本科专业目录的取消调整,以及环境艺术与旅游规划等新兴近邻学科专业领域及其景观实践的兴起,来自这四个方面的变化、影响、制约、激励,促使中国风景园林规划设计学科专业正在经历着有史以来最为激烈的重大转变,不论称呼如何,传统的风景园林正在迅速扩展、融入现代,风景园林学迈向景观规划设计学是时代发展的必然趋势。

作为中国景观规划设计学科专业的源头,确实有必要认清形势,理顺思路,明确中国风景园林规划设计学科专业这种转变以及中国景观规划设计学科专业未来发展的定性、定位、定型和定向[1]。

以上是15年前作者发出的呼吁。时至今日,这种面向未来发展的转变与更新对于新时期风景园林学科的发展建设尤为迫切。

## 26.1 加速学科专业观念转变

加速学科专业观念转变,这是转变的定性问题。要与全世界环境保护、生态建设、可持续发展的国际潮流同步,向国际同类先进学科专业看齐。在过去的30年间,中国风景园林学科与教育正在从以古典园林为核心的传统园林设计转向以现代景观为核心的现代景观规划设计,在学科建设、专业设置、知识体系、实践取向这四个方面都发生了结构性的重大转变,并且,随着中国城市化的进程,这种转变仍在加速。

从1999年起至2004年上半年,风景园林规划与设计(国务院学位办1998年之前制定的本科专业目录名称)专业名称被取消,仅在硕士点"城市规划与设计(风景园林规划与设计方向)"专业中

有此名称。在过去的大半个世纪中,尽管该学科依附于传统园林和建筑、城市规划已有断断续续的发展,然而,就现代国际接轨的学科意义而言,这一学科专业目前尚处于形成初期,经历着有史以来最为激烈的结构分化、重组、转变。在学术方面:一是受到中国传统园林、农林园艺、建筑规划的影响;二是受到国际景观学科专业的推动。在社会实践方面:一是迅速发展的景观与园林建设的市场需求为该学科专业提供了生存发展空间;二是鱼目混珠、外行多于内行的状况,导致该专业实践成果缺乏原创,"克隆"国内外景观实例成风,水平难以提高。对此,首先需要在学科专业观念上有一个重大转变。明确这种学科专业观念的转变,是解决转型期该学科专业"定性"问题的基本出发点。

这一观念转变包含两层含义:一是指学科关注重点的转移和范围的扩展,从传统园林学到现代景观学的重点转变,从单一传统专业扩展为综合交叉跨学科的现代专业群;二是指随之而来的学科核心内容的转变,从以植物和种植为核心的园林绿化规划设计到以人地关系为核心的综合景观规划设计。由于风景园林规划设计市场需求与工程实践近年来的迅速扩展,中国风景园林界的这种观念转变已具备了客观条件基础。与过去几十年的实践相比,风景园林规划设计项目的种类、规模和工作深度均已大大扩展。例如,在许多城市发展规划中,城市绿地系统规划已从总体规划中的专项规划中分离出来作为一项相对独立的规划;又如,近年兴起的城市景观风貌规划、滨水区规划设计、街道景观设计、城市广场规划设计、新型的居住区景观环境规划设计、交通道路景观规划设计、旅游度假区规划设计等等。事实上,这些景观工程实践的类型、规模、深度已经与国际同类行业的实践接轨。随着国外高水平景观规划设计实践的介入和国内景观规划设计院所日趋国际化的景观规划设计操作方式,学科专业观念的转变与国际接轨的实践操作已深入人心,势在必行。

这一观念转变的主观条件是国内一批专家学者数十年坚持不懈的追求、倡导、宣传、开拓。诚然,时至今日,在专业名称的理解上,仍然主张各异,称呼有别,反映出对于该学科专业理解上的差异和观念转变上的不同。对此,我们呼吁,重要的不在称呼,关键需要就以下学科专业的基本原则达成共识:(1)专业现代核心:广

义的景观规划与设计。（2）专业传统根基：人地关系协调，在中国，即山水园林营造。（3）与近邻专业的关系：该专业在建设界与建筑学、城乡规划学形成三足鼎立，缺一不可，相互无法替代。

面对来自主客观两方面的转变，面向社会需求，无论是传统的风景园林师，还是现代的景观师，都应齐心协力加速推动这一转变。对于原本就属于交叉学科的、多元化的该学科领域，其是非曲直、百家争鸣、各抒己见，这是需要的。然而，纵观古今中外学科专业发展的经验教训，在学科专业根本问题上，在学科专业的基本定性上，的确需要以"实践作为检验真理的标准""求大同，存小异"协调出一个统一的认识。

## 26.2 实行学科专业的实质性扩展

实行学科专业的实质性扩展，这是学科专业的定位问题。当今中国风景园林学科正在向景观学科迅速扩展，传统风景园林界由园艺植物和建筑、城市规划专业共统天下的局面正在被打破，代之而起的是风景园林、环境艺术、旅游游憩三大专业共创景观规划设计学科天下的"三国格局"。不足为奇，现代景观规划设计，其核心就是这三大方面的综合，即所谓的景观规划设计三元论：一元是艺术，即以景观环境形象为核心带动的景观艺术，在这方面，环境艺术专业最为擅长。一元是物质环境的规划设计，即以植物的综合运用、以环境绿化和水土整治为核心的园林绿化艺术与技术，这是园林专业的强项。此外，园林绿化也好，环境艺术也好，所营造的景观园林环境终究是为人类所使用的，这就涉及研究人的心理行为，什么样的环境为人们所喜爱，什么环境下会引发什么样的行为活动等，进一步通过组织人的活动、安排娱乐休闲时间，又引出一个大的分支，国际上叫游憩娱乐学。在中国名义上没有这个专业，但实际上正在从旅游管理、风景园林学科中产生。这就是三元中的又一元。从与这三元相对应的教育来看，目前全国设有环境艺术专业的大专院校约100所，设有园林专业的大专院校约50所，设有旅游管理（旅游规划方向）类专业的大专院校80多所。尽管迄今中国还没有"景观规划设计"这一学科专业名称，尽管各类院校专业背景不尽相同、专业名称各异，或是一级学科，或是专业，

或是某专业中的方向，但都在培养着从事景观规划设计的人才。从与这三元素相对应的规划设计院所来看，国内已存在风景园林类、环境艺术类、旅游策划规划类三类规划设计院所，其工程实践的核心也都是景观规划设计。

从学科基本组成而论，现代景观规划设计学科包含这三大方面：从专业操作过程来看，环境艺术以"设计"为全过程，风景园林以先期"规划"、后期"设计"为全过程，游憩娱乐以项目选取、游人活动组织管理的先期"策划"和风景园林景区运营的后期"管理"为全过程。策划—规划—设计—管理这四个过程的结合构成了现代景观规划设计的全过程。

从学科发展演化来看，环艺、游憩娱乐都是近现代、工业革命以后引入的，园林专业则较为传统。

学科支撑的增加、过程的完善、实践领域的扩展，这是当代任何具有竞争生存力的现代学科的必备条件。对于当前的中国景观规划设计学科，面对未来学科之间的竞争，这种学科与专业的扩充无疑是有利的。但是，目前国内三个专业及其依托的主管部门之间缺乏交流，各自为主的局面已经造成了学科发展上的混乱，应当将目前这种群雄逐鹿的"三国格局"改为现代景观规划设计学科的"三位一体"。对此，对于这一学科专业的整合"定位"，中国风景园林界和建设部理应为主，担起重任。

## 26.3 实施专业教育的大调整

实施专业教育的大调整，这是学科专业的定型问题。首先是专业教育结构层次的调整。要使中国景观规划设计学科具有持续发展的生命力，其专业教育需要有三个层次：（1）面向学科，为长远学科建设培养高层次博士、硕士人才；（2）面向社会，为国家园林管理和规划设计建设部门培养大学本科、硕士人才；（3）面向中国数量与质量日益高涨的景观与风景园林建设市场，为各类规划设计院所、园林工程公司培养专科、本科、硕士、博士多层次人才。在这三个层次中，第三个层次已运转多年，为中国风景园林事业培养了上万的专业人才。第二个层次已运转近20年，随着近10年专业教育的发展，第二个层次已走上了正轨。专业教育层次结构

的完善,将为学科未来的快速发展铺平道路。与世界各国的同类专业教育相比,在三个层次教育中,大学本科专业教育当为基础。但是,目前,恰恰是这个基础被釜底抽薪。原风景园林规划与设计(工科)本科专业被取消,独立硕士点降级为城市规划与设计专业硕士点中的一个方向,在轰轰烈烈、日渐上升的风景园林事业表象背后,教授们、讲师们已感受到了由于这种专业教育大地震所造成的日渐显露的学科危机:专业人才短缺,后继乏人,高层次人才培养断源,外行大量涌入,学科专业水平难以提高。对此,需要一个专业教育上的"二万五千里长征":在今后相当长的一段时期内,恢复工科、本科和硕士点专业目录;实行"曲线救国",采取多层次、多途径、多专业的人才培养模式;申办全新的"景观规划设计学"专业。

其次是专业知识结构的调整。当前中国社会的景观与风景园林需求孕育着新型的专业人才知识结构。随着环境艺术(文科)、旅游管理中规划(理科)专业的兴起,以及建筑学科、地理学科、计算机与信息学科等专业的发展,一批近邻、边缘学科专业的实质性介入大大扩展了传统风景园林专业的知识范围,从而为景观规划设计学科专业的发展打开了前进的道路。对于这种转变,我们主张:一方面,要考虑引入环境艺术、旅游策划的专业课程;另一方面,还要引入建筑学科、地理学科、计算机与信息学科、社会人文学科等专业知识。这是以课程设置为实质的专业知识结构调整。对于一名适应现代潮流的景观师,如果要把三大专业及其近邻边缘学科知识都浓缩于一身,在4—5年内,他应当如何掌握如此广泛的知识呢? 我们认为,可以把知识获取的渠道方式分解为三种:一是通过看书、听讲座、思考学到的;二是必须动手实践才能掌握的,比如园林规划设计;三是并非靠学校书本,而是通过社会实践,靠阅历、经历去逐步积累起来融会贯通的。这三方面的比重不同,培养出来的专业人才也就大不一样。与传统风景园林教学相比,现代景观规划设计专业的学生培养要求这三方面比重需要做一个大的调整。这也是专业教育大调整的又一关键。

总之,培养什么样的景观规划设计人才? 如何在有限的时间内获取更多的专业知识? 出好人才、多出人才、快出人才,这些都直接关系着中国景观规划设计学科专业的发展壮大,关系着学科专业的"定型"。

## 26.4　以现代景观规划设计的三元为导向

以现代景观规划设计的三元为导向,这是学科专业的定向问题,这是一个更加需要仔细斟酌、共同探讨的问题。从国际风景园林理论与实践的发展来看,我们认为,现代风景园林规划设计实践的基本方面均包含着三个不同的追求以及与之相对应的理论研究:(1) 景观感受层面,基于视觉的所有自然与人工形态及其感受的设计,即狭义景观设计;(2) 环境、生态、资源层面,包括土地利用、地形、水体、动植物、气候、光照等人文与自然资源在内的调查、分析、评估、规划、保护,即大地景观规划;(3) 人类行为以及与之相关的历史文化与艺术层面,包括潜在于园林环境中的历史文化、风土民情、风俗习惯等与人们精神生活息息相关的文明,即行为精神景观规划设计。如同传统的风景园林,现代景观规划设计的这三个层次,其共同的追求仍然是艺术。这种最高的追求从古至今始终贯穿于风景园林理论与实践的三个层面。我们将上述三个层面予以概括提炼,引出了现代景观规划设计的三大方面:(1) 景观环境形象;(2) 环境生态绿化;(3) 大众行为心理。我们称之为现代风景园林规划设计的三元(或三元素)。

现代景观规划设计的三元素,源于景观规划设计的实践。纵览全球景观规划设计实例,任何一个具有时代风格和现代意识的成功之作,无不饱含着这三个方面的刻意追求和深思熟虑,所不同的只是视具体规划设计情况三元素所占的比例侧重不同而已。

景观环境形象是大家所熟悉的,主要是从人类视觉形象感受要求出发,根据美学规律,利用空间实体景物,研究如何创造赏心悦目的环境想象。

环境生态绿化是随着现代环境意识运动的发展而注入景观规划设计的现代内容。它主要是从人类的生理感受要求出发,根据自然界生物学原理,利用阳光、气候、动物、植物、土壤、水体等自然和人工材料,研究如何创造令人舒适的良好的物质环境。

大众行为心理是随着人口增长、现代信息社会多元文化交流以及社会科学的发展而注入景观规划设计的现代内容。它主要是从人类的心理精神感受需求出发,根据人类在环境中的行为心理乃至精神生活的规律,利用心理、文化的引导,研究如何创造使人赏心悦目、浮想联翩、积极上进的精神环境。

景观环境形象、环境生态绿化、大众行为心理三元素对于人们环境感受所起的作用是相辅相成、密不可分的。通过以视觉为主的感受通道,借助于物化了的景观环境形态,在人们的行为心理上引起反应、创造共鸣,即所谓鸟语花香、心旷神怡、触景生情、心驰神往。一个优秀的景观环境为人们带来的感受,必定包含着三元素的共同作用。这也就是中国古典园林中三境一体——物境、情境、意境的综合作用。现代景观规划设计同样包含传统中国园林设计的基本原理和规律。

强调景观环境形象首先需要的是鲜明的视觉形象;强调环境生态绿化,首先要有足够的绿地和绿化;强调大众行为心理,首先要有足够的场地和为大多数人所用的空间设施。这三个看似简单的问题,恰恰是现代景观规划设计与传统风景园林规划设计实践侧重的差异所在,也是中国现代景观规划设计和建设自始至终所面临的三大难题。考察现在中国的景观规划设计实践,只要能够首先把着眼点放在解决这三方面的问题上来,就可以算是成功了一半。

当前中国景观规划设计在形象问题上,从南到北有不少作品照搬模仿,思想追求俗不可耐,以致很少有个性鲜明、耐人回味、境界高远、意味深长的作品,而且不少规划与设计往往被僵化地局限于传统园林的模仿照搬。

在环境绿化方面,目前我国大多数的景观规划设计往往侧重于构成“硬质景观”,而忽视了绿地林荫这一类“软质景观”的规划设计。在景观建设中,各类缸砖、花岗岩、石料、不锈钢等材料所占比例是越来越大,相比之下,绿地草皮、林木花卉、河池水体则往往处于从属地位。回顾古今中外人类景观塑造的历史,硬质景观材料适合那些纪念性的建筑,如市政广场、墓地、遗址等;软质景观材料才适合大众所需要的充满生活性气息的环境。试想,没有林木,哪来的鸟语花香?而一个连鸟类都不愿意停留的地方,人类还能健康地聚居生存吗?

场地问题,这是不难体会的。众多的人口,几十年来户外环境空间建设的“欠账”,其结果是城市户外环境场地空间的极度缺乏。习以为常之后,甚至就连景观师们也丧失了“提供足够的活动场地”这一现代景观规划设计的基本意识和追求。当今,对于居住,人们都知道建筑面积、人均居住面积的术语;可是,对于居住的景观环境,若要问一下,一个人起码应该有多少的户外活动场地才适合,恐怕就连我们专业人员也很少去认真思量。对此,仅仅计算绿地率之类的指标还是远远不够的。现代风景园林规划设计所应强调的不仅仅是为人所“看”,更不是为少数人所“鸟瞰”,而是要为众人所“用”,使芸芸众生身临其境并活动于其中!

对于处于起步阶段的中国现代景观规划设计,鲜明的视觉形象、良好的绿化环境、足够的活动场地,这是基本的出发点。随着景观环境建设的发展,仅仅满足这三方面,也许还远远不够。但这毕竟是远期景观发展的基础,对于未来景观建设的腾飞将起到重要的作用。

正是基于景观规划设计实践的三元,在众说纷纭的各类景观规划设计流派中,三种新生流派正在脱颖而出:(1) 与环境艺术的结合:重在视觉景观形象的大众景观环境艺术流派。(2) 与城市规划和城市设计结合的城市景观生态流派:以大地景观为标志的区域景观、环境规划;以视觉景观为导向的城市设计,以环境生态为导向的城市设计。(3) 与旅游策划规划的结合:重在大众行为心理景观策划的景观游憩流派。这三种流派代表着现代景观规划设计学科专业的发展方向。

## 26.5 中国风景园林学迈向中国景观规划设计学的迫在眉睫的三大转变

实现中国风景园林规划设计学科专业的定性、定位、定型和定向,需要相应的人为转变:(1) 观念的三个转变:① 从以建筑为核心的传统人居观转向以景观—城市—建筑三位一体的现代人类聚居观,确立现代风景园林在人类聚居环境建设中的统领作用和地位;② 从传统的“园林”观念转变为现代的“景观”观念;③ 广义理解“Landscape Architecture”中的“Architecture”,这不是建筑学的“建筑”,而是景观的“规划与设计”。(2) 学科专业的转变:建立与国际接轨的以人类聚居环境规划设计为专业核心的中国"景观规划设计学科专业"教育。（3）体制转变：尽快实施中国风景园林师注册制度，确立该专业及从业人员专业实践的责任与权力。

**第 26 章参考文献**

[1] 刘滨谊. 中国风景园林规划设计学科专业的重大转变与对策[J]. 中国园林，2001，17(1)：7-10.

# 27    风景园林学科发展坐标系

## 27.1    风景园林学科名称的统一及其内涵：坐标系的原点

风景园林学一级学科名称的确立,为国内 20 多年的学科名称思考和多种"Landscape Architecture"的翻译画上了一个相对圆满的句号。从中国风景园林学科行业发展的整体大局出发,将"风景园林学"作为一级学科的名称,并与国际范围的"Landscape Architecture"接轨对应,这是中国风景园林界各方形成的共识。从中国风景园林界的演进考虑,理解国际范围的学科专业名称"Landscape Architecture","Landscape"的内涵应指园林(Garden)、风景(Scenery)、景观(Landscape)及其三者集合,对应的中文称呼是"风景园林";这里的"Architecture"的内涵是关于"Landscape"广义的保护与营造,即风景园林的保护、保留、修复及其策划、规划、设计、施工、管理,简称风景园林的保护、营造与管理,这也就是风景园林学科的内涵和出发点。

## 27.2    风景园林学科的三元核心层面及其基础理论：坐标系的三轴

风景园林学科的基本坐标系是一个三维坐标系(图 27.1)。其坐标原点,即该学科的内涵——风景园林的保护、营造与管理,由此伸展出坐标系的三轴,它们分别对应着风景园林学科三大层面的理论与实践:第一,风景园林资源环境生态;第二,游憩与环境行为和生理心理感受;第三,风景园林环境空间营造。作者认为,这三大层面涵盖了当今风景园林学科专业的基本内容,属于学科

最为基本的核心。将这三大核心层面中的第一大层面简称为"背景",第二大层面简称为"活动",第三大层面简称为"营造"。对于风景园林学科,这三大层面都具有"基本""原初""起点""归于"的性质,属于风景园林学科的"元",故可将风景园林这三大层面概括为风景园林的三元(图 27.2 至图 27.4)。实质上,这一思想与作者提出的景观规划设计"三元论"是一脉相承的[1-4]。

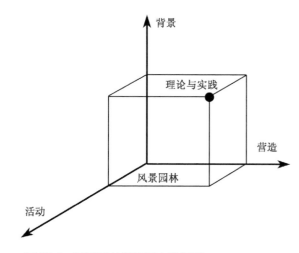

图 27.1    风景园林学科基本坐标系

| 1    背景轴 Background | 1-1 自然环境与资源 Natural Environment and Resources | 1-2 农林环境与资源 Agriculture, Forestry Environment and Resources | 1-3 生活环境与资源 Environment for Living & Its Resources |
|---|---|---|---|
| 2    活动轴 Activities | 2-1 行为 Behavior | 2-2 感受 Perception | 2-3 文化 Culture |
| 3    营造轴 Form | 3-1 构成材料 Material | 3-2 环境形态 Space Form | 3-3 风格精神 Style & Spirit |

图 27.2    风景园林学的三元核心层面

| 1    生态背景保护 | 1-1 自然环境 | 1-2 森林环境 | 1-3 农业环境 |
|---|---|---|---|
| 2    公众活动组织 | 2-1 居住 | 2-2 聚集 | 2-3 游历 |
| 3    规划设计建设管理 | 3-1 生态绿化 | 3-2 公共空间 | 3-3 环境形象 |

图 27.3    风景园林学应用范围的三元

| 背景 | 活动 | 营造 |
| Background | Activities | Form |

资源·环境资源·生态—居住·聚集·游历—景观·风景·园林
Resources · Environment · Ecology—Settlement · Gathering ·
Travelling—Landscape · Scenery · Garden

景观生态学　　　景观游憩学　　　景观风景园林美学
Landscape Ecology—Landscape Recreation—Landscape Aesthetics

图 27.4　现代风景园林学理论核心的三元支撑理论

第一元"背景",以生态保护为主导,围绕环境和资源,从自然的、农林的、生活的三方面切入,包括风景园林生态、环境、资源的保护与规划,其中资源又分为自然的和人文的。第一元的工作面广量大,一方面,大至国土、区域、城市、乡村,小至街头绿地、庭院等,通过风景园林植物、生态的保护、修复、新建、养护,为人类保护创造一个安全的户外环境生态;另一方面,对于历史文化、风土民情、遗产景观予以发掘、整理、保护,这些都是该元的工作。第二元"活动",以人类活动组织为主,从人类在风景园林中的活动行为、心理感受、文化传承三方面切入,以风景园林中的游历、聚集、居住三类基本活动为对象,研究实践如何满足人类日常户外活动、游憩、旅游等人类生活中的基本需求。第三元"营造",以风景园林的规划、设计、建设、管理为主,从风景园林的环境绿化、户外公共空间、环境空间形态三方面切入,为人类保护创造一个美丽的户外环境,从风景园林空间营造塑造方面考虑其外部环境的保护与创造,狭义地理解就是所谓的风景园林的视觉景观、视觉空间;广义地理解,还应包含承载风景园林的物质空间环境和心理空间环境,所涉及的感受除了视觉,还包括其余的五官感受,它们与风景园林的构成材料、环境形态、风格精神有关。

三元核心的理论支撑:"背景"层面的支撑理论是景观生态学,"活动"层面的支撑理论是景观游憩学,"营造"层面的支撑理论是景观风景园林美学(图 27.4)。

现实中,三元相互之间的关系为:一方面,是紧密联系、互相制约促进;另一方面,在具体的研究实践中有主从之分。一般地,在较大的区域范围,如城乡区域规划中,"背景"层面的作用地与位占主导优势;在城市公共空间中,如步行商业街区,"活动"层面的作用与地位占主导优势;至于"营造"层面,大至自然与人文风景、城市风貌,小至广场和街头绿地,都是贯穿始终,不可回避的。总之,在风景园林学科坐标系中,任何一项有关风景园林的理论研究或工程实践都与三轴有关,但通常三轴的权重不会等同,必须有主轴、副轴之分。三轴中谁为主、谁为辅,要看具体的项目类型而定,例如,一个自然景观遗产保护项目,其主轴应是"背景轴","活动轴"次之,"形态轴"再次之。

## 27.3　风景园林学科在人居环境学科群中的地位与作用:坐标系的关联

建筑学、城乡规划学、风景园林学属于人居环境学科群的骨干核心学科。就坐标系的关联而论,一方面,风景园林学科与人居环境学科群"背景"($Z$)—"活动"($X$)—"建设"($Y$)的坐标系同构(图 27.5)[5-6],同时,也与建筑学科、城乡规划学科具有"异质同构"和"三位一体"的关系。

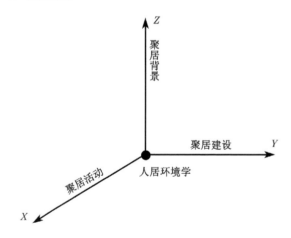

图 27.5　人居环境学科发展坐标系

风景园林学科在人居环境学科群中的地位和作用,可以通过建筑学、城乡规划学、风景园林学在人居环境学中三位一体的地位与作用来认识(图 27.6、图 27.7):人居建设过程中包含风景园林;人居活动也离不开风景园林;而对于人居环境,作为人类生存的环境背景,更是由风景园林学科专业为主来完成的。自人类聚居以来,风景园林始终与建筑密不可分;历经农耕文明、工业文明,风景园林随着城市的发展而繁荣昌盛;当代,随着全球资源、环境、生态成为首要问题,风景园林在整个人居环境保护与发展中的作用必将与日俱增而成为至关重要的学科。与此同时,虽然风景园林、城乡规划已从建筑学中独立成为一级学科,但这三个学科仍应当保持三位一体、相互补充的紧密联系,不仅不应弱化,而且必须加强[7]。一方面,如同早先的建筑学、城乡规划学、风景园林学的三位一体,风景园林一级学科的发展仍然脱离不开建筑学、城乡规划学;另一方面,从中国人居环境学科群整体发展来看,也需要风景园林学科的长足发展方可得到强化。因此,无论今后如何发展,风景园林学科坐标系将始终以人居环境学作为更大的坐标体系,位居其中[8]。

| 1 聚居背景 | 1-1 生活环境与资源 | 1-2 农林环境与资源 | 1-3 自然环境与资源 |
|---|---|---|---|
| | Environment for Living & Its Resources | Agriculture, Forestry Environment and Resources | Natural Environment and Resources |
| | 住宅用地、商业用地、办公用地、工业用地、市政公共用地、道路、交通用地 | 农田、人工林地、果园、荒地、养殖湖池 | 山川湖泊、沼泽湿地、自然林与次生林、草原等 |
| 2 聚居活动 | 2-1 居住 | 2-2 聚集 | 2-3 游历 |
| | Settlement | Gathering | Travelling |
| | 生活 | 生产 | 游憩 |
| | Living | Production | Recreation |
| 3 聚居建设 | 3-1 建筑学 | 3-2 城乡规划学 | 3-3 风景园林学 |
| | Architecture | Urban & Rural Planning | Landscape Architecture |

图 27.6 作为人类聚居环境学科群三位一体之一的风景园林学

| 1 聚居背景中的风景园林 | 1-1 生活环境与资源 | 1-2 农林环境与资源 | 1-3 自然环境与资源 |
|---|---|---|---|
| | Environment for Living & Its Resources | Agriculture, Forestry Environment and Resources | Natural Environment and Resources |
| 2 聚居活动中的风景园林 | 2-1 居住 | 2-2 聚集 | 2-3 游历 |
| | Settlement | Gathering | Travelling |
| 3 聚居建设中的风景园林 | 3-1 建筑外环境 | 3-2 城乡环境 | 3-3 风景园林 |
| | Arch. Environment | Urban & Rural Envi. | Landscape Arch. |

图 27.7 人居环境学科中风景园林应用的三方面领域

## 27.4 风景园林学科坐标系的扩展:六个发展方向领域

(1) 风景园林历史与理论

该学科主要解决风景园林学科的认识、目标、价值观、审美等方向路线问题。主要领域:① 以风景园林发展演变为主线的风景园林中国、外国历史;② 以风景园林资源环境生态为主线的景观资源学理论、景观生态理论、景观水文理论、景观地学理论、景观经济学理论;③ 以风景园林美学理论为主线的人类生理心理感受、行为与伦理理论、风景园林感应与评价理论、景观社会学理论、风景园林管理理论;④ 风景园林规划理论与方法、风景园林设计理论与方法等。

(2) 风景园林与遗产保护

该学科主要解决风景园林与遗产保护问题。主要领域:世界自然遗产、文化遗产、混合遗产、遗产文化景观、风景区、传统园林、乡土景观保护等。

(3) 大地景观规划与生态修复

该学科主要解决风景园林学科如何保护地球表层生态环境的基本问题。主要领域:① 宏观尺度,面对人类规模尺度越来越大的区域性开发建设,运用生态学原理对自然与人文景观资源进行保护性规划的理论与实践;② 中观尺度,在城镇化进程中,发挥生态环境保护的引领作用,进行绿色基础设施规划、城乡绿地系统规划的理论与实践;③ 微观尺度,对各类被污染破坏了的城镇环境进行生态修复的理论与实践,诸如工矿废弃地改造、垃圾填埋场改造等。这是一个以"规划""土地""生态保护"为"核心词"、科学理性思维为主导的二级学科,时间上以数十年、数百年,甚至千年为尺度,空间变化从国土、区域、市域到社区、街道不等,需要具有时间和空间上高度的前瞻性。

(4) 园林与景观设计

该学科主要解决风景园林如何直接为人类提供美好的户外空间环境的基本问题。主要领域:① 传统园林设计理论与实践;② 城市公共空间设计理论与实践,包括公园设计、居住区绿地、校园、企业园区等附属绿地设计、户外游憩空间设计、城市滨水区、广场、街道、道路景观设计等；③ 城市环境艺术理论与实践，包括城市照明、街道家具等。这是一个以"景观设计""公共空间""户外环境"为"核心词"的兼具艺术感性和科学理性的二级学科，需要丰富深入的生活体验和富有文化艺术修养的创造性，其实践内容与日常人居环境息息相关，应用面广量大。

（5）园林植物应用

该学科主要解决植物如何为风景园林服务的基本问题。主要领域：① 园林植物应用于风景园林的理论与实践；② 风景园林中的园林植物规划与设计理论与实践；③ 风景园林植物保护与养护理论与实践。这是一个以"植物"为"核心词"的二级学科，包括植物观赏作用的分类、评价；园林植物规划与设计是与二级学科"4.2""4.3"的"规划""设计"学科相匹配的植物规划设计。因为其与"规划""设计"密不可分，并且在其中所占比重较大，无论是过去、现在，还是未来，始终具有不可替代的地位。

（6）风景园林工程与技术

该学科主要解决风景园林的建设、养护与管理的基本问题。主要领域：① 风景园林信息技术与应用；② 风景园林材料、构造、施工、养护技术与应用；③ 风景园林政策与管理。这是一个以"技术""管理"为"核心词"的二级学科。作为实现风景园林与遗产保护以及风景园林规划、设计、生态修复、建设、养护的手段，信息技术包括遥感、地理信息系统、全球定位系统、计算机多媒体、景观模拟等技术的应用；材料涉及所有与风景园林构成有关的自然和人造材料；政策与管理涉及一系列有关风景园林保护、修复、建设、养护的法律、法规、条例、规范。该二级学科是风景园林学科专业实践落实在行业中的基本保证，始终是风景园林保护与建设实践中的支撑保障。

以上六个学科发展方向名称源自国务院学位办批准设立的风景园林一级学科下设的六个二级学科方向名称，其具体内容则源自作者 2011 年的总结、理解、扩展，之后参照了《风景园林学一级学科设置说明》[9]，不过随着学科发展，其仍需要不断研究探讨完善。风景园林学科坐标系应当成为一个开放的系统，面向社会国家的需要，伴随着理论研究与工程实践的发展，除了这六个二级学

科方向，还可扩展添加出新的方向。但是不管怎样，每一个学科方向的发展都将围绕着三轴并有所侧重地、由"背景""活动""营造"三元交织延展而形成其自身的领域，并且都将以这一风景园林学科坐标系为基础不断扩展、深化、细化。

## 27.5 结论

风景园林学成为一级学科对于中国风景园林学科发展具有里程碑的意义，对于未来中国风景园林事业发展具有史无前例的推动作用，既为现代景观规划设计提供了更为坚实的学科背景基础，更为未来景观规划设计的扩展提供了可能。以 1950 年为起点，作为一个新兴的多学科综合的学科专业，中国风景园林学以及景观规划设计在迎来了历史性的大量工程实践发展机遇的同时，仍将经历学科专业的创业成长期。中国的风景园林学究竟走向何处？如何发展？这是需要我们不停思考的根本问题。在风景园林学科综合化、多元化发展的今天，其答案需要历经足够的时间、空间和实践，经过广泛的探索、验证、试错、修正，方有希望趋于合理、合情、正确、完善。

**第 27 章参考文献**

[1] 刘滨谊. 现代景观规划设计[M]. 南京：东南大学出版社，1999：1-9.

[2] 刘滨谊. 现代景观规划设计[M]. 2 版. 南京：东南大学出版社，2005.

[3] 刘滨谊. 现代景观规划设计[M]. 3 版. 南京：东南大学出版社，2010.

[4] 刘滨谊. 景观规划设计三元论——寻求中国景观规划设计发展创新的基点[J]. 新建筑，2001(5)：1-3.

[5] 刘滨谊. 人类聚居环境学引论[J]. 城市规划汇刊，1996，104(4)：5-11.

[6] 刘滨谊. 三元论——人类聚居环境学的哲学基础[J]. 规划师，1999，58(2)：81-84，124.

[7] 刘滨谊. 三足鼎立·缺一不可[J]. 建筑师，1998，82(2)：21-25.

[8] 吴良镛. 人居环境科学导论[M]. 北京：中国建筑工业出版社，2001：68-84.

[9] 高等学校风景园林专业指导委员会. 高等学校风景园林本科指导性专业规范(2013 年版)[M]. 北京：中国建筑工业出版社，2013.

# 28 风景园林三元论

## 28.1 引言

风景园林本体有其自身产生、存在、发展的规律,这种规律既包含了源自自然万物的客观发展规律,也包含了源自人类需求的社会发展的主观规律。但是归根结底,还是源于自然的客观发展规律。在发现客观规律的基础上,认清风景园林,探索主观规律,发挥主观的积极的推动作用,这是风景园林学科专业的首要任务。从现象的层面来看,从客观的时空存在到主观的感受审美,风景园林呈现出的存在千变万化,产生的感受也因人而异、难以捉摸。为此,需要"以不变应万变",借助于哲学,经过哲学本体论的高度抽象概括,基于找到构成风景园林丰富多彩世界的"三原色"的思想,采用建立风景园林"元素周期表"的理性方法,发现、探寻那些从古至今在各个领域层面左右着风景园林的元素及其相互之间的耦合关系,只有这样,才有可能完成这一风景园林学科专业的首要任务。

不论有意还是无心,从古至今,哲学思想始终贯穿于人们对于风景园林的本体认识、思维方法与工作实践,决定着学科专业发展战略。受制于整个社会主观认识的影响,在风景园林意识形态的历史长河中,哲学一元论和二元论一直发挥着主导作用,即使在人类社会迅速发展的当代,作为根深蒂固的意识,仍然影响着人们对于风景园林的思维理解而成为一种束缚发展的桎梏。相对于自然世界的演进,人类社会的变化是迅速的;相对于稳定而变化迟缓的意识形态,由千万个体日常生活组成的人类主观世界的感受与认识是随时发生且不断进化的。事实上,在自然客观方面,风景园林从其产生之初,就遵循了"三生万物"的客观规律;在社会主观方面,在数千年之后的今天,统治了数千年的"一元论"和"二元论"的意识形态,正在被当代人类社会日常生活点滴的变化汇聚而成的巨变所动摇。在过去的大半个世纪中,广泛实践应用于各个自然科学和社会科学领域,作为取而代之的"三元论"的实践应用已初见端倪。在这一背景之下,以人居环境学科群为例,从社会实践的三元扩展到学科概念、专业设置的三元,在过去30年间普遍的有意无意之间,作为一种更为切合实际的本体认识、更为有效的规划设计方法与途径、更易落地的工程实践,"三元论"已逐步在人居环境学科群和风景园林界担当起了引领学科专业哲学的重任。

作者提出的风景园林三元论是基于五个方面的理论研究与实践探索:(1)人居环境研究方法论与应用;(2)风景园林学科建设与专业教育发展;(3)风景园林科学技术研究;(4)风景园林专业实践拓展;(5)"风景园林"概念的辨析。这五个方面的研究应用奠定了风景园林三元论(认识论、方法论、实践论)的基础。

风景园林三元论的思索始于1994年国家自然科学基金委员会建筑与环境学科主办的"人聚环境与21世纪华夏建筑学术讨论会"。会后,作者于1995年在同济大学建筑与城市规划学院开设了面向建筑、城市规划、风景园林三个专业研究生的"人类聚居环境学"课程,基于建筑学—城乡规划学—风景园林学三位一体的人居环境科学思想[1-2],提出了人类聚居环境学的"背景"—"活动"—"建设"研究框架:在人居"背景"和人居"建设"这两元之间,引入了人居"活动"的第三元,将人居活动概括为聚集、居住、游历的三类活动,旨在深入研究影响"背景"、左右"建设"的由"活动"及其方式产生的"价值观"、引发的破坏环境式的建设问题[3-5]。在该课程连续至今21年的教学中,这一贯穿始终的主线得到了不断的扩展、深化和验证[6]。

从1994年开始酝酿至本书1999年第一版出版,风景园林三元论初具雏形[7],此后14年间,在风景园林学科专业繁荣发展的背景下,随着五个方面的研究实践,风景园林三元论的基础得到了积累、扩展、验证[8-13]。继之,在风景园林一级学科的申请、论证与教育规范编制中,作者进一步从哲学认识论、方法论、实践论三元论进行了研究,风景园林三元及其相互之间关系不断明确,风景园林三元论的理论体系日渐明晰[14]。

## 28.2 风景园林三元认识论

运用风景园林哲学认识论,其目的在于解决风景园林本体论的问题,即以哲学的思考理解风景园林的"存在""意义""追求"这三大本体。对此,哲学上分别有一元论、二元论、三元论的认识理解。风景园林一元论主张风景园林世界有一个统一的本原,即"天人合一"的本原,在思维和存在的关系中"天"即自然,是第一性的;二元论是本体论的一支,意思即宇宙由两种不可缺少且独立存在的主要元素组成,至于是哪两种元素,则不同的学说不尽相同。如将笛卡儿的精神与物质二元论(心物二元论)应用于风景园林,可以是"天"和"人"、"自然"和"社会"、"客观"和"主观"等成对的元素。风景园林三元论也是本体论的一支,强调"三生万物"的宇宙观,即变化万千的风景园林世界是由三种不可缺少且独立存在的主要元素组成。

对于任何事物的本体,存在(Being)、意义(Meaning)、追求(Philosophy)是哲学认识论所要回答的三大基本问题。风景园林哲学认识论的"存在"暗示了风景园林的存在形式,风景园林哲学的"意义"涵盖了风景园林的研究与实践内容,风景园林哲学的"追求"概括了风景园林的目标、价值观。与一元认识论和二元认识论相比较,风景园林三元认识论弥补了前两者的不足,更为接近风景园林本体。借助于风景园林三元认识论,可以澄清风景园林的基本概念,明确学科本质及其发展规律,指导学科专业的理论研究与工程实践朝着正确的方向发展,这也就是研究提出风景园林三元论的意义所在。

依据三元论的认识论,风景园林所有"存在"的形态,可以概括为三元:"园林"(Garden)、"风景"(Scenery)、"地景"(Landscape)。风景园林的"意义",可以归纳为三大方面:(1)由自然和人工因素组成的物质环境和资源,简称为"环境资源元";(2)人类等生命体的户外感受和行为,简称为"感受活动元";(3)这类环境和行为赖以存在的空间和时间,简称为"空间形态元"。风景园林的追求同样可以总结为三元:(1)保护物质环境资源与生态平衡;(2)满足引导人类的身心健康行为;(3)保护、组织、创造环境资源和感受

活动的空间。

从学科发展的角度来看,在风景园林的存在、意义、追求中各自的三元均作为基本元素,三足鼎立、缺一不可,但又并非等量齐观。例如,在"存在"的三元中,"地景"是具统领性的。因为,在风景园林三元"存在"的定义中:"地景"是大地表层,是自然与人工环境的载体,"地景"中富含自然与文化资源的地带可以成为"风景","园林"则是以优美"风景"或"地景"为大背景的人为环境。虽然,学科理论概念研究中的"地景"是以概念中的第三元而后介入的,但是,在现实世界中"地景"却是最早出现于地球之上的。而现代风景园林学科的巨大发展,原因之一正是将传统上对于"园林""风景"的关注扩展到了"地景"!这是风景园林学科真正意义上的回归发展。

根据风景园林三元论,风景园林(Landscape Architecture)的诠释包含"园林""风景""地景"三个方面的内容,其中,"园林"源于果蔬园、花园、苑、囿,属于近人和小尺度;"风景"源于更大范围的山水,属于中尺度;"地景"源于大地表层,属于大尺度。从自然界的风景园林发展演变的时间进程来看,应当是沿着"地景"—"风景"—"园林"这样一个顺序,历经数十亿年的发展,时至今日,已呈三者同在之态;而从人为关注和营造的风景园林发展而论,随着人类改变自然能力的提高,则是沿着"园林"—"风景"—"地景"这样一个脉络发展演进的,风景园林作为学科专业的发展总体上也呈现出同样的脉络。从国际范围风景园林学的理论与实践发展来看,也证实了这一脉络,作者所在的同济大学风景园林学科专业教育的发展历程也不例外[15]。总之,完整的风景园林概念应当是"园林""风景""地景"的三位一体。

作为对二元论的补充,三元论促进了事物的和谐性,在二元对立的事物中引入中介,借助于第三方使原来的双方关系变为三方关系,从而削弱了二元对立的矛盾。风景园林三元论在三个层面的每对二元中间引入了第三元:在社会发展空间开拓与资源环境生态保护层面的"人、人类社会"和"自然、自然环境"两元中间,引入"空间形态营造养护"元;在风景园林"文化感受行为活动"和"空间形态营造养护"两元中间,引入"资源环境生态保护"元;在风景园林规划设计营造层面的"资源环境生态保护"和"空间形态营造

养护"两元中间，引入"文化感受行为活动"元。如此，如图28.1至图28.3系列示意图所示，三个层面的两位一体转换成了三个层面的三位一体，并且，每一层面的介入元都具有的共性是，在所在的三位一体中，具有标准、判定的功能。

a. 资源环境生态保护与空间形态营造养护二元示意

a. 资源环境生态保护与空间形态营造养护二元示意

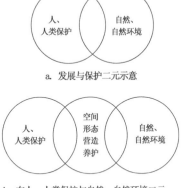

a. 发展与保护二元示意

a. 文化感受行为活动与空间形态营造养护二元示意

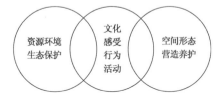

b. 资源环境生态保护与空间形态营造养护二元之间介入第三元：文化感受行为活动

b. 在人、人类保护与自然、自然环境二元之间介入第三元：空间形态营造养护

b. 在文化感受行为活动与空间形态营造养护二元之间介入第三元：资源环境生态保护

c. 文化感受行为活动—资源环境生态保护—空间形态营造养护的三元一体

图28.3 风景园林规划设计营造层面

c. 空间形态营造养护—人、人类保护—自然、自然环境的三元一体

c. 资源环境生态保护—空间形态营造养护—文化感受行为活动的三元一体

图28.1 风景园林人、人类保护与自然、自然环境层面

图28.2 风景园林文化感受行为活动层面

不难发现，图28.1至图28.3中的c三个层面的三元一体具有同构，可以叠加重合。至此，如图28.4至图28.6所示，风景园林三元认识论体系就建立起来了。依据风景园林三元论，"背景元"是风景园林学科的客体和对象，各类风景园林科学、工程与技术由此展开；"活动元"是风景园林学科的主体和目标，决定着风景园林的价值取向，各类风景园林感受、文化、艺术、行为、道德、伦理由此展开；"营造元"是风景园林学科的主—客结合体和手段，各类风景园林的规划设计由此展开。

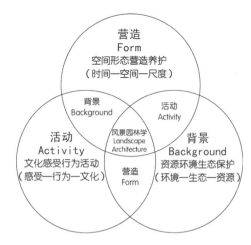

图28.4 风景园林三元论示意图

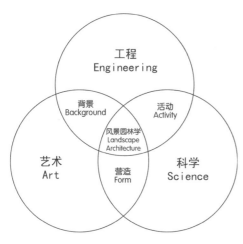

图 28.5 风景园林科学—艺术—工程三元示意图

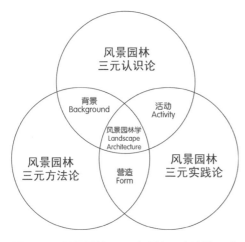

图 28.6 风景园林三元认识论—方法论—实践论示意图

其中最为关键的认识在于：三元图形共有重叠区域正是风景园林及其学科本体，它由环境生态（简称为"背景"）、行为活动（简称为"活动"）、空间形态（简称为"形态"）三元耦合互动组成，由此区域向外至每一元的扩展则显示了三元基本组成元素及其细分元素和要素；三元论中的每一元都是另两元的中介和评判标准。三元中的每一元，都涉及三种基本关系，除了与另两元的关系，还涉及与该元自身对立面的关系，这一对立面恰好又成为另两元之间的中介，这一中介元的对立面的作用不同于中介元的作用。

# 28.3 风景园林三元方法论和实践论

## 28.3.1 风景园林三元方法论

如何认识问题和解决问题，这是哲学方法论的基本内容。风景园林方法论所要探索的是关于风景园林理论研究与工程实践的原理、方式、途径，要解决的关键问题是风景园林学科的思维方式。面对风景园林所包含的元素、要素、因素，如何认识、分清主次轻重及其相互关系，面对规划设计中的诸多选择，如何排序取舍，这就需要借助方法论。方法是看待问题、解决问题的立场、方式、角度，不同的方法，直接影响认识判断、决定处理方式。方法的正确与否，直接决定了理论研究与工程实践的正确与否。尽管风景园林学科领域应用哲学方法论的研究讨论极为罕见，但是从学科理论研究到专业工程实践，从研究人员到规划设计师，都在自觉与不自觉地运用着方法论。如同风景园林认识论，风景园林方法论也是不可回避的专业内容。

按照一元论的思维方式，风景园林的方方面面都被"笼而统之"于一体。按照二元论的思维方式，风景园林的方方面面都被人为地划分为两大类型。与之相应，思维也被分解为客观和主观、非此即彼、相互对立的两种。在现有的经验主义方法论、实证主义方法论、人本主义方法论、结构主义方法论中，尽管有着一定的对应，如风景园林规划设计的研究与实践总体上是以经验主义方法论为主导，风景园林植物应用与工程技术领域是以实证主义方法论为主导，风景园林美学研究是以人本主义方法论为主导，但在总体上，受一元论和二元论的局限，迄今为止，风景园林研究实践与四大方法论的对应关系是模糊的，甚至是错位而混乱的。

风景园林三元方法论的核心是综合运用上述四种方法论，将风景园林的三元置于同一体系中三位一体地同时考虑（图28.6）。"背景元"的基本方法是实证主义，需要采用客观科学理性的方法进行分析、计量、实验、验证；"活动元"的基本方法是经验主义和人本主义，需要采用主观的方法进行艺术感性的综合、定性、经验、总结;"形态元"的基本方法既包括实证主义,也包括经验主义和人本主义,需要采用主—客观结合的方法进行科学理性与艺术感性两者的结合,需要定性与定量的齐头并进;三元一体互动耦合层面的基本方法则是结构主义,需要上述三元基本方法的综合。结构主义其概念与系统、功能、元素、要素等紧密联系在一起,是某一系统中各要素的相互关系和相互联系的方式,结构是由各个部分互相依存而构成的一个整体,而部分只能在整体上才有意义。结构主义可以根据诸因素之间的关系,而不只是用已有的事物和社会事实来解释现实、预测未来。它的基本原理是针对可观察的事物,只有当把它置于一个潜在结构或与秩序联系在一起时才是有意义的。这一特点恰好符合风景园林规划设计的基本规律特征,即某些因素只有经规划设计才会出现,换言之,借助于结构主义的方法,可以发现潜在规律、寻找"风景园林元素周期表"中的未知元素;可以"无中生有",创造新的风景园林背景、活动和形态。至此,基于经验主义方法论、实证主义方法论和人本主义方法论三位一体的结构主义方法论就构成了本书所提出的风景园林的三元方法论(图 28.7)。

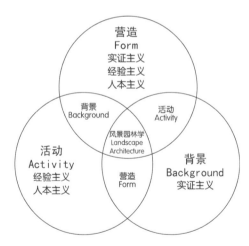

图 28.7 风景园林三元方法论示意图

作为一种新的哲学观,三元方法论反映了客观自然界所固有存在及发展的规律,并为现代实证自然科学所证明。用三元的观点去认识分析事物的多样性、复杂性,在二元对立的概念及矛盾运动中寻找第三元,应是解决很多自然科学与社会科学、人文科学难题的有效方法。

## 28.3.2 风景园林三元实践论

广义的风景园林实践内容包括专业教育、资源保护、规划设计、建设施工、养护管理等,面向国土、区域、乡村、城市、街区、住区、各类园区的自然与人工境域等空间范围,涉及方法、途径、科学、工程、技术等环节。把这些实践内容作为一个整体,"一条龙"式地展开实行,或者取其中某一内容独立而行,这是风景园林一元论的实践论。

把这些实践内容两两划分开,如将"设计"分为规划和设计两大类;将"总体规划"分为风景名胜区总体规划和城乡绿地系统规划两大类;把各类风景园林规划设计实践分为"大地景观规划与生态修复"和"园林与景观设计"两大类,如此等等,均以二元结构呈现,这是风景园林二元论的实践论。

将广义的风景园林实践内容划分为三元和三元一体的组成,如将"设计"分为策划、规划、设计;将"总体规划"分为风景名胜区总体规划、城乡绿地系统规划、旅游发展规划;在规划设计中考虑"背景""活动""形态"三元;将"保护""建设""管理"作为风景园林工程实践的三大目标等。这是风景园林三元论的实践论。

与一元实践论、二元实践论相比,三元实践论更为切合当代风景园林实践的实际状况。

# 28.4 风景园林三元论体系

## 28.4.1 风景园林学科目标、本体与外延

风景园林学科目标:基于风景园林三元论的专业观,风景园林的总目标是以满足人类对于优美生存环境的需求为宗旨,以有效的形态空间组织手段,保护、恢复、营造、管理人与自然和谐共生的自然、人文、人居环境。

风景园林学科本体,即风景园林的"背景""活动""营造"三元,详见前面的论述(表 28.1)。

表 28.1 风景园林三元体系表

| | 背景元 | 活动元 | 营造元 |
|---|---|---|---|
| 对于风景园林的意义与作用 | 风景园林的资源与材料 | 风景园林的价值与目标 | 风景园林的途径与手段 |
| 各元组成元素中的核心元素 | 资源·生态·环境 | 感受·行为·社会 | 空间·产业·经济 |
| 产业组成元素 | 风景资源保护与环境生态修复产业 | 风景园林游憩与旅游发展产业 | 风景园林规划设计营造与养护产业 |
| 经济组成元素 | 资源国有化 | 资源资本化 | 园林绿化投入/产出 |
| 空间组成元素 | 自然保护区、风景名胜区、各类国家省级公园、旅游地、旅游景区、城镇滨水区、公园、街道、广场 | | |
| 核心元与其他元核心元素的关联 | 资源·生态·环境 | 空间·产业·经济 / 感受·行为·社会 | 感受·行为·社会 | 资源·生态·环境 / 空间·产业·经济 | 空间·产业·经济 | 资源·生态·环境 / 感受·行为·社会 |
| 在风景园林中的实践应用 | 保护·恢复·营造管理风景园林 | 形成风景园林的习俗·规范·政策 | 策划·规划设计·建设施工风景园林 |
| 判断评价标准 | 由各组成要素综合形成的承载力 | 由各组成要素综合形成的生命力 | 由各组成要素综合形成的吸引力 |
| 目标 | 风景园林背景保护利用合理、持续 | 风景园林活动使用繁荣、和谐 | 风景园林营造管理高效、优美 |

风景园林学科外延:具有极为丰富的多学科专业交叉性,与建筑学、城乡规划学、生态学、心理学、设计学、地理学、气象学、环境科学、林学、农学、医学、社会学、经济学、计算机信息科学等都有着密切的交叉联系。这些交叉学科同样可以按三、九、二十七等三分归类而作为风景园林"三元"本体的外延。

的各类风景园林的科学、工程与技术如下:(1)资源,分为自然资源、人文资源、人居资源三类。(2)环境,分为自然、农林牧、人居三类环境。其中,自然环境包括海洋、山川、森林;农林牧环境包括农业、林业、畜牧业环境;人居环境包括城市、乡村、旷野。(3)生态,分为自然环境生态、农林牧环境生态、人居环境生态。背景元的目标、构成各元素的基本要素、定性定量评价标准、各类工程实践应用、调查分析评价技术详见表 28.2。

## 28.4.2 三元本体的扩展细分

### 1)背景元扩展细分

"背景元"由资源、环境、生态三大元素构成,一一展开,其对应

表 28.2 背景元的扩展细分

| 背景元/构成背景元的三元 | 自然背景 | 农林牧等人文背景 | 人居背景 |
|---|---|---|---|
| 目标:三类环境保护与发展 | 自然资源环境生态保护与发展 | 农林牧资源等环境生态保护与发展 | 人居环境生态保护与建设 |
| 资源组成类型 | 自然风景、自然景观遗产 | 农林牧生产景观、文化景观遗产 | 人居环境生活空间资源 |
| 环境组成类型 | 自然环境(大气、水、土壤) | 农林牧环境(农田、森林、牧场) | 人居环境(风景园林、城乡规划、建筑) |

| 背景元/构成背景元的三元 | 自然背景 | 农林牧等人文背景 | 人居背景 |
|---|---|---|---|
| 生态组成类型 | 自然环境生态 | 农林牧环境生态 | 人居环境生态 |
| 构成资源环境生态的基本要素 | 气候、地质、地貌、水文、动植物、地景、视觉景观等五官感受、风貌、风光、古迹、历史、文化、社会等 | | |
| 定性定量评价标准 | 日照、风、降雨量、蒸发量、地形、地貌、水文、土壤、动植物、多样性、面积、空间容量、影响范围、年代…… | | |
| 各类工程实践应用 | 保护、修复、营造、养护 | | |
| 国土生态安全、国家文化传承、人居背景保护与生态绿化工程 | 国家级和省级自然保护区、风景名胜区、森林公园、地质公园、水利公园等 | 国家遗产地、历史文化名城名镇、各级旅游景区 | 国土、区域、城乡绿化、城市公园、街旁绿地、居住区绿化 |
| 各级湿地工程 | 国家湿地公园 | 历史文化湿地公园 | 城市湿地公园 |
| 各级绿道工程 | 国土、区域绿道系统 | 游憩绿道、生态绿道 | 城乡绿道 |
| 各级环保工程 | 自然环境保护工程 | 人文环境保护工程 | 人居环境保护工程 |
| 市政基础设施 | 城乡防护林、雨洪整治工程 | 历史环境保留、保存、改造工程 | 园林市政工程 |
| 水利工程 | 自然海洋河湖水系保护与生态修复 | 人工运河河道水岸绿化工程 | 河道水岸景观工程 |
| 气候适应工程 | 碳排放与碳惠的全球化行动 | 低碳、绿色生产 | 人居风景园林小气候适应性营造 |
| 视觉景观环境工程 | 自然视觉景观资源保护 | 城乡历史风貌建设、遗产地风貌保护 | 城乡视觉景观环境 |
| 技术应用 | — | | |
| 调查技术 | 3S(遥感、地理信息系统、全球定位系统)、摄影测量、生态监测、传感器测试等技术 | | |
| 分析评价技术 | 3S、摄影测量、生态监测;虚拟现实、人体感受测试技术 | | |

### 2) 活动元扩展细分

"活动元"由活动行为、心理感受、文化传承三方面切入,以风景园林中的聚集、居住、工作三类基本活动为对象,研究实践如何满足人类日常户外活动、游憩、旅游等基本需求。

由"活动元"展开的各类风景园林感受、文化、艺术如下:感受,即生理感受、心理感受、社会感受;文化,即风俗、历史、文化;艺术,即山水诗文艺术、山水绘画艺术、山水园林艺术;行为,即观看、参与、交往。表 28.3 是活动元的扩展细分,包括感受活动、行为活动、社会活动的组成要素和影响要素,活动的载体,活动分析评价因素,视觉与空间感受构建要素。同时,列举了活动元与背景元、形态元相关联的要素。

**表 28.3 活动元的扩展细分**

| 活动元 | 人类生理层面 | 人类心理层面 | 人类社会层面 |
|---|---|---|---|
| 组成要素分解与评价 | — | — | — |
| 感受活动三大组成要素与评价 | 生理的 | 心理的 | 社会的 |
| 行为活动三大组成要素与评价 | 观看 | 参与 | 交往 |
| 社会活动三大组成要素与评价 | 习惯 | 风俗 | 文化 |
| 活动的影响要素 | 风、湿、热、日照等 | 安全、刺激、认同 | 文化、伦理、审美 |

| 活动元 | 人类生理层面 | 人类心理层面 | 人类社会层面 |
|---|---|---|---|
| 活动的载体 | 行为空间 | 感受空间 | 文化空间 |
| 活动分析评价因素 | 行为感受文化的点状空间、带状空间、面状空间/"瞭望—庇护""旷奥度"/"平衡""和谐" | | |
| 视觉与空间感受构建要素 | 点、线、面、色彩、质感/景观点、景观轴线、景观区域/空间、场所、领域 | | |
| | 材料、形式、风格 | | |
| | 观赏与活动方式 | | |
| 活动元与背景元相关联的要素 | 自然与人文风景资源、环境空间资源、视觉景观资源的利用 | | |
| | 自然环境、人文环境、人居环境的综合使用 | | |
| | 作为生理、心理、精神健康感受体验的特种环境 | | |
| 活动元与营造元相关联的要素 | 斑块、廊道、基质组成的景观生态系统/景观环境物理、景观心理引导、游憩行为组织组成的景观感受系统/景观点、景观轴线、景观场地组成的景观空间系统 | | |
| | 区域的格局、规模、容量/场所的记忆、形式、规模/景之画面、景之空间尺度、景之空间序列 | | |
| | 物境 | 情境 | 意境 |
| 活动组织 | 自然旷野旅游与游憩/乡村旅游与游憩/城市旅游与游憩 | | |
| | 自然遗产旅游/自然—文化遗产旅游/文化遗产旅游 | | |
| | 科考、体育、探险游等/民间风俗体验等/文化节庆参与等 | | |

### 3) 营造元扩展细分

"营造元"由时间、空间、空间单元三大元素构成,一一展开,所对应的各类风景园林科学、工程与技术如下:

(1) 时间,分为过去、现在、未来三类;(2) 空间,分为国土区域、乡村、城市三类;(3) 空间单元,分为环境生态空间单元、人体活动空间单元、视觉感受空间单元三类。表 28.4 是营造元的扩展细分,包括空间分布范围、时间组成元素、空间组成元素、空间单元组成元素、各元素的基本构成要素、三类基本空间形态、几何空间组成要素、几何空间组织要素、视觉空间构建要素、实施空间构成要素、定性定量评价标准以及三元空间系统及其规划设计关键、三类风景园林规划设计项目等。

**表 28.4  营造元的扩展细分**

| 营造元 | 自然环境保护 | 农林牧环境养护 | 人居环境营造 |
|---|---|---|---|
| 空间分布范围 | 国土、区域、地方、风景名胜区、各类国家级和省级公园、旅游地、旅游景区、城镇滨水区、公园、街道、广场 | | |
| 时间组成元素 | 过去、现在、未来 | | |
| 空间组成元素 | 国土区域、乡村、城市 | | |
| 空间单元组成元素 | 环境生态空间单元、人体活动空间单元、视觉感受空间单元 | | |
| 各元素的基本构成要素 | 气候、地质、地貌、水文、动植物、地景、视觉景观等五官感受、风貌、风光、古迹、历史、文化、社会等 | | |

| 营造元 | 自然环境保护 | 农林牧环境养护 | 人居环境营造 |
|---|---|---|---|
| 三类基本空间形态 | 领域、场所、空间 | | |
| 几何空间组成要素 | 点、线、面;长、宽、高 | | |
| 几何空间组织要素 | 点状空间、带状空间、面状空间 | | |
| 视觉空间构建要素 | 点、线、面、色彩、质感/景观点、景观轴线、景观区域/空间、场所、领域 | | |
| 实施空间构成要素 | 材料、形式、风格 | | |
| 背景元相关空间要素 | 自然环境空间、农林牧环境空间、人居环境空间 | | |
| | 风景资源分布空间、生态环境空间、园林植物分布空间 | | |
| 活动元相关空间要素 | 物境、情境、意境 | | |
| | 视觉空间、心理空间、行为空间、文化空间、感受空间 | | |
| 定性定量评价标准 | 风景园林环境物理标准、风景园林分析评价四大学派的标准、"瞭望—庇护""风景旷奥度" | | |
| 三元空间系统及其规划设计关键 | 斑块、廊道、基质组成的景观生态系统 | 景观环境物理、景观心理引导、游憩行为组织组成的景观感受系统 | 景观点、景观轴线、景观场地组成的景观空间系统 |
| | 生态网络 | 时空序列 | 空间感受单元 |
| | 区域的格局、规模、容量 | 场所的记忆、形式、规模 | 景之画面、景之空间尺度、景之空间序列 |
| 三类风景园林规划设计项目 | 背景类 | 活动类 | 营造类 |
| | 区域环境格局与生态规划;风景名胜区及各类国家公园规划;城乡绿地系统规划;绿色基础设施规划设计 | 城乡游憩策划规划;城乡公园策划规划;城乡旅游策划规划;度假旅游地活动策划规划 | 城乡开敞空间规划设计;各类园区规划设计;核心公共景观规划设计;城乡风貌景观规划设计 |
| 调查技术 | 3S(遥感、地理信息系统、全球定位系统)、摄影测量、生态监测、传感器测试等技术 | | |
| 分析评价技术 | 3S、摄影测量等技术,虚拟现实、人体感受测试技术 | | |

# 28.5 风景园林三元论的应用演进

## 28.5.1 在学科建设与专业教育中的应用演进

同济大学在本系学科建设中,在 40 多年教学的基础上,1996—2006 年,初步形成了"资源与保护""规划与设计""工程与技术"三位一体的学科与教育发展体系[4,10,13]。随后,在 2009—2011 年风景园林一级学科申报过程中,围绕学科论证、方向设置,逐渐明确了学科发展的三元框架,提出了风景园林学科未来发展及其在人居环境学科群中的三元坐标系[6,14](见前图 27.1)。

在专业教育上,结合本系新办景观学本科专业建设,从风景园林专业哲学、教育培养目标等方面开展了教学研究[11,16]。2011 年,受高等学校土建学科风景园林专业指导小组(2013 年 5 月小组成为教育指导委员会)的委托,在风景园林专业规范编制起草的过程中[17],围绕知识(环境—生态—植物;行为—心理—文化;空间—形态—美学)、能力(资源与保护、规划与设计、建设与管理)、素质(专业价值观、职业道德、不懈追求)三元层面,建立了三元核心教育发展体系[18]（图 28.8）。

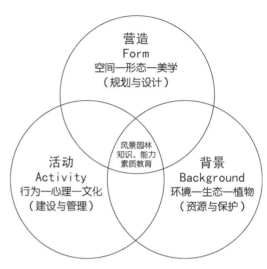

图 28.8  风景园林专业教育三元论示意图

## 28.5.2  在风景园林科学研究中的应用演进

从科研发展战略到具体项目研究，从基础理论研究到方法技术应用，从研究问题的认识到解决的方法路线，风景园林三元论在风景园林科学研究中已得到一定的应用，并在逐步扩展深化。

**例 1**  以城乡景观生态化规划设计理论与方法为标题，在国家自然科学基金委员会—中国科学院 2011—2020 年学科发展战略专辑中，针对风景园林学科领域的科研项目立项，提出研究内容分为三个方面：(1) 城乡景观生态化构建理论——核心是城乡景观生态演化的自然与人工规律；(2) 城乡景观生态化分析评价体系——核心是城乡景观生态化设计的目标、价值观、评价体系、政策、机制；(3) 城乡景观生态化规划设计方法技术集成与细分——核心是城乡景观生态空间格局、形态、机理、系统的识别构建和绿色基础设施规划设计方法技术综合。研究空间分为三个范围：(1) 区域范围，研究自然景观资源保护、人居环境背景区域保护以及穿越该区域的重大工程建设的生态化问题；(2) 乡村城镇范围，研究乡镇城市化进程中环境景观的生态化保护与资源的可持续利用问题；(3) 城市范围，重点是新近出现的城市带、城市聚集区、都市圈，以及城市拓展区等地带。其中"内容"和"范围"各自的三元

一体及其相互耦合关系正是源于风景园林三元论的思想[19]。

**例 2**  在作者负责完成的国家自然科学基金项目"风景旅游资源时空筹划理论与方法研究"（79870012/G0409）（1999 - 01 至 2001 -12）中，以风景旅游环境资源评价筹划为目标，探索风景旅游开发的宏观理论方法与风景旅游环境空间规划设计的方法与途径；提出面向风景旅游资源保护开发管理的风景旅游资源筹划三元论，应用了面向中国西部风景旅游资源开发的减法原理，给出了具有可操作性的环境生态、开发建设、游客行为三元时空量化控制指标。

**例 3**  在作者负责完成的国家自然科学基金项目"风景旅游规划 AVC 评价体系研究"（50578112/E080202）（2006 - 01 至 2008 -12）中，首先，提出了生态—景观—旅游三位一体、策划—规划—管理三位一体、环保林业部门—城乡建设部门—旅游管理部门三位一体的风景旅游资源保护、开发、管理的三元论；其次，基于新疆喀纳斯湖等西部风景旅游资源保护与发展的实践，在此类自然原始型景观旅游规划设计的实践中，发现了生态、景观、旅游这三大控制风景旅游资源的基本元素及其三元相生相克、三元交叠的互动关系，以及针对不同实际情况下的三元素相互间的比重，针对三元素的量化，给出了环境生态时空容量、开发建设时空密度、游人时空规模三类控制指标，进而提出确立了以扩大生态容量、降低建设密度、减少游人规模为标志的"减法原理"。

**例 4**  在 2013 年获准的国家自然科学基金 2013 年重点项目"城市宜居环境风景园林小气候适应性设计理论和方法研究"（51338007）（2014 - 01 至 2018 - 12），以及国家自然科学基金会面上项目"城市景观视觉空间网络感应机理与评价"（51678417/E080202）（2017 - 01 至 2020 - 12）的研究计划中，同样运用风景园林三元论作为项目研究的认识论和方法论：以风景园林小气候空间单元为核心，围绕城市风景园林小气候系统功效形成要素（环境背景）、风景园林小气候适应性空间要素与空间结构（空间形态）、风景园林小气候适宜性物理评价与感受评价（行为活动）三个核心研究单元问题及其相互耦合关系展开（图 28.9）。

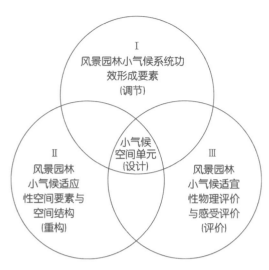

图 28.9　风景园林小气候适应性规划设计理论方法研究战略思路：Ⅰ、Ⅱ、Ⅲ之间的耦合研究战略思路

### 28.5.3　风景园林专业实践中的应用演进

作者关于风景园林三元论的专业实践应用，始于 1996 年以来城市广场设计中形象、功能、环境三方面的实践以及项目方案的评审讨论。以 1998 年关于"上海浦东世纪大道城市（景观）设计国际咨询会"方案评审意见为例，在对 EDAW、RTKL、夏邦杰三家设计公司方案的评价中，作者提出，典型的城市景观设计应当包括三方面的考虑：（1）景观形象；（2）环境绿化；（3）人们的使用活动。针对不同类型的设计，这三方面的比重应各有不同。

随着风景园林实践的深入，景观规划设计三大方面的拓展及其核心强项日渐明晰：（1）城市设计、街景、滨水区规划设计等多学科的交叉实践领域，其核心强项是"环境背景"的规划设计；（2）出自管理、地理等学科的"旅游规划"，其核心强项是"行为活动"的策划组织；（3）来自环境艺术界的景观设计，其核心强项是"空间形态"的创造。风景园林实践需要寻求中国景观规划设计发展创新的基点，景观规划设计三元论思想应运而生[9,20-21]。

最初应用于"厦门鼓浪屿发展概念规划"国际咨询项目中的 AVC 三力标准同样源自风景园林三元论，其中的 A（吸引力）、V（生命力）、C（承载力）与三元论中的"形态""活动""背景"一一对应，从城市景观规划设计评价到旅游规划评价，其后续的系统深入研究实践与评价标准指标细分都遵循了三元论的思想体系。风景园林 AVC 三力既是评价风景园林工程实践的三元评价标准，也是风景园林工程实践的理想目标[22-23]。

将"三位一体"的 ECD（E——Environment and Ecology，环境与生态，与"背景元"对应；C——Culture and Commercial，文化与商业，与"活动元"对应；D——District，区域，与"形态元"对应）作为城市发展核心动力区的研究与实践。在历经了中央商务区（CBD）、游憩商业区（RBD）之后，城市中心区已不再满足于以商业为标志的经济发展，对于基于商业的休闲娱乐也不能完全胜任，伴随着环境生态质量恶化和优秀社会文化精神的丧失，人们开始觉悟，城市需要一个既有生态又有文化的人居环境，而这种基于经济发展达到一定水平的理想人居环境首先最有可能在城镇的核心地带实现，即 ECD。自 2009 年以来，作者先后在浙江嵊州彭山台地发展战略规划、陕西宝鸡市千渭之会湿地公园规划等项目中实践了 ECD 的理论[24]。

应对国家社会发展三大类需求，当今景观风景园林实践，除了传统常规的风景名胜区总体规划、城市绿地系统总体规划、公园设计、古典园林设计等，以遗产地保护、国家森林公园、国家地质公园等各类国家公园规划设计、湿地公园规划设计、风貌规划设计、旅游规划、街景设计为代表，已大大扩展，并呈现出三元态势，以三元论为理论依据，一个全面的风景园林规划设计体系正在形成（表 28.5）。

## 28.6　结语：寻找风景园林学科的哲学

风景园林作为自然和人类社会现象历史久远，作为学科专业却不过 100 多年历史。作为三大世界风景园林体系之一的中国风景园林，在成为一级学科百业待兴的今天，迫切需要从哲学的高度和深度，深入、全面地认识风景园林学科本体，寻求正确的学科观和方法论，进而坚持正确的实践论。基于 20 年的研究与实践，遵循哲学三元论的基本思想，本书建立的风景园林三元论正是这样一种有待进一步理论研究与实践验证的尝试。

**表 28.5　全方位景观风景园林规划设计体系**

| 风景园林规划设计大类 | 一级规划 | 二级规划 |
|---|---|---|
| 背景类 | 区域环境格局与生态规划 | 区域环境生态资源保护与发展协调规划 |
| | | 区域环境生态格局保护与发展协调规划 |
| | | 区域环境生态网络规划 |
| | 各类国家公园规划 | 国家重点风景名胜区规划、国家森林公园规划 |
| | | 国家湿地公园规划、国家水利公园规划 |
| | | 国家遗址公园规划、国家地质公园规划 |
| | 城乡绿地系统规划 | 乡村与市域绿地系统规划 |
| | | 市区绿地系统规划 |
| | | 建成区绿地系统规划 |
| 形态类 | 城乡开敞空间规划设计 | 城市河道滨水区空间规划 |
| | | 城市道路景观空间规划 |
| | | 城市商业区景观空间规划 |
| | 各类园区规划设计 | 各类产业园区景观环境规划 |
| | | 校园、居住区等社区景观环境规划 |
| | | 滨水景观环境规划 |
| | 核心公共景观规划设计 | 城市广场、公园形态规划 |
| | | 大型演艺体育文化中心形态规划 |
| | | 重大事件场地与景观形态规划 |
| 活动类 | 城乡游憩策划规划 | 广场、文化中心活动策划 |
| | | 商业街区活动策划 |
| | | 街头绿地游园活动策划 |
| | 城乡公园策划规划 | 普通公园与街旁绿地活动策划 |
| | | 主题公园活动策划 |
| | | 郊野公园活动策划 |
| | 城乡旅游策划规划 | 城市观光活动策划 |
| | | 重大节庆活动策划 |
| | | 主题会展活动策划 |

| 风景园林规划设计大类 | 一级规划 | 二级规划 |
|---|---|---|
| 新增前沿大类 | 一级规划 | 二级规划 |
| 背景类 | 绿色基础设施规划设计 | 湿地公园规划、水系与雨洪管理规划 |
| | | 棕地与土壤修复规划 |
| | | 热岛等温湿度、大气飘尘治理规划 |
| 形态类 | 城乡风貌景观规划设计 | 城乡总体风貌与城乡发展协调规划 |
| | | 城乡总体风貌规划 |
| | | 城市标志性景观规划 |
| 活动类 | 度假旅游地活动策划规划 | 自然旅游度假地活动策划 |
| | | 文化旅游度假地活动策划 |
| | | 城市旅游度假地活动策划 |

**第 28 章参考文献**

[1] 吴良镛. 广义建筑学[M]. 北京:清华大学出版社,1989.

[2] 吴良镛. 人居环境科学导论[M]. 北京:中国建筑工业出版社,2001.

[3] 刘滨谊. 人类聚居环境学引论[J]. 城市规划汇刊,1996(4):5-11.

[4] 刘滨谊. 三元论——人类聚居环境学的哲学基础[J]. 规划师,1999(2):81-84,124.

[5] 刘滨谊,毛巧丽. 人类聚居环境剖析——聚居社区元素演化研究[J]. 新建筑,1999(2):14-17.

[6] 刘滨谊. 人居环境学科群中的风景园林学科发展坐标系[J]. 南方建筑,2011(3):4-5.

[7] 刘滨谊. 现代景观规划设计[M]. 南京:东南大学出版社,1999:前言,3—4章.

[8] 刘滨谊. 中国风景园林规划设计学科专业的重大转变与对策[J]. 中国园林,2001(1):7-10.

[9] 刘滨谊. 景观规划设计三元论——寻求中国景观规划设计发展创新的基点[J]. 新建筑,2001(5):1-3.

[10] 刘滨谊. 景观学学科的三大领域与方向:同济景观学学科专业回顾与展望[M]//全国高等学校景观学(暂)专业教学指导委员会(筹),2005国际景观教育大会学术委员会. 景观教育的发展与创新——2005国际景观教育大会论文集. 北京:中国建筑工业出版社,2006:29-37.

[11] 刘滨谊.风景园林学科专业哲学——风景园林师的五大专业观与专业素质培养[J].中国园林,2008,24(1):12-15.

[12] 刘滨谊.现代景观规划设计[M].2版.南京:东南大学出版社,2005.

[13] 刘滨谊.现代景观规划设计[M].3版.南京:东南大学出版社,2010.

[14] 刘滨谊.风景园林学科发展坐标系初探[J].中国园林,2011,27(6):25-28.

[15] 刘滨谊.同济大学风景园林学科发展60年历程[J].时代建筑,2012(3):35-37.

[16] 刘滨谊.论风景园林/景观学专业教育的培养目标,风景园林教育的规范性、多样性和职业性[M]//中国风景园林学会教育研究分会(筹),同济大学建筑与城市规划学院.第三届全国风景园林教育学术年会论文集.北京:中国建筑工业出版社,2008.

[17] 高等学校风景园林学科专业指导委员会.高等学校风景园林本科指导性专业规范(2013年版)[M].北京:中国建筑工业出版社,2013:13.

[18] 刘滨谊,李瑞冬.对风景园林专业规范编制的思考[J].中国园林,2013(6):10-12.

[19] 刘滨谊.城乡景观的生态化规划与设计理论[M]//茹继平,刘加平,曲久辉,等.建筑、环境与土木工程.北京:中国建筑工业出版社,2011.

[20] 刘滨谊.现代风景旅游规划设计三元论[J].规划师,2001,17(6):64-65,85.

[21] 刘滨谊.旅游规划三元论——中国现代旅游规划的定向·定性·定位·定型[J].旅游学刊,2001,16(5):55-58.

[22] 刘滨谊,杨铭祺.景观与旅游区AVC评价量化模型——以玄武湖景观区总体规划为例[J].中国园林,2003,19(6):61-62.

[23] 刘滨谊.旅游规划AVC三力理论实践:以厦门鼓浪屿发展概念规划国际咨询为例[J].理想空间,2005(9):43-48.

[24] 刘滨谊.绿道在中国未来城镇生态文化核心区发展中的战略作用[J].中国园林,2012,28(6):5-11.

# 29　现代景观规划设计研究与实践的三种思维

## 29.1　正确思维的必要性

中国风景园林历经 4 000 年的发展,以其工程性、艺术性、科学性三重属性的日渐成熟为标志,学科的概念已超越了人们的传统观念。与之对应,现代风景园林、现代景观规划设计的思维既需要工程的经验积累,也需要艺术的感性综合,还需要科学的理性分析,更需要这三方面的综合运用。当代的风景园林师人人都应该具备达芬奇那种集艺术、科学、工程于一身的思维和能力。作为大众的享用与文明教化,风景园林是一种综合艺术;作为人类生存的生态环境与资源保护利用,风景园林是一门自然科学;作为人居环境保护建设与经营的一个分支,风景园林是一种涉及多学科专业的工程。亦如孟兆祯先生认为,"大到'人与天调'、生态环境质量控制、大地景物与城市建设;小到造山理水、置石掇山、种树植草,科学技术的支撑和推动是不可或缺的。环境质量的检测、水土保持、水质改善,乃至选种、育种、人工植物群落种植等无不依靠科学技术水平的进步和发展。在园林学的领域中,科学与艺术是相互促进的"[1]。2011 年中国的风景园林成为工学一级学科,这既是领先于世界其他同行的学科地位的国家决策,更是对于风景园林学科性质最有力的认证,风景园林的自然科学性是这一学科的源头和基础[2-8]。风景园林的最高目标是艺术的、诗情画意的、人居环境的理想之境,但是这些的源头都离不开大自然,源自大自然的气候、地理、地貌、生态、环境、动植物,源自人们的营造。为了满足主观精神的感受,需要研究客观物质的问题;为了艺术的想象创作,需要科学的分析推理,这是风景园林学科的特点。坚持自然科

学性与风景园林学科艺术追求并不矛盾,特别是随着社会进步和时代发展,风景园林自然科学的比重日益加大,从事风景园林研究需要具备高度的自然科学性。在面向未来的风景园林学科发展坐标系中[9-11],围绕风景园林背景、活动、营造的三元,在环境生态与资源、行为活动与文化精神、规划设计与养护管理等基本领域[12],伴随着时代需求的演化与学科交叉的深化,从自然因素演变到心理行为探究,风景园林学科的自然科学成分正在与日俱增。在当今人居环境研究与实践领域,从现代风景园林学特有的大尺度时空与多学科交叉视角,可以发现更多的必须借助自然科学方有可能解决的人居环境背景保护与生存活动问题,未来风景园林在自然科学课题研究的广阔天地必将大有作为[13]。

以自然规律为准,不带任何主观偏见,遵守着严密的数理逻辑推理,从客观环境物质出发,做出认识判断,这是科学的理性思维。其特征是严密的逻辑推理、数字量化的分析评价。以人类社会规律为准,遵守着历史文化、风俗习惯的情感脉络,凭借着自身五官的感受,从主观感受精神出发做出认识判断,这是艺术的感性思维。其特征是跳跃的情感联想,综合感性的定性概括。以工程实践为准,遵守着工程实践的历史经验,从结果的成败得失、合用与否出发做出认识判断,这是工程的经验思维。其特征是严格的程序安排、可行和优劣与否的比较判断。然而,风景园林、现代景观规划设计研究与实践的思维并非上述普适性思维的简单应用,需要在风景园林学科思维三者耦合中依据学科自身特征而产生的思维,为此,基于风景园林学科核心本质、方法特征、实践需求分析,作者发现存在着三种与之相互对应的思维,从发现问题、分析问题到解决问题,风景园林、现代景观规划设计研究与实践的思维正是借此完成的。这就是所提出的前瞻超越式的时间思维,立体交叉式的空间思维,非闭合发散式的逻辑思维。

## 29.2　前瞻超越式的时间思维

时间思维触及了风景园林的核心本质和出发点,即风景园林的生命性、时间性、前瞻性。生命和时间,贯穿于风景园林自然、人文、营造的三个进程。自然进程,指人居背景中风景园林的各类自

然元素及其演进,诸如山石水土、动植物、地质变迁、水文变化、物种繁衍、植物生长等;人文进程,指人居活动中风景园林各类人文元素及其变化,诸如人类关于风景园林的生理感应和心理感应方式、行为、文化习俗、价值观念、园林观等;营造进程,指人居环境的风景园林建设与养护管理中的各类元素及其演进,诸如自然山水、自然文化遗产、风景名胜、乡村景观、城市绿地、城市景观及其保护、规划设计、施工建造、养护管理。毫无疑问,对于风景园林的三个进程,时间发挥着决定性的作用,自然地质地貌、动植物演替生息离不开数百万年至数十亿年的时间;社会文化习俗、山水园林审美取向亦需数百年至数千年的积淀;优秀成熟的风景园林营造也需要数十年至数百年的时间来完成。伴随着自然万物的时间变化、生命演替轮回,对于以往的纪念回忆,对于未来的期待遐想,早在风景园林出现之前,人类的时间思维就已开始,但是,正是基于风景园林三大进程时间性所决定的规划意识的出现,这种对于未来将会发生什么的前瞻超越式的时间思考才变得必不可少且不断强化。风景园林思考的未来少则百年、多则千年,不仅需要对未来空间的前瞻,更是对现在时空的超越,时间思维的前瞻超越性意味着以时间为统领的时空的前瞻和超越。风景园林时间的三重属性决定了其规划设计中的时间思维与空间思维之比和侧重,风景园林时间空间的连续性决定了时间思维及其前瞻超越意识的重要性。中国古代城市选址基于自然因素,考虑百年风水、千年风土,本质上是基于自然变化和人类进化发展的前瞻性时间思维和时间规划,符合地质地貌、水文气候等现代科学证实了的自然进程,以及长期积淀所形成的人文进程。正是这种关于自然进程的时间和人文进程的时间规划,赋予了以风景园林为导向的人居环境规划百年、千年"先见之明"的必要性和可能性。

风景园林前瞻超越式的时间思维容易犯的错误是在前瞻超越的过度关注中,忽视对于过去的关注,从而割断风景园林从"过去""现在"到"未来"的时间连续性。这是必须避免的,因为,正是在这种从"过去""现在"再到"未来"的自然、生命、时间的连续进程中,前瞻超越才能思有所依、考有所据。风景园林的前瞻超越不能割断"过去""现在""未来"这三个连续的进程,特别是对于所形成的风景园林的人文进程,其中,今天的风景园林生理感应、心理感应

方式行为历经了数十万年至数百万年的时间演化;风景园林思想文化、审美习俗也历经了数千年的时间进程,以千年万年的时间尺度思考风景园林的来龙去脉,这是风景园林学科研究与实践必须遵循的思维特征。

风景园林的自然观源自时间思维,风景园林的科学理性基于时间思维,风景园林的艺术情感同样来自时间思维,前瞻超越式的时间思维既是风景园林师创造创新的原始动力,也是风景园林科学研究发现问题解决问题的基本原则[14]。

## 29.3 立体交叉式的空间思维

在建筑师尚未出现之前,人类的空间思维就已开始。但是,正是建筑师出现之后,特别是在现代空间技术的发展过程中,这种空间思维得到了极大的扩展和深化。如同以建筑师为代表的这种空间立体性思维正是源于所要面对的实践对象——建筑的空间立体性,正是基于长期的环境空间实践,风景园林规划设计师的空间思维得到了强化,思考问题的方式方法逐渐趋向"空间立体性"方式:把诸多问题事件,甚至是貌似毫不相关的问题事件,置入同一空间予以"同时"思考,即常说的"综合"。在问题事件之间,经多种思考途径的探索、多重排列组合方案的尝试,发现问题事件之间"空间化"的相互关联,从中"构建"起关于风景园林从概念[15]、理论[16]到规划设计的机制、原理、方法、路径和程序。空间立体性思维的优势在于基于空间化,可以立体交叉多路径地探索综合,不同于线性单通道的思维,也不同于平面化同层面的思维,不会因为某一条思考线索路径的阻断或是层面选择不当而错失、忽略、影响到其他路径的思考,从而大大扩展了思考的路径,扩大了找寻解决问题方案的范围和深度。与线性单通道和平面化同层面的思维相比,一方面,如同一个"玻璃箱",风景园林的空间思维保证了所有因素与因素之间关系的可能性得以明确关照,既避免了因线性、片面的思维局限导致的缺失误判,更重要的是克服了"黑箱"综合的弊端;另一方面,立体交叉式的空间思维方式,大大扩展了风景园林学科研究实践的思路,为风景园林学科理论研究与工程实践的创新提供了更为广阔的空间。借助立体交叉式的空间思维,将貌似"简单"的

问题经过空间立体复杂化,查清因素、分出轻重、理清关联、找出关键,最终得出"简明"的答案。空间立体性思维可能出现的缺陷在于立体化之后,原本在不同层级的因素,在思考中被错放至不属于它的层级,从而误导思考、形成混乱。这种问题除了在风景园林规划设计中常有发生,在风景园林科学研究中亦屡见不鲜。迄今为止,解决这一问题尚无捷径,只有在不断的"试错"中,逐步减少直至消除"错放",最终获得相对准确而合乎情理的答案。识别、确定符合客观科学规律、合乎情理的因素的层级、位置,不断地"试错""再寻找",这正是风景园林科学研究本来的意义。

基于作为多年风景园林研究实践的体会,作者认为,立体交叉式的空间思维契合了风景园林科学研究分析与综合相结合、客观与主观相互动的思维方式的需求,是发现解决风景园林科学问题的有效方法和途径。

# 29.4　非闭合发散式的逻辑思维

与大多数理工科自成一体、回路闭合的逻辑思维相比,风景园林这种非闭合发散式的特征尤为明显。引发时空思维非闭合性、发散性的原因:一是基于时间前瞻性所提出的设想,通常因受到必须经过数十年甚至数百年的时间才能得到证实的实验时间条件的限制,难以得到及时验证而"无法"自圆其说,思维因此呈现出所谓的"非闭合性";二是由于空间的"发散性"同时需要面临众多相互"关联"问题的综合而又难以对所有关系逐条证明,从而因缺少完整的科学证明而呈现出所谓的"非条理性";三是因为风景园林学科学、艺术、工程的三重属性,面对的研究与实践对象是人与自然,这一方面是充满着思想、智慧、生活的思想生命体,另一方面又是充满着动植物且不断生长的自然环境生命体,因此作为生命体自身就是不断生长而非重复闭合的,与之应对的思考同样需要生长变革而非生存重复。众所周知,风景园林的创造性思维,特别是对规划设计尤其重要,为此本学科领域虽然已有一些研究[17-18],甚至以"风景园林规划设计中的创新思维"为题,从浅析、浅论到分析、论述的文章不下数十篇,但是,对于风景园林创造性的思维本质问题仍然缺乏深入系统的研究关注。风景园林创造性思维的要点究

竟是什么? 这是本学科无法绕过的问题。作者以为,由前瞻超越式的时间思维和立体交叉式的空间思维所引发的非闭合发散式的逻辑思维不失为一种答案。正是有了这种非闭合发散式的逻辑推理,风景园林规划设计才具有了"无中生有"的本质特征,设计不只是去发现自然与社会存在的规律,更不是周而复始地重复前人的已有,而是要在尊重已有的前提之上,寻找、创造之前没有的规律,走出之前不曾经过的道路。与此类似,这也是风景园林科学研究需要遵循的定律。非闭合发散式思维所面临的质疑是其思想容易发散到甚至在当下看似"不着边际""脱离客观、科学、理性"的困境,防止、平衡这种"困境"的方法是在非闭合发散的同时加以"理性""收敛"的思考,这种理性不仅来源于自然科学,更要依靠历经千万年所形成的社会科学规律,同时还要遵从规划设计工程学迄今为止积累起来的经验规律,而较之更为重要的,这种理性首先来自于前瞻超越式的时间思维所带来的学科理性和立体交叉式的空间思维所带来的方法理性。风景园林有了这种"理性",就可以"收敛"其主观意向的感性,"缜思畅想"方得以实现。

# 29.5　结论:寻找现代景观规划设计的思维

现代风景园林科学研究与工程实践,需要以前瞻超越式的时间思维发现科学研究选题、确立实践工程的目标,需要以立体交叉式的空间思维制定科学研究的内容、完成实践工程,需要以非闭合发散式的逻辑思维制定科学研究与工程实践的技术路线,这是作者基于30多年风景园林科学研究与实践的经验体会。

开展风景园林学科研究与实践,首先需要弄清的就是我们学科专业的思维特征。在认清这种思维的优势、缺陷、问题的同时,察觉到在当代发展中这种思维遭遇的阻力和面临的压力。坚持风景园林学科特有的思维方式,发挥优势,弥补缺陷,解决问题,这既是风景园林学科研究与实践的长远战略,更关乎每一名风景园林师的研究与实践。自上而下,尝试建立思考方法体系;自下而上,搜索分析中国大地古今风景园林背景变迁、活动演进、建设实践的"细节"。两方面互检互判,从而使规划设计师对风景园林学科专业有一个基本的了解与把握,本书的思索正是朝着这一宏伟目标

的初步努力和尝试。作者深切期待在今后的 20 年、30 年，甚至更为长远的未来，将有越来越多的人士关注风景园林学科的思维和方法，从根本上避免风景园林研究与实践的误判、误导和误区。

**第 29 章参考文献**

[1] 孟兆祯.园衍[M].北京:中国建筑工业出版社,2012:15.

[2] Geoffrey A J, Jellicoe S. The Landscape of Man: Shaping the Environment from Prehistory to the Present Day[M]. 2nd ed. London: Thames & Hudson Ltd., 1987.

[3] Geoffrey A J, Jellicoe S. The Landscape of Man: Shaping the Environment from Prehistory to the Present Day[M]. 3rd ed. London: Thames & Hudson Ltd., 1995.

[4] 杰弗瑞·杰里柯,苏珊·杰里柯.图解人类景观——环境塑造史论[M].刘滨谊,等译.台湾:田园城市出版社,1996.

[5] 杰弗瑞·杰里柯,苏珊·杰里柯.图解人类景观——环境塑造史论[M].刘滨谊,等译.上海:同济大学出版社,2006.

[6] 杰弗瑞·杰里柯,苏珊·杰里柯.图解人类景观——环境塑造史论[M].刘滨谊,等译.2 版.上海:同济大学出版社,2015.

[7] Ian L McHarg. Design with Nature[M]. New York: Nature History Press, 1969.

[8] 刘滨谊.现代景观规划设计[M].3 版.南京:东南大学出版社,2010.

[9] 刘滨谊.景观学学科发展战略研究[J].风景园林,2005(2):87-91.

[10] 刘滨谊.城乡景观的生态化规划与设计理论[M]//茹继平,刘加平,典久辉,等.建筑、环境与土木工程.北京:中国建筑工业出版社,2011:32-39.

[11] 刘滨谊.人居环境学科群中的风景园林学科发展坐标系[J].南方建筑,2011(3):4-5.

[12] 刘滨谊.风景园林三元论[J].中国园林,2013(11):37-45.

[13] 刘滨谊,等.人居环境研究方法论与应用[M].北京:中国建筑工业出版社,2016.

[14] 刘滨谊.风景园林的时间思维及其教育培养[J].中国园林,2015,31(5):5-7.

[15] 刘滨谊.风景景观概念框架[J].中国园林,1990,6(3):42-43.

[16] 刘滨谊.风景景观工程体系化[M].北京:中国建筑工业出版社,1990.

[17] 张文英.风景园林规划设计课程中创造性思维的培养[J].中国园林,2011,27(2):1-5.

[18] 刘谯.景观形态思维与设计方法研究[D]:[博士学位论文].上海:同济大学,2013.

# 30 景观规划设计原理课程教学

"景观规划设计原理"是风景园林本科学习全过程中统揽全局、贯穿主脉的综合、交叉、实证性的专业核心课和原理课,是本科生风景园林规划设计观念启蒙和专业素质培养的基础课,也是学生专业自主学习能力的提升课。该课程教学内容以作者《现代景观规划设计》一书为基本教材,包括景观规划设计概念、要素、基础、五大类型、技术模块。该课程自 1990 年起连续开设至今,创始和主讲人为作者,2013 年获国家级精品资源共享课程称号,2015年上线"爱课网",成为国家级精品资源共享课程 MOOC(慕课)。

## 30.1 课程教学的沿革

"景观规划设计原理"课程经历了连续 26 年教学历程和六个发展阶段。阶段一:景观学/现代风景园林规划设计体系的初期探索与发展(1990—1999 年)。阶段二:课程的创新与改革发展阶段(2000—2004 年)。阶段三:多元化、稳定化、精品化课程体系建设(2005—2007 年)。阶段四:精品课程建设的全面化、系统化、综合化提升(2008—2010 年)。阶段五:精品共享课程建设(2011—2014 年)。阶段六:精品共享课程"中国大学 MOOC"建设(2015—2016 年)。与之相关,该课程于 2002 年获同济大学校级优质课程称号,2005 年获同济大学精品课程称号,2008 年获上海市高校级精品课程称号,2010 年获国家级精品课程称号,2013 年获得国家级精品资源共享课程称号,2015 年成为国家级精品资源共享课程MOOC(全国风景园林界至 2016 年为止唯一一门 MOOC)。

该课程最早开设于 1990 年,由作者主讲,课程名称为"风景观分析评价",作为当时同济大学风景园林专业本科生专业课和研究生选修课,教材为作者的专著《风景景观工程体系化》。作者以

1983—1989 年攻读硕士、博士学位阶段的"风景景观工程体系化"研究内容为基础,为风景园林专业教学开拓出一片新的领域、新的视角与新的技术,是在国内传统风景园林的继承和国外现代景观分析评价体系的基础上形成的前瞻性课程,属于推进风景园林现代化和现代景观学体系的初期探索。课程包含:风景园林/景观(Landscape Architecture,简称 LA)学科与专业概念,国际 LA 教育,风景景观评价基础理论、规划设计实践等。

历经五年连续教学,至 1995 年课程改名为"景观规划原理",成为国内率先开辟的景观规划设计基础理论类教学课程。1999年,在连续九年授课讲义、资料记录整理的基础上,出版了《现代景观规划设计》专著(东南大学出版社出版),为课程教学的日后发展提供了重要的支撑,至此,"景观规划设计原理"的课程名称也已成形。该书自出版之后,第 2 版、第 3 版分别于 2005 年和 2010 年出版,伴随着该书内容的不断扩展深化,本课程的教学也在不断地深化完善。截至 2016 年上半年,本书总发行量为 4.71 万册,已被多所院校的风景园林及相关专业列为教材和教学参考书。

2000 年后,"景观规划设计原理"课程进入快速发展阶段,结合学校开展的课程建设和教学改革,开始了全面推进"景观规划设计原理"课程的创新建设和改革发展,形成了以下主要特点:(1) 国际化的教学梯队;(2) 模块化的教学设计;(3) 专题化的教学讲座;(4) 标准化的教学练习。

2005 年 10 月,同济大学建筑与城市规划学院景观学系本教学团队教师承办了首届国际景观教育大会,来自全世界 30 多个国家和地区的 100 多所景观与风景园林院校、科研机构的教育同行汇聚一堂,研究探讨景观与风景园林专业教育问题,对于本课程建设起到了一个极大地推动作用。系统的课程体系、国际化的教学视点、系列化的专题讲座成为该课程多元化和稳定化发展的重要特征,也是该课程为广大师生所喜爱的重要原因。

2008 年起,"景观规划设计原理"课程开始了全面化、系统化、综合化的推进工程。该课程由原 36 学时扩展至 72 学时,教学历时由原来的一个学期扩展为两个学期。2010 年以来,伴随着风景园林一级学科的申请、认证、获批及一级学科后的大发展,依据国家级精品课程、国家级精品资源共享课程、国家级精品资源共享课

程 MOOC 的国家级课程要求,"景观规划设计原理"课程教学走向了基础化、精准化、体系化。

该课程历经 25 年,由"风景景观分析评价"发展到"景观规划原理""景观规划设计原理",再到"景观风景园林规划设计原理",从最初 1 个班 30 名学生选课到 2016 年仅仅开通 1 年就有超过 10 万人选课的"景观风景园林规划设计原理 MOOC",其发展过程几乎与中国景观规划设计研究与实践的发展同步,见证了中国风景园林的现代转换。

## 30.2 课程教学的目标、内容、方式及重点

### 30.2.1 课程教学目标

该课程作为专业的基础平台课程,不仅是一门理论课程,而且也是学生规划设计思路和专业素养的启蒙培养课程,还是专业自主学习能力的提升课程。

基于综合性专业原理课程和核心课程的定位,该课程力求使学生的风景园林知识、能力和人格得到全面发展,目标是使本专业学生从一开始就树立正确全面的专业观,全面了解本专业的目标、内容、知识结构,以及风景园林专业规划设计的目标、内容、方法、技术等系列原理。

该课程教学要求教师在教学组织、教学内容设计和教学方法应用上不断探索、整合,使学生深入浅出地认识风景园林规划设计,建立全面的规划设计观。

通过该课程教学,要求学生建立风景园林规划设计的专业观,了解风景园林规划设计的基本原理和各分支领域的基本情况。从风景园林与景观规划设计的基本概念原理,到规划设计中自然生态、社会人文、心理感受、空间原理等的基本理论,为本专业各领域的深化学习做好铺垫。

要求学生初步熟悉和掌握本专业的学习方法,初步掌握各类景观规划设计的过程内容:景观资源统筹、景观环境规划、风景名胜区规划、城市绿地系统规划、城市景观设计、公园设计、建筑外部场地设计等。了解并掌握景观调查、分析、评价、决策、规划、设计

的基本方法和技术。提高学生的专业外语能力、专业合作能力等。

鼓励学生进行专业理论研究的思考,对未来职业的积极畅想,养成严谨求实、团结创新的学习态度和专业精神。

### 30.2.2 课程教学内容

根据学科结构和本科生认知特点,该课程覆盖风景园林规划设计领域的概念、要素、基础、类型、技术五个方面的知识,教学按照纵向逻辑体系分为五大教学模块,每一模块之下又逐级细分为知识方面和知识点(图 30.1,表 30.1 至表 30.5)。

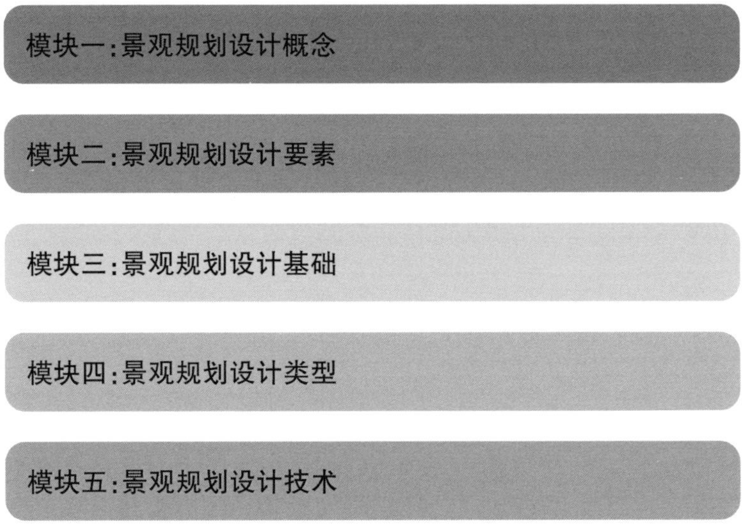

模块一:景观规划设计概念

模块二:景观规划设计要素

模块三:景观规划设计基础

模块四:景观规划设计类型

模块五:景观规划设计技术

图 30.1 国家级精品资源共享课 ["景观规划设计原理"课程内容概要]

表 30.1 模块一:景观规划设计概念

| 知识方面 | 知识点 |
|---|---|
| 1.1 景观规划设计的概念与特征<br>1.2 景观规划设计程序 | • 风景园林/景观(Landscape Architecture,简称 LA)的哲学认识<br>• 风景园林景观规划设计的三元<br>• 风景园林景观规划的特征<br>• 风景园林景观设计的特征<br>• 风景园林景观规划设计程序的组成阶段 |
| 1.3 风景园林景观规划设计的专业语言 | • LA 规划设计的源头<br>• LA 规划设计的对象、目标、途径<br>• LA 规划设计的三位一体 |

| 知识方面 | 知识点 |
| --- | --- |
| 1.4 景观规划设计的概念与特征<br>1.5 景观规划设计程序 | • 风景园林/景观(Landscape Architecture,简称LA)的哲学认识<br>• 风景园林景观规划设计的三大基本方面<br>• 风景园林景观规划的特征<br>• 风景园林景观设计的特征<br>• 风景园林/景观规划设计体系<br>• 风景园林景观规划设计的层面<br>• 风景园林景观规划设计程序的关键阶段 |
| 1.6 风景园林景观规划设计的专业语言 | • LA 规划设计的源头<br>• LA 规划设计的对象、目标、途径<br>• LA 三位一体的专业语言 |
| 1.7 景观规划设计的概念与特征<br>1.8 景观规划设计程序 | • 风景园林/景观(Landscape Architecture,简称LA)的哲学认识<br>• 风景园林景观规划设计的三大基本方面<br>• 风景园林景观规划的特征<br>• 风景园林景观设计的特征<br>• 风景园林/景观规划设计体系<br>• 风景园林景观规划设计的层面<br>• 风影园林景观规划设计程序的关键阶段 |

**表 30.2　模块二:景观规划设计要素**

| 知识方面 | 知识点 |
| --- | --- |
| 2.1 景观要素分析综述 | • 从风景园林三元论看各类景观要素<br>• 从风景园林三元论看三类景观要素之关联<br>• 风景资源如何由三类景观要素组成<br>• 景观分析评价概念<br>• 景观分析评价的四大学派和两大阵营<br>• 景观分析评价在中国的实践<br>• 景观分析评价的理论前沿 |
| 2.2 视觉与空间形态要素分析 | • 视觉特性与景观<br>• 空间三大门槛<br>• 景观视觉要素<br>• 视觉心理效应<br>• 景观视觉习俗文化效应<br>• 视觉形体、界面的心理效应<br>• 景观空间及其感受<br>• 基于视觉分析的景点空间范围划分<br>• 基于三大门槛原理的空间规划设计<br>• 基于视觉心理学的空间规划设计<br>• 基于视觉习俗文化效应的空间规划设计<br>• 城市意象五要素理论 |

| 知识方面 | 知识点 |
| --- | --- |
| 2.3 心理行为与文化要素分析 | • 人类户外活动内容有哪些? 可以归结为几大类?<br>• 景观中人类行为基本方式:时空活动—尺寸、尺度……<br>• 景观中引发人类行为动因的心理学解释<br>• 作为景观师如何感受景观?<br>• 生理行为、心理行为、文化行为三者关系及其根源<br>• 环境心理学的基本概念<br>• 景观感受的心理过程<br>• 景观行为构成的基本元素<br>• 景观行为空间构成与建筑行为空间构成的异同<br>• 景观文化的历史演变与地域分布<br>• 景观感受基础研究 |
| 2.4 生态环境要素分析 | • 景观规划设计与生态环境要素:温度、光照、水分、空气、土壤、地形地势、生物因子与景观规划设计的相互关系<br>• 拓展介绍景观规划与温度、光照、水分、土壤、空气的相互关系,以北京地区园林植物调查与引种驯化为例,介绍了景观要素的因子选择、主导因子分析、植物景观相关性研究的系统应用 |
| 2.5 园林植物要素分析 | • 认识园林植物要素在设计中的科学性、艺术性与工程特征<br>• 植物景观设计的基本内容<br>• 植物景观设计的基本方法 |
| 2.6 风景资源要素分析 | • 风景资源分类及其特征<br>• 风景资源特征评价<br>• 风景资源的保护与控制<br>• 技术方法研究在风景资源保护中的作用<br>• 保护与发展的辩证关系<br>• 风景资源是景观规划设计学科的基础知识<br>• 组景、点景和借景<br>• 山水环境是景观规划设计的基本元素<br>• 存在的问题与解决的方法<br>• 风景资源学科发展目标体系 |

**表 30.3　模块三:景观规划设计基础**

| 知识方面 | 知识点 |
|---|---|
| 3.1　空间形态规划设计——景观点规划设计 | • 景观点及其功能<br>• 景观点规划布局<br>• 景观点设计 |
| 3.2　空间形态规划设计——景观轴线规划设计 | • 景观轴线的形式<br>• 景观轴线的作用<br>• 景观轴线的构成组织<br>• 景观轴线视觉空间作用 |
| 3.3　空间形态规划设计——场地规划设计 | • 场地的特点<br>• 场地设计的特点<br>• 场地设计的要素<br>• 场地设计的过程<br>• 基于本地当下可持续的场地设计目标<br>• 多元化的场地设计策略与手段 |
| 3.4　环境生态规划设计——景观生态分析与评价 | • 景观生态规划设计的核心对象<br>• 景观生态空间语言的范式<br>• 景观分析评价的基本技能<br>• 景观扰动<br>• 景观生态评价切入点 |
| 3.5　环境生态规划设计——斑块、廊道、基质生态与规划设计 | • 斑块设计<br>• 廊道设计<br>• 景观空间综合体<br>• 综合应用 |
| 3.6　环境生态规划设计——生态系统与规划设计 | • 生态学研究的层次关系及对规划设计的适用意义<br>• 生态系统生态学的研究内容和基本理论<br>• 生态系统生态学的规划设计应用启示<br>• 生态位、顶级群落与生物多样性<br>• 乡土植物的应用与自然系统的模拟<br>• 低影响开发(LID)技术的启示 |
| 3.7　环境行为规划设计——景观小气候适应性规划设计 | • 风景园林与小气候<br>• 风景园林与景观环境物理基本内容<br>• 风景园林与景观环境小气候、规划设计的基本概念<br>• 风景园林与景观环境小气候适应性规划设计理论方法的三大基本方面 |

**续表 30.3**

| 知识方面 | 知识点 |
|---|---|
| 3.8　环境行为规划设计——景观心理文化引导规划设计 | • 心理与文化在景观规划设计中的作用<br>• 景观规划设计中的心理引导<br>• 中国园林风景景观规划设计中的文化脉络<br>• 中国园林风景景观心理文化作用下景观感受的时空转换 |
| 3.9　环境行为规划设计——游憩行为组织分析 | • 游憩的意义与价值<br>• 风景园林与游憩的内在关系<br>• 景观游憩行为的基本特征<br>• 不同游憩行为的生态影响机制与时空模式 |

**表 30.4　模块四:景观规划设计类型**

| 知识方面 | 知识点 |
|---|---|
| 4.1　景观规划设计层面与流程 | • 景观规划设计层面<br>• 景观规划设计类型<br>• 景观规划设计一般程序<br>• 规划设计类型与风景园林景观三元论对应的关系<br>• 保护类型的规划有哪些?<br>• 公共空间类的规划设计<br>• 城乡绿化类规划<br>• 旅游规划<br>• 综合类规划 |
| 4.2　广场设计 | • 广场设计的历史和类型<br>• 广场设计的定义及发展趋势<br>• 广场设计的本质是空间和场所<br>• 广场的特征与基本设计方法<br>• 广场设计的元素<br>• 广场设计的案例分析<br>• 广场设计的作业介绍 |
| 4.3　居住区景观 | • 居住区景观基本概念<br>• 居住区景观设计元素<br>• 居住区景观规划设计导则<br>• 居住区景观设计要点与方法<br>• 居住区景观案例解析<br>• 中国现代居住区景观发展历程<br>• 中国居住区景观的现状及问题<br>• 居住区景观的发展趋势 |

| 知识方面 | 知识点 |
|---|---|
| 4.4 公园 | • 公园发展概况<br>• 公园类型<br>• 综合公园<br>• 社区公园<br>• 专类公园<br>• 带状公园<br>• 街旁绿地<br>• 公园设计原则<br>• 公园内容<br>• 公园布局<br>• 公园分区<br>• 公园建筑<br>• 公园绿化<br>• 公园游线 |
| 4.5 城市绿地系统 | • 什么是绿地?<br>• 城市绿地的概念<br>• 城市绿地的功能<br>• 城市绿地的分类<br>• 城市绿地系统规划的主要任务<br>• 城市绿地系统规划编制的依据和具体内容<br>• 绿地空间发展的趋势<br>• 城市绿地系统规划面临哪些问题? 如何应对?<br>• 什么是绿道?<br>• 绿道的功能、尺度、类型等 |
| 4.6 各类园区 | • 园区概念<br>• 园区类型<br>• 园区景观规划<br>• 园区景观规划的趋势 |
| 4.7 风景名胜区与遗产 | • 景观遗产的认知及其概念<br>• 中国风景名胜区与遗产特征<br>• 风景名胜区与遗产保护历史<br>• 风景名胜区的概念<br>• 风景名胜区与规划概念<br>• 风景名胜区与规划步骤、方法和内容<br>• 风景名胜区与规划成果及实施 |
| 4.8 旅游与游憩规划 | • 游憩规划、旅游规划与景观规划的关系<br>• 旅游规划的类型与内容<br>• 旅游规划的基本要素<br>• 旅游规划的主要方法 |

| 知识方面 | 知识点 |
|---|---|
| 4.9 纪念性景观规划设计 | • 纪念、纪念性与纪念性景观的含义<br>• 纪念性景观的空间形态与物质要素<br>• 纪念性景观的人文要素<br>• 纪念性景观的自然要素<br>• 纪念性景观规划设计——空间形态与轴线<br>• 纪念性景观规划设计的发展趋势 |

表 30.5 模块五:景观规划设计技术

| 知识方面 | 知识点 |
|---|---|
| 5.1 调查与分析 | • 调查与分析在整个规划设计中的作用<br>• 景观规划设计类项目调查分析内容<br>• 景观规划设计类项目调查分析基本内容<br>• 景观规划设计类项目调查分析基本要点<br>• 景观规划设计类项目调查分析基本方式<br>• 应用 3S 技术辅助景观资源调查分析评价<br>• 3S 技术基本知识 |
| 5.2 表现与交流 | • "表现与交流"的概念<br>• "表现与交流"的作用<br>• "表现与交流"的方式<br>• "表现与交流"怎么学? |
| 5.3 工程与施工 | • 基本概念<br>• 工程内容组成<br>• 工程与施工流程<br>• 工程与施工的建成效果<br>• 景观工程案例 |
| 5.4 景观规划控制与引导 | • 景观规划控制与引导的作用<br>• 景观规划控制与引导的对象、目标、原则<br>• 景观规划控制与引导的基本内容<br>• 景观规划控制与引导的方式与手段 |
| 5.5 政策与法规 | • 政策与法规是景观管理的基本途径,其中法规更是专业的底限,是景观规划设计专业必须具有的基本意识<br>• 基本概念<br>• 目的和意义<br>• 景观法规<br>• 景观政策<br>• 综合运用 |

| 知识方面 | 知识点 |
|---|---|
| 5.6 风景园林专业哲学与规划设计师的五大专业素养、风景园林三元论 | • 专业素养之一：生活观<br>• 专业素养之二：自然观<br>• 专业素养之三：科学技术观<br>• 专业素养之四：空间环境观<br>• 专业素养之五：专业实践观<br>• 风景园林的三元认识论<br>• 风景园林的三元方法论<br>• 风景园林的三元实践论<br>• 风景园林学科的三元坐标系与专业教育<br>• 结论：中国风景园林的明天 |

模块一：景观规划设计概念，阐述学科的概况、国内外发展动态、基本的程序和专业语言等。

模块二：景观规划设计要素，从视觉与空间形态要素、心理行为与文化要素、生态环境要素、园林植物要素、风景资源要素等层面阐述景观规划设计要素及其相互关系。

模块三：景观规划设计基础，从空间形态规划设计、环境生态规划设计、环境行为规划设计三个方面阐述理念和方法。

模块四：景观规划设计类型，对应社会对于风景园林学科的需求，从实际项目类型入手，介绍不同类型景观规划设计的特点、流程、案例等。

模块五：景观规划设计技术，介绍景观规划设计的系列支撑技术、技术法规和规范等。

该课程涉及风景园林学科专业各个分支领域的基础与前沿，包括风景园林学科与教育发展、景观规划设计实践前沿、景观资源保护与风景区规划、景观生态学、游憩学原理、旅游学概论、旅游区规划设计、遥感与 GIS 概论、景观政策与管理等系列课程。

## 30.2.3 课程教学方式

### 1) 学校课程教学

该课程分解为"景观规划设计原理 1"（简称"原理"）（学科专业观念引导、概念传授、素质教育）和"景观规划设计原理 2"（专业规划设计理论、方法、技术、应用）两部分。

"原理 1"开设于一年级第一学期。基于本学科专业的常识，注重在学科、专业基本概念、各理论与实践领域的入门引导介绍，目的是使学生对于本学科专业有一个轮廓性的了解，树立起本专业正确的专业观。本部分教学注重阐述景观学的基本概念，论述景观学核心的基本理论，介绍各类景观规划设计涉及的理论研究与实践应用，包括景观资源统筹、景观环境规划、风景名胜区规划、城市绿地系统规划、城市设计，使学生从中初步了解景观学理论研究与实践应用领域，树立本专业的基本观念，了解基本概念与所面临的问题。

"原理 2"开设于三年级第一学期。基于本专业的实践，注重在专业规划设计基本原理、实践应用的阐述，目的是使学生对于本专业规划设计这一核心的方法原理有一个全面而具体的理解，树立起本专业正确的方法论。本部分教学注重阐述景观规划设计的基本概念、原理、方法、技术，介绍各种类型景观规划设计的特殊性，包括景观资源统筹、景观环境规划、风景名胜区规划、城市绿地系统规划、城市设计，使学生从中了解掌握景观学与景观调查、分析、评价、决策、规划、设计的基本原理、方法和技术手段。

### 2) "爱课网"在线学习方式

国家级精品资源共享课程 MOOC——"风景园林景观规划设计原理"课程，具体分解为三项在线课程：（1）"风景园林景观规划设计基本原理"；（2）"风景园林景观规划原理"；（3）"风景园林景观设计原理"。平均每门课程共计 24 讲。在线学习的学生可以根据自身需要选择分项，也可以根据自身需求，从各模块、各知识方面切入随时自主学习。

## 30.2.4 课程重点

作为风景园林学科专业基本概念、理论、方法综合性入门课程和核心课程，该课程重点是阐述景观规划设计的基本概念，让学生了解景观规划设计的各种支持理论、研究范畴和成果，掌握基本的方法和技术。该课程还是一系列"动手"设计课（Studio）的引领，理论联系实际是该课程的又一重点所在。

## 30.3 课程教学的作用和意义

### 30.3.1 引领实现中国风景园林规划设计课程教学的三个转变

（1）从以园林为主转变为园林、风景、景观的广义风景园林教学；（2）从以"设计"为单一核心的教学转变为"资源保护、规划设计、建设管理"三核心教学；（3）从感性为主的园林教学转变为基于科学理性、强调实践的风景园林教学。

### 30.3.2 引领实现中国风景园林规划设计课程教学的三个拓展提升

（1）教育理论与专业认识的拓展提升：找到了风景园林专业教育培养目标、规格、教学实施的"三元耦合"规律。（2）教学方法与专业思维的拓展提升："三元耦合"思维训练法在保留感性思维的同时，大大推进了理性思维、理性与感性结合思维教育。（3）教学实践性的拓展提升：创造了基于工程实践"教—实践—学"的"三元耦合"教学机制。

### 30.3.3 引领和规范工科类为主的风景园林院系的规划设计课程教学体系

"三元耦合"规划设计课程教学体系建构了一种符合风景园林高等教育教学规律的，具有推广价值基础性、体系化、范式化的，可参考复制推广的教学模式，为开设风景园林专业的工科、农林、艺术类等许多院校仿效跟随。

备课：国家级精品资源共享课程"景观规划设计原理"。

主讲：刘滨谊。课程参与者：同济大学建筑与城市规划学院景观学系教师，即刘滨谊、严国泰、金云峰、张德顺、韩锋、王云才、刘颂、吴承照、李文敏、周向频、骆天庆、王敏、董楠楠、刘立立、胡玎、刘悦来、李瑞冬、张琳、陈静、汪洁琼。课程辅助编排制作：胡玎、王晓蒙。

# 后记

　　风景园林学是一门刚过百年的新兴学科专业。就其学科背景、来龙去脉、专业核心、实践范围、关键问题，以及工程经验、项目实例、理论分析等，本书试图深入浅出地给出概括性的阐述解答。诚然，这仅仅算是入门，倘若走进现代景观规划设计这一学科领域，我们将会发现还有许多难题和难解之谜有待研究探索。在西行的路上，有取经的中国僧侣，有漫游的侠客，有乘着大篷车的拓荒者，也有坐在飞机里凌空眺望、急于到达目的地的商人，即使这四种人能处于同一时代，眺望那同样一片广阔的原野，他们仍然会有截然不同的感触。对于那起伏的山峦、纵横的河流、繁茂的森林……僧侣会把它们联想成一种表达思想的符号；侠客会将之看作一幅美丽的画卷；拓荒者定会感到面临着难以逾越的屏障；而商人则会将之看作地图上的参照。不仅如此，即便是对于同一个人，其对于景观的看法也是在千变万化的。总之，哪怕是对于最为简单的自然景观，人们也很难做出一致的客观评价。宗教影响、宇宙崇拜、爱情追求、道德崇尚、文化熏陶等等，一系列的因素都会影响我们对于景观的看法。绵延的山峦既会引起水利工程师的注意，也会受到滑雪爱好者的青睐。每个人都会从不同的侧面去看待景观。无论他是功利主义者，还是享乐主义者；无论是哲学家，还是道德家，都会把自己的认识和对这个景观的感受联系起来，浮想联翩。故而，很少有人客观地去看待景观，公正地、科学地带着人道主义的观点去关心它。然而，这种情形正在改变。

　　今天，人类已进入了这样一种社会的文明阶段：人口不可逆地持续增长，城市化的进程势不可挡，人类聚居的生存空间变得越来越狭小；芸芸众生的生活品质需求普遍提高，旅游的热浪一浪高过一浪；对于景观，较之从前，人们看得更深、更远、更广。透过景观，人们已逐步认识到人类与自然环境的密不可分。起伏的山峦不只

是一种象征符号，而是人类在这个星球上赖以生存的重要组成部分。征服自然，征服宇宙，征服时空和距离；人口与生产平衡的实现……所有这些，都将人类与自然的关系变得更为紧密。在这种关系中演化至今的景观，已发生了史无前例的变化。不同于历史上的任何时代，自工业革命以来，作为人类历史上的第一次，出现了为集体大众共享的公共性景观。因而，除了以往具有那种因人而异的一面，当今的景观更多地还具备了众所共鸣的一面。皇家园林也好，私家花园也罢，除了那些历史上因个人意志而创造的"园林"之外，现代出现的更多的是为群体、为市民大众所需而创造的景观风景园林。因此，由个体的主观感觉演进到群体的理性判断，由宅前屋后的花园草木扩展到城市区域的景观绿化，由文人墨客的诗情画意到规划设计师的科学分析，传统风景园林的价值观念、判断标准、实践范围、专业背景、理论方法都发生了极大的扩展和变化。当代，作为这种扩展变化的初步结果，在国际范围内产生了一个引领学科行业发展的领域，这就是本书所论述的"现代景观规划设计"。

　　随着现代人居环境建设的发展，现代景观规划设计正在迅速扩展为更为宽广而深入的学科领域，这就是在国际范围内正在初露端倪的"景观学"（英译为 Landscape Studies）。

　　按照规划设计对象的更迭，从历史的来龙去脉予以分析，从传统的风景园林到当代的景观学，经历了这样一种演进过程：荒野—景物—苑囿—花园—园林—城市绿地—公园—风景名胜区—自然保护区—大地景观。按惯常的概念，传统风景园林通常对应于这一过程的前半部分，景观学则试图研究包含整个过程，并把重点放在后半部分。显然，就所要处理的内容、因素、规模而论，前后两部分并非等量齐观。

　　考察专业概念的差异，就地球各地的空间分布而言，即使是处于同一时期，"Landscape"一词也有概念上的差异，比如美国的"Landscape"主要指凡是与土地有关的空间环境和资源，中国的"Landscape"则常常是指"山水"，而日本的"Landscape"更多的是指"造园"；此外，即便是同一地域的同一时期，就如同"Landscape"本身包罗万象一样，专业概念亦不尽相同。同为"Landscape"，却有"景观""风景""造园""园林""风景园林"等多种释译。就

Landscape Architecture 中的"Architecture",其直译可以为"建筑"或"建筑学",而就专业的意义而言应该含有规划设计、规划、设计、建造的内容。

总之,时至今日,我们高兴地看到,中国规划设计界专业人员对于景观规划设计的理解已开始超越于传统风景园林的规划设计,而大众关于风景园林规划设计的理解,也开始不再局限于私人花园和苑囿的艺术。近两三百年来,尤其是近半个世纪的实践显示,公共性的景观艺术与技术已作为社会大众的需要而得到了迅速发展。这种现象,在中国,尤其是在最近 20 年的高速发展中,变得尤为明显。对此,再从当代国际景观规划设计工程实践的领域范围便可窥见一斑。从目前整个国际景观学理论与实践的发展来看,作者认为,景观规划设计的四个基本方面中均蕴含着三个层次不同的追求以及与之相对应的理论研究:(1) 文化历史与艺术层,这包括潜在于景观环境中的历史文化、风土民情、风俗习惯等与人们精神生活世界息息相关的东西,其直接决定着一个地区、城市、街道的风貌;(2) 环境生态层,这包括土地利用、地形、水体、动植物、气候、光照等人文与自然因素在内的从资源到环境的分析;(3) 景观感受层,基于视觉的所有自然与人工形体及其感受的分析,即狭义的景观。如同传统的风景园林,景观学的这三个层次,其共同的追求仍然是艺术。这种最高的追求自始至终贯穿于景观的三个层次。

在最近的半个世纪中,围绕着人居环境的规划设计,在规划设计界,风景园林/景观学从一开始就扮演着前卫的角色。发展至今,无论是人居环境的可持续发展,还是面向 21 世纪的人居文明建设;无论是学科交叉的领先理论,还是遥感、地理信息系统、全球定位系统的应用,景观学更是起着先锋的作用。而作为一门集时间、空间于一体,置观赏者于其中的艺术,景观学同样起着统领全局的作用,正在为诸如环境艺术、装饰艺术、广告艺术等各类新兴艺术所仿效。对此,国际景观规划设计师联合会(IFLA)荣誉主席杰弗瑞·杰里柯(Geoffery Jellicoe)先生着重指出,"我们的世界正在进入一个新的时期。现在,我们还是不得不承认这样一个事实,即景观设计是各类艺术当中一门最为综合的艺术。这样一种认识基于三重理由:(1) 在生物圈中,现存的微妙的自然平衡秩序

以及地球的保护层,正在受到人类活动的干扰破坏,而且,似乎只有通过人类自身的努力才能恢复这种平衡,以保证生存;(2) 在这些努力当中,首先需要的是诉诸生态,这些生态系统无非都是可持续存在的有效的动物状态的回归;(3) 由于人类自己就是从这样的充满生机的动物状态进化过来的,所以人类所创造的在其四周的环境,实际上,也就是他的抽象观念在自然界中的具体体现。第一重理由,在人类的生物学层次上,引发了一种直觉的要求,并且由此导致了'绿色革命',这就像 1972 年,在关于人类环境问题的斯德哥尔摩会议上所描述的那样;第二重理由,鼓励着专家们进行综合的生态规划;而第三重理由,正在以历史上从来没有构想过的尺度和规模,推动着景观艺术的发展"。

艺术是一个连续的过程。事实上,不管环境多么新颖,如果没有传统的、历史的、文化的东西,就不可能创造出一件艺术作品。因此,不管无心还是有意,在现代公共性的景观之中,所有的设计创新都取自人们对于过去的印象,取自历史上由于完全不同的社会原因所创造出来的园林、苑囿和景观。事实上,要规划设计一个景观园林、景区、景物,不管其形式有多么新颖,如果没有传统的精华,没有未来的展现,没有来龙去脉,就很难成为打动人心的艺术品。这也就是诸如卢浮宫广场的玻璃金字塔、拉·维莱特公园等现代景观作品成功的秘诀。

就形式而论,艺术是千变万化的,景观规划设计这门综合的艺术更是如此。对此,作为景观师,需以"不变"应"万变",找出并把握住那些相对稳定而不变的景观元素。例如,智慧人的头脑,一直对所能够稳定把握住的某种几何形状,如方形和圆形有着反应。虽然,这些形状在景观中的表现是根据时代、地理、社会、经济、伦理和哲学的不同而发生变化的,然而,所有这些因素都是局部的、暂时的。与此类似,生物学层面上的人类,不管环境是多么的不同,他对一座今天在英国用废料堆筑的人工假山的反应,可能与对古代中国堆筑的假山的反应是相同的。毫无疑问,最稳定不变的景观主观因素是五大感觉器官本身的机制。这些感觉器官本身及其功能,自史前进化至今,几乎没有什么变化,比如,常人的视觉范围、感受空间等。而所有人类的感受和情感仍旧是通过它们激发而产生的。因此,生态学也好,文学绘画也罢,对于景观学,以三维

空间为主的景观视觉毕竟是其规划设计的核心基础。这正是"视觉分析"(Visual Analysis)之所以能够成为当代景观学科基本研究领域的缘由。基于这种基础性研究成果，派生出了不少极富实用价值的应用性研究。建筑师、规划师们所熟悉的凯文·林奇城市意向的五要素理论，就是其中的一例。

近百年来，与以往数千年的历程相比，人类与环境的新型关系是革命性的。景观师已不等同于艺术家，他们受制于许多因素而不可能进行立竿见影的试验。因此，景观师必须求助于艺术家，从他们那里获取未来的图景。从这样一种超越时空的知识中汲取信心，这正是隐身于所有艺术背后的维持着艺术自身生命力的抽象艺术。诚然，每个景观师对于如何将艺术转换成景观的诠释都有个人的见解，但是面对当代以集体大众为主的公共性的大地景观，面对当今世界中充满着社会、经济、环境生态诸因素制约的景观规划设计，首先需要的是科学理性的理解与思考。对此，当今的景观师也不同于古代的风景园林师，亦非风水先生，仅仅凭借画家、诗人、园艺师的感悟经验，以及停留于传统风景园林的概念、方法、技术，那是远远不够的。

然而，即便如此，也还是不够。就如 Geoffery Jellicoe 先生1975 年就指出的，"今天，作为历史上的第一次，正在逐步展开的世界面貌表现出了集体性的物质主义而非规定的宗教性。在先进国家，个人在其所拥有的家园住区之中产生、演化并形成其个人信仰。对他存在的最大威胁可能并不是商业第一主义，并非战争、污染、噪音以及主要能源的消耗，甚至亦非断子绝孙的危险，而是由于鉴赏力的严重缺乏和历史上价值观念的相继解体毁灭所导致的盲目无知，这种相辅相成的鉴赏力和价值观念正是那种单纯而伟大的理念的象征"。景观学也好，风景园林学也罢，面对新的时代要求，必须寻求基于传统的新的理念和基于现代技术的新的方法，明确要追求什么、表现什么、创造什么。

在过去的数百年间，由科学家与工程师从外太空中得出的宇宙的数学规律已渐渐支配了生物圈的生物定律。人类的文明生活依赖于由自然界不可思议的智慧所安排的多样性。数学基于重复，而重复则含有批量生产的意味，这无可避免地将导致静态的、高效的、致命的蜜蜂文化。作为"一刀切""标准化""千篇一律"的反作用，标新立异、与众不同的追求无处不在，尤其在回归自然的场合之中，人们潜意识中自我表现的本能常常表现得更为充分。创造提供这样的场所，规划设计为大众市民所用而非少数人所看的景观，这是现代景观师最为基本的目标。

景观规划设计的关键是在各类景观之间引入中间媒介，即在景观中大场面与小环境之间，在有限制的近景、中景与无限的远景之间，在人工景物与自然景观之间，在空间物质化的表现与无限的联想之间，以空间、形体、文化、寓意所呈现出的"信息载体"等。这一概念对于人类来说是特殊的，它涉及这样一种理念：存在着一种超越个人理解力并能借助于一种中间媒介达到的群体共通的普遍的状态。所有宗教都是中间媒介，艺术更是如此。挖空心思，想尽办法，来寻求、创造、组织、表现出这些中间媒介，这是景观规划设计中最为基本而且重要的工作。在时间与空间的关系问题上，如同当今的建筑师、规划师一样，当今的景观师同样缺乏对于时间的关注。这也许是当代人类普遍存在的问题，即只顾眼前利益，不管远期结果，有谁会像景观规划设计学之父奥姆斯特德那样，以百年的时间为尺度，来规划设计我们未来的景观呢？而今天，在树苗与森林之间，景观必须是速成的。相对于所有从前的哲学、玄学和人文主义来说，时间感如此匮乏，似乎行动取代了思考。与此形成鲜明的对比，埃及、古印度和前哥伦布时期的美洲几乎都关注于抽象的时间。景观和园林都是用时间来平衡空间的艺术，中国古代的园林艺人认为甚至连建筑都可以像植物一样地自我再生，可是当代的景观园林却要仿效建筑——用空间来平衡时间。

总之，以人居活动场所的规划设计为手段，找回失去的价值观念，提高人们的鉴赏力，从而推动人类社会的精神文明，这也就是现代景观规划设计的实质与灵魂。

# 致谢

借本书第 4 版完成之际,作者对下列专家、学者、领导、同行们表示衷心感谢:

同济大学建筑与城市规划学院名誉院长、中国著名建筑师冯纪忠教授,中国科学院院士、中国工程院院士、清华大学吴良镛教授,中国科学院院士、国家级设计大师、东南大学齐康教授,中国工程院院士邹德慈教授、中国工程院院士孟兆祯教授,北京林业大学孙筱祥教授、杨赉丽教授,美国弗吉尼亚理工学院及州立大学景观建筑系主任帕特里克·米勒(Patrick A. Miller)教授(国际风景园林/景观师美洲区主席),前美国景观规划设计师学会副主席杰奥特·卡彭特(Jot D. Carpenter)教授,中国风景园林学会副理事长程绪珂教授,中国风景园林学会秘书长杨雪芝教授,《中国园林》主编何纪钦教授,前中国建设部城建司副司长王秉洛教授,中国国家自然科学基金委员会工程材料学部那向千教授和茹继平教授,中国建筑工业出版社程里尧教授,前上海市园林局局长吴振千教授,中国住房和城乡建设部城建司城市园林处曹南雁处长、城建司风景名胜处李茹生处长和佐小平工程师,浙江省建设厅风景名胜处张延惠处长和张晓红处长,同济大学建筑与城市规划学院李铮生

教授,重庆建筑大学夏义民教授,东南大学建筑学院杜顺宝教授,前武汉城市建设学院景园系主任艾定曾教授,以及自 1999 年本书第 1 版出版以来给予作者学术支持的人们,在开创中国风景园林学科的理论研究与专业教育的艰难历程中,在中国现代景观规划设计的理论与实践探索中,他们在不同的时间,从不同的方面,以多种方式,给予了作者极大的关心、鼓励、指导、支持、理解和帮助,本书倘若能够达到预期的作用效果,首先要感谢他们。

其次,作者要感谢同济大学 23 届聆听作者开设的"景观规划设计理论与方法"(现更名为"景观学概论"与"景观学原理")课程的学生们,以及过去阅读本书前三版的全国所有院校的师生和实践同行,没有他们对于现代景观规划设计的"兴趣",难以成就本书。

再次,作者要感谢中国风景园林学会教育工作委员会、全国高等学校风景园林学科专业指导委员会、全国风景园林专业学位研究生教育指导委员会、国务院学位委员会风景园林学科评议组"三委一组"的全体委员和成员们,作为其中的一员,作者在与大家思想的交流、观点的争辩中受益匪浅。

最后,作者还要感谢多年来关注中国风景园林/景观学科的各个学科专业领域的人们。正是他们围绕该学科专业的发展,代表着不同方面的视角、不同领域的实践、不同方向的研究,给出肯定或否定、表扬或批评、质疑或争论的各种思想,从而极大地推动了中国风景园林/景观学科的发展与融合,促进了作者不断地重新审视本书原稿,并对之做出了不断深入的修订和完善。